Springer-Lehrbuch

Hanspeter Bieri   Felix Grimm

Datenstrukturen in APL2

Mit Anwendungen aus der künstlichen Intelligenz

Mit 198 Abbildungen

Springer-Verlag
Berlin Heidelberg New York
London Paris Tokyo
Hong Kong Barcelona
Budapest

Professor Dr. Hanspeter Bieri
Dr. Felix Grimm
Universität Bern, Institut für Informatik
und angewandte Mathematik
Länggassstr. 51
CH-3012 Bern
Schweiz

ISBN-13: 978-3-540-55747-0 e-ISBN-13: 978-3-642-77680-9
DOI: 10.1007/978-3-642-77680-9

Die Deutsche Bibliothek - CIP-Einheitsaufnahme
Bieri, Hanspeter: Datenstrukturen in APL2: mit Anwendungen aus der künstlichen Intelligenz / Hanspeter Bieri ; Felix Grimm. Berlin ; Heidelberg ; New York ; London ; Paris ; Tokyo ; Hong Kong ; Barcelona; Budapest : Springer, 1992
(Springer-Lehrbuch)
NE: Grimm, Felix:

Dieses Werk ist urheberrechtlich geschützt. Die dadurch begründeten Rechte, insbesondere die der Übersetzung, des Nachdrucks, des Vortrags, der Entnahme von Abbildungen und Tabellen, der Funksendung, der Mikroverfilmung oder der Vervielfältigung auf anderen Wegen und der Speicherung in Datenverarbeitungsanlagen, bleiben, auch bei nur auszugsweiser Verwertung, vorbehalten. Eine Vervielfältigung dieses Werkes oder von Teilen dieses Werkes ist auch im Einzelfall nur in den Grenzen der gesetzlichen Bestimmungen des Urheberrechtsgesetzes der Bundesrepublik Deutschland vom 9. September 1965 in der jeweils geltenden Fassung zulässig. Sie ist grundsätzlich vergütungspflichtig. Zuwiderhandlungen unterliegen den Strafbestimmungen des Urheberrechtsgesetzes.

© Springer-Verlag Berlin Heidelberg 1992

Umschlaggestaltung: Struve & Partner, Heidelberg
Satz: Reproduktionsfertige Vorlage vom Autor
45/3140 - 5 4 3 2 1 0 - Gedruckt auf säurefreiem Papier

Vorwort

Das vorliegende Buch ist als höhere Einführung in das Programmieren mit APL2 gedacht, und zwar sowohl für das Selbststudium als auch als Grundlage oder Ergänzung zu einer Informatik-Vorlesung für untere bis mittlere Semester. Es soll aber auch einem motivierten Programmieranfänger zugänglich sein und enthält deshalb eine dafür genügend breite und vollständige Zusammenfassung der Grundelemente von APL2. Das Buch wendet sich vor allem an zwei Gruppen von Lesern:

— an Programmierer anderer Sprachen, wie Pascal oder Fortran, die lernen möchten, wie sich die dort geläufigen Datenstrukturen und Programmiertechniken auch in APL2 verwenden lassen; die wissen möchten, was APL2 besser „kann", welche Probleme sich mit APL2 einfacher, eleganter, effizienter lösen lassen

— an APL2- oder APL-Programmierer, die weitere Möglichkeiten „ihrer" Sprache kennenlernen möchten; die gewohnt sind, „in Arrays zu denken", sich mit der Zeit und zunehmendem Mut aber auch an Problemstellungen wagen wollen, für deren Lösung sich z.B. eher Bäume oder Graphen als Datenstrukturen aufdrängen als Arrays.

Die Künstliche Intelligenz ist ein wichtiges Teilgebiet der Informatik, das sich heute in einer starken Entwicklung befindet. Wie der Untertitel des Buches andeutet, sollen hier ein paar interessante kleinere Anwendungen aus diesem Gebiet vorgestellt werden, die einige fortgeschrittenere Möglichkeiten von APL2 besonders schön illustrieren. Eine Einführung in die Künstliche Intelligenz wird nicht bezweckt. Wohl aber wäre es erfreulich, wenn die aufgezeigten KI-Anwendungen mithelfen könnten, das Interesse an diesem wichtigen Gebiet zu wecken.

Der erste Teil des Buches bietet eine Kurzeinführung in APL2 sowie verschiedene weitere Vorbereitungen, auf die sich die anschliessenden Teile abstützen. Der zweite Teil behandelt die wichtigen linearen Datenstrukturen: lineare Liste, Stack und Queue. Dabei wird einerseits gezeigt, wie sich das in Sprachen wie Pascal, PL/1 oder C übliche *Zeiger-Konzept* oder *List Processing* auf einfache Weise auch in APL2 nachbilden und anwenden lässt. Anderseits werden aber die gleichen Datenstrukturen auch auf eine APL2-*gerechte* Weise eingeführt und anschliessend die beiden „Philosophien" miteinander verglichen. Teil drei stellt in einem gewissen Sinn den zentralen Teil dar. Er behandelt die wichtigsten nichtlinearen Datenstrukturen — Mengen, binäre Bäume, geordnete Bäume und Graphen —

APL2-gerecht, zusammen mit typischen Anwendungen. Der abschliessende vierte Teil ist der Künstlichen Intelligenz gewidmet. Er führt anhand sehr einfacher, anschaulicher Beispiele in einige KI-Themenkreise ein: Graphsuche, Bildanalyse und Expertensysteme. Dabei werden die Möglichkeiten von APL2 im Zusammenhang aufgezeigt und gleichzeitig einfache, aber typische Methoden bzw. Algorithmen zu den erwähnten Themenkreisen vorgestellt.

Der jetzige Zeitpunkt scheint den Autoren günstig zu sein, um ein Buch über Datenstrukturen in APL2 zu verfassen. Erstens bieten erst APL2 (seit 1982) und ähnliche Erweiterungen von APL die dazu nötigen Sprachelemente: verschachtelte und gemischte Arrays. Zweitens sind APL2/PC und ähnliche APL-Versionen für den Personal Computer erst seit wenigen Jahren auf dem Markt. Beide Entwicklungen dürften Marksteine in der schon recht langen Lebensgeschichte von APL darstellen und seine Attraktivität – auch jüngeren Programmiersprachen gegenüber – noch steigern.

Das vorliegende Buch stützt sich auf die APL2-Versionen APL2/370 (für Grosscomputer), APL2/PC und TryAPL2 (kostenlose reduzierte Variante von APL2/PC) von IBM. Diese drei Versionen unterscheiden sich bezüglich der im Buch verwendeten Möglichkeiten von APL2 nur unwesentlich. Selbstverständlich kann das Buch auch zusammen mit anderen APL-Dialekten verwendet werden, die ähnliche Erweiterungen wie APL2 aufweisen. Die Autoren haben versucht, das Grundsätzliche der „APL2-Philosophie" deutlich zu machen und anzuwenden, allenfalls auch unter Verzicht auf spezielle – eventuell interessante – Möglichkeiten einer bestimmten Implementierung.

Der eine Autor hat APL vor zwanzig Jahren als seine erste Programmiersprache kennengelernt, der andere vor gut zehn Jahren als seine dritte. Beide sind überzeugte Benutzer von APL und jetzt APL2, aber keine „Freaks". Sie haben mehrmals eine Standardvorlesung *Datenstrukturen und Algorithmen* durchgeführt, zuerst unter Verwendung von PL/1, später von Pascal. Ihre Erkenntnis, dass sich viele der dort behandelten Datenstrukturen und Techniken ebenso gut oder besser mit APL2 realisieren lassen als mit diesen zwei Sprachen, führte zur Entstehung des vorliegenden Buches. Die Autoren möchten aber betonen, dass sie überzeugte Gegner von Glaubenskriegen sind, auch hinsichtlich Programmiersprachen.

Dr. Heinz Bruggesser und Dr. Andreas Hänecke, die seit vielen Jahren unsere zuverlässigsten Ansprechpartner in APL- und APL2-Fragen sind, haben die Mühe auf sich genommen, den ganzen Text kritisch zu überprüfen. Dafür danken wir beiden herzlich. Unser Dank gebührt auch der Firma IBM Schweiz für die zeitweise Freistellung von Dr. Bruggesser und für weitere Unterstützung. Herr Uli Rubli hat uns mit verschiedenen Auskünften weitergeholfen. Dr. Hans Wössner vom Springer-Verlag danken wir für sein Interesse an unserem Vorhaben und seine Anregungen sowie für die zügige Herausgabe unseres Buches.

Bern, im Juni 1992   Hanspeter Bieri, Felix Grimm

Inhaltsverzeichnis

Teil A. Grundlagen 1

1.   Einleitung 3
2.   Datentypen und Datenstrukturen 7
3.   Kurzeinführung in APL2 9
3.1   Grundinformationen über APL2 9
3.2   Arrays 14
3.2.1 Standarddatentypen 14
3.2.2 Einfache Skalare 16
3.2.3 Einfache Vektoren 20
3.2.4 Beliebige einfache Arrays 29
3.2.5 Verschachtelte Arrays 39
3.3   Programmieren 51
3.3.1 Ein erstes APL2-Programm 51
3.3.2 Die äussere Form eines Programms 53
3.3.3 Sprünge 56
3.3.4 Rekursion 58
3.3.5 Die primitiven Funktionen Execute und Format 60
3.3.6 Definierte Operatoren 62
3.4   Zur Systemumgebung 64
3.4.1 Allgemeines 64
3.4.2 Umgang mit Workspaces und Bibliotheken 65
3.4.3 Hilfen für das Testen von Programmen 68
3.5   Programmbeispiele 72
3.5.1 Entfernen von Duplikaten aus einem Vektor 72
3.5.2 Selektive Spezifikation mittels Pick 74
3.5.3 Suchpfad eines Arrayelementes bestimmen 78
3.5.4 Ein Zerlegungsproblem 81

4.   Abstrakte Datentypen und ihre Implementierung 87
4.1   Abstrakte Datentypen 87
4.2   Drei Implementierungsmethoden 88
4.2.1 APL2-gerechte Implementierung 88

4.2.2	Nachbilden des List Processing in APL2	89
4.2.3	Matrix-Implementierung	89
4.2.4	Pseudopointer-Implementierung	93

Teil B. Lineare Datenstrukturen 97

5. Lineare Listen 99

5.1	Der abstrakte Datentyp Lineare Liste	99
5.2	APL2-gerechte Implementierung von linearen Listen	101
5.3	Matrix-Implementierung von linearen Listen	104
5.4	Pseudopointer-Implementierung von linearen Listen	111
5.5	Vergleich der drei Implementierungsmethoden	116

6. Stack und Queue 119

6.1	Stack	119
6.1.1	Der abstrakte Datentyp Stack	119
6.1.2	Implementierung des ADT Stack	120
6.1.3	Eine Anwendung des ADT Stack	122
6.2	Queue	124
6.2.1	Der abstrakte Datentyp Queue	124
6.2.2	Implementierung des ADT Queue	125
6.2.3	Eine Anwendung des ADT Queue	126

7. Klassische Algorithmen und ihre Eignung für APL2 133

7.1	Vorbemerkungen	133
7.2	Der Algorithmus von Horner	133
7.3	Binäres Suchen	138
7.4	Der Merge-Algorithmus	141
7.5	Schlussfolgerungen	144

Teil C. Nichtlineare Datenstrukturen 147

8. Mengen und Abbildungen 149

8.1	Der abstrakte Datentyp Menge	149
8.2	Implementierung durch Aufzählen der Elemente	151
8.3	Bitvektor-Implementierung	155
8.4	Abbildungen	158
8.4.1	Der ADT Abbildung	158
8.4.2	Implementierung des ADT Abbildung	159
8.4.3	Eine Anwendung des ADT Abbildung	161
8.5	Priority Queues	163
8.5.1	Der abstrakte Datentyp Priority Queue	163

8.5.2	Implementierung des ADT Priority Queue	164
8.5.3	Eine Anwendung des ADT Priority Queue	165
8.6	Anwendung auf relationale Datenbanken	169

9. Bäume 179

9.1	Der abstrakte Datentyp Binärer Baum	179
9.2	Implementierung des ADT Binärer Baum	182
9.3	Huffman-Code	188
9.3.1	Konstruktion des Huffman-Baumes	189
9.3.2	Codieren von Nachrichten nach Huffman	192
9.3.3	Decodieren von Binärzeichenfolgen nach Huffman	194
9.4	Der abstrakte Datentyp Allgemeiner Baum	195
9.5	Implementierung des ADT Allgemeiner Baum	197
9.6	Tries	200

10. Graphen 205

10.1	Der abstrakte Datentyp Graph	205
10.2	Implementierung von gerichteten Graphen	209
10.2.1	Implementierung als Mengenpaar	209
10.2.2	Implementierung mittels Adjazenzmatrix	211
10.2.3	Implementierung mittels Adjazenzliste	213
10.2.4	Konversion der drei Implementierungsarten	215
10.3	Exhaustive Graphsuche	217
10.4	Transitive Hülle von Graphen	223
10.5	Zusammenhangskomponenten	227
10.6	Ergänzende Bemerkungen	230

Teil D. Anwendungen aus der Künstlichen Intelligenz 233

11. Heuristische Graphsuche 235

11.1	Suchverfahren in der Künstlichen Intelligenz	235
11.2	Markierte Graphen	236
11.3	Heuristische Graphsuche	239

12. Bildverarbeitung und Bildanalyse 247

12.1	Einleitung	247
12.2	Bildvorverarbeitung	251
12.2.1	Verbesserung des Kontrastes	251
12.2.2	Eliminieren von gewissen Grauwerten	252
12.2.3	Binärisieren von Bildern	254
12.3	Konturlinien-orientierte Bildsegmentierung	256
12.3.1	Konturliniendetektion nach Sobel	256
12.3.2	Konturlinienverbesserung mittels Schwellwertoperationen	260

12.3.3 Bestimmen der Koordinaten von Konturlinienpunkten 261
12.4 Regionen-orientierte Bildsegmentierung 266
12.4.1 Zusammenhängende Bildkomponenten mittels Graph bestimmen 266
12.4.2 Zusammenhängende Bildkomponenten direkt im Bild bestimmen 273
12.5 Bildsequenzen 274
12.5.1 Differenzbilder 275
12.5.2 Differenz von Konturlinienbildern 277
12.6 Zusammenfassung 279

13. Wissensverarbeitung und Expertensysteme 281
13.1 Einleitung 281
13.2 Regelbasierte Wissensdarstellung und -nutzung 285
13.2.1 Wissensdarstellung mittels Regeln 285
13.2.2 Wissensnutzung mittels Regeln 288
13.3 Ein regelbasiertes Expertensystem 292
13.4 Eine Erklärungskomponente für regelbasierte Expertensysteme 300
13.5 Frame-basierte Wissensdarstellung und -nutzung 306
13.5.1 Wissensdarstellung mittels Frames 306
13.5.2 Wissensnutzung mittels Vererbung 312
13.5.3 Wissensnutzung mittels Matching 315
13.6 Ergänzende Bemerkungen über Expertensysteme 317

14. Künstliche Intelligenz und APL2 319
14.1 Künstliche Intelligenz 319
14.2 APL2 als KI-Sprache 321

Anhang 323

A. Weitere Programme 325
A.1 Die Funktion PATHALL 325
A.2 Die Funktion LOCATEV 326
A.3 Die Funktion INSERTDB 327
A.4 Die Funktion CONSULT 327

B. Die verwendeten APL2-Symbole 329

Literatur 331

Sachwortverzeichnis 335

Teil A

Grundlagen

1. Einleitung

APL2 ist eine wesentliche Erweiterung und damit Nachfolger der Programmiersprache **APL**. APL seinerseits ist die Erfindung des kanadischen Mathematikers K.E. Iverson, der sie 1962 in seinem Buch *A Programming Language* [Iver62] vorgestellt hat (daher der Name). Eine viel spätere Deutung der Abkürzung APL ist *Array Processing Language*, was wesentlich mehr über APL aussagt, nämlich dass es sich um eine Programmiersprache handelt, die sich gut für den Einsatz auf Vektorrechnern und Mehrprozessorsystemen eignet. Diese Deutung hat sich allerdings nicht durchgesetzt. K.E. Iverson konnte 1962 nicht wissen, ob die in seinem Buch vorgeschlagene Programmiersprache überhaupt je auf einem Computer implementiert würde. Dies geschah erst einige Jahre später. Er könnte aber bereits klar machen, dass APL eine gute **Notation** darstellt, eine Notation zum präzisen Formulieren von Algorithmen – oder auch der Funktionsweise von Computersystemen.

1966 wurde APL, allerdings nicht mit allen Möglichkeiten von Iverson's ursprünglichem Vorschlag, von der Firma IBM als Software auf den Markt gebracht – und zwar als **interaktives** System für die Verwendung auf Schreibmaschinenterminals, die an einen Grosscomputer angeschlossen wurden. APL\360, so hiess diese Software, benötigte nur 32K – was man sich heute fast nicht mehr vorstellen kann – und bestand im wesentlichen aus einem **Interpreter**. Dieser erlaubte das unmittelbare Verarbeiten einer vom Benutzer eingetippten Input-Zeile und das sofortige Ausdrucken des zugehörigen Resultats. Also eine echte Interaktion zwischen Benutzer und Computer, was damals noch keine Selbstverständlichkeit war. APL\360 wurde hauptsächlich als komfortabler Tischrechner eingesetzt, d.h. zum Auswerten von (komplizierten) mathematischen Ausdrücken.

Im Laufe der Zeit entstanden zunehmend ausgefeiltere Implementierungen von APL – von IBM und schon bald auch von anderen Firmen. Der wohl wichtigste weitere Schritt bestand in der Entwicklung von APL2 (ca. 1981, vgl. [Brow84]), einer wesentlichen Erweiterung von APL. APL2 führte Arrays aus Elementen verschiedenen Typs (gemischte Arrays) sowie Arrays aus Elementen, die selber Arrays sind (verschachtelte Arrays), ein und stellte gleichzeitig sinnvolle primitive Funktionen für das Arbeiten mit diesen verallgemeinerten Arrays zur Verfügung. Damit wurden die am meisten beanstandeten Schwachstellen von APL behoben. Die Bedeutung dieser Erweiterungen kommt z.B. dadurch zum Ausdruck, dass sich mit ihnen die Funktionen der Programmiersprache LISP sehr direkt auch in APL2 realisieren lassen. (Fast alle Programmbeispiele der folgenden Kapitel machen übrigens Gebrauch von diesen zwei Erweiterungen, obwohl dies nicht absichtlich angestrebt wurde.)

APL ist von der Informatik von Anfang an als bedeutende Entwicklung anerkannt worden. Iverson erhielt 1979 den Turing-Award ([Iver80], [ASou81]), die höchste Auszeichnung in Informatik – die deshalb auch etwa als „Nobelpreis" der Informatik betrachtet wird. Wichtige neuere Entwicklungen, wie die funktionale Programmiersprache FPL oder die mächtige und zugleich sehr benutzerfreundliche Software *Mathematica*, benutzen wesentlich Ideen von APL (vgl. [Huda89], [Wolf88]). Lange litt APL unter dem schweren Nachteil, dass es teuer war und dass sein zugegebenermassen etwas „exotischer" Zeichensatz die Fähigkeiten der meisten Tastaturen überstieg. Mit den neuen PC-Versionen von APL und den flexibleren Tastaturen sind diese Nachteile weitgehend behoben. Dass man in APL auch sehr unschön programmieren kann, ist zweifellos richtig. Dies gilt leider genauso für APL2. Aber es lässt sich in APL und besonders in APL2 sehr einfach und ohne Mehraufwand an Zeit und Nachdenken auch schön programmieren. Wir hoffen, dass unsere Codierbeispiele überzeugendes „Beweismaterial" für diese Thesen liefern.

Einer der wichtigsten Markstein in der Entwicklung der Informatik als Lehre und Wissenschaft war das Erscheinen des ersten Bandes von D.E. Knuth's grossem – und leider unvollendet gebliebenem – Werk *The Art of Computer Programming* im Jahr 1968 [Knut68]. Darin wurde im wesentlichen das Fundament gelegt für die ungezählten Vorlesungen und Lehrbücher über *Datenstrukturen und Algorithmen*, die seither vielerorts durchgeführt bzw. herausgegeben worden sind. Hier wurde erstmals deutlich und sehr überzeugend auf die Wichtigkeit von linearen Listen, binären Bäumen, Graphen, etc. in der Informatikausbildung hingewiesen. Und vollständig zu Recht, wie sich seither erwiesen hat. Die wichtigste Technik beim Arbeiten mit **Datenstrukturen** ist das sogenannte **List Processing**. Knuth verwendet in seinem Werk Assembler als Programmiersprache und zeigt, dass sich damit List Processing ohne weiteres durchführen lässt – obschon die Assemblersprache nur einfache Datentypen direkt unterstützt, also keine Arrays, Records, Strings oder Zeiger. Von den guten späteren Lehrbüchern über *Datenstrukturen und Algorithmen* seien [AhHU83] und [TeAu86] hervorgehoben, die beide sowohl den Inhalt als auch den Aufbau des vorliegenden Textes beeinflusst haben.

APL kennt als zusammengesetzten Datentyp den **Array**, APL2 sogar den Array von Arrays. Die Verarbeitung dieser Arrays ist durch eine grosse Anzahl von **primitiven Funktionen** ausserordentlich gut unterstützt. Damit ist List Processing in APL und APL2 sehr gut möglich, auf jeden Fall viel komfortabler als in Assembler. Erstaunlicherweise haben sich aber die bisherigen Lehrbücher über APL nur sehr wenig mit den oben erwähnten, seit Knuth populär gewordenen Datenstrukturen befasst. List Processing war

1. Einleitung

bislang in APL kaum ein Thema. Ein Grund besteht sicher darin, dass sich Iverson in seinem Buch, das ja lange vor Knuth's erstem Band erschienen ist, mit Problemen der angewandten Mathematik beschäftigt, die keine komplexen Datenstrukturen benötigen. Ein zweiter Grund dürfte die zögernde Verbreitung von APL an den Hochschulen sein: wegen der schon erwähnten bisherigen praktischen Hindernisse und auch weil APL lange als zu sehr auf die IBM-Welt ausgerichtet galt. Der wichtigste Grund ist aber sicher der, dass andere Programmiersprachen, die ungefähr gleichzeitig mit APL entstanden sind, das List Processing direkt unterstützen und sich damit einen Popularitätsvorsprung erwarben: LISP (seit ca. 1965) durch seinen Hauptdatentyp *Liste von Listen* und PL/1 (seit ca. 1967) durch seine *dynamischen Variablen* und *Zeiger* (vgl. [Wegn76]).

In der vorliegenden Einführung in APL2 sollen die Aspekte *Datenstrukturen* und *List Processing* ganz bewusst in den Vordergrund gestellt werden. Es wird sich zeigen, dass APL2 sich dafür ausserordentlich gut eignet. Die Autoren hoffen den Nachweis erbringen zu können, dass eine Einführung in APL2 mit Schwergewicht auf diesen beiden Themen besonders interessant und motivierend sein kann – wie bei Einführungen in andere Programmiersprachen auch. Und sie hoffen weiter, mit diesem Lehrtext eine Lücke zu füllen, die bei anderen Sprachen schon lange und mehrfach gefüllt worden ist und die spätestens bei der heutigen guten Verfügbarkeit von APL2 als nicht mehr verständlich erscheint. Ein dritter Aspekt, der in den Vordergrund gestellt werden soll, betrifft die **Künstliche Intelligenz**. Dieses Gebiet der Informatik befindet sich momentan in einer ganz besonderen Blüte und wird in seiner Bedeutung noch weiter zunehmen. Wir sehen hier eine gute Möglichkeit, „Angenehmes mit Nützlichem" zu verbinden: Die paar kleineren Anwendungen, welche wir im vierten Teil des Buches diskutieren, stellen „Rosinen" im grossen „KI-Kuchen" dar und könnten den Leser zu einer gründlicheren Beschäftigung mit diesem Gebiet motivieren. In erster Linie sind sie aber gut geeignet, die Möglichkeiten von APL2 in einem grösseren Zusammenhang aufzuzeigen und dadurch unsere Einführung in APL2 würdig abzuschliessen bzw. abzurunden.

Eine Programmiersprache ist natürlich nicht nur aufgrund des Gesichtspunkts *Datenstrukturen* erfolgreich oder erfolglos. APL und besonders APL2 weisen eine Reihe weiterer Eigenschaften auf, die diese Sprachen attraktiv machen und ihnen eine beachtliche Verbreitung und sogar regelrechte Fanclubs in vielen Ländern beschert haben. Zu diesen Eigenschaften gehören: die Vielzahl von mächtigen primitiven Funktionen, ein Full-screen Editor, ein Session Manager sowie das Zusammenwirken von APL2 mit anderen Softwaresystemen, z.B. mit Fortran oder dem Datenbanksystem DB2. Die Verwendung der Schnittstellen von APL2 zu anderen Softwarekomponenten wird im vorliegenden Buch zwar nicht behandelt, dürfte aber nach der Durcharbeitung des ersten Teils nicht schwierig sein. Für genauere Angaben sei auf [APL2SS] verwiesen.

2. Datentypen und Datenstrukturen

Bevor wir uns den Grundelementen von APL2 selbst zuwenden, wollen wir noch ein paar andere, allgemeine Begriffe einführen, auf die wir später immer wieder zurückgreifen werden.

Man kann sich leicht eine intuitive Vorstellung davon machen, was wohl unter dem Begriff *Datenstruktur* zu verstehen ist: Es geht um die verschiedenen Möglichkeiten, **Daten**, die irgendwie zusammengehören und zusammen verarbeitet werden sollen, in geeigneter Weise miteinander in Beziehung zu bringen – zu **strukturieren**. Da aber dieser Begriff – wie es schon der Titel des Buches andeutet – im folgenden eine sehr zentrale Rolle spielen wird, möchten wir doch versuchen, ihn etwas präziser zu definieren. Es sei aber darauf hingewiesen, dass unsere Definition, bei der wir uns an [AhHU83] orientieren, keineswegs die einzige gebräuchliche ist. Wie dort gehen wir vom Begriff des *Datentyps* aus:

Ein **Datentyp** kann als Paar (Ob, Op) aufgefasst werden, wo Ob die Menge der **Objekte** des Datentyps bezeichnet und Op die Menge der zugehörigen **primitiven Operationen**. Viele Programmiersprachen kennen z.B. den Datentyp **Boolean**, wo Ob nur aus den zwei Elementen *true* und *false* bzw. 1 und 0 besteht und Op aus den drei Operationen *and*, *or* und *not*. Ein anderer bekannter Datentyp ist **Integer**. Hier besteht Ob aus allen ganzen Zahlen, deren Absolutwert eine vom Compiler oder vom Computer abhängige Limite (z.B. $2^{15}-1 = 32767$) nicht überschreitet. Op besteht z.B. bei Pascal aus den primitiven Operationen +, −, *, *div* und *mod*. Boolean und Integer sind Beispiele von sog. **primitiven Datentypen**, deren Objekte als „atomar" (unteilbar) betrachtet werden. **Real** und **Char** sind weitere bekannte Beispiele von primitiven Datentypen. Bei verschiedenen Autoren gehört auch **Pointer** (Zeiger) dazu. Neben den primitiven gibt es die **zusammengesetzten Datentypen**, deren Objekte aus *Unterobjekten* bestehen, die ihrerseits zu primitiven oder zusammengesetzten Datentypen gehören. Anstelle von *Unterobjekt* wird, besonders bei bestimmten Datentypen, häufig auch der Begriff *Element* verwendet. Bekannte Beispiele von zusammengesetzten Datentypen sind etwa **Array**, **String** und **Record**. Die von einer Programmiersprache direkt unterstützten Datentypen heissen **Standarddatentypen** dieser Sprache. Da diese für anspruchsvollere Anwendungen nicht immer genügen, werden zusätzlich oft applikationsabhängige sog. **abstrakte Datentypen (ADT)** definiert. Ab Kapitel 4 „Abstrakte Datentypen und ihre Implementierung" werden wir uns eingehend mit dem Entwerfen und Verwenden von abstrakten Datentypen befassen.

Wie oben erwähnt, setzt sich ein Objekt eines zusammengesetzten Datentyps — sowohl bei Standard- wie auch abstrakten Datentypen — aus Unterobjekten zusammen. Zum Beispiel definiert die Pascal-Typendeklaration

```
type array3x5: array[1..3,1..5] of integer;          (*)
```

unter dem Namen `array3x5` die Menge *Ob* eines zusammengesetzten Standarddatentyps *ganzzahliger 3×5-Array*. Genauer besagt (*), dass jedes Objekt von *Ob* aus 15 ganzzahligen Unterobjekten oder Elementen besteht, die in Form einer 3×5-Matrix angeordnet bzw. strukturiert sind:

o o o o o
o o o o o
o o o o o

(*) definiert also die identische Struktur aller Objekte von *Ob*, die wir als *Datenstruktur* von *Ob* bezeichnen wollen. Grundsätzlich könnten die Objekte von *Ob* auch anders strukturiert sein, z.B. in der Form:

o o o o o   o o o o o   o o o o o

Dies wäre aber eine andere Datenstruktur — für die gleiche Objektmenge. Wir werden später deutlicher sehen, dass es i.a. mehrere mögliche Datenstrukturen gibt, um die Objektmenge eines Datentyps in einem Programm zu realisieren bzw. zu **implementieren**. Allgemein wollen wir unter **Datenstruktur** die für alle Objekte eines zusammengesetzten Datentyps identische Struktur verstehen, welche festlegt, wie ihre Unterobjekte miteinander verbunden bzw. zueinander angeordnet sind. Alle Objekte eines zusammengesetzten Datentyps haben also die gleiche Datenstruktur. Sie unterscheiden sich aber durch die Werte und oft auch durch die Anzahl ihrer Unterobjekte (z.B. beim Datentyp *Characterstring variabler Länge*). Um auf die einzelnen Objekte eines Datentyps zugreifen zu können, werden i.a. **Variablen** verwendet. An unsere obige Pascal-Typendeklaration würde sich typischerweise eine Variablendeklaration von der Art

```
var   x: array3x5;
```

anschliessen. Diese Deklaration ermöglicht es, unter Verwendung des Namens **x** Objekte zu kreieren, zu ersetzen und zu löschen. Im allgemeinen existieren zu einem bestimmten Zeitpunkt während des Programmablaufs nur wenige Objekte aus *Ob*, nämlich nur diejenigen, die wirklich im Speicher vorhanden sind. Wenn z.B. ein Element eines Arrays verändert oder entfernt wird, wird im Speicher ein Objekt gelöscht und durch ein anderes ersetzt. Die Menge *Ob* und die Datenstruktur bleiben dabei natürlich dieselben.

3. Kurzeinführung in APL2

3.1 Grundinformationen über APL2

Wie bereits im Vorwort erwähnt, soll unser Buch vor allem eine zweite Einführung in APL2 sein. Es soll aber auch einem motivierten Ein- oder Umsteiger den Zugang ermöglichen. Zu diesem Zweck stellen wir in diesem Abschnitt ein paar Grundinformationen über APL2 zusammen, die ein Leser mit Vorkenntnissen bedenkenlos überspringen kann, die wir aber einem Anfänger, für den APL2 noch völlig Neuland ist, nicht vorenthalten wollen.

APL2 ist wie APL in erster Linie für den Dialogbetrieb konzipiert. Der Anwender ruft das APL2-System durch Eintippen von „APL2" (oder eines ähnlichen Befehls) auf und verlässt es wieder mit dem Befehl)OFF. Dazwischen führt er eine **Sitzung** (Session) durch, während der er mit dem APL2-System im Dialog kommuniziert. APL2-Anweisungen werden nicht – wie z.B. Pascal-Anweisungen – in einem ersten Schritt compiliert und in einem zweiten ausgeführt, sondern in einem einzigen Schritt **interpretiert**: Der **APL2-Interpreter** liest zeichenweise eine Anweisung nach der anderen, und sobald er eine ausführbare Operation „entdeckt" hat, führt er diese sofort aus, d.h. vor dem Weiterlesen. Ob eine Anweisung nur eine oder mehrere Operationen enthält, spielt dabei keine Rolle. Es wurden zwar auch APL-Compiler entwickelt. Diese haben aber in der Praxis bisher keine nennenswerte Verbreitung gefunden.

Charakteristisch für APL und APL2 ist, dass die Anweisungen i.a. **von rechts nach links** abgearbeitet werden. Dies ist von der Mathematik her gesehen nicht ungewöhnlich. Dort bedeutet ja z.B. die „Anweisung" $y = log(sin(2x))$, dass auf das Argument x zuerst die Multiplikation mit 2, dann die Funktion sin und zuletzt die Funktion log angewendet werden sollen; d.h. die „Abarbeitung" geschieht auch hier von rechts nach links. Genauere Ausführungen zu dieser sog. **right-to-left rule** von APL2 finden sich z.B. in [APL2LR].

Beispiel:

```
B1 ← 6 - 5 + 4 - 3 + 2 - 1
```

Mit dieser Anweisung wird der Variablen B1 der Wert 1 zugeordnet und nicht der Wert 3, wie ein APL2-Unkundiger vermuten könnte. Mit Hilfe von **Klammern** lässt sich der obige Ausdruck zu einem gleichwertigen umformulieren, der die Reihenfolge der Abarbeitung unmittelbarer erkennen lässt:

```
B1 ← 6 - (5 + (4 - (3 + (2 - 1))))
```

Falls man den Ausdruck aber doch so verstanden haben möchte, dass er den Wert 3 ergibt, bieten sich z.B. die folgenden beiden Möglichkeiten an:

```
B2 ← (6 - 5) + (4 - 3) + 2 - 1
B2 ← 6 + ¯5 + 4 + ¯3 + 2 + ¯1
```

Unter anderem sehen wir hier, dass APL2 für die **Zuweisung** den **Zuweisungspfeil** ← verwendet und dass es zwischen dem **Subtraktionszeichen** - und dem **Minuszeichen** ¯ unterscheidet; „-" stellt eine primitive Funktion dar, „¯" nicht.

Variablen werden nicht explizit definiert, sondern aufgrund von Zuweisungen. Sie sind auch nicht typgebunden. So stellt der Interpreter bei den obigen Beispielen aufgrund der rechtsseitigen Ausdrücke fest, dass B1 und B2 ganzzahlige Variablen bezeichnen sollen. Dies kann sich aber schon beim nächsten Statement wieder ändern:

```
B2 ← 3 4 5 , B1 ← 'ABCD'              (*)
```

Hier wird zuerst der Variablen B1 ein Characterstring zugewiesen. Dann bewirkt die durch das Symbol , dargestellte *primitive Funktion Catenate*, dass der numerische Vektor 3 4 5 und der Characterstring B1 aneinandergefügt bzw. **konkateniert** werden. Der entstandene **heterogene** bzw. **gemischte Vektor** wird schliesslich der Variablen B2 zugewiesen. (Wir wollen der Einfachheit halber zwischen den Begriffen „Variable" und „Variablenname" nicht streng unterscheiden.) **Konstanten** sind einfach Variablen, deren Wert unverändert bleibt. Sie haben in APL2 keine besondere Bedeutung.

Wird nach dem Abarbeiten einer Anweisung der resultierende Wert nicht einer Variablen zugewiesen, wird er automatisch am Bildschirm angezeigt.

Beispiele:

```
      0 1 2 3
0 1 2 3
      B1
ABCD
      6 + 2 ÷ 3
6.666666667
```

3. Kurzeinführung in APL2

Pascal unterscheidet deutlich zwischen „Programm", „Prozedur" und „Funktion". APL2 kennt die Begriffe „Programm" und „Prozedur" eigentlich nicht und verwendet den Begriff „Funktion" auch an ihrer Stelle. Dazu kommt der ebenfalls wichtige Begriff „Operator". Es gibt in APL2 **primitive Funktionen**, die den Operationen und eingebauten Funktionen von Pascal entsprechen. Primitive Funktionen sind **monadisch** oder **dyadisch**, je nachdem ob sie auf ein oder zwei **Argumente** angewendet werden. (Die Operanden von Funktionen werden in APL2 i.a. Argumente genannt.) In vielen Fällen kann das gleiche Funktionssymbol sowohl zu einer monadischen als auch zu einer dyadischen Funktion gehören:

$\star 5$ bedeutet e^5 (monadisch)

$2 \star 5$ bedeutet 2^5 (dyadisch)

Neben den primitiven gibt es in APL2 die **definierten Funktionen**, die den vom Benutzer codierten Prozeduren und Funktionen von Pascal entsprechen. Definierte Funktionen können **niladisch** (keine Operanden), monadisch oder dyadisch sein. Wir werden bei unseren Anwendungen die Funktionen, die einer Pascal-Hauptprozedur entsprechen, i.a. **Hauptprogramm** oder **Anwendungsprogramm** nennen.

Operatoren machen grundsätzlich aus Funktionen neue Funktionen, die **abgeleitete Funktionen** (derived functions) heissen. Es gibt nur monadische und dyadische Operatoren, keine niladischen.

Beispiel: Der monadische Operator **/** (*Reduce*) macht aus der dyadischen Funktion **+** (Addition) die abgeleitete monadische Funktion **+/** (man beachte, dass der Operand **+** links vom Operator **/** steht), welche alle Elemente ihres jeweiligen Argumentes addiert:

```
      +/2 3 5 7 11
28
      2 + 3 + 5 + 7 + 11
28
```

Neben den **primitiven Operatoren** gibt es **definierte Operatoren**, die − ähnlich wie definierte Funktionen − vom Benutzer codiert werden. Wir werden die verschiedenen Möglichkeiten, wie definierte Funktionen und Operatoren erstellt werden können, im Abschnitt 3.3 „Programmieren" kennenlernen.

Die grosse Anzahl primitiver Funktionen und Operatoren von APL2 bedingt eine entsprechend grosse Anzahl verschiedener **Funktions-** und **Operatorsymbole**. Einige dieser Symbole sind glücklicherweise altvertraut (z.B. **+** für die Addition), andere sind es nicht (ganz), obschon sie es eigentlich sein könnten (z.B. **÷** für die Division). Die meisten bezeichnen Opera-

tionen, die in anderen Sprachen durch (reservierte) Wörter („or", „mod",
usw.) bezeichnet sind oder aber in diesen Sprachen überhaupt nicht als primitive Operationen vorkommen. Viele dieser Symbole sind ungewohnt, sowohl für APL2-Anfänger als auch für den Grossteil der herkömmlichen
Computerhardware, und machen entsprechend gewisse Schwierigkeiten. Sie
sind aber interessant und z.T. fast „tiefgründig" gewählt (z.B. , für das
Konkatenieren).

Wir werden im Abschnitt 3.4 „Zur Systemumgebung" genauer darauf
eingehen, wie ein Benutzer mit dem APL2-System „kommuniziert" und welche Hilfen ihm für sein Arbeiten zur Verfügung stehen. An dieser Stelle
wollen wir aber doch die Begriffe **Workspace** (Arbeitsbereich), **Systemvariable**, **Systemfunktion** und **Systemanweisung** bereits kurz einführen, weil sie
schon bei der Besprechung der Arrays hie und da zur Sprache kommen
werden.

Ein **Workspace** ist ein Speicherbereich, welcher vom APL2-System orga-
nisiert und dem Benutzer als Arbeitsspeicher zur Verfügung gestellt wird.
Insbesondere dient er der Erstellung, der Ausführung und der Sicherstellung
von Benutzerprogrammen. Ein Benutzer verfügt i.a. über mehrere Workspaces. Derjenige, mit dem er gerade arbeitet, heisst **aktiv**, die übrigen sind
in einer **Bibliothek** (Library) abgespeichert.

Eine typische **Systemvariable** ist ⎕WA (*Workspace Available*), die als Wert
die momentan noch frei verfügbare Workspace-Kapazität (in Bytes) enthält
und die jederzeit abgefragt werden kann:

```
      ⎕WA
743652
```

Eine typische **Systemfunktion** ist ⎕NC (*Name Class*), mit der z.B. abgefragt
werden kann, ob ein im aktiven Workspace gespeichertes Objekt mit Name
UNBEKANNT ein Array, eine Funktion oder ein Operator ist. Diesen drei
Möglichkeiten entsprechend (es gibt noch weitere) wird 2, 3 oder 4 als
Funktionswert zurückgegeben:

```
      ⎕NC 'UNBEKANNT'
3
```

Das Objekt UNBEKANNT ist also eine (definierte) Funktion. Wir erkennen,
dass sowohl bei Systemvariablen als auch bei Systemfunktionen die zugehörige Bezeichnung mit ⎕ beginnt. Die beiden Beispiele machen − so hoffen
wir wenigstens − intuitiv klar, was eine Systemvariable bzw. eine Systemfunktion ist, und das soll an dieser Stelle auch genügen. Es sei aber doch
bemerkt, dass sich die beiden Begriffe allgemein nicht so einfach unterscheiden lassen, wie die zwei Beispiele suggerieren.

Eine typische **Systemanweisung** (System Command) ist)**CLEAR**, mit der
der Benutzer den Inhalt seines aktiven Arbeitsbereiches löschen kann. Na-

3. Kurzeinführung in APL2

men von Systemanweisungen beginnen mit einer rechten Klammer. Anders als Systemvariablen und -funktionen lassen sich Systemanweisungen nicht unmittelbar in Benutzerprogrammen verwenden.

Bei der Wahl von **Namen** für Variablen, definierte Funktionen, definierte Operatoren und Marken (vgl. 3.3.3 „Sprünge") braucht der APL2-Benutzer nicht viele Regeln zu beachten: Das erste Zeichen eines Namens muss der Menge {A,B,...,Z,∆,A̲,B̲,...,Z̲,∆̲} angehören, die weiteren Zeichen dürfen auch aus {0,1,...,9,_,⁻} sein. Die Länge von Namen ist in der Sprache APL2 grundsätzlich nicht begrenzt, wohl aber bei konkreten Implementierungen. Da insbesondere in der kostenlosen Mini-Version TryAPL2 die Länge von Namen auf 10 Zeichen begrenzt ist, wollen wir uns im folgenden an diese Einschränkung halten. Workspace-Namen dürfen maximal 8 Zeichen umfassen, wobei aber Zeichen aus {∆,A̲,B̲,...,Z̲,∆̲,_,⁻} nicht erlaubt sind.

Wir wollen bereits in diesem Abschnitt eine erste definierte Funktion einführen, nämlich die Hilfsfunktion *DISPLAY*. Sie wird unter diesem Namen aufgerufen, also nicht über ein spezielles Funktionssymbol, wie es bei den primitiven Funktionen der Fall ist. *DISPLAY* wird bei den uns bekannten APL2-Versionen in einer Programmbibliothek mitgeliefert (vgl. 3.4 „Zur Systemumgebung"), und zwar als Quellprogramm, da ja APL2-Programme nicht kompiliert werden. *DISPLAY* ermöglicht es, APL2-Arrays grafisch schön und gut dokumentiert darzustellen. Wenn man nicht sicher ist, ob ein Array wirklich die erwartete Struktur aufweist, kann *DISPLAY* auf ihn angewendet werden. Der resultierenden grafischen Darstellung lässt sich dann die tatsächliche Struktur des Arrays leicht entnehmen. *DISPLAY* ist eine äusserst nützliche Hilfsfunktion, insbesondere für APL2-Anfänger, und wir werden im folgenden oft von ihr Gebrauch machen. Für das Beispiel (*) auf Seite 10 erhalten wir:

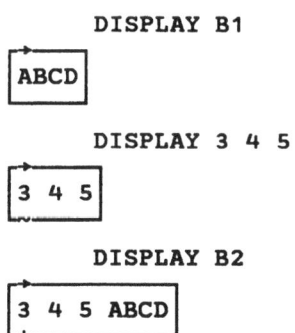

Die Interpretation der grafischen Darstellungen ist einfach: In jedem der drei Fälle besagt das Kästchen, dass die in ihm eingeschlossenen Werte die Elemente eines Arrays sind. Der (einzige) Pfeil → gibt an, dass dieser Array 1-dimensional — also ein Vektor — ist und dass die Anordnung der Elemente von links nach rechts ihrer Reihenfolge im Vektor entspricht. Bei einem 2-dimensionalen Array würden zwei Pfeile auftreten, und zwar einer von links nach rechts (→) sowie einer von oben nach unten zeigend (↓). Das Zeichen ~ auf dem unteren Rand weist auf einen *numerischen Array* hin, das Zeichen + auf einen *gemischten Array*. Erscheint keines der beiden Zeichen, handelt es sich um einen *Character-Array*. Weitere Symbole, die in der grafischen Darstellung von *DISPLAY* auftreten können, werden wir dort erläutern, wo wir sie zum ersten Mal antreffen. Eine detaillierte Beschreibung von *DISPLAY* ist z.B. in [APL2LR] und [BrPP88] enthalten. Wir empfehlen unseren Lesern, von dieser Hilfsfunktion regen Gebrauch zu machen.

Es wird ab und zu wichtig sein, darauf hinzuweisen, dass zwei verschiedene Ausdrücke gleichwertig sind, d.h. dass ihre Auswertung identische Resultate liefert. Wir verwenden dazu das Zeichen ↔, ein nicht zur APL2-Sprache gehöriges **Metazeichen**, das aber mit der gleichen Bedeutung auch häufig in den APL2-Manuals anzutreffen ist.

Damit haben wir die nötigen Vorbereitungen getroffen, um uns dem Hauptgegenstand einer jeden APL2-Einführung zuwenden zu können: den APL2-Arrays und den dazugehörigen primitiven Funktionen und Operatoren. Ihrer systematischen Vorstellung ist der − relativ lange − nächste Abschnitt gewidmet.

3.2 Arrays

In diesem Abschnitt wollen wir die **Arrays** von APL2 zusammen mit den wichtigsten zugehörigen primitiven Funktionen besprechen. Mit diesen Kenntnissen wird es bereits möglich sein, APL2 als sehr komfortablen und leistungsfähigen „Tischrechner" einzusetzen. Aber auch für das eigene Programmieren, in welches der anschliessende Abschnitt einführt, wird mit der Behandlung der Arrays das wichtigste Fundament gelegt. Wir wollen „bottom-up" vorgehen, d.h. wir fangen mit den allereinfachsten Arrays an, nämlich mit den einfachen Skalaren, und gelangen dann Schritt für Schritt bis zu den allgemeinsten und anspruchsvollsten Arrays, welche die Sprache APL2 kennt. Das sind die gleichzeitig gemischten und verschachtelten Arrays von höherer Dimension. Dieses Vorgehen bietet den Vorteil, dass die Möglichkeiten, welche ein Einsteiger in APL2 i.a. als erste verwenden möchte − und die er in vielen Fällen auch später am häufigsten braucht − zuerst zur Sprache kommen.

3.2.1 Standarddatentypen

So wie LISP eine ausgesprochen **Listen-orientierte** Sprache ist, ist APL2 wie ihr Vorgänger APL eine ausgesprochen **Array-orientierte** Sprache. Alle primitiven Funktionen von APL2 haben Arrays als Operanden und erzeugen

3. Kurzeinführung in APL2

als Resultat wiederum einen Array. Der Arraybegriff von APL2 ist ein äusserst allgemeiner, und auch die primitiven Funktionen sind (fast) so allgemein wie möglich konzipiert. So lässt sich z.B. die *Addition* ohne weiteres in Fällen wie den folgenden anwenden:

```
      4 + 3.05
7.05
      2E3 + 2000
4000
      1 2 + ¯1 ¯2
0 0
      2 + 5 6 7
7 8 9
      1J9 + 6J2
7J11
      ¯0.3J¯9.9 + 0.7
0.4J¯9.9
```

(In den beiden letzten Beispielen werden **komplexe Zahlen** addiert. Z.B. stellt 1J9 die komplexe Zahl mit **Realteil** 1 und **Imaginärteil** 9 dar.) Nicht anwendbar — weil nicht sinnvoll — ist die Addition in Fällen wie:

```
      1+'A'
DOMAIN ERROR
      1+'A'
       ∧∧
      '1' + '2'
DOMAIN ERROR
      '1'+'2'
        ∧ ∧
      1 2 + 3 4 5
LENGTH ERROR
      1 2+3 4 5
       ∧ ∧
```

Wir sehen hier bereits erste Beispiele von **Fehlermeldungen**, wie sie vom APL2-Interpreter unmittelbar nach dem Erkennen des Fehlers angezeigt werden. Die Fehlermeldung DOMAIN ERROR besagt beispielsweise, dass die primitive Funktion + auf einen für sie ungültigen Datentyp angewendet wurde. Nach der Ausgabe einer Fehlermeldung wird die Programmausführung abgebrochen. Es sei denn, dass Vorkehrungen getroffen wurden, um den Fehler „abzufangen".

In Anbetracht des sehr allgemeinen Arraybegriffs und der sehr allgemein verwendbaren primitiven Funktionen von APL2 ist es nicht verwunderlich, dass APL2 – ganz im Gegensatz zu Pascal – **keine** Standarddatentypen kennt. APL2 kennt zwar eine Unterteilung der Vielfalt seiner Arrays in speziellere „Typen", aber die primitiven Funktionen sind bewusst nicht so konzipiert, dass sie sich diesen „Typen" eindeutig zuordnen liessen. Denn sie sollen ja so allgemein anwendbar sein wie nur möglich. Diese Philosophie von APL2 passt natürlich nicht zum Begriff des **Datentyps**, wie wir ihn im Kapitel 2 „Datentypen und Datenstrukturen" kennengelernt haben. APL2 kennt also keine Standarddatentypen und insbesondere nicht diejenigen von Pascal. Trotzdem wollen und dürfen wir so geläufige Begriffe wie *Boolean*, *Integer*, *Real*, etc. auch in APL2 verwenden. (Nur den **Pointer** können wir nicht so ohne weiteres in die APL2-Welt hinüberretten (vgl. dazu aber Kapitel 4 „Abstrakte Datentypen und ihre Implementierung").) Wir hoffen, mit unserem Vorgehen dem Pascal-Kenner seinen „Umgewöhnungsprozess" zu erleichtern. In erster Linie aber hilft es uns, die Vielfalt von APL2-Arrays auf systematische Weise vorzustellen und gleichzeitig aufzuzeigen, wo die vielen primitiven Funktionen und Operatoren am passendsten eingeordnet werden können. Wir werden es sogar wagen, vom „Datentyp Boolean", „Datentyp Integer", etc. zu sprechen und so zu tun, als ob es sich dabei um Standarddatentypen von APL2 handelte. Wobei wir uns durchaus bewusst sind, dass wir damit der exakten Definition des Datentyps, wie wir sie in Kapitel 2 „Datentypen und Datenstrukturen" angegeben haben, nicht ganz gerecht werden. Missverständnisse sollten sich dadurch aber keine ergeben, und bei der Diskussion der abstrakten Datentypen ab dem Kapitel 4 „Abstrakte Datentypen und ihre Implementierung" werden wir uns wieder streng an die Definition halten. Im Gegensatz zu den Standarddatentypen sind abstrakte Datentypen von der verwendeten Programmiersprache unabhängig, so dass die Tatsache, dass APL2 ein Sprache ohne Datentypkonzept ist, sich auf ihre Einführung und Verwendung nicht auswirkt.

3.2.2 Einfache Skalare

Die einfachsten Arrays in APL2 sind die einfachen Skalare. Ein **einfacher Skalar** ist entweder eine einzelne **Zahl** oder ein einzelner **Character**. Ausser den einfachen Skalaren gibt es in APL2 auch noch die **verschachtelten**, die wir aber erst im Abschnitt 3.2.5 „Verschachtelte Arrays" diskutieren werden. Wir wollen bei unserer Besprechung der einfachen Skalare soweit wie möglich ihre Analogie zu den Standarddatentypen von Pascal hervorheben und sie dementsprechend unterteilen.

a) Datentyp Boolean

Die Objekte **true** und **false** des Datentyps **Boolean** werden in APL2 durch die Zahlen 1 und 0 repräsentiert. Von den primitiven Funktionen, die sich als primitive Operationen für diesen Datentyp eignen, erwähnen wir in der folgenden Aufstellung nur die am häufigsten gebrauchten. Für jede Operation ist zuerst der „offizielle" englische Name aufgeführt, als zweites die Syntax (wo L jeweils das **linke** und R das **rechte Argument** bezeichnen), dann eine (nicht offizielle) deutsche Umschreibung und schliesslich ein kleines Beispiel. Wir werden diese Darstellungsform systematisch auch später verwenden.

Not	~ R	Boolesche Negation	0	~ 1
And	L ∧ R	Und-Verknüpfung	0	0 ∧ 1
Or	L ∨ R	Oder-Verknüpfung	1	0 ∨ 1

Beispiel:

```
      KRANK ← 0
      URLAUB ← 1
      ABWESEND ← KRANK ∨ URLAUB
      ABWESEND
1
```

b) Datentyp Integer

In APL2/370 z.B. stellen die ganzen Zahlen von $-2\,147\,283\,648$ ($= -2^{31}$) bis $+2\,147\,483\,647$ ($= 2^{31}-1$) die Objekte des Datentyps **Integer** dar. Bezüglich ihrer Darstellung ist APL2 nicht heikel:

```
      01962
1962
      1962.0
1962
      0.01962E5
1962
      1962J0
1962
```

Als wichtigste primitive Operationen stehen ausser den Vergleichsoperationen <, ≤, =, ≥, > und ≠ die folgenden primitiven Funktionen zur Verfügung:

Negative	− R	Negation	¯3	− ¯3
Add	L + R	Addition	¯3	¯1 + ¯2
Subtract	L − R	Subtraktion	0	7 − 7
Multiply	L × R	Multiplikation	8	¯4 × ¯2
Power	L * R	Potenzierung	32	2*5
Magnitude	| R	Absolutbetrag	4	| ¯4
Residue	L | R	Rest bilden	1	3 | 7
Maximum	L ⌈ R	Maximum	¯2	¯7 ⌈ ¯2
Minimum	L ⌊ R	Minimum	¯7	¯2 ⌊ ¯7

Die ganzzahlige Division — welcher in Pascal der Operator *div* entspricht — kann leicht aus primitiven Funktionen zusammengesetzt werden:

⌊ 20 ÷ 3
6

Das folgende Beispiel illustriert, dass beim „Rest bilden" die beiden Argumente auch negativ sein dürfen:

7 | ¯4
3

(denn es gilt: ¯4 ↔ 3+¯1×7)

c) Datentyp Real

In APL2/370 entspricht die Objektmenge des Datentyps Real dem Zahlenbereich von ca. -10^{75} bis ca. $+10^{75}$. Die Integer-Zahlen sind in den Real-Zahlen als Teilmenge enthalten. Alle primitiven Operationen des Datentyps Integer sind auch primitive Operationen des Datentyps Real. Wichtige zusätzliche primitive Operationen sind:

3. Kurzeinführung in APL2

Divide	L ÷ R	Division	‾3 ÷ ‾5 0.6
Ceiling	⌈ R	Aufrunden	⌈ ‾2.5 ‾2
Floor	⌊ R	Abrunden	⌊ 5.99 5
Pi Times	○ R	π-mal	○ 2 6.283185307
Circle Functions	L ○ R	Kreisfunktionen	2 ○ 6.283185307 1

Von den 25 in APL2 enthaltenen sog. *Kreisfunktionen* seien hier nur die drei wichtigsten erwähnt: Sei R die Grösse eines Winkels in **Bogenmass**, dann ergeben 1○R, 2○R und 3○R den **Sinus**, den **Cosinus** bzw. den **Tangens** dieses Winkels. Beim obigen Beispiel wird also $cos(2\pi)$ berechnet. Häufig möchte man natürlich z.B. den Sinus eines Winkels in Grad berechnen, wogegen APL2 die Winkelangabe in Bogenmass erwartet. Um allgemein einen Winkel α von Grad in Bogenmass umzurechnen, muss man α bekanntlich mit $\pi/180$ multiplizieren, in APL2 also α durch ○α÷180 ersetzen.

d) Datentyp Complex

Komplexe Zahlen sind von APL2/370 unterstützt, von APL2/PC leider (noch) nicht. Wir werden auf komplexe Zahlen nicht weiter eingehen, da wir sie für unsere Anwendungen nirgendswo brauchen. Für einige Leser werden sie aber bestimmt wichtig sein; wir verweisen Interessenten auf [APL2LR] und [Loch89].

e) Datentyp Character

Der − nicht von allen Printern verstandene − APL2-Character-Set umfasst die 256 möglichen 8-Bit-Kombinationen, ordnet aber nicht allen druckbare Zeichen zu. Er ist im sog. *Atomic Vector* enthalten, welcher eine für viele Anwendungen nützliche Systemvariable ist.

Beispiele:

```
      ⎕AV[232]
X
      ⎕AV[112]
?
```

Characters müssen bei der Eingabe – wie bei anderen Sprachen – in Hochkommas eingepackt werden. Ausnahme: Das Hochkomma selber wird verdoppelt und dann in Hochkommas eingepackt:

```
      A←''''

      A
'
```

Zum Datentyp Character gehören also 256 Objekte, die aber in den heutigen APL2-Versionen nicht alle verwendet werden. Es ist also noch eine gewisse Reserve vorhanden. Mit einzelnen Characters wird selten gearbeitet. „Natürliche" primitive Operationen sind nur die beiden Vergleichsoperationen *Equal* (=) und *Not Equal* (≠).

Beispiele:

```
      'A' ≠ 'a'
1
      ',' = ''''
0
```

3.2.3 Einfache Vektoren

Wie bei den Skalaren gibt es in APL2 auch bei den Vektoren **einfache** und **verschachtelte**. Einiges, was wir in diesem Abschnitt diskutieren, gilt für beide Arten von Vektoren, weshalb wir manchmal statt von „einfachen Vektoren" lediglich von „Vektoren" sprechen werden. Ein **Vektor** ist eine endliche Folge von Elementen, die im Fall eines **einfachen Vektors** alle einfache Skalare sind. Von je zwei Elementen ist immer eines der **Vorgänger** und eines der **Nachfolger** des andern, d.h. die Menge der Elemente eines Vektors ist **linear geordnet**. Als Datenstrukturen aufgefasst, sind Vektoren deshalb **lineare Datenstrukturen**. Das I-te Element eines Vektors V wird in APL2 mit V[I] angesprochen. Das Klammerpaar [ ] stellt in APL2 eine – allerdings etwas ungewöhnliche – dyadische primitive Funktion dar, die für V und I als Argumente das Ergebnis V[I] liefert:

Bracket indexing	A[I]	Konventionell indizieren	L	'APL2'[3]

Die Präzisierung „konventionell" deutet darauf hin, dass es in APL2 auch eine „modernere" Möglichkeit der Indizierung gibt. Wie wir im nächsten Abschnitt sehen werden, ist dies tatsächlich der Fall (primitive Funktion

3. Kurzeinführung in APL2

Indexing). Wir werden aber selber soweit wie möglich *Bracket indexing* verwenden und damit sicher Pascal-Kennern entgegenkommen. Als primitive Funktion lässt *Bracket indexing* anstelle eines festen Indexes I auch Ausdrücke zu, was oft sehr elegant und praktisch ist.

Beispiele:

```
      V←1 9 8 0
      I←11 10 9
      V[I-8]
8 9 1
      V[1 4 4 1]
1 0 0 1
      V[I[1] - I[3]]
9
      V[1 2 +V[1]]
9 8
```

Es gibt in APL2 die Systemvariable *Index Origin* (Indexanfang) ⎕IO, die normalerweise den Wert 1 hat (= *Default*), aber auch auf 0 gesetzt werden kann: ⎕IO←0. Falls der Indexanfang 0 ist, ist das Anfangselement eines Vektors nicht das erste Element, sondern das **nullte**. Für unsern Vektor V bedeutet dies:

```
      V[0]
1
      V[1]
9
      V[2]
8
      V[3]
0
```

(Die Anzahl Elemente von V bleibt natürlich 4.) Mit ⎕IO←0 können viele Array-Operationen eleganter codiert werden als mit ⎕IO←1. Anderseits ist die mit 0 beginnende Indizierung für die meisten Anwender doch recht ungewohnt, während die Vorteile nicht enorm sind. Wir werden deshalb immer mit Indexanfang 1 arbeiten.

Das Eingeben bzw. Anzeigen eines Vektors geschieht im einfachsten Fall in Zeilenform und entsprechend der natürlichen Reihenfolge der Elemente.

Der Benutzer kann aber auch leicht eine andere Art der Eingabe bzw. der Anzeige wählen.

Beispiele:

```
      V1 ← 5 6 7 8 9
      V1 [2 5 4 3 1]
6 9 8 7 5
      V2 ← 'A' 'B' 'C' 'D' 'E'
      V2
ABCDE
      V3 ← 1 'A' 2 'B' 3
      V3[2 3 3 1]
A 2 2 1
      V3[4 5 1]←'CDE'
      V3
E A 2 C D
```

V1 ist ein **numerischer Vektor** (genauer genommen sogar ein Integer-Vektor), V2 ist ein **Character-Vektor**. Beide sind **homogen**, weil alle Elemente von V1 Zahlen und alle Elemente von V2 Characters sind. V3 ist ein **heterogener** oder **gemischter Vektor**. Das letzte Beispiel stellt eine sogenannte **selektive Spezifikation** dar, welche ermöglicht, nur gewissen Elementen eines Arrays Werte zuzuweisen. Es zeigt ferner, dass bei der Eingabe eines Character-Vektors alle Characters als *ein* Characterstring, d.h. ohne Leerzeichen zwischen den Characters, eingegeben werden dürfen:

```
      V4 ← '+' '-' '?' ']' '*'
      DISPLAY V4
┌────────┐
│+-?]*   │
└────────┘

      V5←'+-?]*'
      DISPLAY V5
┌────────┐
│+-?]*   │
└────────┘
```

V4 und V5 sind also identisch.

Die **Länge** eines Vektors ist als die Anzahl seiner Elemente definiert. Wichtig ist, dass APL2 auch **leere Vektoren** erlaubt, d.h. Vektoren, die keine Elemente enthalten, also von der Länge 0 sind. (Leere Skalare gibt es nicht.) Leere Vektoren sind oft für das Initialisieren nützlich. Noch wichtiger ist,

3. Kurzeinführung in APL2

dass Vektoren (fast) beliebig verlängert werden dürfen, nämlich bis der Speicherplatz ausgeschöpft ist. Es ist in APL2 nicht nötig, die maximale Länge, welche ein Vektor annehmen darf, im voraus zu definieren, wie dies bei vielen andern Programmiersprachen verlangt wird: APL2-Vektoren — und APL2-Arrays überhaupt — lassen sich während der Programmausführung **dynamisch** vergrössern und verkleinern.

Alle primitiven Funktionen, die wir bei den einfachen Skalaren kennengelernt haben (sie heissen gelegentlich **skalare Funktionen**), lassen sich grundsätzlich auch auf Vektoren anwenden, wobei allerdings folgendes zu beachten ist:

- Die dyadischen Funktionen verlangen, dass entweder die beiden Argumente Vektoren gleicher Länge sind oder dass das eine Argument ein Skalar ist (**scalar extension**).
- Die monadischen Funktionen werden auf jedes einzelne Element eines Vektors angewendet, die dyadischen Funktionen auf jedes Paar von Elementen mit gleichem Index.

Beispiele:

```
      'KUCHEN' = 'BACKEN'
0 0 1 0 1 1
      1 = '1' 1 2 3
0 1 0 0
      2 5 ¯3 ¯1 0 < 3 3 3 ¯3 3
1 0 1 0 1
```

Es gibt eine Anzahl von primitiven Funktionen, die vor allem (aber nicht nur) für Vektoren verwendet werden und die alle **nichtskalar** sind. Wir stellen diese Funktionen nicht alphabetisch vor, wie es normalerweise in den Handbüchern geschieht, sondern versuchen, sie aufgrund von Zusammengehörigkeiten etwas zu gliedern:

Match	L ≡ R	Testen auf Identität	1 2 ≡ 'ABC' 0

Match lässt beliebige 2 Argumente zu und testet, ob sie **identisch** sind.

Beispiele:

```
      9 ≡ '9'
0
```

24   Teil A: Grundlagen

```
      1 2 ≡ 1E0 2J0
1
      ' APL2 ' ≡ 'APL2'
0
```

Wir hätten *Match* schon bei den einfachen Skalaren vorstellen können, aber der Unterschied zu *Equal* macht sich erst bei Vektoren bemerkbar:

```
      1 2 = 1E0 2J0
1 1
      ' APL2 ' = 'APL2'
LENGTH ERROR
      ' APL2 '='APL2'
       ^       ^
```

Im Gegensatz zu = gibt ≡ immer einen der Skalare 1 oder 0 zurück. Die Anwendung von ≡ auf unterschiedliche Argumente führt − anders als bei = − nie zu einem Fehler.

Interval	ι R	Zahlen generieren	ι 5 1 2 3 4 5

Es wird ein Vektor aus den Zahlen von 1 bis R gebildet. Mit LN←ι0 erhalten wir einen leeren Vektor:

```
      DISPLAY LN
```

⊖ und 0 zeigen an, dass der Vektor LN leer und zugleich numerisch ist. Auch mit LC←'' erhalten wir einen leeren Vektor, diesmal aber einen Character-Vektor:

```
      DISPLAY LC
```

Offenbar sind die beiden leeren Vektoren LN und LC zu unterscheiden. Dies können wir auch mit *Match* verifizieren:

```
      LC ≡ LN
0
```

3. Kurzeinführung in APL2   25

Wir werden gelegentlich LN den **leeren numerischen Vektor** und LC den **leeren Charactervektor** nennen. Beide lassen sich auf viele verschiedene Arten konstruieren.

Interval ist vom jeweiligen Wert von ⎕IO abhängig, und wir haben bis jetzt stillschweigend ⎕IO↔1 vorausgesetzt. Ist ⎕IO auf 0 gesetzt, ergibt z.B. ι5 nicht den Vektor 1 2 3 4 5, sondern den Vektor 0 1 2 3 4.

Frage: Was ergibt wohl ι0 für ⎕IO←0?

| *Deal* | L ? R | Zufallszahlen generieren (dyadisch) | 4 ? 5
5 1 2 4 |

Aus den Elementen von ι5 werden 4 voneinander verschiedene „zufällig" ausgewählt. Dabei muss die Bedingung R≥L≥0 erfüllt sein. Offenbar ist das Resultat von L?R vom Wert von ⎕IO abhängig.

| *Roll* | ? R | Zufallszahlen generieren (monadisch) | ? 4 7 1 1
4 3 1 1 |

Falls R ein positiver (ganzzahliger) Skalar ist, gilt 1?R ↔ ?R. Anders als bei *Deal* darf R bei *Roll* auch ein Vektor sein. *Roll* wird dann elementweise angewendet (skalare Funktion).

| *Catenate* | L , R | Konkatenieren | 1 2 3,'ABC'
1 2 3 ABC |

Catenate haben wir bereits im Abschnitt 3.1 „Grundinformationen über APL2" angetroffen: Ein *m*-elementiger und ein *n*-elementiger Vektor werden zu einem *m*+*n*-elementigen Vektor zusammengefügt bzw. verkettet. Als Argumente sind auch Skalare zugelassen:

```
    DISPLAY 19,91
```

| *Drop* | L ↓ R | Entfernen | 2 ↓ 'TRAMPELN'
AMPELN |

Es werden die ersten 2 Elemente des Vektors 'TRAMPELN' weggelassen. Mit ¯2 anstelle von 2 würden die letzten 2 Elemente weggelassen.

Analog:

Take	L ↑ R	Entnehmen	¯6 ↑ 'TRAMPELN' AMPELN

Es werden nur die letzten 6 Elemente des Vektors 'TRAMPELN' beibehalten.

Frage: Was passiert, wenn L grösser als die Länge von R ist?

Spezialfall:

First	↑ R	Erstes Element entnehmen	↑ 'TRAMPELN' T

Without	L ~ R	Weglassen	'BALLERN' ~ 'NELL' BAR

Jedes Element von L, das auch in R vorkommt, wird aus L entfernt.

Grade Down	▼ R	Indizes für absteigendes Sortieren	▼1.2 ¯7 8.3 5 3 4 1 2

D.h. das dritte Element hat den grössten Wert (8.3), das vierte Element den zweitgrössten Wert (5), usw.

Wichtige Anwendung: *Absteigend sortieren:*

```
      X ← 1.2 ¯7 8.3 5
      X[▼X]
8.3 5 1.2 ¯7
```

Analog:

Grade Up	▲ R	Indizes für aufsteigendes Sortieren	▲1.2 ¯7 8.3 5 2 1 4 3

Grade Down und *Grade Up* können nur auf numerische Vektoren angewendet werden. Für das Sortieren von Characters stehen die folgenden dyadischen Varianten von *Grade Down* und *Grade Up* zur Verfügung:

3. Kurzeinführung in APL2

| *Grade Down with Collating Sequence* | L ⍒ R | Indizes für absteigendes Sortieren gemäss Muster | 'ABC123' ⍒ 'C311'
2 3 4 1 |

Mit dem Vektor L wird definiert, dass von den 6 Elementen von L 'A' das kleinste sein soll, 'B' das zweitkleinste, usw. Die Indizes für das absteigende Sortieren der Elemente von R werden dann aufgrund dieser Definition bestimmt. Eine häufige Wahl für L ist der *Atomic Vector*.

Analog:

| *Grade Up with Collating Sequence* | L ⍋ R | Indizes für aufsteigendes Sortieren gemäss Muster | '+−X÷' ⍋ '+−÷−'
2 4 1 3 |

| *Index of* | L ⍳ R | Position bestimmen | '45ABC' ⍳ 'A' 5 '5'
3 6 2 |

Für jedes Element von R wird bestimmt, unter welchem Index bzw. an welcher Position es im Vektor L erstmals vorkommt. Falls ein Element von R in L nicht vorkommt, wird als Resultat (Länge von L)+1 angegeben. Praktischer wäre (für ⎕IO←→1) oft das Zuordnen der „Position" 0, wozu nur eine kleine Ergänzung nötig ist: (1+⍴L)|L⍳R

| *Member* | L ∈ R | Existenz überprüfen | 'GURU' ∈ 'URS'
0 1 1 1 |

Für jedes Element von L wird überprüft, ob es in R vorkommt.

Mit *Member* verwandt ist:

| *Find* | L ⊆ R | Muster suchen | 'EI' ∈ 'MEINEID'
0 1 0 0 1 0 0 |

Für jede Position von R wird überprüft, ob hier ein String anfängt, der zu L identisch ist.

| *Rotate* | L ⌽ R | Rotieren | ¯2 ⌽ 'EINST'
STEIN |

Ein positiver (negativer) Wert von L gibt an, um wieviele Positionen der Vektor R nach links (rechts) rotiert werden soll.

Reverse	⌽ R	Reihenfolge umkehren	⌽1 9 9 0 0 9 9 1

Die folgenden zwei primitiven Funktionen werden in den Handbüchern normalerweise als primitive Operatoren aufgeführt. Tatsächlich werden die beiden Funktionssymbole, wie wir bald sehen werden, auch als Symbole von primitiven Operatoren verwendet, so dass es also von den Operanden abhängt, ob sie als Funktionen oder als Operatoren zu interpretieren sind. (Dies ist eine Unschönheit von APL2, allerdings keine gravierende, für welche wir „historischen Gründen" die Schuld zuschieben wollen.)

Compress	L / R	Komprimieren	1 1 1 0 0 1 / 'FERIEN' FERN

L und R müssen die gleiche Länge haben. L ist eine **Maske**: Genau dort, wo L eine 1 aufweist, wird das entsprechende Element von R beibehalten. Eine etwas überraschende − aber für APL2 und APL recht häufige − Anwendung von *Compress* bilden die **Sprungbefehle** (siehe 3.3.3 „Sprünge").

Expand	L \ R	Expandieren	1 1 1 0 1 0 \ 4 4 6 4 4 4 6 0 4 0

Die Anzahl von Elementen mit dem Wert 1 in L muss der Länge von R entsprechen. Überall dort, wo L eine 0 aufweist, wird in R ein Füllelement eingeschoben, und zwar 0, wenn R[1] numerisch, bzw. ' ' (Blank), wenn R[1] ein Character ist.

Als nächstes wollen wir ein paar primitive Operatoren vorstellen und dabei gerade mit denjenigen anfangen, deren Symbol soeben als Funktionssymbol auftrat. Bei der Beschreibung der Syntax eines primitiven Operators bezeichnen wir mit LO einen linken und mit RO einen rechten *Operanden*. Das Resultat der Anwendung eines primitiven Operators auf seine(n) Operanden ist eine abgeleitetete Funktion (siehe auch 3.1 „Grundinformationen über APL2"), deren Argument(e) wir wie bei den primitiven Funktionen mit L bzw. R bezeichnen.

Reduce	LO/ R	Überall anwenden	×/ 1 9 6 2 108

Der Operator / ist monadisch und macht in unserem Beispiel aus seinem Operanden × die **abgeleitete Funktion** (derived function) ×/. ×/ auf 1 9 6 2 angewendet ergibt 1×9×6×2, also 108. Das heisst, der Operand LO von /

3. Kurzeinführung in APL2

wird beim Vektor R zwischen je zwei aufeinanderfolgende Elemente eingefügt.

Scan	LO\ R	Kumuliert anwenden	×\ 1 9 6 2 1 9 54 108

Der Operator \ ist monadisch. Die abgeleitete Funktion ×\ auf 1 9 6 2 angewendet ergibt 1 1×9 1×9×6 1×9×6×2, also den Vektor 1 9 54 108. Das heisst, für alle I wird dem I-ten Element des resultierenden Vektors der Wert ×/R[ɩI] zugewiesen.

Inner Product	L LO.RO R	Inneres Produkt	32	1 2 3 +.× 4 5 6

Der Operator . ist dyadisch. Die abgeleitete Funktion +.× auf die Vektoren 1 2 3 und 4 5 6 angewendet ergibt deren **Skalarprodukt** (1×4) + (2×5) + (3×6). Allgemein wird zuerst der rechte Operand RO auf die beiden Vektoren L und R angewendet und anschliessend auf das Resultat der Operator LO/.

3.2.4 Beliebige einfache Arrays

Auch in diesem Abschnitt gilt vieles, was wir diskutieren werden, nicht nur für einfache Arrays, so dass wir die Präzisierung „einfach" nur dort verwenden werden, wo sie nötig ist. Wir wollen mit der folgenden **einfachen Matrix** M beginnen:

```
      M
   1 9 6 2
   1 9 8 1
   1 9 9 1
```

M besteht aus 3 **Zeilen** der **Länge** 4 bzw. aus 4 **Spalten** der Länge 3 und enthält 12 Elemente, die alle einfache Skalare sind. Das Element in der I-ten Zeile und J-ten Spalte wird mit M[I;J] angesprochen. Als „natürliche" Reihenfolge der Elemente von M wird i.a. diejenige betrachtet, die der sog. **Indexfolge**

[1;1], [1;2], [1;3], [1;4], [2;1] ,..., [3;3], [3;4]

entspricht. Das heisst, die Elemente werden **zeilenweise** hintereinander angeordnet. Wir können auch sagen, dass sich der rechte Index J „schneller verändert" als der linke Index I. Von je zwei Elementen M[I1;J1] und

M[I2;J2] ist M[I1;J1] offenbar genau dann **Vorgänger** von M[I2;J2]
— bzw. M[I2;J2] **Nachfolger** von M[I1;J1] — wenn I1<I2 oder I1=I2
und J1<J2 gilt. Das Anordnen der Elemente von M gemäss der Indexfolge
wird auch als **lexikographisches Sortieren** bezeichnet.

Manchmal ist es nützlich, die Indizes I und J als **Koordinaten** aufzufassen, welche sich auf ein Koordinatensystem beziehen, das seinen Ursprung im Element M[1;1] hat und dessen zwei **Achsen** — die I-Achse und die J-Achse — vertikal nach unten bzw. horizontal nach rechts zeigen:

```
o  o  o  o    → J
o  o  o  o
o  o  o  o

↓
I
```

Die I-Achse heisst auch **Zeilenachse** oder **1. Achse**, die J-Achse **Spaltenachse** oder **2. Achse** von M. Die beiden Koordinatenachsen werden i.a. als von endlicher Länge aufgefasst, entsprechend der Anzahl Zeilen bzw. Spalten von M. Bei unserem Beispiel hat also die 1. Achse die Länge 3 und die 2. Achse die Länge 4. Der **Rang** von M ist definiert als die Anzahl Achsen von M und beträgt somit 2.

Die soeben eingeführten Begriffe gelten analog für beliebige APL2-Arrays: Jedem Array A ist sein Rang zugeordnet, der gleich der Anzahl Achsen von A ist, bzw. gleich der Anzahl Indizes, die nötig sind, um die Elemente von A zu indizieren. Skalare haben keine Achsen und daher den Rang 0. Vektoren haben eine Achse, also den Rang 1. Arrays mit 2 Achsen bzw. vom Rang 2 werden als **Matrizen** bezeichnet. APL2 lässt grundsätzlich Arrays von beliebig hohem Rang zu, konkrete APL2-Systeme sind aber aus Gründen der Implementierbarkeit zur Festlegung eines (praktisch kaum je störenden) Limits gezwungen.

Im Zusammenhang mit Arrays wird oft auch der Begriff „Dimension" verwendet, aber leider nicht auf einheitliche Weise. Wir wollen uns an die „offiziellen" APL2-Manuals halten und „Dimension" als Synonym von „Achse" verwenden: Die **1. Dimension** unserer obigen Matrix M hat also die Länge 3 und die **2. Dimension** die Länge 4. Ein Array heisst *n*-**dimensional**, wenn die Anzahl seiner Dimensionen bzw. Achsen — d.h. sein Rang — gleich *n* ist. Hier stimmt die APL2-Definition mit den sonst geläufigen überein: Skalare sind **0-dimensional**, Vektoren **1-dimensional** und Matrizen **2-dimensional**. Alle Arrays mit Rang ≥2 heissen **höherdimensional**.

Werden Arrays als Datenstrukturen verwendet, so zählen sie zu den **linearen Datenstrukturen**, was bei Skalaren und Vektoren unmittelbar einsichtig ist. Bei Arrays mit 2 oder mehr Dimensionen lässt sich die Linearität mit der „natürlichen" Reihenfolge der Elemente begründen, welche — wie wir schon am Beispiel einer Matrix gesehen haben — der jeweils zugehörigen Indexfolge entspricht: Wir erhalten alle Elemente A[I1;I2;...;In] eines

3. Kurzeinführung in APL2

Arrays A in dieser Reihenfolge, wenn wir den Index In am schnellsten, den Index I1 am langsamsten variieren. Von der Sprache Pascal her ist eine äquivalente Begründung möglich, denn dort werden höherdimensionale Arrays grundsätzlich auf Vektoren zurückgeführt. Z.B. ist in Pascal

```
M: Array [1..3,1..4] of Element;
```

einfach eine Abkürzung für

```
M: Array [1..3] of Array [1..4] of Element;
```

Als nächstes wollen wir einige weitere wichtige primitive Funktionen und Operatoren besprechen, die wir alle auch schon früher hätten einführen können, deren Verwendung sich aber im Falle von einfachen Matrizen am anschaulichsten demonstrieren lässt.

Als erstes widmen wir uns drei sehr häufig gebrauchten primitiven Funktionen, welche den Zusammenhang herstellen zwischen der „Form" bzw. „Struktur" eines Arrays und seinem „Inhalt" bzw. seinen Elementen:

Reshape	L ρ R	Form geben	3 4 ρ 1 9 6 2 1 9 8 1 1 9 9 1 1 9 6 2 1 9 8 1 1 9 9 1

Wir kennen jetzt also eine Möglichkeit, um die obige Matrix M zu konstruieren. L definiert die *Form* des Resultats: Es soll ein 2-dimensionaler Array konstruiert werden, die Länge der ersten Achse soll 3, diejenige der zweiten Achse 4 sein. R ist oft ein (nichtleerer) Vektor, kann aber auch irgendein anderer (nichtleerer) Array sein. Der Name *Reshape* ist gut gewählt, denn der Array R wird i.a. „umgeformt". Wichtige Eigenschaften von *Reshape* lassen sich den folgenden Beispielen entnehmen:

```
      V1 ← 5 ρ ι10
      V1
1 2 3 4 5
      V2 ← 5 ρ 'A' 1
      V2
A 1 A 1 A
      A1 ← 1 5 ρ 1 2 3 4 5
      A1
1 2 3 4 5
```

```
      A2 ← 0 1 5 ρ 1 2 3 4 5
      DISPLAY A2
┌┌→─────────┐
│↓0 0 0 0 0 │
└└~─────────┘
```

Falls rechts von ρ zuviele Elemente angegeben sind, berücksichtigt ρ einfach soviele wie nötig. Falls umgekehrt zuwenig Elemente angegeben sind, werden die vorhandenen solange immer wieder berücksichtigt, bis es reicht. Die Matrix A1 mit nur einer Zeile und der Vektor V1 werden in APL2 streng unterschieden: A1 hat den Rang 2, V1 den Rang 1. Da die erste Achse von A2 die Länge 0 hat, enthält A2 keine Elemente. A2 ist also ein **leerer Array** vom Rang 3. Wir können uns A2 als Gitterquader mit Höhe 0 vorstellen.

Wir wollen nach der Besprechung von *Reshape* noch untersuchen, wie ein 3-dimensionaler Array angezeigt wird:

```
      A ← 2 3 4 ρ ι24
      A
 1  2  3  4
 5  6  7  8
 9 10 11 12

13 14 15 16
17 18 19 20
21 22 23 24
```

Das Resultat sollte nicht überraschen: In A[I;J;K] verändert sich der Index K am schnellsten, der Index I am langsamsten. Es wird also zuerst die **Schicht** (plane) mit I = 1 ausgegeben und dann die Schicht mit I = 2.

Shape	ρ R	Form abfragen	$\begin{array}{l}\rho\ 1\ 1\ 1\ \rho\ \text{'A'}\\ 1\ 1\ 1\end{array}$

ρ monadisch angewendet gibt den sog. **Formvektor** (shape vector) des Arrays R zurück, der die Achsenlängen von R als Elemente enthält. Für die obigen Beispiele erhalten wir:

```
      ρV1
5
      ρA1
1 5
      ρA2
0 1 5
```

3. Kurzeinführung in APL2

Skalare haben keine Achsen, ihr Formvektor ist also leer. Ein Array ist genau dann leer, wenn mindestens eines der Elemente seines Formvektors gleich 0 ist. Zwei leere Arrays müssen noch lange nicht identisch sein; im Zweifelsfall schaffen die Funktionen *Match* oder *DISPLAY* Klarheit. Es gibt in APL2 keine primitive Funktion, um den Rang eines Arrays A zu bestimmen, und dies mit gutem Grund: Der Rang von A ist gleich der Anzahl Achsen von A, also gleich der Anzahl Elemente des Formvektors von A. Die Anzahl Elemente eines Vektors erhalten wir aber durch Anwendung von *Shape*. D.h. wir müssen einfach ρ zweimal hintereinander (monadisch) auf A anwenden: Rang von A ↔ ρρA. Wir sollten nur beachten, dass ρρA kein Skalar ist, sondern ein einelementiger Vektor. ρρA liefert auch dann den Rang von A, wenn A ein Skalar ist: Die Länge des Formvektors ist dann 0, d.h. das zweimalige Anwenden von ρ auf A ergibt den Vektor 0, wie es sein soll.

Ravel	,R	Abwickeln	,3 3 2 ρ 1 0 0 1 1 0 0 1 1 0 0 1 1 0 0 1 1 0 0 1 1 0

Kleinere höherdimensionale Arrays können, wie wir gesehen haben, leicht so definiert werden, dass man ihre Elemente als 1-dimensionaler Array (Vektor) eingibt und anschliessend mit *Reshape* „formt". *Ravel* macht das Umgekehrte: Die Elemente des Arrays R werden gemäss Indexfolge als Vektor zurückgegeben.

Beispiele:

```
     A ← 1 1 1ρ'X'
     DISPLAY ,A
```
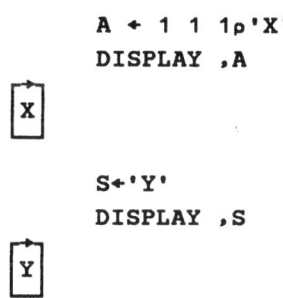
```
     S←'Y'
     DISPLAY ,S
```

Im ersten Fall wird ein 3-dimensionaler einelementiger Array zu einem einelementigen Vektor umgeformt. Im zweiten Fall geschieht das Analoge mit einem 0-dimensionalen Array (Skalar).

Frage: Wie lässt sich ein einelementiger einfacher Vektor zu einem einfachen Skalar umformen?

Bei einigen primitiven Funktionen und Operatoren wären mehrere Resultate denkbar, wenn sie auf Arrays mit Rang ≥2 angewendet werden. Dies gilt z.B. für *Catenate*. Wir gehen von zwei Matrizen M1 und M2 aus:

```
        M1
    1 2
    3 4
        M2
    5 6
    7 8
```

Für die Konkatenierung von M1 und M2 wären beide der folgenden Resultate sinnvoll:

```
    1 2 5 6
    3 4 7 8
    1 2
    3 4
    5 6
    7 8
```

Im ersten Fall würde die zweite Achse länger, wir hätten **längs der zweiten Achse** konkateniert. Im zweiten Fall geschähe die Konkatenierung längs der **ersten Achse**. Wir sollten wählen können, **längs welcher Achse** eine Funktion bzw. ein Operator anzuwenden ist. Dies ist tatsächlich leicht möglich, wir müssen einfach unmittelbar rechts vom Operationssymbol die gewünschte Achse spezifizieren:

```
        M1,[1]M2
    1 2
    3 4
    5 6
    7 8
        M1,[2]M2
    1 2 5 6
    3 4 7 8
```

Falls keine Achse spezifiziert wird, wählt APL2 als Default die **letzte Achse** bzw. diejenige mit der höchsten Nummer. Im Fall unserer Matrizen M1 und M2 ist die letzte Achse die Achse Nummer 2. Es ergibt sich also M1,[2]M2 ↔ M1,M2. Ein Skalar kann mit einem beliebigen Array konkateniert werden. Sonst können zwei Arrays nur konkateniert werden,

3. Kurzeinführung in APL2

wenn ihre Formvektoren abgesehen von der Achse, längs welcher konkateniert wird, übereinstimmen. Diese Achse darf bei einem der beiden Arrays sogar fehlen, d.h. die Ränge der beiden Arrays dürfen sich um 1 unterscheiden.

Bei den folgenden primitiven Funktionen und Operatoren sind *Achsenangaben* möglich:

Catenate, Drop, Ravel, Reverse, Rotate, Take, Compress, Expand, Reduce, Scan.

In jedem Fall ist der Verzicht auf die Achsenangabe gleichbedeutend mit der Angabe der letzten Achse. Bei den vier letzten der obigen Operationen kann auch die Angabe der ersten Achse vereinfacht werden:

```
⌿    ↔    /[1]
⍀    ↔    \[1]
```

Beispiele:

```
      1 0 1 ⌿ 3 5 ⍴ 'EINENGUTENABEND'
EINEN
ABEND
      -/[1] 2 5 ⍴ V ← 1 2 3 4 5 5 4 3 2 1
¯4 ¯2 0 2 4
      -/ 2 5 ⍴ V
3 3
```

Transpose	⍉ R	Transponieren	⍉ 5 2⍴'HDAANMSP F' HANS DAMPF

Um Z←⍉R zu erhalten, werden einfach bei jedem Element des Arrays R die Indizes in der *umgekehrten Reihenfolge* angeordnet. In unserem Beispiel ist R zweidimensional, es gilt also Z[J;I]↔R[I;J] für alle I und J. D.h. die Zeilen von R werden die Spalten von Z. Da Skalare keine und Vektoren nur eine Achse haben, ergibt ⍉R in diesen beiden Fällen wiederum R. Es gibt in APL2 auch eine etwas allgemeinere, dyadische Funktion *Transpose*, von der wir aber keinen Gebrauch machen werden.

Es folgen als nächstes zwei primitive Operatoren, deren Namen bekannte Operationen der Elementarmathematik darstellen. Das *innere Produkt* ist ein dyadischer primitiver Operator, den wir im Abschnitt 3.2.3 „Einfache Vektoren" bereits kennengelernt haben. Insbesondere haben wir gesehen, wie sich mit ihm das Skalarprodukt zweier Vektoren sehr leicht bilden lässt. Genauso leicht lässt sich mit Hilfe des inneren Produkts auch die **Matrizenmultiplikation** realisieren:

```
      M1 ← 2 4 ρ ι8
      M2 ← 4 3 ρ ι12
      M1
1 2 3 4
5 6 7 8
      M2
 1  2  3
 4  5  6
 7  8  9
10 11 12
      M1 +.× M2
 70  80  90
158 184 210
```

(Es sei daran erinnert, dass sich zwei Matrizen M1 und M2 nur dann multiplizieren lassen, wenn die Zeilenlänge von M1 gleich der Spaltenlänge von M2 ist. Bei Nichtbeachtung dieser Regel kommt es zu der Fehlermeldung LENGTH ERROR.)

Outer Product	L ∘. RO R	Äusseres Produkt	2 3 ∘.× 5 7 11 10 14 22 15 21 33

Das äussere Produkt ist ein monadischer Operator, dessen Operationssymbol aus „historischen Gründen" ausnahmsweise aus zwei Zeichen besteht. Jedes Element des Arrays L wird mit jedem Element des Arrays R zu einem Paar von Operanden kombiniert, auf welches dann die primitive Funktion RO angewendet wird. Für den mathematisch interessierten Leser lässt sich das gleiche etwas kürzer auch so ausdrücken: Es wird das **kartesische Produkt** von L und R gebildet und nachher RO elementweise angewendet.

Beispiele:

```
      V1 ← 1 3 5
      V2 ← 0 2 4 6
      V1 ∘.< V2
0 1 1 1
0 0 1 1
0 0 0 1
```

3. Kurzeinführung in APL2

```
      V ← 1 0
      M ← 2 2ρ 1 0 0 1
      A ← V ∘.∨ M
      A
1 1
1 1

1 0
0 1
```

Offenbar wird aus den Elementen V[I] und M[J;K] ein Element A[I;J;K]←V[I]<M[J;K] gebildet. Jedes Element des Vektors V wird mit jedem Element der Matrix M auf „kleiner" verglichen. Aus einem Array mit Rang 1 und einem Array mit Rang 2 entsteht ein Array mit Rang 1+2=3.

Schliesslich wollen wir hier noch eine primitive Funktion einführen, die erst spät der APL2-Sprache beigefügt wurde (APL2 Release 3, 1987) und als Ersatz für das konventionelle, aber weniger APL2-gerechte *Bracket indexing* gedacht ist:

Indexing	L ⌷ R	Indizieren	7	2 2 ⌷ 4 5 ρ ι20

Es wird also das Element R[2;2] zurückgegeben. Die Vorteile von *Indexing* gegenüber *Bracket indexing* treten erst bei etwas anspruchsvolleren Indizier-Wünschen zutage: Angenommen, wir möchten die Anweisung E←A[I;J;K] so verändern, dass wir zu jedem der drei Indizes den Wert 1 addieren. Natürlich können wir E←A[I+1;J+1;K+1] setzen, aber das ist unbequem und der Philosophie von APL2 nicht entsprechend. Dieses Beispiel zeigt, dass eine Folge von Indizes innerhalb der eckigen Klammern nicht einfach als Vektor aufgefasst werden kann. Mit *Indexing* lässt sich dieser Nachteil beheben:

```
A[I;J;K]        ↔   I J K ⌷ A

A[I+1;J+1;K+1]  ↔   (1+ I J K) ⌷ A
```

Das letzte Thema, dem wir uns in diesem Abschnitt widmen wollen, betrifft das Bilden von Teilarrays. Es seien A und B zwei Arrays, und jedes Element von B sei gleichzeitig auch Element von A. Dann heisst B **Teilarray** (subarray) von A. Wie die beiden folgenden Beispiele zeigen, sind eine ganze Reihe von primitiven Funktionen geeignet, um Teilarrays zu konstruieren:

```
        A ← 5 6 ρ ι30
        B1 ← A[1+ι3;6 5 2 1]
        B1
12 11  8  7
18 17 14 13
24 23 20 19
        B2 ← (0 3 ↓ A),0 ¯3 ↓ A
        B2
 4  5  6  1  2  3
10 11 12  7  8  9
16 17 18 13 14 15
22 23 24 19 20 21
28 29 30 25 26 27
```

Von den Teilarrays werden besonders die sog. Querschnitte häufig gebraucht, und sie sind auch besonders einfach zu konstruieren:

Es sei A ← 2 3 4 ρ 'ABCDEFGHIJKLMNOPQRSTUVWXYZ', also ein Array vom Rang 3. Mit A[I;J;K] kann bei geeigneter Wahl der Indizes I, J und K offenbar jedes Element von A angesprochen werden. Wenn wir im Ausdruck A[I;J;K] einen oder mehrere der 3 Indizes weglassen, erhalten wir einen **Querschnitt** (cross section) von A.

Beispiele:

```
        A[;1;2]
BN

        A[1;;2]
BFJ

        A[;;2]
BFJ
NRV

        A[;;]
ABCD
EFGH
IJKL

MNOP
QRST
UVWX
```

Offenbar ist also z.B. A[I;;K] identisch mit dem Vektor A[I;1 2 3;J], oder A[;;K] mit der Matrix A[1 2; 1 2 3;K]. Allgemein ergibt sich ein

3. Kurzeinführung in APL2 39

Querschnitt eines Arrays dadurch, dass gewisse Indizes je auf einen festen Wert gesetzt werden, während die übrigen alle für sie möglichen Werte durchlaufen.

3.2.5 Verschachtelte Arrays

Bis jetzt haben wir uns auf einfache Arrays konzentriert, also auf Arrays, deren Elemente einfache Skalare sind, d.h. entweder eine Zahl oder ein Character. Nun gibt es natürlich viele Anwendungen, bei denen sich Arrays aufdrängen, die nicht nur aus einfachen Skalaren bestehen, sondern z.B. Elemente enthalten, die Vektoren oder Matrizen sind. Dieser Anforderung wird APL2 gerecht: Ein APL2-Array hat zwar immer die Struktur eines einfachen Arrays und seine Elemente sind immer Skalare, aber diese Skalare können auch **verschachtelt** sein. Als **verschachtelten Skalar** bezeichnen wir jeden 0-dimensionalen Array, der nicht einfach ist. Allgemeiner bezeichnen wir jeden APL2-Array, der nicht einfach ist, als **verschachtelten Array** (nested array). Wir wollen gerade an einem ersten kleinen Beispiel zeigen, wie sich ein verschachtelter Array konstruieren lässt:

```
      M ← 2 2ρ (1 2) 'ABC' 5 ('Z' 0)                  (*)
      DISPLAY M
```

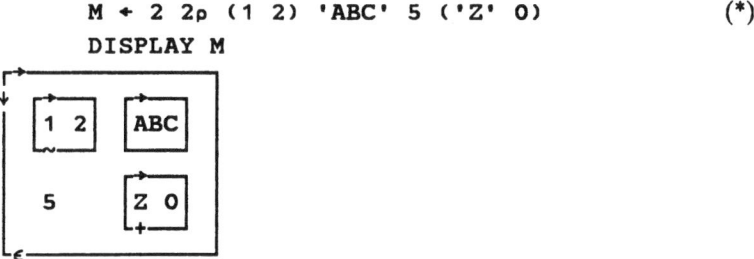

Das Symbol ε auf dem unteren Rand des Kästchens gibt an, dass M ein verschachtelter Array ist. Wir haben also aus den 4 „Elementen" E1←1 2, E2←'ABC', E3←5 und E4←'Z' 0 eine 2×2-Matrix gebildet. M ist offensichtlich eine verschachtelte Matrix, da E1, E2 und E4 keine einfachen Skalare sind. Auf das Klammernpaar rechts kann übrigens nicht verzichtet werden, sonst würde sich eine andere Matrix ergeben. Auf eine Schwierigkeit im Umgang mit verschachtelten Arrays möchten wir schon an dieser Stelle aufmerksam machen: Wir haben oben das Wort „Elemente" bewusst in Anführungszeichen gesetzt, obschon in der einschlägigen APL2-Literatur E1 bis E4 durchaus als die Elemente von M bezeichnet würden. Der Grund für unsere Vorsicht ist der, dass E1, E2 und E4 alle den Rang 1 haben, also keine Skalare sind, wie wir es für die Elemente eines Arrays gefordert haben. Die Kontrolle mit der folgenden Anweisung zeigt aber, dass z.B. das erste Element von M tatsächlich ein Skalar ist:

```
        ⍴⍴M[1;1]
0
```

E1, E2 und E4 können mit den Elementen M[1;1], M[1;2] und M[2;2] von M also nicht identisch sein. Die Zuweisung

```
        M[1;1]←1 2
RANK ERROR
        M[1;1]←1 2
        ∧      ∧
```

führt sogar zu einem Fehler, was nochmals darauf hinweist, dass Array-Elemente wirklich Skalare sein müssen. Nun, aus E1, E2 und E4 müssen tatsächlich zuerst (verschachtelte) Skalare gemacht werden, bevor sie als Elemente von M verwendet werden können. Durch die Zuweisung (*) ist dies bereits automatisch – und „versteckt" – geschehen; wir werden aber gleich sehen, wie sich diese Umwandlung auch explizit, nämlich mit Hilfe der primitiven Funktion *Enclose*, durchführen lässt. Korrekterweise sollten wir also E1, E2 und E4 nicht als „Elemente" von M bezeichnen, sondern allenfalls als die „Werte" der Elemente M[1;1], M[1;2] und M[2;2]. Wir werden in der Folge aber nicht pedantisch sein und durchaus z.B. eine Matrix als „Element" eines Arrays bezeichnen. Wichtig ist einfach, dass wir beachten, dass die Elemente eines APL2-Arrays letztlich immer Skalare sind – einfache oder verschachtelte.

Wie wir bereits wissen, sind jedem APL2-Array A sein Rang ⍴⍴A und sein Formvektor ⍴A zugeordnet. Ein drittes wichtiges Attribut eines jeden APL2-Arrays – besonders aber eines verschachtelten – ist seine **Tiefe** (depth). Diese lässt sich mit Hilfe der folgenden primitiven Funktion abfragen:

Depth	≡ R	Tiefe	$\equiv$ 2 3 5 ⍴ ⍳30
		1	

Ein (höherdimensionaler) einfacher Array hat also offenbar die Tiefe 1. Die (rekursive) Definition der Tiefe liefert wichtige Aufschlüsse über die Verschachtelungs-Philosophie bei APL2-Arrays: Jeder einfache Skalar hat die Tiefe 0 und jeder andere einfache Array (einfacher Vektor, einfache Matrix, etc.) die Tiefe 1. Es seien weiter E1, E2, ... Arrays, deren Tiefen wir schon kennen. Wir bezeichnen die maximale dieser Tiefen mit t und konstruieren aus E1, E2, ... einen Array A. A hat dann die Tiefe $t+1$. Unsere Definition ist damit noch nicht vollständig, denn es gibt in APL2 auch leere verschachtelte Arrays, und auch diese haben alle eine Tiefe. Da wir aber im folgenden die Tiefe von leeren Arrays nirgends benötigen, wollen wir uns mit ihrer Definition nicht weiter beschäftigen und uns erlauben, auf die Handbücher zu verweisen, z.B. auf [APL2LR]. Mit Hilfe der Tiefe können wir jetzt sehr elegant zwischen einfachen und verschachtelten Arrays unterscheiden: Die Tiefe eines einfachen Arrays ist immer ≤1 und diejenige eines verschachtelten Arrays immer ≥2. Bei unserem obigen Beispiel haben E1, E2, E3 und E4 die Tiefen 1, 1, 0 und 1. *t* ist somit 1 und die Tiefe von M folglich 2, wie wir durch Anwenden von *Depth* oder von *DISPLAY* leicht überprüfen können:

```
      ≡ M
2
      DISPLAY M
```

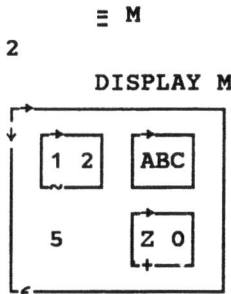

Im Resultat von *DISPLAY* können wir sehr leicht die Tiefe von M sowie von E1 bis E4 ablesen, indem wir bei jedem dieser 5 Arrays zählen, in wieviele Rechtecke er „eingepackt" ist. Der einfache Skalar E3←→5 ist z.B. nicht eingepackt, was bestätigt, dass seine Tiefe 0 ist. Für das Experimentieren mit verschachtelten Arrays kann die Nützlichkeit von *DISPLAY* fast nicht genug betont werden. Tatsächlich ist diese Hilfsfunktion speziell für diesen Zweck entwickelt worden. In APL, das nur einfache Arrays kennt, gibt es sie nicht.

Das Definieren von verschachtelten Arrays braucht etwas Übung, selbst dem schon etwas Fortgeschrittenen bleiben Überraschungen nicht immer erspart. Beim Konstruieren eines Arrays durch Hintereinanderschreiben seiner Elemente führen zuwenig Klammern immer und zu viele häufig zu einem Fehler. Im Zweifelsfall hilft *DISPLAY*:

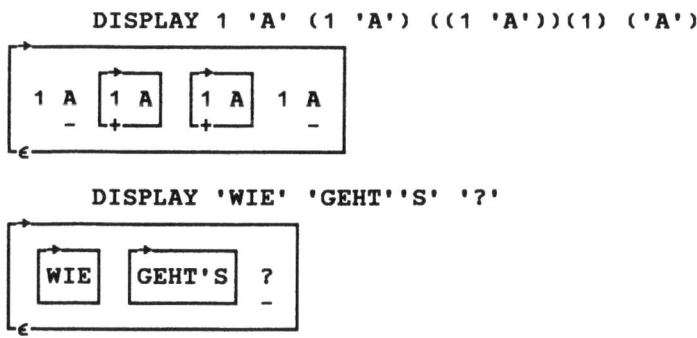

DISPLAY ('WIE') ('GEHT''S') ('?')

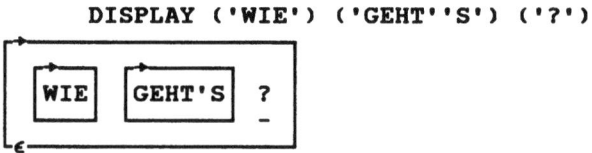

Die **skalaren Funktionen** (siehe Abschnitt 3.2.3 „Einfache Vektoren") lassen sich auch auf verschachtelte Arrays anwenden, wenn deren Strukturen übereinstimmen:

DISPLAY 'X' = 'XYZ' 'X' ('Y' 'XY' 'X')

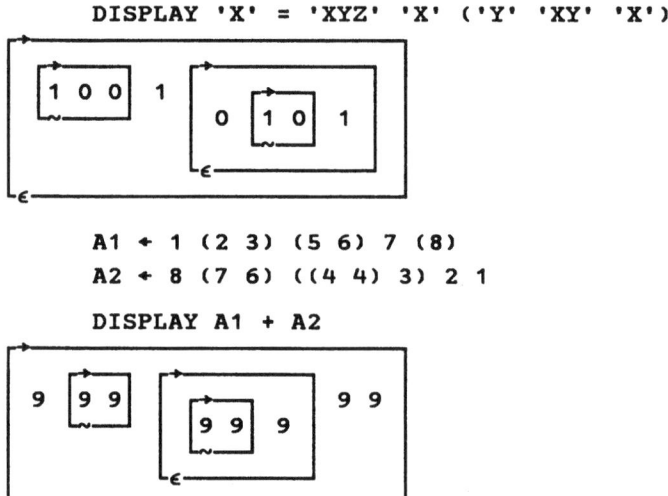

```
A1 ← 1 (2 3) (5 6) 7 (8)
A2 ← 8 (7 6) ((4 4) 3) 2 1
DISPLAY A1 + A2
```

Wir werden allerdings von dieser Möglichkeit bei unseren Anwendung keinen Gebrauch machen.

Mit dem *äusseren Produkt* als Operator und der *Konkatenierung* als Operand können wir leicht das **kartesische Produkt** zweier Mengen M1 und M2 bilden (vgl. Abschnitt 3.2.4 „Beliebige einfache Arrays"), wenn wir als Datenstrukturen für M1 und M2 Vektoren wählen. Das Resultat ist (fast) immer ein verschachtelter Array:

```
M1←'ABC'
M2 ← 1 2 3 4
M1 ← 'ABC'
```

3. Kurzeinführung in APL2

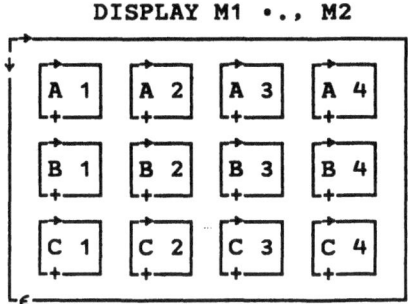

Wir wenden uns nun den beiden wichtigen primitiven Funktionen zu, die das Umwandeln eines Arrays in einen verschachtelten Skalar sowie das Zurückverwandeln dieses Skalars ermöglichen:

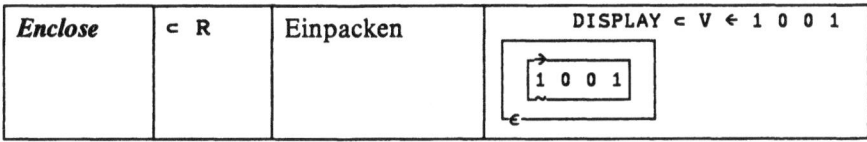

Die (monadische) primitive Funktion *Enclose* macht aus irgendeinem Array einen Skalar: Mit S←⊂V erhalten wir einen 0-dimensionalen verschachtelten Array mit Tiefe 2, und es gilt 0↔⍴⍴S und 2↔≡S.

S entsteht also dadurch, dass V in ein Rechteck eingeschlossen bzw. eingepackt wird, was bedeutet, dass die Tiefe um 1 zunimmt. Der Name „Enclose" ist anschaulich und gut gewählt. Bei den einfachen Skalaren ergibt die Anwendung von *Enclose* nichts Neues, bei allen anderen Arrays — und insbesondere auch den verschachtelten Skalaren — wird die Tiefe um 1 erhöht. Dies wird durch die folgenden Beispiele illustriert:

```
    DISPLAY ⊂9
9

    DISPLAY ⊂'9'
9
-
```

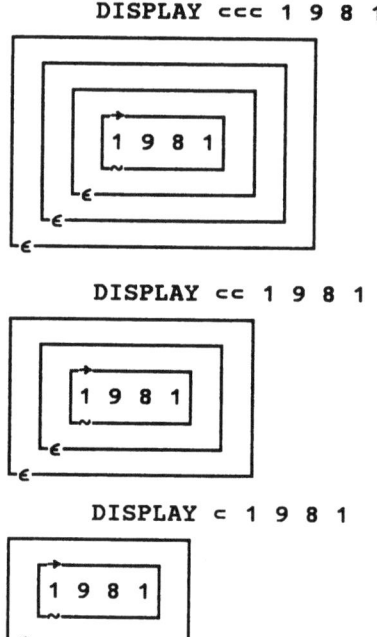

Wir kehren noch einmal zu unserer obigen 2×2-Matrix M zurück und zeigen auf zwei Arten, wie sie aus E1 bis E4 auch mit Hilfe von *Enclose* konstruiert werden kann:

```
M ← 2 2ρ E3
M[1;1] ← ⊂ E1
M[1;2] ← ⊂ E2
M[2;2] ← ⊂ E4
```

oder:

```
M ← 2 2ρ (⊂E1),(⊂E2),E3,⊂E4
```

Bei der ersten Art wird nochmals deutlich, dass Arrays i.a. zuerst eingepackt werden müssen, bevor sie als Elemente einem anderen Array zugewiesen werden können. Bei der zweiten Art erkennen wir, dass bei verschachtelten Vektoren — anders als bei einfachen Vektoren — das Hintereinanderschreiben bzw. Konkatenieren von Elementen nicht das gleiche Resultat ergeben. Zwischen Hintereinanderschreiben und Konkatenieren besteht allgemein die folgende Beziehung:

```
(⊂A), (⊂B), ⊂C  ↔  A B C
```

3. Kurzeinführung in APL2

Beispiele:

```
      1,9,6,2
1 9 6 2
      (⊂1),(⊂9),(⊂6),⊂2
1 9 6 2
      DISPLAY (2 1⍴1 9)(6 2)
```

```
┌→──────────┐
│ ┌→──┐ ┌→──┐│
│ │↓1 │ │6 2││
│ │ 9 │ │   ││
│ └───┘ └───┘│
└∊──────────┘
```

```
      DISPLAY (⊂2 1⍴1 9),⊂6 2
```

```
┌→──────────┐
│ ┌→──┐ ┌→──┐│
│ │↓1 │ │6 2││
│ │ 9 │ │   ││
│ └───┘ └───┘│
└∊──────────┘
```

```
      (2 1 ⍴ 1 9),(6 2)
1 6
9 2
```

Beim letzten Beispiel ist der Formvektor des linken Arguments 2 1, derjenige des rechten Arguments 2. Der Konkatenierung längs der zweiten Achse stand daher nichts im Wege.

Disclose	⊃ R	Auspacken	DISPLAY ⊃ ⊂ V ← 1 0 0 1 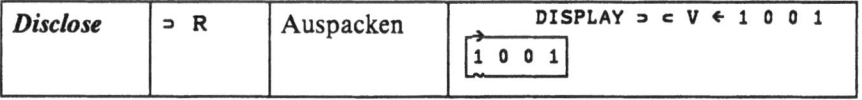

Die (monadische) Funktion *Disclose* macht die Anwendung von *Enclose* rückgängig, sie packt einen verschachtelten Skalar wieder aus:

```
      V ← ⊃ S ← ⊂ 'ABC'
      DISPLAY S
```

```
┌───────┐
│ ┌→──┐ │
│ │ABC│ │
│ └───┘ │
└∊──────┘
```

```
      DISPLAY V
┌──→
│ABC│

      DISPLAY ⊃V
┌──→
│ABC│
```

Das letzte Beispiel zeigt, dass die Anwendung von *Disclose* auf einen einfachen Array möglich ist, aber nichts Neues ergibt. Dies gilt also nicht nur für einfache Skalare, wie vielleicht zu erwarten wäre.

Enclose und *Disclose* können auch „mit Achse" verwendet werden (vgl. Abschnitt 3.2.4 „Beliebige einfache Arrays"):

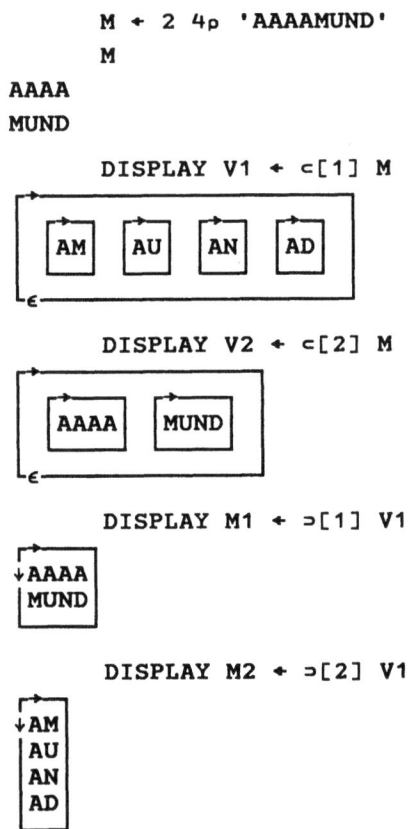

V1 ist also ein Vektor der Länge 4 (die erste Achse von M verschwindet), V2 ein Vektor der Länge 2 (die zweite Achse von M verschwindet). Umgekehrt ist M1 eine 2×4-Matrix (die erste Achse kommt neu hinzu), M2 eine

3. Kurzeinführung in APL2   47

4×2-Matrix (die zweite Achse kommt neu hinzu). Wir stellen fest, dass
M↔⊃[1]⊂[1]M gilt, was einer allgemeinen Regel entspricht.
Zwei weitere primitive Funktionen, die vor allem beim Arbeiten mit
verschachtelten Arrays von Bedeutung sind, sind *Pick* und *Enlist*:

| *Pick* | L ⊃ R | Herauspicken | o | 3 2 ⊃ 'I' 'VER' 'SON' |

Offenbar wird zuerst das dritte Element „herausgepickt" und dann aus
diesem noch das zweite. Betrachten wir noch ein weiteres Beispiel:

```
      V1 ← (1 2) ((3 4)(5 6)(7 8)) (9 10)
      DISPLAY V1
```

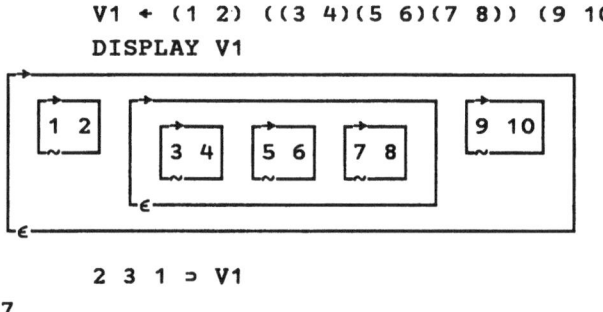

```
      2 3 1 ⊃ V1
7
```

Das linke Argument von *Pick* ist also ein **Suchpfad**, der angibt, welches Element innerhalb des (verschachtelten) Vektors V1 „herausgepickt" werden soll. In diesem Beispiel wird das erste Element des dritten Elements des zweiten Elements von V1 herausgepickt. Bei einfachen Arrays kann *Pick* anstelle eines Zugriffs via Index verwendet werden:

```
      2 ⊃ 'HEIDI'
E
      'HEIDI'[2]
E
      2 ⌷ 'HEIDI'
E
```

Bei verschachtelten Vektoren besteht diese Übereinstimmung nicht mehr:

```
      V2 ← 'HEIDI' 'PETER'
      DISPLAY V2[2]
```

```
┌→────┐
│PETER│
└─────┘
 ∈
```

```
      DISPLAY 2 ⊃ V2
┌→────┐
│PETER│
└─────┘
```

Via Index wird also, wie wir schon wissen, ein (verschachtelter) Skalar angesprochen (⊂'PETER'), bei Verwendung von *Pick* dagegen der Wert dieses Skalars ('PETER'). Für die meisten Anwendungen ist *Pick* somit nützlicher.

```
      M ← 2 2ρ 'HEIDI' 'PETER' 'ALP' 'OEHI'
      M
 HEIDI PETER
 ALP   OEHI
      (⊂2 1) ⊃ M
 ALP
      (2 1) 1 ⊃ M
 A
```

Dieses Beispiel zeigt, dass *Pick* auch auf Arrays mit Rang >1 anwendbar ist. Das *Enclose* beim ersten Suchpfad ist nötig, denn sonst würde 2 1 als Pfad für das Suchen in einem verschachtelten Vektor interpretiert und nicht als Adresse eines Elements der Matrix M.

Schön ist, dass *Pick* auch für selektive Zuweisungen gebraucht werden kann (allerdings leider nicht bei allen APL2-Versionen). Um z.B. beim obigen verschachtelten Vektor V1 die 7 durch 7 7 zu ersetzen, können wir *Pick* elegant wie folgt verwenden:

```
      (2 3 1 ⊃ V1) ← 7 7
      V1
 1 2   3 4  5 6    7 7 8    9 10
```

Die primitive Funktion *First*, welche wir schon bei den einfachen Vektoren kennengelernt haben, ist ein Spezialfall der Funktion *Pick* und wie diese auf beliebige Arrays anwendbar:

```
      M ← 2 3 ρ (1 2) (3 4) (5 6) (7 8)
      ↑M
 1 2
      (⊂1 1)⊃M
 1 2
```

3. Kurzeinführung in APL2

Enlist	∈ R	Auflisten	∈ (2 2 ρ ι4) 0 (2 3 ρι6) 1 2 3 4 0 1 2 3 4 5 6

Enlist erstellt einen Vektor aller in R auftretenden **einfachen** Skalare. Die Reihenfolge dieser Skalare ist rekursiv wie folgt festgelegt: Seien E1, E2, ... die Elemente von R in Indexfolge. Dann wird *Enlist* der Reihe nach auf E1, E2, ... angewendet. Falls R ein einfacher Array ist, ergibt *Enlist* das gleiche Ergebnis wie *Ravel*. Falls R verschachtelt ist, erzeugt *Ravel* wie bei einfachen Arrays nur aus den Elementen von R einen Vektor. D.h. *Ravel* berücksichtigt im Gegensatz zu *Enlist* nur das oberste Verschachtelungsniveau seines Arguments R.

Partition	L ⊂ R	Aufteilen	1 2 2 5 6 6 6⊂'ACHDUSA' A CH D USA

L ist numerisch und hat die gleiche Länge wie R. Überall dort, wo in L ein Element grösser als sein Vorgänger ist, wird in R eine Aufteilung vorgenommen. Wenn in L ein Element 0 ist, wird das entsprechende Element von R nicht ins Resultat übernommen:

```
      X←'SO IST ES'
      ' '≠X
1 1 0 1 1 1 0 1 1
      DISPLAY (' '≠X)⊂X
┌→────────────────┐
│ ┌→─┐ ┌→──┐ ┌→─┐ │
│ │SO│ │IST│ │ES│ │
│ └──┘ └───┘ └──┘ │
└∈────────────────┘
```

Für weitere Anwendungsmöglichkeiten von *Partition* verweisen wir auf [APL2LR].

Schliesslich gibt es in APL2 noch einen primitiven Operator, der — in einer dyadischen und einer monadischen Version — bei verschachtelten Arrays ganz besonders nützlich ist:

Each *(Monadic)*	LO¨ R	Elementweise (monadisch)	ι¨ 2 3 4 1 2 1 2 3 1 2 3 4

Die primitive Funktion ι wird also auf jedes Element des Vektors 2 3 4 *separat* angewendet. Das Ergebnis ist ein 3-elementiger verschachtelter Vektor. *Each* bietet eine Möglichkeit, die z.B. in Pascal sehr geläufige **Schleifenkonstruktion** in vielen Fällen elegant zu ersetzen. Schleifen-Konstruktionen sind allerdings auch in APL2 möglich (siehe nächsten Abschnitt). Die Anwendungen der folgenden Kapitel werden von *Each* sehr ausgiebig Gebrauch machen, so dass wir hier auf weitere Beispiele verzichten.

Each (*Dyadic*)	L LO¨ R	Elementweise (dyadisch)	1 A 2 B ¨ 'AB'

Die (dyadische) primitive Funktion *Catenate* wird der Reihe nach auf alle Paare von Elementen aus L und R mit gleichem Index separat angewendet. Dies bedingt, dass entweder L und R die gleiche Struktur aufweisen oder dass eines von beiden ein Skalar ist. Wie *Each (Monadic)* kann auch *Each (Dyadic)* in sehr vielen Fällen Schleifen-Konstruktionen elegant ersetzen.

Datentyp Record

Bevor wir den Abschnitt Arrays verlassen, wollen wir den Ring schliessen und noch einmal zum Thema *Standarddatentypen* zurückkehren, mit dem wir uns im Abschnitt 3.2.1 „Standarddatentypen" beschäftigt haben. Ein wichtiger Pascal-Standarddatentyp, dessen APL2-Pendant wir bis jetzt noch nicht vorgestellt haben, ist der Datentyp **Record**. Die verschachtelten Arrays von APL2 erlauben uns, auch Records in einfacher Weise nachzubilden. So kann etwa die Pascal-Deklaration

```
Type Dreieck = Record
              A: array[1..2] of real;
              B: array[1..2] of real;
              C: array[1..2] of real;
              Farbe: (Rot,Gruen,Blau)
              end;

Var Objekt:Array[1..100] of Dreieck;
```

leicht mit Hilfe eines verschachtelten Arrays in APL2 nachgebildet werden, z.B.:

```
DREIECK ← 100 ρ 0
(1⊃DREIECK) ← (1.25 ¯9.67)(45.3 6.17)(19.2 ¯18.7) 'GRUEN'
(2⊃DREIECK) ← (¯0.33 5.67)(¯10.8 9.55)(¯3.12 7.84) 'ROT'
```

usw.

Was allerdings in APL2 nicht auf einfache Weise möglich ist, ist die Verwendung von Namen für die Record-Komponenten. So müsste z.B. auf die Farbe des zweiten Dreiecks mittels 2 4⊃DREIECK zugegriffen werden, was weniger anschaulich ist als die Spezifikation Objekt[2].Farbe in Pascal. Eine andere Möglichkeit bestünde im Erstellen einer definierten Funktion. Hier liegt kein grundsätzliches Problem vor, sondern eher eines des Benutzerkomforts. APL2 und Pascal unter diesem (interessanten) Gesichtspunkt zu vergleichen, soll aber nicht Gegenstand dieses Buches sein.

Trotz des Umfangs dieses Abschnitts können wir nicht den Anspruch erheben, alles Interessante über die APL2-Arrays gesagt zu haben. Wir sind aber überzeugt, dass die hier vermittelten Grundkenntnisse zum Verstehen unserer Anwendungen genügen dürften. Auf einige Spezialitäten werden wir später an Ort und Stelle noch vertieft eingehen.

3.3 Programmieren

Probleme werden in APL2 so gelöst, dass man gut ausgewählte primitive Funktionen und Operatoren auf geeignet definierte Arrays anwendet. Mit den Arrays und den primitiven Funktionen und Operatoren haben wir somit bereits die wichtigsten Bausteine für das Programmieren in APL2 kennengelernt. Jetzt geht es noch darum zu zeigen, wie sich diese Bausteine auf die gewünschte Weise kombinieren lassen. Dementsprechend befasst sich dieser Abschnitt vor allem mit den **Kontrollstrukturen** von APL2. Nach dem Kennenlernen dieser Kontrollstrukturen werden wir in der Lage sein, in APL2 zu *programmieren*, d.h. eigene Funktionen und Operatoren zu erstellen. Wir haben bereits erwähnt, dass diese in der Literatur normalerweise *definierte Funktionen* und *Operatoren* heissen und dass der Begriff *Programm* in APL2 eigentlich nicht verwendet wird. Wir sind uns allerdings von anderen Sprachen her an diesen Begriff gewöhnt und werden deshalb definierte Funktionen und Operatoren doch ab und zu **Programme** nennen, weil sie wirklich Programme im üblichen Sinn darstellen.

Alle Beispiele in diesem Abschnitt werden sehr einfach sein. An interessanteren Beispielen zum Üben wird es aber nicht mangeln, denn alle weiteren Kapitel sind zu einem wesentlichen Teil aus Beispielen aufgebaut. Auch jetzt werden sich Vergleichsmöglichkeiten zu Pascal ergeben. Anders als bei den Standarddatentypen sind beim Programmieren aber eher die Unterschiede als die Gemeinsamkeiten zu betonen. Das Nachbilden der Pascal-Kontrollstrukturen ist in APL2 zwar grundsätzlich möglich, aber i.a. mit Nachteilen verbunden. Schönes Programmieren in APL2 erfordet vom Pascal-Routinier wirklich ein Umdenken. APL2-Kennern wird dieser Abschnitt kaum viel bieten, höchstens vielleicht eine willkommene Repetitionsmöglichkeit.

3.3.1 Ein erstes APL2-Programm

Wir wollen davon ausgehen, dass uns ein APL2-System zur Verfügung stehe, und dass ein Workspace namens *ARBEIT* schon vorhanden sei. (Die APL2-Systemumgebung wird im nächsten Abschnitt kurz vorgestellt werden.) Mit dem Eintippen der Systemanweisung `)LOAD ARBEIT` wird dieser

Workspace aktiviert, d.h. *ARBEIT* ist jetzt der **aktive Workspace**. Jetzt können wir programmieren und tippen die folgenden Zeilen ein:

```
      ∇ FIRSTPROGRAM
[1]   ⍝
[2]   ⍝* MEIN ERSTES APL2-PROGRAMM
[3]   ⍝
[4]   (?3 5⍴21)-11    ⍝ Matrix von Zufallszahlen
[5]   ∇
```

Mit dem Eintippen des Zeichens ∇ („Del", „Nabla") gelangen wir in den **Programmiermodus** und mit dem nächsten Eintippen von ∇ (Zeile [5]) verlassen wir ihn wieder. In die oberste Zeile (**Kopfzeile, Header**) haben wir nach ∇ den Programmnamen *FIRSTPROGRAM* geschrieben. Die Kopfzeile ist immer Zeile [0]. Die folgenden Zeilen werden automatisch numeriert. Zeilen mit ⍝ am Anfang sind Kommentarzeilen. Wie aus Zeile [4] ersichtlich ist, kann Kommentar auch rechts von einer Anweisung stehen. Dieses Programm ist ein sog. **Einzeiler**, weil es nur eine einzige **ausführbare Zeile** enthält. Lange APL2-Einzeiler sind sowohl beliebt als auch berüchtigt, und der Leser wird im Verlaufe der Lektüre unsere Einstellung gegenüber Einzeilern unschwer erkennen. Grundsätzlich sollten APL2-Programme gut **dokumentiert** werden, detaillierte Kommentare sind selten überflüssig. Ein APL2-Programm wird durch das Eintippen seines Namens aufgerufen, was wir im vorliegenden Fall zweimal tun:

```
      FIRSTPROGRAM
 ¯8  5  ¯1   1  ¯6
¯10  4   4   9  ¯2
  0  7 ¯10  ¯9   1

      FIRSTPROGRAM
 4 ¯10 ¯2 ¯9 ¯2
 4   2  9  7  1
¯9   3 ¯2  4  9

      )SAVE ARBEIT
22.01.1991 16.14.04 (GMT)
```

Die unterschiedlichen Resultate bei den beiden Ausführungen von *FIRSTPROGRAM* deuten darauf hin, dass die ausgegebenen 3×5-Matrizen aus Zufallszahlen bestehen. Ein kurzer Blick auf Zeile [4] bestätigt dies und lässt weiter erkennen, dass diese Zufallszahlen alle der Menge {−10,...,10} entstammen. Die Systemanweisung)SAVE ARBEIT stellt sicher, dass der Workspace *ARBEIT* in seinem momentanen Zustand in eine **Bibliothek**

3. Kurzeinführung in APL2

zurückgeschrieben wird. Spätestens nachdem zum ersten Mal aufgrund eines Systemunterbruchs zusammen mit dem aktiven Workspace viel Arbeit verlorengegangen ist, lernt man, die Systemanweisung)SAVE nicht allzu sparsam zu verwenden.

Als nächstes möchte der Leser jetzt wohl wissen, wie Programmzeilen verändert, eingeschoben und gelöscht werden können, und wie sich das (im Entstehen begriffene) Programm anschauen lässt. APL2-Systeme enthalten **Editoren**, die dies ermöglichen, i.a. sogar mehrere, und auch Nicht-APL2-Editoren können zu diesem Zweck verwendet werden. Programme editieren ist für die Praxis natürlich ein wichtiges Thema, dessen Behandlung unserer Meinung nach aber in die einschlägigen Handbücher gehört, wo sie normalerweise auch zu finden ist. Wir beschränken uns daher darauf, auf [APL2LR] bzw. [APL2PC] zu verweisen.

3.3.2 Die äussere Form eines Programms

FIRSTPROGRAM ist eine **niladische** definierte Funktion, d.h. eine definierte Funktion ohne **Argumente**. Niladische primitive Funktionen gibt es keine in APL2, es sei denn, man wolle gewisse **Systemvariablen** als solche betrachten (vgl. nächster Abschnitt). Daneben gibt es bei den definierten Funktionen wie bei den primitiven **monadische** und **dyadische**, die also ein bzw. zwei Argumente haben. *FIRSTPROGRAM* ist eine definierte Funktion ohne **explizites Resultat**, d.h. die Matrix, welche berechnet wird, kann nicht direkt als Argument für eine nächste Funktion verwendet werden. So würde z.B. die Ausführung von 5 + FIRSTPROGRAM nicht wieder eine 3×5-Matrix ergeben, sondern eine Fehlermeldung. Beim Entwerfen einer definierten Funktion müssen wir also einerseits zwischen *niladisch*, *monadisch* und *dyadisch* und anderseits zwischen *mit explizitem* Resultat und *ohne explizites* Resultat wählen, was nicht immer ein einfacher Entscheid ist. Es stehen also 6 Möglichkeiten zur Verfügung, und die Qual der Wahl liegt beim Programmierer. Wie die folgende Tabelle zeigt, gehört zu jeder der 6 Möglichkeiten eine besondere Form der **Kopfzeile** des Programms:

	ohne explizites Resultat	mit explizitem Resultat
niladisch	PROGRAMMNAME	Z←PROGRAMMNAME
monadisch	PROGRAMMNAME R	Z←PROGRAMMNAME R
dyadisch	L PROGRAMMNAME R	Z←L PROGRAMMNAME R

Dass *FIRSTPROGRAM* niladisch und ohne explizites Resultat ist, lässt sich also schon daran erkennen, dass seine Kopfzeile nur gerade aus dem Programmnamen besteht. Die zwei folgenden Programme, welche beide Verallgemeinerungen von *FIRSTPROGRAM* darstellen, illustrieren zwei besonders häufige der 6 Möglichkeiten:

```
        ∇ SECONDPROGRAM [□] ∇
     ∇
[0]    MATRIX←SECONDPROGRAM I
[1]    A
[2]    A* MEIN ZWEITES APL2-PROGRAMM
[3]    A
[4]    MATRIX←(?3 5ρ1+2×I)-I+1      A Matrix von Zufallszahlen
     ∇
```

Abb. 1. Funktion SECONDPROGRAM

```
        10 × SECONDPROGRAM 11
  ¯50   50  ¯90  ¯100  ¯110
   50   20  110    70   ¯60
 ¯110  ¯60   90    70   ¯50
```

Offenbar ist *SECONDPROGRAM* monadisch und mit explizitem Resultat. Der Variablen I wird zu Beginn der Programmausführung der Wert 11 übergeben. Der Wert der Variablen **MATRIX** wird nach Beendigung der Programmausführung mit 10 multipliziert. Wichtig ist natürlich, dass der Programmierer dafür sorgt, dass der Variablen **MATRIX** das Resultat von *SECONDPROGRAM*, nämlich die berechnete Zufallsmatrix, tatsächlich zugewiesen wird. I und **MATRIX** sind **lokale Variablen**, d.h. sie existieren nur während der Ausführung von *SECONDPROGRAM*. Besonders Pascal-Programmierer mag es interessieren, dass I einem **Wertparameter** in Pascal entspricht — d.h. die Wertübergabe geschieht nach der **call-by-value**-Methode (vgl. [TeAu86]) — und **MATRIX** dem **Resultat** einer Pascal-Funktion.

```
        ∇ THIRDPROGRAM [□] ∇
     ∇
[0]    MATRIX←D THIRDPROGRAM I;M1
[1]    A
[2]    A* MEIN DRITTES APL2-PROGRAMM
[3]    A
[4]    M1←Dρ1+2×I           A Argument fuer ?
[5]    MATRIX←(?M1)-I+1     A Matrix von Zufallszahlen
     ∇
```

Abb. 2. Funktion THIRDPROGRAM

3. Kurzeinführung in APL2

```
      (5 6) THIRDPROGRAM 11
¯10 ¯10 ¯9 ¯9 ¯1  4
  0   1 ¯7  0 ¯3 ¯1
  3   5 ¯3  3 ¯5  7
 ¯9   9  2 ¯2 ¯10 11
 11  ¯5  9  0  3 ¯3
```

THIRDPROGRAM ist wieder eine definierte Funktion mit explizitem Resultat, nun aber dyadisch. Das rechte Argument bestimmt wieder die Menge, aus der die Zufallszahlen gewählt werden, das linke Argument bestimmt die Anzahl Zeilen und Spalten der zu generierenden Zufallsmatrix. Falls sich die Werte, welche einem Programm übergeben werden sollen, relativ natürlich in zwei Gruppen aufteilen lassen, kann es praktisch sein, zwei Argumente vorzusehen, also eine dyadische Funktion zu erstellen. Am häufigsten werden allerdings monadische Funktionen programmiert, also alle zu übergebenden Werte in das rechte Argument verpackt. *THIRDPROGRAM* verwendet ausser D und I noch weitere lokale Variablen. Diese werden am Ende der Kopfzeile, durch ; abgetrennt, definiert.

Eine lustige Anwendungsmöglichkeit von dyadischen definierten Funktionen mit explizitem Resultat wird durch das folgende Beispiel illustriert:

```
      MUTTER ← 'HEIDI'
      VATER ← 'PETER'
      KINDER ← 'ARNOLD' 'LILO' 'ANDREAS' 'MARIANNE'
      FAMILIE ← KINDER UND MUTTER UND VATER
      FAMILIE
ARNOLD LILO ANDREAS MARIANNE HEIDI PETER
```

```
      ∇ UND [□] ∇
    ∇
[0]    RES←A UND B
[1]    A
[2]    A* UND fuegt zwei Mengen A und B zusammen
[3]    A* Aufruf: [Resultat ←]  A  UND  B
[4]    A
[5]    →(2≤≡A)/CHECK_B         A ist A eine Menge?
[6]    A←⊂A                    A A einpacken
[7]    CHECK_B:
[8]    →(2≤≡B)/OK              A ist B eine Menge?
[9]    B←⊂B                    A B einpacken
[10]   OK:
[11]   RES←A,B                 A zusammenfuegen
    ∇
```

Abb. 3. Funktion UND

UND stellt hier eine dyadische definierte Funktion mit explizitem Resultat dar, welche bei jedem Aufruf zwei Namenmengen (= linkes und rechtes Argument) zu einer grösseren Namenmenge vereinigt. Oben wird nach der zweiten Durchführung von *UND* das explizite Resultat der Variablen **FA-MILIE** zugewiesen. (In den Zeilen [5] und [8] wird geschaut, ob die Argumente **A** bzw. **B** Mengen von Namen sind oder bloss einzelne Namen. Dies kann aufgrund der Verschachtelungstiefe beurteilt werden. Ist diese zu klein, wird das entsprechende Argument mittels ⊂ eingepackt.)

Die obigen drei Programme arbeiten alle ausschliesslich mit *lokalen Variablen*. Gut strukturierte, verständliche Programme verwenden meistens auch nur solche. **Globale Variablen**, die auch vor und nach dem Programmablauf existieren können, sind in gewissen Fällen aber die bessere Wahl. Z.B. wird ein als Argument übergebener Wert (automatisch) kopiert, was im Fall eines grösseren Arrays zu einer Platzverschwendung führen kann. Die Verwendung einer globalen Variablen wäre hier platz- und möglicherweise auch zeiteffizienter. Merkwürdigerweise sind in der Kopfzeile die Namen der lokalen Variablen anzuführen und nicht die Namen der viel selteneren globalen.

Jedes APL2-Programm kann als **Hauptprogramm** ausgeführt werden; der Benutzer muss einfach einen entsprechenden **Programmaufruf** eintippen, also z.B. **(2 3) THIRDPROGRAM 5**. In den meisten Fällen werden Programme aber als **Unterprogramme** ausgeführt, d.h. der Aufruf wird dann nicht eingetippt, sondern als (Teil einer) Programmzeile ausgeführt. Die sechs grundsätzlichen Möglichkeiten zur Gestaltung des äusseren Programmaufbaus gelten natürlich genauso für Unter- wie für Hauptprogramme.

3.3.3 Sprünge

Wir haben in den letzten beiden Abschnitten drei erste, sehr einfache APL2-Programme betrachtet, deren Zeilen (oder genauer **Anweisungszeilen** bzw. statements) **sequentiell** abgearbeitet werden, d.h. von oben nach unten. Derartige Programme bilden natürlich die Ausnahme, i.a. muss auch eine andere Reihenfolge der Abarbeitung möglich sein. Dazu bietet APL2 – wie die gute alte Assemblersprache – die Möglichkeit der **unbedingten** und **bedingten Sprünge**, die wir bei der Funktion *UND* in Abb. 3 bereits vorweggenommen haben.

Unbedingte Sprünge

Unbedingte Sprünge entsprechen den *GOTO*-Anweisungen in vielen Programmiersprachen. Die folgenden Beispiele zeigen die wichtigsten Anwendungsmöglichkeiten auf:

3. Kurzeinführung in APL2

→ 5	Sprung auf Zeile [5]
→ 0	Programm verlassen
→ ι0	Kein Sprung, d.h. Weiterfahren mit der nächsten Zeile (ι0 ist ein leerer Vektor)
→ 1+2*3	Sprung auf Zeile [9]
LABEL1: ... . . → LABEL1	Sprung auf die Zeile mit Marke LABEL1

Sprünge auf feste Zeilennummern entsprechen i.a. keinem guten Programmierstil, da bei einer späteren Programm-Modifikation Zeilen eingeschoben bzw. entfernt werden können — mit wahrscheinlich ungewollten Konsequenzen für die Sprünge. Das Arbeiten mit **Marken** (Labels) kommt auch der Programmlesbarkeit entgegen.

Bedingte Sprünge

Wie das zweitletzte obige Beispiel zeigt, darf rechts von → ohne weiteres ein Ausdruck stehen. Es darf sogar eine Variable sein:

V ← 1 + 2*3
→ V

Dies ergibt die wichtige Möglichkeit, Sprünge zu steuern bzw. von Bedingungen abhängig zu machen. Z.B. lässt sich die recht oft benötigte Verzweigung „Weiterfahren mit nächster Zeile" — „Programm verlassen" elegant mit Hilfe von →ιB realisieren, wo B eine Boolesche Variable ist (und ⎕IO mit 0 zu initialisieren ist). Für B=0 erhalten wir →ι0 (leerer Vektor), d.h. „Weiterfahren mit der nächsten Zeile". Für B=1 erhalten wir →ι1 also →0, d.h. „Programm verlassen".

Bedingte Sprünge werden häufig mit Hilfe der primitiven Funktion *Compress* realisiert: Wir wollen annehmen, dass sich die Marke LABEL2 auf die Zeilennummer 6 bezieht und betrachten die folgende Anweisungszeile:

→ (A = 1)/LABEL2

Für A=1 erhalten wir →1/6, d.h. →6, also Sprung auf Zeile [6]. Für A≠1 erhalten wir →0/6. Der Ausdruck 0/6 ergibt einen leeren Vektor, womit →0/6 also einen Sprung auf die nächste Zeile bewirkt.

Als wichtige kleine Anwendung der bedingten Sprünge betrachten wir die Realisierung einer **Programmschleife** (Loop):

```
T ← 3
I ← 0
L1: → (T<I←I+1)/L2
    .
    .
    .
  → L1
L2: ...
```

Diese Konstruktion entspricht offensichtlich einer **while-Schleife** in Pascal. Falls der Wert von T während der Schleifenausführung nicht verändert wird, entspricht sie auch einer **for-Schleife**. Für T=3 wird die Schleife dreimal durchlaufen. Ganz analog lässt sich auch eine **repeat-Schleife** konstruieren.

Recht nützlich ist auch die Möglichkeit der **Mehrfachverzweigung**:

```
→ ((I < 5), (I = 5), I > 5)/LESS,EQUAL,GREATER
```

Nehmen wir an, dass sich die drei Marken auf die Zeilen [4], [7] und [19] beziehen und I den Wert 9 hat, so ergibt sich →0 0 1/4 7 19, d.h. →19.

Es ist klar, dass diese wenigen **Kontrollstrukturen** überzeugte Pascal-Programmierer etwas enttäuschen müssen, wenigstens auf den ersten Blick. APL2 ist sicher keine Sprache, die das sog. **strukturierte Programmieren** gut unterstützt. Dieses Schlagwort erlebte seine Blüte in den 70er-Jahren und führte damals u.a. auch zu Vorschlägen für das Nachbilden bzw. Simulieren der *if-then-else-* und Schleifenkonstruktionen in APL mit Hilfe von definierten Funktionen [Gilo77]. Seither ist man wieder etwas pragmatischer geworden und verzichtet darauf, allzu eng zu definieren, was „schönes Programmieren" sein soll. In APL2 hängt schönes Programmieren stark mit dem **Verzicht auf Schleifenkonstruktionen** zusammen. Es geht nämlich, wie viele folgende Beispiele zeigen werden, meistens auch ohne diese – und sogar noch eleganter.

3.3.4 Rekursion

Wir wollen diese wichtige Programmiertechnik anhand eines berühmten ungelösten mathematischen Problems erläutern, welches sehr einfach zu beschreiben ist: Man wähle eine ganze Zahl $n_0 > 1$ und bestimme nacheinander Zahlen $n_1, n_2,...$ gemäss der folgenden Regel:

$$n_{i+1} = \begin{cases} n_i \div 2 & \text{falls } n_i \text{ gerade} \\ 3 \times n_i + 1 & \text{falls } n_i \text{ ungerade} \end{cases} \quad (*)$$

Sobald sich die Zahl 1 ergibt, wird das Verfahren abgebrochen. Beispielsweise erhalten wir für $n_0 = 7$ die Zahlen 22, 11, 34, 17, 52, 26, 13, 40, 20, 10,

3. Kurzeinführung in APL2

5, 16, 8, 4, 2, 1. Sämtliche bisherigen Versuche haben ergeben, dass dieses Verfahren immer abbricht, dass also immer nach endlich vielen Schritten die Zahl 1 tatsächlich auftritt. Aber beweisen − oder widerlegen − konnte man diese Vermutung erstaunlicherweise bis heute nicht. Für nähere Angaben zum sog. **3n + 1-Problem** verweisen wir auf [Laga85].

Wir wollen mutig annehmen, dass die Vermutung wirklich stimmt, und mit einem kleinen Programm Δ3N_PLUS_1 (vgl. Abb. 4) die Anzahl Schritte bestimmen, die es braucht, um von einem vorgegebenen n_0 bis zur Endzahl 1 zu gelangen:

```
      Δ3N_PLUS_1 7
16
```

Δ3N_PLUS_1 ist ein Programm, das sich selber als Unterprogramm aufruft. Derartige Programme heissen **rekursiv**. Wir werden im folgenden recht oft rekursive Programme antreffen und sofort erkennen, dass diese sich vor allem durch Eleganz und Kürze auszeichnen. Jedes rekursive Programm kann übrigens in ein nicht-rekursives umgeschrieben werden, was wichtig ist, da es Programmiersprachen gibt (z.B. COBOL), die die rekursive Programmierung nicht unterstützen. Dass bei APL die Rekursion von Anfang an dabei war, erstaunt sicher nicht.

Eine Rekursion läuft grundsätzlich in 2 Phasen ab: Zuerst wird Schritt um Schritt ein „Weg" aufgebaut, bis die sog. **Abbruchbedingung** erfüllt ist, d.h. eine Situation auftritt, bei der die Lösung trivial wird. Dann wird mit dieser Lösung der in Phase 1 aufgebaute „Weg" rückwärts durchlaufen bzw. wieder abgebaut und Schritt um Schritt die Lösung des ursprünglichen Problems bestimmt. Wie unser Programm zeigt, erweist sich dieses Vorgehen beim *3n + 1-Problem* als äusserst einfach: Um die gesuchte Anzahl Schritte für n_0 zu bestimmen, bestimmen wir zunächst die Anzahl Schritte für n_1, und dazu wiederum zunächst die Anzahl Schritte für n_2, usw. Auf diese Weise bauen wir einen „Weg" auf, und die einzige Arbeit dabei besteht im fortlaufenden Berechnen von n_{i+1} aus n_i. Die Abbruchbedingung lautet „$n_i = 1$?", denn für $n_i = 1$ ist die Anzahl Schritte, um 1 zu erreichen, trivialerweise gleich 0. Sobald die Abbruchbedingung erfüllt ist, ist der „Weg" fertig aufgebaut und damit Phase 1 beendet. Wir können nun in Phase 2 diesen Weg rückwärts durchlaufen und die Anzahl Schritte zählen, bis wir wieder am Anfang sind. Die totale Anzahl Schritte ist dann die gesuchte Lösung. Nun ist natürlich die totale Anzahl Schritte − und damit die Lösung − gerade gleich i, was bedeutet, dass wir uns bei dieser Rekursion die Phase 2 eigentlich schenken können. Obschon es bei dieser Aufgabe nicht nötig wäre, haben wir bewusst versucht, den allgemeinen Ablauf mit seinen zwei Phasen aufzuzeigen. Später werden wir auch weniger einfache Rekursionen antreffen. Wir möchten dem Leser empfehlen, auch dann in ein paar Fällen die beiden Phasen zu identifizieren. Bevor wir das *3n + 1-Problem* verlassen, sei noch einmal darauf hingewiesen, dass bis heute nicht bewiesen ist, dass der Algorithmus (*) für jedes $n_0 > 1$ wirklich einmal abbricht. Unser Programm Δ3N_PLUS_1 wird

```
        ∇ ∆3N_PLUS_1 [▯] ∇
        ∇
[0]     Z←∆3N_PLUS_1 N;NEXT
[1]     ⍝
[2]     ⍝* ∆3N_PLUS_1 bestimmt Anzahl Schritte fuer 3×n+1-Problem
[3]     ⍝* Aufruf: [Resultat ←] ∆3N_PLUS_1 n0
[4]     ⍝
[5]     ⍎(N=1)/'→Z←0'              ⍝ Abbruchkriterium
[6]     →(0=2|N)/EVEN
[7]     NEXT←1+3×N                 ⍝ falls ungerade
[8]     →RECUR
[9]     EVEN:
[10]    NEXT←N÷2                   ⍝ falls gerade
[11]    RECUR:
[12]    Z←1+∆3N_PLUS_1 NEXT        ⍝ Rekursion
        ∇
```

Abb. 4. Funktion ∆3N_PLUS_1

allerdings immer terminieren, und sei es nur, weil n_i so gross wird, dass es auch als *Real*-Zahl nicht mehr gespeichert werden kann.

Rekursives Programmieren hat auch seine Tücken: Rekursive Programme können trotz Kürze und Eleganz sehr ineffizient sein, nämlich dann, wenn das gleiche Teilresultat immer wieder neu berechnet wird, was auf den ersten Blick nicht unbedingt leicht zu erkennen ist. Rekursive Programme können auch sehr viel Speicherplatz verschwenden, wenn beim rekursiven Aufruf Werte übergeben werden, die sich gar nicht verändern. Auch dies ist nicht immer leicht zu erkennen. Hier kann das Verwenden von *globalen Variablen* helfen. Wir hoffen, dass unsere vielen rekursiven Anwendungen Beispiele für gutes rekursives Programmieren sind.

3.3.5 Die primitiven Funktionen Execute und Format

Es gibt in APL2 zwei primitive Funktionen, deren Vorstellung nicht gut in den Abschnitt über Arrays gepasst hätte, und die vor allem für das Programmieren wichtig sind:

Execute	⍎ R	Ausführen	25	⍎ 'A×A ← 5'

Execute ist monadisch und verlangt als Argument einen Character-Skalar oder Character-Vektor. Dieser wird **interpretiert** und **ausgeführt**, ähnlich wie es der APL2-Interpreter mit einer direkt eingetippten oder in einem Programm enthaltenen Zeile auch macht. *Execute* kann also als kleiner Bruder des APL2-Interpreters betrachtet werden. Es stellt Möglichkeiten zur Verfü-

3. Kurzeinführung in APL2

gung, die man beim Programmieren in anderen Sprachen oft auch gerne hätte — und dort leider vermisst.

Eine typische Anwendung von *Execute* ist etwa die folgende: In einem Programm sollen *n* Variablen definiert werden, wobei *n* selber variabel ist. Eine einfache Möglichkeit besteht darin, für diese Variablen z.B. die Namen X1, X2, ... , X*n* zu wählen und sie mit Hilfe von *Execute* und beliebigen Anfangswerten „zum Leben zu erwecken":

```
      ∇ NAMES [▯] ∇
    ∇
[0]   NAMES N;I
[1]   ⍝
[2]   ⍝* NAMES erzeugt Namen X1 bis Xn
[3]   ⍝* Aufruf:  NAMES  n
[4]   ⍝
[5]   I←0                   ⍝ Index initialisieren
[6]   LOOP:                 ⍝ Schleife
[7]   →(N<I←I+1)/0          ⍝ Abbruchkriterium
[8]   ⍎'X',(⍕I),'←0'        ⍝ Xi ← 0
[9]   →LOOP
    ∇
```

Abb. 5. Funktion NAMES

```
      NAMES 5
      )VARS
X1       X2       X3       X4       X5
         X1
0
         X5
0
```

In diesem Beispiel haben wir in Zeile [8] bereits die primitive Funktion ⍕ (*Format*) verwendet, welche dazu dient, die Zahl I in einen Characterstring umzuwandeln. Wir werden bald auf *Format* zurückkommen.

Besonders nützlich ist die Möglichkeit, die Ausführung von *Execute* von einer Bedingung abhängig zu machen (**conditional execution**):

```
      A←' '
      B←'SCHWIERIG'
      I←2
      ⍎(1=I)/'A←''NICHT '''
      A,B
SCHWIERIG
```

```
     I←1
     ⍎(1=I)/'A←''NICHT '''
     A,B
NICHT SCHWIERIG
```

Das heisst, für I=1 wird 'NICHT SCHWIERIG' ausgedruckt und für I≠1 'SCHWIERIG'.

Eine häufige und typische Anwendung vom bedingten *Execute* ist die Nachbildung der z.b. in Pascal geläufigen *if-then*-**Konstruktion**. Wir werden in späteren Abschnitten anhand vieler Beispiele sehen, wie mit Hilfe von *Execute* oft Verzweigungen oder Unterprogramme vermieden werden können. Die Verwendung von *Execute* stellt eine elegante, mächtige und APL2-gerechte Programmiertechnik dar. Seine Anwendung kann allerdings auch übertrieben werden, was sich dann in schwer lesbarem Programmcode ausdrückt.

Es gibt in APL2 auch eine Art Umkehrfunktion zu *Execute*:

Format	L ⍕ R	Character- darstellung	`V1 ← 0.123 1.23 12.3 123`
			`V2←6 1 ⍕ V1`
			`V2`
			`  .1   1.2  12.3 123.0`
			`DISPLAY V2`
			`┌→─────────────────────┐`
			`│  .1   1.2  12.3 123.0│`

⍕ wandelt den numerischen Vektor V1 in den Charactervektor V2 um. Dabei wird jedes Element von V1 durch 6 Zeichen von V2 dargestellt — und zwar rechtsbündig, wobei nur eine Stelle nach dem Dezimalpunkt berücksichtigt wird.

Die obige Verwendung von *Format* heisst *Format by Specification*. Daneben gibt es eine zweite dyadische Verwendung, nämlich *Format by Example*, sowie das in Abb. 5 bereits angetroffene monadische *Format*. Wir wollen nicht näher auf die vielfältigen Möglichkeiten von *Format*, die vor allem für kommerzielle APL2-Anwendungen nützlich sind, eingehen. In der Folge wird *Format* nur selten verwendet werden.

3.3.6 Definierte Operatoren

In APL2 kann man nicht nur eigene Funktionen programmieren, sondern auch eigene Operatoren. Diese **definierten Operatoren** trifft man längst nicht so häufig an wie die definierten Funktionen; sie sind aber in bestimmten Fällen äusserst nützlich. Wie ein primitiver Operator kann auch ein definierter monadisch oder dyadisch sein, d.h. eine oder zwei primitive oder definierte Funktionen als **Operanden** haben, und seine Anwendung ergibt als Resultat ebenfalls eine (monadische oder dyadische) **abgeleitete Funktion**.

3. Kurzeinführung in APL2

Die folgende Tabelle zeigt, auf welche Arten die Kopfzeile eines definierten Operators aufgebaut sein kann:

ohne explizites Resultat	mit explizitem Resultat
(LO MOP) R	Z ← (LO MOP) R
L (LO MOP) R	Z ← L (LO MOP) R
(LO DOP RO) R	Z ← (LO DOP RO) R
L (LO DOP RO) R	Z ← L (LO DOP RO) R

Mit *MOP* sind monadische definierte Operatoren bezeichnet, mit *DOP* dyadische. Die übrigen Abkürzungen haben wir schon bei den primitiven Operatoren angetroffen. Charakteristisch ist das Klammernpaar, welches den Operatornamen zusammen mit dem/den zugehörigen Operandennamen einschliesst.

Wir wollen als Beispiel einen monadischen definierten Operator *TIME* konstruieren, der auf monadische und dyadische primitive und definierte Funktionen angewendet werden kann, um deren Ausführungszeiten zu bestimmen. Diese hängen natürlich i.a. stark vom zu verarbeitenden Input ab. *TIME* macht im wesentlichen von der Systemvariablen ⎕AI (*Account Information*) Gebrauch, einem vierelementigen Vektor, dessen zweites Element die seit dem Beginn der APL2-Sitzung verbrauchte Rechenzeit in msec angibt.

```
        ∇ TIME [⎕] ∇
     ∇
[0]     RES←LEFT(PROGRAM TIME)RIGHT;∆TT
[1]     ⍝
[2]     ⍝* Der Operator TIME misst die Ausfuehrungszeit des
[3]     ⍝* Programms PROGRAM, angewendet auf RIGHT [und LEFT]
[4]     ⍝* Aufruf: [Res ←] [linkes_Arg] (Programm TIME) rechtes_Arg
[5]     ⍝
[6]     ∆TT←⎕AI[2]                  ⍝ initialisieren
[7]     →(2≠⎕NC 'LEFT')/MONADIC     ⍝ linkes Argument ?
[8]     RES←LEFT PROGRAM RIGHT      ⍝ dyadisch
[9]     →END
[10] MONADIC:
[11]    RES←PROGRAM RIGHT           ⍝ monadisch
[12] END:
[13]    'CPU-Zeit:'(⎕AI[2]-∆TT)'msec'  ⍝ Ausgabe Zeitbedarf
     ∇
```

Abb. 6. Operator TIME

In Zeile [7] der Programmliste wird geschaut, ob beim Aufruf ein linkes Argument angegeben wurde oder nicht. Falls ⎕NC das Resultat 2 liefert, liegt ein linkes Argument vor, und Zeile [8] wird ausgeführt. Ansonsten wird zur Marke **MONADIC** gesprungen und Zeile [11] ausgeführt.

Als Anwendung von *TIME* wollen wir die Zeiten für das Addieren bzw. Multiplizieren von zwei kleinen ganzen Zahlen in APL2 vergleichen. Um ein einigermassen zuverlässiges Resultat zu erhalten, führen wir beide Operationen 10'000mal (auf dem gleichen System) aus. Wir verwenden dazu das folgende Hauptprogramm *COMPARE*:

```
        ∇ COMPARE [▯] ∇
     ∇
[0]     COMPARE N;LEFT_ARG;RIGHT_ARG;RES
[1]     A
[2]     A* COMPARE misst Ausfuehrungszeit von je n Additionen
[3]     A* und Multiplikationen
[4]     A* Aufruf:  COMPARE  n
[5]     A
[6]     LEFT_ARG←?Nρ1000            A linkes Argument
[7]     RIGHT_ARG←?Nρ1000           A rechtes Argument
[8]     'Zeitmessung fuer Addition:'
[9]     RES←LEFT_ARG(+TIME)RIGHT_ARG   A Vektoraddition
[10]    'Zeitmessung fuer Multiplikation:'
[11]    RES←LEFT_ARG(×TIME)RIGHT_ARG   A Vektormultiplikation
     ∇
```

Abb. 7. Funktion COMPARE

Die Anwendung der Funktion *COMPARE* unter APL2/PC hat die folgenden Zeitmessungen ergeben:

```
      COMPARE 10000
  Zeitmessung fuer Addition:
   CPU-Zeit: 100 msec
  Zeitmessung fuer Multiplikation:
   CPU-Zeit: 770 msec
```

Der Quotient aus Multiplikationszeit und Additionszeit beträgt also ca. 7. In späteren Kapiteln werden wir weitere definierte Operatoren antreffen.

3.4 Zur Systemumgebung

3.4.1 Allgemeines

APL\360 war nicht nur wegen der interessanten und mächtigen APL-Sprache ein Erfolg, sondern ebensosehr wegen des *interaktiven Systems*, welches einen für die damalige Zeit neuartigen und ungewohnt komfortablen **Dialog** zwischen Benutzer und Computer ermöglichte (vgl. 1 „Einleitung"). Dieses interaktive System wurde bei späteren Implementierungen mit

3. Kurzeinführung in APL2

weiteren Möglichkeiten ausgestattet und damit im grossen und ganzen noch wesentlich verbessert. Wichtige Teile einer APL-Software werden i.a. unter der Bezeichnung **Systemumgebung** zusammengefasst. Bei APL2 sind es vor allem die folgenden:

- Verwaltung von Workspaces und Workspace-Bibliotheken
- Editoren
- **Sitzungs-Unterstützung** (Session Manager), z.B. für das erneute **Ausführen** einer früher eingetippten Anweisung
- **Partnerprogramme** (Auxiliary Processors), z.B. für den Zugriff auf externe Datenbanken
- **Verbindungsprogramme** (Associated Processors), z.B. für **den Aufruf von** Fortran-Unterprogrammen

Einiges über die APL2-Systemumgebung haben wir schon vorgestellt, vor allem in den Abschnitten 3.1 „Grundinformationen über APL2" und 3.3.1 „Ein erstes APL2-Programm". Vieles werden wir unerwähnt lassen, weil es zu weit von unserem eigentlichen Thema „Datenstrukturen" wegführen würde, zu implementationsspezifisch ist oder nur selten verwendet wird. Die nützlichste Hilfe beim Erlernen der Systemumgebung eines konkreten APL2-Systems ist die richtige Auflage des einschlägigen Handbuchs. Es gibt aber eine beachtliche Anzahl **Systemvariablen, Systemfunktionen** und **Systemanweisungen**, die für jeden Benutzer wichtig und in der Systemumgebung der meisten heute verfügbaren APL2-Implementierungen vorhanden sind und die wir nicht unerwähnt lassen möchten. Einige von ihnen haben wir bereits kennengelernt, die weiteren werden in den beiden folgenden Abschnitten zur Sprache kommen. Es wird sich dabei als zweckmässig erweisen, in einem neuen und etwas grösseren Zusammenhang auch Bekanntes nochmals vorzustellen. Die Systemvariablen, -funktionen und -anweisungen sollen im folgenden in ihrem Zusammenspiel präsentiert werden, so wie es für viele APL2-Sitzungen typisch ist.

3.4.2 Umgang mit Workspaces und Bibliotheken

Der APL2-Benutzer arbeitet, wie wir bereits gesehen haben, mit dem **aktiven Workspace**. Dieser hat immer einen Namen, der mit)WSID (*Workspace Identifier*) zugeteilt, verändert und abgefragt werden kann. Nach dem Starten von APL2 ist der aktive Workspace immer der **leeren Workspace**, was durch die Systemmeldung IS CLEAR WS angezeigt wird.

```
      )WSID
IS CLEAR WS
```

```
      )WSID ARBEIT
WAS CLEAR WS
      )WSID
IS ARBEIT
```

Jetzt heisst also der aktive (leere) Workspace *ARBEIT*. Mit ⎕WA (*Workspace Available*) können wir die Grösse von *ARBEIT* (in Bytes) abfragen:

```
      ⎕WA
369412
```

Als nächstes definieren wir Variablen VAR1 und VAR2 und erstellen eine definierte Funktion *PROG1* sowie einen definierten Operator *PROG2*. Dies lässt sich anschliessend wie folgt verifizieren:

```
      )VARS         (Variables)
VAR1   VAR2

      )FNS          (Functions)
PROG1

      )OPS          (Operators)
PROG2

      )NMS          (Names)
PROG1.3 PROG2.4 VAR1.2   VAR2.2
```

Die bei)NMS an die Namen angehängten Zahlen bezeichnen die Art der Objekte gemäss folgender Code-Tabelle:

1	Marke (Label)
2	Variable
3	Definierte Funktion
4	Definierter Operator

Die Namen von Objekten können auch leicht in einem Programm abgefragt werden, nämlich mit der Systemfunktion ⎕NL (*Name List*):

```
      ⎕NL 2
VAR1
VAR2

      ⎕NL 4
PROG2
```

3. Kurzeinführung in APL2

Das Argument von ⎕NL, das auch ein Vektor sein kann, ist aufgrund der obigen Code-Tabelle zu wählen. Umgekehrt lässt sich mit der Systemfunktion ⎕NC (*Name Class*) bestimmen, welche Art von Objekt ein vorgegebener Name bezeichnet:

```
      ⎕NC 'PROG1'
3
```

PROG1 wird also korrekterweise als definierte Funktion ausgewiesen. Für ⎕NC ist die obige Code-Tabelle noch etwas zu erweitern:

⁻1	Name nicht korrekt (z.B. 3N+1)
0	Name korrekt, aber Objekt existiert nicht

Dass der aktive Workspace *ARBEIT* jetzt nicht mehr leer ist, lässt sich natürlich auch dadurch verifizieren, dass ⎕WA einen kleineren Wert zurückgibt als beim Sitzungsbeginn.

Workspaces können in Bibliotheken (Libraries) gespeichert und von dort wieder abgerufen werden. Dem Benutzer wird vom System eine **private Bibliothek** zugeordnet, mit der sich am leichtesten arbeiten lässt, da sie die Default-Bibliothek darstellt. Jede andere Bibliothek muss über eine **Bibliotheksnummer** angesprochen werden. Die folgenden Beispiele beziehen sich alle auf die private Bibliothek.

Mit)SAVE wird eine Kopie des aktiven Workspaces *ARBEIT* in der Bibliothek gespeichert. Diese Kopie bekommt auch den Namen *ARBEIT*. Mit)SAVE TRAVAIL wird der aktive Workspace ebenfalls in die private Bibliothek kopiert, aber unter dem Namen *TRAVAIL*. Mit der Systemanweisung)LIB werden die in der privaten Bibliothek gespeicherten Workspaces angezeigt:

```
      )LIB
ARBEIT    TRAVAIL
```

Wenn wir nun eine dritte Variable VAR3 definieren und den aktiven Workspace mit)SAVE abspeichern, wird der Workspace *ARBEIT* in der Bibliothek überschrieben. Die Inhalte von *ARBEIT* und *TRAVAIL* sind jetzt nicht mehr identisch. Mit)CLEAR können wir den aktiven Workspace löschen. Der aktive Workspace ist wieder leer, wie am Anfang, und trägt nicht mehr den Namen ARBEIT. Mit)DROP ARBEIT können wir auch den Workspace *ARBEIT* in der Bibliothek löschen:

```
     )DROP ARBEIT
24.01.1991 12.26.20 (GMT)
     )LIB
TRAVAIL
```

Mit `)LOAD TRAVAIL` wird der aktive Workspace, ob leer oder nicht, mit einer Kopie von *TRAVAIL* überschrieben. Falls wir nur z.B. die Variable **VAR1** und den Operator *PROG2* in den aktiven Workspace kopieren wollen, tippen wir

```
     )COPY TRAVAIL VAR1 PROG2
```

ein. Falls im aktiven Workspace bereits ein Objekt namens **VAR1** oder *PROG2* existiert, wird dieses überschrieben. Falls nichts überschrieben werden soll, ist es vorsichtiger, `)PCOPY` zu verwenden. Objekte, deren Namen im aktiven Workspace bereits existieren, werden dann nicht kopiert. Einzelne oder mehrere Objekte im aktiven Workspace lassen sich mit `)ERASE` oder – vor allem in Programmen – mit der Systemfunktion *Expunge* löschen:

```
     )ERASE VAR1 PROG2
```

bzw.

```
     ⎕EX 2 5⍴'VAR1 PROG2'
1 1
```

Eine 1 bei ⎕EX gibt an, dass das Löschen gelungen ist.

Mit `)OUT` lässt sich der aktive Workspace als **sequentielle Datei** z.B. auf eine Diskette kopieren, von wo er mit `)IN` wieder eingelesen werden kann. Auf diese Weise kann ein Workspace auch auf einen anderen Computer – mit gleichem APL2-System – transferiert werden.

3.4.3 Hilfen für das Testen von Programmen

Die grösste Hilfe beim Testen von APL2-Programmen ist der APL2-Interpreter: Sobald er eine nicht ausführbare Anweisung antrifft, *unterbricht* er die Programmausführung, generiert Informationen über den Fehler und gibt dem Programmierer die Möglichkeit, sogleich Korrekturen vorzunehmen. Nach diesen Korrekturen kann mit der Programmausführung weitergefahren werden – zumindest kann man dies versuchen.

3. Kurzeinführung in APL2

Beispiel:

```
LENGTH ERROR
PROG_C[4]   X←1 2 3×4 5+6
            ^         ^
```

Zuerst wird die **Fehlermeldung** LENGTH ERROR ausgegeben, dann die Information, dass der Fehler in Zeile [4] von Programm *PROG_C* erkannt worden ist, und schliesslich Zeile [4] mit einer Markierung, die angibt, wie weit (von rechts nach links) interpretiert wurde und wo der Fehler entdeckt worden ist. (Das Anzeigen eines Fehlers ist etwas systemspezifisch und geschieht daher nicht zwingend genau so wie oben.) APL2 verfügt nur über ein kleines Repertoire an Fehlermeldungen, und diese sind folglich nicht besonders präzis. Das macht aber erfahrungsgemäss auch dem Anfänger keine grossen Schwierigkeiten. So ist bei unserem Beispiel sofort ersichtlich, dass die Programmausführung unterbrochen wurde, weil die beiden zu multiplizierenden Vektoren in ihrer Länge nicht zusammenpassen. Wichtig ist, dass sich der APL2-Interpreter beim Erkennen eines Fehlers die „Situation" bzw. den sog. **Status** zu diesem Zeitpunkt merkt. So können anschliessend z.B. die zuletzt geltenden Werte der Variablen des Programms abgefragt oder verändert werden. Hilfreich kann auch das Eintippen von)SI sein, um den sog. **Status-Indikator** abzufragen. Dieser ist eine Liste, die i.a. leer ist, aber nach einem Programmunterbruch z.B. wie folgt aussehen kann:

```
      )SI
PROG_C[4]
PROG_B[2]
PROG_A[6]
*
```

Wir können diesen Angaben entnehmen, dass Programm *PROG_A* in Zeile [6] Programm *PROG_B* aufgerufen hat und *PROG_B* in Zeile [2] Programm *PROG_C*. Bei der Interpretation von Zeile [4] in Programm *PROG_C* ist der Fehler entdeckt und die Programmausführung unterbrochen worden. Der Stern weist darauf hin, dass *PROG_A* durch Eintippen des Programmnamens und nicht durch Unterprogrammaufruf gestartet wurde, also ein Hauptprogramm ist.

Es würde zu weit führen, in diesem Text auf alle Feinheiten des Status-Indikators einzugehen. Wichtig ist aber, dass der Status-Indikator genau dann nicht leer ist, wenn aufgrund von Fehlern Status-Informationen gespeichert sind. Diese Status-Informationen können nützlich sein, z.B. weil sie es ermöglichen, eine unterbrochene Programmausführung nach der Fehlerbehebung fortzusetzen. Sie können aber auch zu unerwarteten **Seiteneffekten** führen und damit lästig sein, nämlich dann, wenn sie nicht mehr aktuell, aber immer noch vorhanden sind. Z.B. weil es der Programmierer vorzieht, ein unterbrochenes Programm neu zu starten anstatt an der Unterbruchsstelle fortzusetzten. Sobald ein Programm bis ans Ende ausgeführt ist, mit oder ohne Unterbrüchen, wird die zugehörige Status-Information automatisch gelöscht. Mit)RESET lassen sich alle Status-Informationen im System löschen und damit der Status-Indikator leeren. Wir empfehlen dem Leser, den Status-Indikator ab und zu mit)SI abzufragen und bei Bedarf mit)RESET zu löschen.

Im Falle eines Fehlers wird die Programmausführung zwar *unterbrochen*, aber nicht definitv *abgebrochen*, d.h. sie kann auf Wunsch fortgesetzt werden. Für das Weiterfahren bestehen die folgenden zwei Möglichkeiten:

1. Der Programmierer behebt den Fehler und weist dann den Interpreter an, mit der Programmausführung weiterzufahren. Dazu gibt er die Nummer der Zeile an, ab welcher die Ausführung fortgesetzt werden soll, z.B.:

   a) →5   Ab Zeile [5].
   b) →□LC   Ab der Zeile, bei der es zum Unterbruch kam.
                Ihre Nummer ist im **Line Counter** (□LC) gespeichert.
   c) →□LC+1   Ab der ersten Zeile nach der Unterbrechung.

   Die gespeicherte Status-Information macht dieses Weiterfahren möglich.

2. Der Programmierer zieht es vor, mit der angefangenen Programmausführung nicht weiterzufahren. Z.B. will er das Programm verändern und nach der Fehlerbehebung das Programm neu starten. In diesem Fall tippt er)RESET ein und macht damit „sauberen Tisch" im System.

Die folgende Systemvariable wird in den APL- und APL2-Lehrbüchern i.a. nicht als Testhilfe vorgestellt, sondern allgemeiner als Möglichkeit für das Anfordern von Input bzw. Ausgeben von Output bei interaktiven Programmen. Sie heisst *Evaluated Input/Output* und hat aus historischen Gründen die für eine Systemvariable nicht ganz übliche Bezeichnung □. Sobald der APL2-Interpreter der Zuweisung X←□ begegnet, gibt er das Symbol □: aus und wartet dann auf Input. Sobald ein Input eingetippt ist, weist er diesen der Variablen X zu, allenfalls nach einer vorgängigen Auswertung:

```
      X1←□
□:
      'INPUT'
      X1
INPUT
      X2←□
□:
      2*10
      X2
1024
```

3. Kurzeinführung in APL2

Wenn der APL2-Interpreter der Zuweisung `☐←X` begegnet, gibt er den Wert von X aus:

```
      X1←2*12
      A←(☐←X1)÷2
4096
      A
2048
```

Es lohnt sich, für die Testphase grosszügig *Evaluated Output* in den Programmcode einzufügen, besonders um den Wert von Zwischenresultaten zu überprüfen. Das temporäre Einfügen von *Evaluated Input* kann für das Testen ebenfalls nützlich sein. Dass Character-Input immer in Hochkommas eingepackt werden muss, ist verständlich, aber nicht unbedingt praktisch. Falls nur mit Character-Input bzw. -Output gearbeitet wird, ist die Systemvariable ☐ (*Character Input/Output*) von Vorteil. Wir wollen aber nicht weiter auf sie eingehen.

Beim Testen ist es oft praktisch, die Programmausführung an bestimmten Stellen anzuhalten, um die dortige „Situation" zu überprüfen. Besser als das künstliche Einbauen von Fehlern ist die Verwendung eines **Stoppvektors** (*Stop Control*). Um z.B. die Ausführung des Programms *PROG1* vor den Zeilen [4], [9] und [13] anzuhalten, kann der zugehörige Stoppvektor wie folgt definiert werden:

```
      S∆PROG1←4 9 13
```

Soll die Programmausführung nach dem Anhalten vor der Zeile [4] fortgesetzt werden, ist einfach →4 einzutippen. Wenn ein Stoppvektor nicht mehr benötigt wird, kann er durch Zuweisen von 0 oder eines leeren Vektors ausser Betrieb gesetzt werden:

```
      S∆PROG1←ι0
```

Eine verwandte Testhilfe stellen die **Spurvektoren** (*Trace Control*) dar. Der Spurvektor

```
      T∆PROG1←4 9 13
```

bewirkt, dass z.B. nach jeder Ausführung von Zeile [4] des Programms *PROG1* (Annahme: Zeile [4] sehe wie folgt aus: `[4] A←5+10`) der zuletzt berechnete Wert automatisch ausgegeben wird:

```
PROG1[4] 15
```

Analog erfolgt nach der Ausführung von Zeile [9] (Annahme: `[9] →5×C←2`) die folgende Ausgabe:

`PROG1[9] →10`

Bei Programmen mit Schleifen kann sich eine sehr lange „Spur" von Informationen über den Programmablauf ergeben. Ein Spurvektor wird wie ein Stoppvektor durch die Zuweisung von 0 oder eines leeren Vektors inaktiviert. Je nach Umständen eignet sich *Stop Control* oder *Trace Control* besser. Beide sind von ihrer Funktionsweise her typische Systemvariablen, werden aber in APL2 (aus historischen Gründen?) nicht zu diesen gezählt.

Wir haben in diesem Abschnitt längst nicht alles erwähnt, was für das Testen von Programmen nützlich sein kann, aber immerhin die wichtigsten APL2-spezifischen Testhilfen vorgestellt. Weitere wichtige Testmöglichkeiten sind von der verwendeten Programmiersprache unabhängig – und somit nicht Thema des vorliegenden Buches.

3.5 Programmbeispiele

Am Ende unserer Einführung in die Sprache APL2 wollen wir noch ein paar APL2-Programme vorstellen. Sie sollen einige der eingeführten Sprachelemente, wie Arrays und primitive Funktionen, illustrieren sowie aufzeigen, wie diese zu nützlichen Programmen zusammengesetzt werden können. Dabei wollen wir pragmatisch vorgehen und in erster Linie solche Programme behandeln, die wir in späteren Kapiteln als Hilfsfunktionen verwenden können.

3.5.1 Entfernen von Duplikaten aus einem Vektor

Gegeben sei der Vektor `A = 7 6 8 7 5 3 7 5 9`. Gesucht sei ein Vektor `B`, in welchem die in `A` enthaltenen Werte genau einmal vorkommen. Um `B` zu erhalten, können wir `A` von links nach rechts durchlaufen und diejenigen Elemente streichen, deren Wert in `A` bereits angetroffen worden ist. Nach dem Entfernen aller dieser **Duplikate** erhalten wir offensichtlich den Vektor `B = 7 6 8 5 3 9`.

Wir können zur Bestimmung der zu entfernenden Elemente die primitive Funktion *Index of* (`ι`) verwenden. `ι` liefert die Position des erstmaligen Vorkommens von Elementen in einem Vektor. Mit `AιA` erhalten wir also für jedes Element von `A` den Index seines erstmaligen Vorkommens in `A`. In unserem Beispiel gilt also `AιA ←→ 1 2 3 1 5 6 1 5 9`. Die zu entfernenden, d.h. nicht erstmals vorkommenden, Elemente zeichnen sich dadurch aus, dass `AιA` nicht deren tatsächliche Position innerhalb des Vektors liefert (so erhält man für das vierte Elemente eine 1 und nicht eine 4). Für das

3. Kurzeinführung in APL2

Entfernen dieser Elemente wenden wir die primitive Funktion *Compress* (/) auf den Vektor A an. Das linke Argument von / muss ein Vektor der gleichen Länge wie A sein, in welchem für die zu entfernenden Elemente eine 0 und für die beizubehaltenden eine 1 steht. Einen solchen Vektor erhalten wir dadurch, dass wir die Positionen des erstmaligen Vorkommens (AιA) mit den tatsächlichen Positionen (ιρA) vergleichen. In unserem Beispiel gilt somit:

```
(AιA) = ιρA ↔ 1 1 1 0 1 1 0 0 1
```

Allgemein können wir also B wie folgt erhalten:

```
B ← ((AιA) = ιρA)/A
```

Wir haben diese Lösung in Form einer APL2-Funktion *UNIQUE* realisiert:

```
     ∇ UNIQUE [□] ∇
        ∇
[0]    RES←UNIQUE VECTOR
[1]    ⍝
[2]    ⍝* UNIQUE entfernt Duplikate aus einem Vektor
[3]    ⍝* Aufruf: [Resultat ←] UNIQUE Vektor
[4]    ⍝
[5]    RES←((VECTORιVECTOR)=ιρVECTOR)/VECTOR
        ∇
```

Abb. 8. Funktion UNIQUE

Die einzige ausführbare Zeile von *UNIQUE* ist [5]. [1] bis [4] dienen lediglich der Programmdokumentation, auf die wir in diesem Buch grossen Wert legen wollen. Diejenigen Kommentarzeilen, die eine Kurzinformation über das vorliegende Programm (Funktion, Aufruf) enthalten, wollen wir jeweils mit ⍝* kennzeichnen. Leere Kommentarzeilen, wie [1] und [4], sollen dazu dienen, die Übersichtlichkeit einer Programmliste zu verbessern.

Die Anwendung von *UNIQUE* auf unseren Vektor A bestätigt die Richtigkeit unserer Überlegungen:

```
      UNIQUE 7 6 8 7 5 3 7 5 9
7 6 8 5 3 9
```

Bemerkung: Den Ausdruck ((AιA)=ιρA)/A zum Entfernen von Duplikaten aus einem Vektor haben wir uns nicht selbst ausgedacht. Er gehört zu einer bekannten Menge von APL2-Ausdrücken, die für häufig vorkommende Aufgabenstellungen in den verschiedensten Anwendungen verwendet werden können und oft als **APL2-Idiome** bezeichnet werden. Ein sehr wichtiges Idiom, das wir bereits im Abschnitt 3.2.3 „Einfache Vektoren" angetroffen haben, ist X[▼X], welches einen Vektor X sortiert. Solche Idiome werden von

74   Teil A: Grundlagen

gewissen APL2-Interpretern (z.B. APL2/370) als solche erkannt und als eine einzige Funktion ausgeführt, was i.a. eine Einsparung an Speicherplatz und eine verkürzte Ausführungszeit ergibt. Weitere Informationen über Idiome sowie eine Liste von Idiomen findet man in [Grah86] und [Caso89].

3.5.2 Selektive Spezifikation mittels Pick

Unter 3.2.5 „Verschachtelte Arrays" haben wir die primitive Funktion *Pick* (⊃) eingeführt. Dabei haben wir insbesondere die Möglichkeit der selektiven Zuweisung von Werten an Unterarrays von verschachtelten Arrays kennengelernt. Nun ist es leider so, dass nicht alle APL2-Versionen die selektive Spezifikation mittels *Pick* unterstützen. Sie fehlt z.B. bei Version 1 von APL2/PC. Da wir die selektive Zuweisung mittels *Pick* in vielen Anwendungen brauchen werden, wollen wir hier eine Ersatzlösung für solche APL2-Versionen vorstellen. Leser, die mit einer solchen APL2-Version arbeiten, können dann bei unseren Beispielen die selektive Spezifikation mittels *Pick* einfach durch unsere APL2-Funktion **SPECIFY** ersetzen.

Wie wir bereits erläutert haben, ist das linke Argument von *Pick* ein **Suchpfad**, der angibt, welches Element innerhalb des verschachtelten Arrays herausgegriffen bzw. verändert werden soll. Als Argumente unserer Funktion *SPECIFY* benötigen wir ausser dem Suchpfad den Array selbst sowie die zuzuweisenden Werte. Z.B. ist anstelle des Aufrufs

```
(3 7 ⊃ X) ← 'Werte'
```

der Aufruf

```
X ← 3 7 SPECIFY 'Werte' X
```

zu verwenden. Als Beispiele verändern wir mit *SPECIFY* zwei vorgegebene Arrays X und Y:

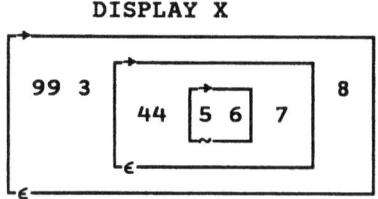

3. Kurzeinführung in APL2

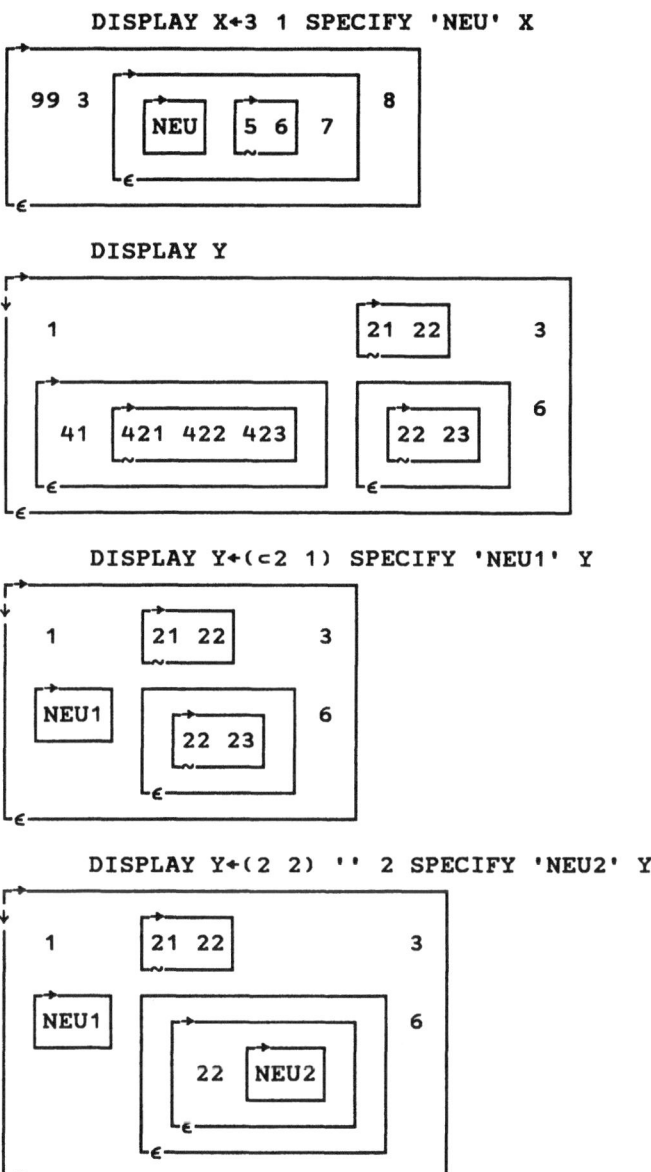

Kommen wir nun zur Realisierung von *SPECIFY* (Programmliste in Abb. 9): *SPECIFY* führt die selektive Spezifikation mittels *Pick* auf eine Zuweisung mittels *Bracket Indexing* zurück. Dazu wird rekursiv jeweils der durch das erste Element des Suchpfads (Zeile [7]) angegebene Unterarray herausgegriffen und *SPECIFY* auf diesen sowie den restlichen Suchpfad angewendet [9]. Die erste Phase der Rekursion wird beendet, sobald der übrig-

```
        ∇ SPECIFY [☐] ∇
     ∇
[0]  VARIABLE←INDICES SPECIFY VAL_VAR;FIRSTINDEX;NEWCOMP;VALUE
[1]  ⍝
[2]  ⍝* SPECIFY simuliert die selektive Spezifikation von ⊃
[3]  ⍝* Aufruf: [Variable ←] Suchpfad SPECIFY (Werte Variable)
[4]  ⍝
[5]  (VALUE VARIABLE)←VAL_VAR              ⍝ separieren
[6]  ⍎(0=⍴,INDICES)/'→0,⍴VARIABLE←VALUE'   ⍝ Rekursionsabbruch
[7]  FIRSTINDEX←1↑INDICES                  ⍝ Beginn des Suchpfads
[8]  ⍝--- Rekursiver Aufruf:
[9]  NEWCOMP←(1↓INDICES)SPECIFY(VALUE(FIRSTINDEX⊃VARIABLE))
[10] ⍝--- Einfugen der neuen Komponente:
[11] ⍎(0=⍴,⊃FIRSTINDEX)/'→0,⍴VARIABLE←⊂NEWCOMP' ⍝ falls Skalar
[12] FIRSTINDEX←¯1↓∊(⍕¨⊃FIRSTINDEX),¨';'   ⍝ Indextupel
[13] ⍎'VARIABLE[',FIRSTINDEX,']←⊂NEWCOMP'  ⍝ Zuweisung
     ∇
```

Abb. 9. Funktion SPECIFY

bleibende Suchpfad leer ist. Dann kann der zuletzt herausgegriffene Unterarray durch die neuen Werte ersetzt werden [6]. Während der zweiten Phase der Rekursion ist die veränderte Komponente in den jeweils nächsthöheren Unterarray zu übernehmen. Dies geschieht mittels *Bracket Indexing* in [12] und [13] (bzw. im Falle eines Skalars durch Ersetzen des bisherigen Unterarrays in [11]). Falls der Rang des Unterarrays ≥2 ist, muss bei *Bracket Indexing* zwischen den Indizes der verschiedenen Dimensionen jeweils ein ; eingefügt werden. Dies geschieht in [12], wo hinter jeden Index ein ; angehängt wird und vom resultierenden Characterstring das letzte ; entfernt wird. Mit diesem Characterstring kann dann in [13] der Zuweisungsbefehl erstellt und mittels ⍎ ausgeführt werden.

Jetzt wollen wir noch den rekursiven Ablauf von *SPECIFY* anhand des oben verwendeten Vektors X illustrieren. Der erste Index des Suchpfades ist 3, d.h. *SPECIFY* wird mit dem restlichen Suchpfad 1 auf das dritte Element von X angewendet. Zur einfacheren Erläuterung wollen wir hier Hilfsvariablen verwenden:

    H1←3⊃X
    DISPLAY H1

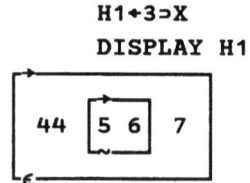

Nach dem nächsten rekursiven Aufruf wird das erste Element von H1 ausgewählt:

3. Kurzeinführung in APL2

```
      H2←1⊃H1
      H2
44
```

Nun ist der gesamte Suchpfad abgearbeitet, und [6] nimmt die Wertzuweisung vor:

```
      H2←'NEU'
```

In der zweiten Phase der Rekursion wird zuerst H2 in H1 eingefügt (gemäss dem zugehörigen Index im Suchpfad an erster Stelle):

```
      H1[1]←⊂H2
```

Anschliessend wird H1 an dritter Stelle in X aufgenommen:

```
      X[3]←⊂H1
```

Damit haben wir das gesuchte Ergebnis:

```
      DISPLAY X
```

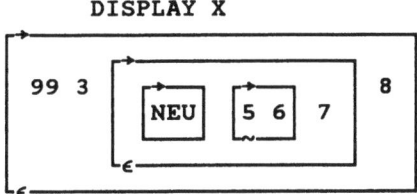

Noch eine kurze Bemerkung zur Programmliste in Abb. 9 auf Seite 76: In Zeile [6] haben wir zwei Anweisungen mittels ⋄ verbunden: Zuerst wird die Wertzuweisung an VARIABLE ausgeführt, danach →0 (d.h. Programmbeendigung). Um übersichtliche Programme zu erhalten, werden wir nur in sehr beschränktem Rahmen von der Möglichkeit des Zusammenhängens mehrerer Anweisungen in einer Zeile Gebrauch machen, nämlich nur dort, wo auf eine einzige Anweisung lediglich ein Sprungbefehl (i.a. Programmbeendigung) folgt.

Abschliessend möchten wir noch anmerken, dass mit APL2/PC Version 1 ein Workspace *UTIL* mitgeliefert wird, der einen definierten Operator *PKAS* zur Durchführung der selektiven Spezifikation mittels *Pick* enthält. *PKAS* beruht im wesentlichen auf der gleichen Idee wie unsere Funktion *SPECIFY*.

3.5.3 Suchpfad eines Arrayelementes bestimmen

Wie wir wissen, kann man mittels *Pick* (⊃) auf beliebige Elemente eines verschachtelten Arrays zugreifen. Für diesen Zugriff ist es allerdings nötig, dass der Suchpfad des entsprechenden Elementes bekannt ist. Will man hingegen auf ein bestimmtes Element zugreifen, dessen Wert man zwar kennt, dessen Position (Suchpfad) innerhalb des verschachtelten Arrays aber unbekannt ist, so bietet APL2 dafür keine primitive Funktion an. Für Vektoren gibt es zwar die primitive Funktion *Index of* (⍳), die den Index eines gesuchten Vektorelementes bestimmt. Jedoch kann ⍳ nicht zum Finden eines Elementes eines Unterarrays eines verschachtelten Arrays, sondern nur zum Finden von Elementen auf der obersten Verschachtelungsebene verwendet werden. Daher wollen wir hier eine APL2-Funktion *PATH* vorstellen, die in beliebigen Arrays den Suchpfad eines Elementes findet, dessen Wert gleich einem vorgegebenen *Suchargument* ist. Der von *PATH* gefundene Suchpfad hat gerade die richtige Form, um als linkes Argument von *Pick* verwendet werden zu können. Falls das Suchargument im untersuchten Array nicht vorkommt, liefert *PATH* das Resultat ¯1, also keinen gültigen Suchpfad. Falls der gesuchte Wert im Array mehrfach vorkommt, soll nur *ein* Suchpfad bestimmt werden.

Bevor wir die Implementierung der Funktion *PATH* näher anschauen, wollen wir ihre Funktionsweise anhand zweier verschachtelter Arrays X und Y illustrieren:

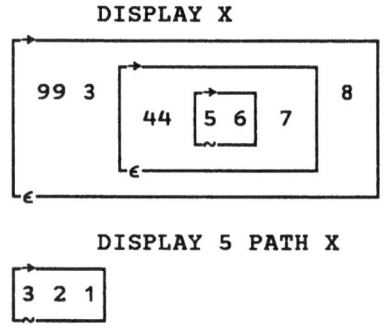

Der erhaltene Vektor (3 2 1) besagt, dass das Suchargument 5 im dritten Element von X vorkommt. Innerhalb dieses Unterarrays ist das zweite Element und von diesem wiederum das erste zu wählen, um zum gesuchten Wert zu gelangen.

Wenn das Suchargument in X nicht vorkommt, erhalten wir als Resultat den Wert ¯1:

```
      10 PATH X
¯1
```

3. Kurzeinführung in APL2

Jetzt wollen wir *PATH* auf die verschachtelte Matrix Y anwenden:

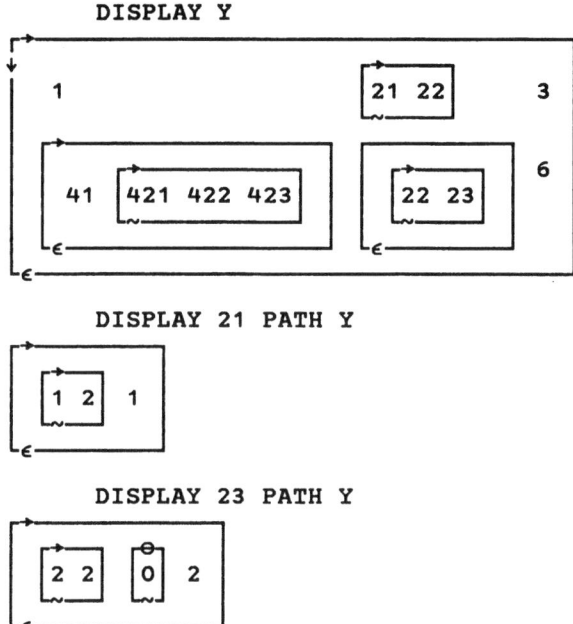

Wenden wir uns nun der Programmliste von *PATH* in Abb. 10 zu. Falls das Suchargument mit dem untersuchten Array identisch ist, erhalten wir als Resultat einen leeren Suchpfad [7]. Wenn dies nicht der Fall ist und der zu untersuchende Array ein einfacher Skalar (Tiefe = 0) ist, wird die Suche erfolglos abgebrochen (Resultat ⁻1) [8]. Für jeden andern Array wenden wir *PATH* rekursiv auf alle seine Elemente an [9]. (⊂ELEMENT) PATH¨X erzeugt einen Array von der gleichen Struktur wie X. Jedes seiner Elemente enthält einen Suchpfad bzw. eine ⁻1. Jeder dieser Suchpfade gibt an, wo im entsprechenden Element von X ein Wert existiert, der gleich dem Suchargument ist. Ferner wird in [9] die Funktion *INDICES* aufgerufen, die einen sog. **Indexarray** erzeugt. Wenn X z.B. eine 2×3-Matrix ist, sieht der dazu gehörige Indexarray wie folgt aus:

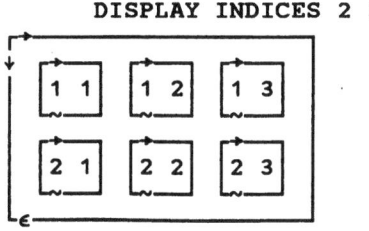

```
        ∇ PATH [□] ∇
     ∇
[0]     INDEX←ELEMENT PATH X
[1]     ⍝
[2]     ⍝* PATH sucht den Suchpfad eines Wertes in einem Array
[3]     ⍝* (falls das Suchargument mehrmals vorkommt, wird nur
[4]     ⍝* der Suchpfad des erstmaligen Auftretens ermittelt)
[5]     ⍝* Aufruf: [Suchpfad ←] Suchargument PATH Variable
[6]     ⍝
[7]     →(ELEMENT≡X)/'→0,⍴INDEX←⍳0'          ⍝ Element gefunden
[8]     →(0==X)/'→0,⍴INDEX←¯1'               ⍝ Abbruchkriterium
[9]     INDEX←,(⊂¨INDICES⍴X),¨(⊂ELEMENT)PATH¨X ⍝ rekursiver Aufruf
[10]    INDEX←(~¯1∊¨INDEX)/INDEX              ⍝ Erfolglose entfernen
[11]    →(0=⍴INDEX)/'→0,⍴INDEX←¯1'           ⍝ nichts gefunden?
[12]    INDEX←↑INDEX                          ⍝ erster der Suchpfade
     ∇
```

Abb. 10. Funktion PATH

Jedes Element des Indexarrays hat offenbar ein Indextupel als Wert, nämlich gerade seine Position innerhalb des Arrays. Diesen Hilfsarray brauchen wir, um die beim rekursiven Aufruf von *PATH* erhaltenen Suchpfade bzgl. der Elemente von X zu Suchpfaden bzgl. des Arrays X zu ergänzen. Dazu werden einfach alle Elemente des Indexarrays mit den dazu passenden Elementen des Resultates von *PATH* konkateniert. Um das dabei erhaltene Resultat einfacher weiterverarbeiten zu können, wandeln wir es schliesslich mit , (*Ravel*) in einen Vektor INDEX um. Aus diesem Vektor werden in [10] alle Elemente, die den Wert ¯1 enthalten, entfernt. Bleibt danach kein Suchpfad übrig, geben wir in [11] als Resultat eine ¯1 zurück. Andernfalls wählen wir als Resultat den ersten der vorhandenen Suchpfade aus [12]. (Hier wird also entschieden, dass bei einem mehrfach vorkommenden Wert nur dessen erstes Vorkommen berücksichtigt wird. Sollten statt dessen alle Positionen berücksichtigt werden, müsste das Programm hier angepasst werden. Im Anhang A.1 „Die Funktion PATHALL" stellen wir ein entsprechend erweitertes Programm vor.)

Damit haben wir die Programmliste von *PATH* besprochen. Wir wollen nun noch kurz die Funktion **INDICES** (Programmliste in Abb. 11) erläutern: Für einen Skalar besteht der Indexarray auch aus einem Skalar, dessen Wert ein leerer Vektor ist [5]. Der Indexarray für einen *n*-elementigen Vektor ist ein Vektor mit den Elementen 1,...,*n* [6]. Für höher-dimensionale Arrays wird der Indexarray rekursiv mittels des *äusseren Produktes* gebildet, indem die Elemente des Indexvektors bzgl. der ersten Dimension mit allen Elementen des Indexarrays der restlichen Dimensionen konkateniert werden [7].

Zum Schluss wollen wir noch eine Bemerkung zum Zeitaufwand von *PATH* anbringen: Der rekursive Aufruf von *PATH*, verbunden mit dem *Each*-Operator (¨) in [9] (vgl. Programmliste in Abb. 10), bewirkt, dass alle Unterarrays von X vollständig abgesucht werden, auch wenn das gesuchte Element bereits im ersten Unterarray gefunden wurde. Bei grossen oder

3. Kurzeinführung in APL2

```
       ∇ INDICES [□] ∇
     ∇
[0]    RES←INDICES DIMENSIONS
[1]    A
[2]    A* INDICES bestimmt Indexarray (Hilfsprogramm fuer PATH)
[3]    A* Aufruf: [Indexarray ←]   INDICES  Dimensionen
[4]    A
[5]    →(0=⍴DIMENSIONS)/'→0,⍴RES←⊂⍳0'                     A Skalar
[6]    →(1=⍴DIMENSIONS)/'→0,⍴RES←⍳DIMENSIONS'             A Vektor
[7]    RES←(⍳↑DIMENSIONS)∘.,INDICES 1↓DIMENSIONS          A Rekursion
     ∇
```

Abb. 11. Funktion INDICES

tiefverschachtelten Arrays führt dies zu unnötig langen Ausführungszeiten. Dies liesse sich vermeiden, indem man z.B. *Each* durch eine Schleifenkonstruktion ersetzen würde. Das wollen wir hier aber nicht tun, da wir in späteren Kapiteln auf eine ähnliche Problematik stossen und dort näher darauf eingehen werden.

3.5.4 Ein Zerlegungsproblem

Während einer Turnstunde seien die Mädchen und Knaben je in einer Reihe an gegenüberliegenden Wänden aufgestellt, jeweils nach ihrer Körpergrösse geordnet. Auf den Pfiff des Lehrers sollen die beiden Reihen möglichst rasch und elegant zu einer einzigen Reihe in der Mitte der Halle „verschmolzen" werden. Zu diesem Zweck ist es offensichtlich günstig, wenn für beide Reihen im voraus abgeklärt wird, welche Abschnitte auch in der neuen Reihe erhalten bleiben.

Diese und viele analoge Aufgaben können etwas mathematischer wie folgt formuliert werden: Zwei sortierte numerische Vektoren *A* und *B* sollen je so in Abschnitte aufgeteilt bzw. zerlegt werden, dass das Hintereinanderfügen dieser Abschnitte nach dem „Reissverschlussprinzip" einen sortierten Vektor *C* ergibt.

Beispiel:

$$A = {}^-7\ {}^-6\ 3\ 8\ 8\ 11\ 11\ 25$$
$$B = {}^-5\ {}^-1\ 0\ 4\ 4\ 4\ 8\ 8\ 25\ 29$$

Mit

$$A = A_1,...,A_4 = ({}^-7\ {}^-6), (3), (8\ 8), (11\ 11\ 25)$$

und

$$B = B_1,...,B_4 = ({}^-5\ {}^-1\ 0), (4\ 4\ 4), (8\ 8), (25\ 29)$$

ergibt sich die „Verschmelzung"

$$C = A_1, B_1, A_2, B_2, A_3, B_3, A_4, B_4$$
$$= ^-7\ ^-6\ ^-5\ ^-1\ 0\ 3\ 4\ 4\ 4\ 8\ 8\ 8\ 11\ 11\ 25\ 25\ 29.$$

Wir wollen zuerst ein Programm *SPLIT_UP* erstellen, das derartige Aufteilungen für beliebige sortierte numerische Vektoren *A* und *B* bildet. Danach soll ein Programm *MERGE* realisiert werden, das die Verschmelzung der mit *SPLIT_UP* erhaltenen Abschnitte zu einem sortierten Vektor *C* vornimmt.

Die Zerlegung von *A* und *B* in Abschnitte lässt sich elegant mit Hilfe des *äusseren Produktes* A∘.≤B bewerkstelligen:

A \ B	⁻5	⁻1	0	4	4	4	8	8	25	29
⁻7	1	1	1	1	1	1	1	1	1	1
⁻6	1	1	1	1	1	1	1	1	1	1
3	0	0	0	1	1	1	1	1	1	1
8	0	0	0	0	0	0	1	1	1	1
8	0	0	0	0	0	0	1	1	1	1
11	0	0	0	0	0	0	0	0	1	1
11	0	0	0	0	0	0	0	0	1	1
25	0	0	0	0	0	0	0	0	1	1

Das (i, j)-te Element der Booleschen Matrix in dieser Tabelle ist genau dann 1, wenn $A[i] \leq B[j]$ gilt. Wie man sofort sieht, enthält die Matrix links unten lauter Werte 0 und rechts oben lauter Werte 1. Die für uns interessante Information, die sich aus dieser Matrix gewinnen lässt, besteht in der Anzahl 0 pro Zeile (d.h. Anzahl Elemente von *B*, die $<A[i]$ sind) bzw. der Anzahl 1 pro Spalte (d.h. Anzahl Elemente von *A*, die $\leq B[j]$ sind). Wie sich leicht anhand unseres Beispiels überprüfen lässt, sind die beiden Vektoren *A* und *B* nämlich genau dort zu unterteilen, wo sich diese Anzahlen ändern. Die Anzahl der Werte 0 pro Zeile erhalten wir ganz einfach mittels ZEROS←+/[2]~MATRIX. Analog berechnen wir die Anzahl der Werte 1 pro Spalte mittels ONES←+/[1]MATRIX. So erhalten wir für unser Beispiel die folgenden beiden Vektoren:

```
      ZEROS
0 0 3 6 6 8 8 8
      ONES
2 2 2 3 3 5 5 8 8
```

ZEROS hat dieselbe Länge wie der Vektor *A*. Wenden wir die primitive Funktion *Partition* (dyadisches ⊂) auf ZEROS als linkes und den Vektor *A* als rechtes Argument an, so ergibt sich genau die gewünschte Unterteilung von *A*, sofern ZEROS keine 0 enthält. Um diese Voraussetzung zu gewährleisten, addieren wir zu allen Elementen von ZEROS den Wert 1 und erhalten

3. Kurzeinführung in APL2

so die gewünschten Abschnitte von *A*. Analog erhalten wir auch die Abschnitte für den Vektor *B*:

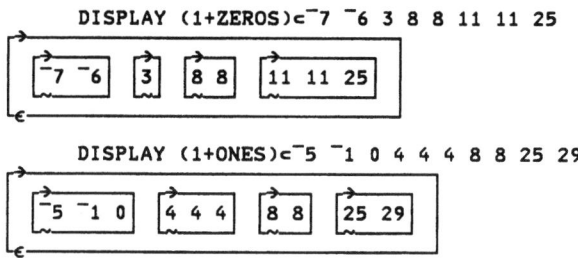

Damit haben wir die gewünschte Aufteilung von *A* und *B* erreicht. Die dafür benutzten Anweisungen wollen wir in Form des Programms *SPLIT_UP* zusammenfassen (siehe Abb. 12). Die beiden Vektoren *A* und *B* werden der Funktion *SPLIT_UP* als rechtes Argument FILES übergeben. Mit 1⊃FILES erhalten wir folglich den Vektor *A*, mit 2⊃FILES den Vektor *B*. Mit dem *Each*-Operator in Zeile [9] wird bewirkt, dass sowohl der Vektor *A* wie auch *B* aufgeteilt werden.

Nachdem wir mit *SPLIT_UP* die Aufteilung von *A* und *B* in Abschnitte realisiert haben, können wir jetzt noch darangehen, diese zu einem sortierten Vektor *C* zu verschmelzen. Unter der vorläufigen Annahme, dass $A[1] \leq B[1]$ gilt, müssen wir dazu an den ersten Abschnitt A_1 von *A* den ersten Abschnitt B_1 von *B* anhängen, daran den zweiten Abschnitt A_2 von *A*, usw. Um dies zu tun, wollen wir vom Resultat der Funktion *SPLIT_UP*, d.h. der Variablen PARTITIONS, ausgehen. Die Abschnitte von *A* sind in 1⊃PARTITIONS enthalten, diejenigen von *B* in 2⊃PARTITIONS. Die gesamte Anzahl Abschnitte erhalten wir mit NUMBER←⊃+/ρ¨PARTITIONS. Wir initialisieren unser Resultat RES als einen Vektor mit NUMBER Elementen, an dessen ungeraden Positionen die Abschnitte von *A* eingefügt werden, während die geraden Positionen vorläufig auf 0 gesetzt werden:

    RES←(NUMBERρ1 0)\1⊃PARTITIONS

Dann können die Werte 0 der geraden Positionen von RES durch die Abschnitte von *B* ersetzt werden:

    ((NUMBERρ0 1)/RES)←2⊃PARTITIONS

(Bei APL2-Versionen, die diese Art von *selektiver Spezifikation* nicht unterstützen, ist stattdessen die Anweisung

    RES[(NUMBERρ0 1)/ιNUMBER]←2⊃PARTITIONS

zu verwenden.)

```
        ∇ SPLIT_UP [□] ∇
     ∇
[0]    PARTITIONS←SPLIT_UP FILES;MATRIX;ZEROS;ONES
[1]    ⍝
[2]    ⍝* SPLIT_UP unterteilt zwei sortierte Vektoren in
[3]    ⍝* (fuer ein Verschmelzen geeignete) Abschnitte
[4]    ⍝* Aufruf: [Resultat ←]  SPLIT_UP  Vektor1  Vektor2
[5]    ⍝
[6]    MATRIX←(1⊃FILES)∘.≤2⊃FILES      ⍝ Vergleichsmatrix
[7]    ZEROS←+/[2]~MATRIX               ⍝ Anzahl 0 in Zeilen
[8]    ONES←+/[1]MATRIX                 ⍝ Anzahl 1 in Spalten
[9]    PARTITIONS←(1+ZEROS ONES)⊂¨FILES ⍝ unterteilte Vektoren
     ∇
```

Abb. 12. Funktion SPLIT_UP

In unserem Beispiel erhalten wir auf diese Weise den folgenden Vektor RES:

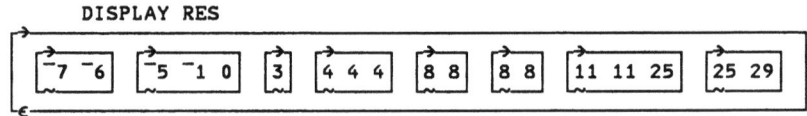

Um die noch bestehende Unterteilung des Resultats in Teilstücke zu beseitigen, fügen wir die einzelnen Teilstücke mittels *Ravel* aneinander:

```
     DISPLAY ⊃,/RES
⎢¯7 ¯6 ¯5 ¯1 0 3 4 4 4 8 8 8 8 11 11 25 25 29 ⎥
```

(⊃ wird hier zur Beseitigung einer unnötigen Verschachtelungsebene gebraucht.) Damit haben wir das gewünschte Resultat.

Um auf unsere Voraussetzung $A[1] \le B[1]$ verzichten zu können, verwenden wir anstelle von 1⊃PARTITIONS (bzw. 2⊃PARTITIONS) den Ausdruck ODD⊃PARTITIONS (bzw. EVEN⊃PARTITIONS). Die Variablen ODD und EVEN können wir wie folgt bestimmen:

```
ODD ← 2-A[1]≤B[1]
EVEN ← 3-ODD
```

Mit dieser Verallgemeinerung wollen wir – unter Verwendung von *SPLIT_UP* – ein Verschmelzungsprogramm *MERGE* erstellen und erhalten die Programmliste von Abb. 13:

3. Kurzeinführung in APL2

```
        ∇ MERGE [☐] ∇
     ∇
[0]     RES←MERGE FILES;PARTITIONS;NUMBER;ODD;EVEN
[1]    ⍝
[2]    ⍝* MERGE fuegt zwei sortierte Vektoren aneinander,
[3]    ⍝* wobei das Resultat wiederum sortiert ist
[4]    ⍝* Aufruf: [Resultat ←] MERGE Vektor1 Vektor2
[5]    ⍝
[6]     PARTITIONS←SPLIT_UP FILES         ⍝ Vektoren unterteilen
[7]     ODD←2-(1 1⊃FILES)≤2 1⊃FILES       ⍝ "ungerader" Vektor
[8]     EVEN←3-ODD                        ⍝ "gerader" Vektor
[9]     NUMBER←+/¨PARTITIONS              ⍝ Anzahl Abschnitte
[10]    RES←(NUMBERρ1 0)\ODD⊃PARTITIONS   ⍝ ungerade Positionen
[11]    ((NUMBERρ0 1)/RES)←EVEN⊃PARTITIONS ⍝ gerade Positionen
[12]    RES←⊃,/RES                        ⍝ Unterteilung aufheben
     ∇
```

Abb. 13. Funktion MERGE

Die Anwendung von *MERGE* auf die Vektoren *A* und *B* (sowie in der umgekehrten Reihenfolge) bestätigt die Richtigkeit unserer Überlegungen:

```
      MERGE (¯7 ¯6 3 8 8 11 11 25) (¯5 ¯1 0 4 4 4 8 8 25 29)
¯7 ¯6 ¯5 ¯1 0 3 4 4 4 8 8 8 8 11 11 25 25 29
      MERGE (¯5 ¯1 0 4 4 4 8 8 25 29) (¯7 ¯6 3 8 8 11 11 25)
¯7 ¯6 ¯5 ¯1 0 3 4 4 4 8 8 8 8 11 11 25 25 29
```

Mit diesen Programmbeispielen wollen wir unsere Einführung in APL2 abschliessen und zum Hauptthema dieses Buches übergehen. Im nächsten Kapitel wenden wir uns der Implementierung von *abstrakten Datentypen* in APL2 zu.

4. Abstrakte Datentypen und ihre Implementierung

4.1 Abstrakte Datentypen

Im letzten Kapitel haben wir gesehen, dass es in APL2 zwar keine „offiziellen" Standarddatentypen gibt, aber doch die Möglichkeit besteht, viele bekannte Standarddatentypen anderer Sprachen (z.B. Pascal) mit speziellen Arrays zu identifizieren. Es gibt nun aber viele Algorithmen, die mit Objekten arbeiten, die sich auch in APL2 nicht als Arrays auffassen lassen und zu denen primitive Operationen gehören, die man nicht als Array-Operationen interpretieren kann. In solchen Fällen drängt sich i.a. das Einführen von **abstrakten Datentypen (ADT)** auf. Wie die Standarddatentypen wollen wir die abstrakten Datentypen als Paare (*Ob, Op*) auffassen. Da aber ein ADT von der Sprache nicht direkt unterstützt wird, müssen wir sowohl die Objektmenge *Ob* als auch die Menge *Op* der zugehörigen primitiven Operationen selber **implementieren**. Bei *Ob* geschieht dies durch das Definieren einer geeigneten Datenstruktur, bei *Op* durch das Schreiben von eigenen Funktionen. Wichtig ist, dass dann das Anwendungsprogramm diese abstrakten Datentypen verwenden kann, ohne darauf Rücksicht nehmen zu müssen, wie deren Implementierungen im Detail aussehen. Z.B. kann so später einmal – vielleicht aus Effizienzgründen – die Implementierung eines ADT geändert werden, ohne dass der Rest des Programms geändert werden muss. Es sind dann nur die Datenstruktur und der Code der zu den primitiven Operationen gehörigen Funktionen anzupassen – alles immer nur an einer Stelle im Programm. Ein ADT soll also als *Black Box* verwendet werden können, sein innerer Aufbau hat auf die Programmlogik keinen Einfluss und kann als „unsichtbar" aufgefasst werden. Diese *Einkapselung* von (eigenen) Datentypen stellt eines der wichtigsten Merkmale der **Objektorientierten Programmierung** dar (vgl. [Budd91]). Im folgenden werden wir diese Philosophie, die bis jetzt möglicherweise etwas abstrakt wirken mag, an vielen konkreten Fällen veranschaulichen und – hoffentlich – ihre Wichtigkeit für das Entwerfen und Erstellen von gut strukturierten Programmen aufzeigen.

4.2 Drei Implementierungsmethoden

Es gibt i.a. verschiedene sinnvolle Möglichkeiten, um einen abstrakten Datentyp in einer vorgegebenen Programmiersprache zu implementieren. Wichtige Kriterien sind der resultierende Platzbedarf sowie die Schnelligkeit der primitiven Operationen. Für beide ist in erster Linie die Wahl der Datenstruktur entscheidend. Wir wollen im folgenden drei allgemeine Implementiertechniken vorstellen, die sich alle auf sämtliche abstrakte Datentypen anwenden lassen, die in diesem Buch zur Sprache kommen:

1. *APL2-gerechte Implementierung*
2. *Matrix-Implementierung*
3. *Pseudopointer-Implementierung*

Die erste wird, wie sich aufgrund ihrer Bezeichnung erahnen lässt, die weitaus zeiteffizienteste sein. Wir werden in den späteren Kapiteln nur noch sie benützen. Die zweite ist diejenige, die schon [Knut68] vorschlägt, um in Sprachen ohne Zeiger das entsprechende *List Processing* zu simulieren. Die dritte ist vor allem von theoretischem Interesse: Sie kommt dem Zeiger-Konzept von Sprachen wie Pascal, C oder PL/1 am nächsten, ist aber gerade deshalb am wenigsten *APL2-gerecht*. Ihre Anwendung ist umständlich und zeitineffizient, aber im Prinzip allgemein möglich. Wir werden sie der Vollständigkeit halber kurz vorstellen, aber dann nicht weiterverfolgen.

4.2.1 APL2-gerechte Implementierung

Unsere wichtigste Implementiertechnik macht so weit wie möglich von der APL2-Philosophie Gebrauch, das heisst, sie profitiert von den äusserst flexiblen APL2-Arrays und gleichzeitig von den zahlreichen und mächtigen primitiven Funktionen und Operatoren. Mit anderen Worten: Jeder erfahrene APL2-Programmierer würde selbstverständlich diese Implementiertechnik wählen. Sie zeichnet sich durch schnelle Programme und kurzen, eleganten Code aus. Speicherplatzeffizienz ist allerdings nicht automatisch garantiert. Ihr muss der Programmierer etwas Aufmerksamkeit widmen, sie ist aber meistens problemlos zu erreichen.

Wir verwenden den Begriff *APL2-gerechte Implementierungsmethode*, obwohl damit mehr angesprochen ist als nur eine Methode oder Technik. Einerseits können wir durch unsere Bezeichnungen die drei Implementiermöglichkeiten einander einfach und klar gegenüberstellen. Und andererseits haben wir beim Erarbeiten dieses Buches festgestellt, dass beim *APL2-gerechten Implementieren* doch eine erstaunlich grosse Einheitlichkeit zutage tritt. Eine Einheitlichkeit, die sich nicht leicht mit ein paar Sätzen beschreiben lässt, die aber schliesslich die Bezeichnung *Methode* durchaus rechtfertigt.

4.2.2 Nachbilden des List Processing in APL2

Die beiden anderen Implementiertechniken *simulieren* das *List Processing* von imperativen Sprachen wie Pascal, C und PL/1. Dieses basiert auf einer dynamischen Verwaltung des Hauptspeichers durch das Betriebssystem und den Compiler. Bei Bedarf oder auf Wunsch kann der Benutzer freien Speicherplatz anfordern und später wieder freigeben. In Pascal verwendet er dazu die vorgegebenen Prozeduren *NEW* und *DISPOSE*.

Beispiel:
```
var pointer: ↑integer;
NEW(pointer);
pointer↑ := 77;
DISPOSE(pointer);
```

Hier ist eine (dynamische) **Zeigervariable** definiert, die an den Datentyp *integer* gebunden ist. Als Name der Zeigervariablen wurde `pointer` gewählt. Nach der Durchführung der Prozedur *NEW* enthält `pointer` als Wert die *Adresse* eines freien Speicherfeldes, das die Länge eines Integers aufweist. Dieses freie Speicherfeld wird automatisch ausgewählt und zugeteilt, d.h. ausserhalb der Kontrolle des Benutzers. In der nächsten Anweisung wird dieses freie Speicherfeld mit dem Wert 77 belegt. Sobald der Benutzer dieses Speicherfeld nicht mehr braucht, kann er es mit *DISPOSE* wieder an die automatische Speicherverwaltung zurückgeben. Falls er dies vergisst, geschieht die Rückgabe spätestens am Ende der Programmausführung.

In APL2 ist kein solcher Mechanismus vorgesehen, da er der Philosophie dieser Sprache nicht entspricht. (LISP und Prolog kennen ihn auch nicht.) Er kann aber relativ gut nachgebildet werden, wie die beiden folgenden Abschnitte zeigen.

4.2.3 Matrix-Implementierung

Diese Technik ist in vielen Lehrbüchern über Datenstrukturen (z.B. in [TeAu86]) beschrieben; für APL wird sie in [Gilo77] kurz vorgestellt. Bei dieser Methode ist jedes zu einem bestimmten Zeitpunkt existierende Objekt des abstrakten Datentyps auf eine Matrix „aufgepfropft", d.h. die Elemente des Objekts sind durch gewisse Zeilen dieser Matrix dargestellt. I.a. sind einige Zeilen der Matrix nicht besetzt und können für später dazukommende Elemente verwendet werden. Umgekehrt können besetzte Zeilen später wieder frei werden. Falls die Anzahl Zeilen der Matrix für die benötigten Elemente nicht ausreicht, ist dies bei APL2 kein Problem, denn Arrays können dynamisch vergrössert werden. Es bleibt die Frage, wie die freien Zeilen einerseits und die Elemente anderseits untereinander verkettet werden können. Dies geschieht so, dass bestimmte Spalten der Matrix für *Indizes* vorgesehen werden, die die Bedeutung von *Zeigern* haben. Eine 5 als Index in einer freien Zeile würde z.B. bedeuten, dass die nächste freie Zeile die Zeile 5 ist. Nötig sind zwei Hilfsoperationen *NEW* und *DISPOSE*, die – analog zu den entsprechenden Operationen in Pascal – eine freie Zeile zur Verfügung stellen bzw. eine nicht mehr besetzte Zeile freigeben. Wichtig ist bei dieser Implementierungsmethode auch eine Variable, die die Nummer (Index) der jeweils ersten freien Zeile der Matrix enthält. Für diese Variable wollen wir in allen unseren Beispielen den Namen **AVAIL** (von *available* = verfügbar, vorrätig) verwenden. Ebenso muss die Zeilennummer des ersten der verketteten Elemente des Objekts festgehalten werden. Wir verwenden dazu eine weitere Variable, z.B. mit dem Namen **OBJECT** (oder je nach Anwendung mit einem Namen wie **LISTE**, **TABELLE**, usw.).

	info	*next*		*info*	*next*
		2	Element_2	XXXXX	4
		3			0
		4	Element_1	XXXXX	1
		5	Element_3	XXXXX	0
		0			2
	AVAIL = 1			**AVAIL** = 5	
				OBJECT = 3	

Abb. 14. Beispiel für die Matrix-Implementierung

Beispiel: In Abb. 14 werden zwei Zustände einer solchen Matrix gezeigt, die der Einfachheit halber nur aus zwei Spalten besteht. Die *info*-Spalte dient zur Speicherung der Werte der zu implementierenden Elemente, die *next*-Spalte wird zur Verkettung gebraucht. Links sind alle Zeilen frei und von oben nach unten mittels der *next*-Spalte verkettet (Ausgangssituation). Die 2 in der *next*-Spalte der ersten Zeile besagt, dass Zeile 2 die nächste freie Zeile nach der ersten Zeile ist, usw. Der Abschluss einer Verkettung wird durch den Index (Zeilennummer) 0 markiert, in unserem Beispiel geschieht dies in der fünften Zeile. Rechts ist ein aus drei Elementen bestehendes Objekt aufgepfropft. Die gewünschte Reihenfolge dieser Elemente wird durch die Verkettung mittels der *next*-Spalten angegeben. Die verbleibenden zwei freien Zeilen sind ebenfalls verkettet. In unserem Beispiel hat **AVAIL** links den Wert 1. Rechts hat **AVAIL** den Wert 5 und **OBJECT** den Wert 3.

Bei der *Matrix-Implementierung* können natürlich auch mehrere Objekte zu verschiedenen ADT gleichzeitig auf die Matrix aufgepfropft werden, d.h. verschiedene Mengen von verketteten Elementen. In diesem Fall ist neben

AVAIL für jedes Objekt eine Variable einzuführen, die auf das jeweils erste Element zeigt, z.B. OBJECT1, OBJECT2 usw.

Bei der *Matrix-Implementierung* führt also der Benutzer die dynamische Verwaltung eines Teils des Hauptspeichers selbst durch, welcher der Einfachheit halber als Matrix strukturiert ist. *Zeiger* werden durch *Indizes* simuliert, genau genommen *Speicheradressen* durch *Zeilennummern*.

Um nun ein Objekt so zu implementieren, müssen wir eine solche Matrix kreieren und einen Index AVAIL auf die erste freie Zeile setzen. Dafür wollen wir eine Funktion *INIT* vorsehen, welche eine Matrix mit zwei Spalten (unter dem globalen Namen MATRIX) erstellt. Die erste Spalte der Matrix wird für die Werte der Elemente des Objekts gebraucht, während in der zweiten Spalte die Indizes der jeweils folgenden Zeile enthalten sein sollen. Zu Beginn wird der Index AVAIL auf 1 gesetzt, d.h. die erste Zeile der Matrix wird als erste freie Zeile markiert. In der zweiten Spalte der ersten Zeile ist eine 2, d.h. der Index der zweiten freien Zeile, usw. Die zweite Spalte der letzten Zeile der Matrix ist eine 0, die das Ende der Liste der freien Zeilen markiert (vgl. Abb. 14).

```
      ∇ INIT [□] ∇
   ∇
[0]   INIT SIZE
[1]   ɑ
[2]   ɑ* INIT initialisiert Matrix fuer Matrix-Implementierung
[3]   ɑ* Aufruf:   INIT   Anzahl_Zeilen
[4]   ɑ
[5]   MATRIX←⍉(2,SIZE)ρ(SIZEρ0),(1+⍳SIZE-1),0         ɑ Matrix
[6]   AVAIL←1                    ɑ Index der ersten freien Zeile
   ∇
```

Abb. 15. Funktion INIT

Um Elemente für ein Objekt aus MATRIX zu entnehmen, wollen wir die Funktion *NEW* verwenden. Diese gibt den Index der erhaltenen Zeile zurück und setzt AVAIL auf die nächste freie Zeile. (Falls MATRIX keine freie Zeile mehr enthält, wird MATRIX dynamisch um 10% vergrössert. Dazu wird die Funktion *EXPAND* gebraucht.)

```
        ∇ NEW [□] ∇
     ∇
[0]    POS←NEW
[1]    ⍝
[2]    ⍝* NEW erzeugt Element eines ADT in Matrix-Implementierung
[3]    ⍝* Aufruf:   [Index ←]    NEW
[4]    ⍝
[5]    →(0=AVAIL)/'EXPAND 10'             ⍝ falls Matrix voll
[6]    POS←AVAIL                          ⍝ Index des Elements
[7]    AVAIL←MATRIX[AVAIL;2]              ⍝ AVAIL←next(AVAIL)
     ∇
```

Abb. 16. Funktion NEW

```
        ∇ EXPAND [□] ∇
     ∇
[0]    EXPAND AMOUNT;SIZE;EXTENT
[1]    ⍝
[2]    ⍝* EXPAND vergroessert die Matrix der freien Elemente
[3]    ⍝* Aufruf:   EXPAND   Vergroesserung_in_Prozent
[4]    ⍝
[5]    SIZE←↑⍴MATRIX                      ⍝ bisherige Groesse
[6]    EXTENT←⌈SIZE×AMOUNT+100             ⍝ Erweiterung
[7]    MATRIX←MATRIX,[1]⍉(2,EXTENT)⍴(EXTENT⍴0),(SIZE+1+⍳EXTENT-1),0
[8]    AVAIL←SIZE+1                       ⍝ erste freie Zeile
     ∇
```

Abb. 17. Funktion EXPAND

Umgekehrt gibt *DISPOSE* eine nicht mehr benötigte Zeile wieder frei, indem es diese mit den übrigen noch freien Zeilen von **MATRIX** verkettet. Auch wird deren Inhalt (*info*-Spalte der entsprechenden Zeile) gelöscht, d.h. auf 0 gesetzt (was nicht unbedingt nötig wäre, aber die Übersicht über freie und verwendete Zeilen erhöht).

```
        ∇ DISPOSE [□] ∇
     ∇
[0]    DISPOSE POS
[1]    ⍝
[2]    ⍝* DISPOSE gibt Zeile wieder frei
[3]    ⍝* Aufruf:   DISPOSE   Index
[4]    ⍝
[5]    MATRIX[POS;2]←AVAIL                ⍝ next(POS)←AVAIL
[6]    AVAIL←POS                          ⍝ erste freie Zeile
[7]    MATRIX[POS;1]←0                    ⍝ Inhalt loeschen
     ∇
```

Abb. 18. Funktion DISPOSE

4. Abstrakte Datentypen und ihre Implementierung

Damit haben wir die Funktionen zum Erstellen von **MATRIX** sowie zum Anfordern bzw. Freigeben seiner Zeilen vorgestellt. Unter Verwendung dieser Funktionen können wir nun anstelle der Pascal-Konstruktion

```
NEW(pointer);
pointer↑ := 77;
DISPOSE(pointer);
```

die APL2-Konstruktion

```
POINTER ← NEW
MATRIX[POINTER;1] ← 77
DISPOSE POINTER
```

verwenden. Nehmen wir an, dass *NEW* den Index 5 liefert. Dann wird in der nächsten Anweisung der Wert 77 in die erste Spalte der fünften Zeile von **MATRIX** aufgenommen. *DISPOSE* gibt die entsprechende Zeile wieder frei, indem es diese mit den übrigen freien Zeilen verkettet.

Im nächsten Abschnitt werden wir noch eine andere Methode zum Nachbilden des List Processing in APL2 anschauen.

4.2.4 Pseudopointer-Implementierung

Die *Pseudopointer-Implementierung* simuliert die dynamische Speicherverwaltung des Zeiger-Konzepts noch etwas getreuer als die Matrix-Implementierung. Bei dieser Methode gehen wir von der folgenden Idee aus: Variablennamen, über die der Benutzer Kontrolle hat, sind im Prinzip *logische Speicheradressen*. In compilierten Sprachen wie C, Pascal, Fortran, usw. werden den Variablennamen nämlich Speicheradressen zugeordnet. Die uns bekannten APL-Interpreter verwenden eine sog. *Symboltabelle*, welche die Zuordnung von Variablennamen zu Speicheradressen vornimmt. Dabei kommt der APL-Benutzer mit dieser Symboltabelle nicht in Berührung (ausser bei einigen älteren APL-Interpretern, die eine Symboltabelle fester Grösse vorsehen und eine Fehlermeldung ausgeben, wenn diese voll ist). Da also Variablennamen als etwas Ähnliches wie Speicheradressen aufgefasst werden können, wollen wir bei unserer *Pseudopointer-Implementierung* die für den Benutzer unsichtbaren Hauptspeicheradressen durch Hilfsvariablen simulieren, welche wir **Speichervariablen** nennen und die die Bedeutung von *symbolischen Adressen* haben. Speichervariablen sollen für das Anwendungsprogramm ebenfalls grundsätzlich unsichtbar sein. Wir gehen so vor, dass wir ziemlich willkürlich die Namen **P1**, **P2**, usw. für Speichervariablen reservieren. Wichtig ist, dass diese Namen in beliebiger Anzahl auf systematische Weise generiert werden können. Die Zuordnung von Speicherplatz für die Speichervariablen wird vom APL-Interpreter vorgenommen, sobald den betreffenden Variablen Werte zugewiesen werden. Wir simulieren nun echte Zeiger durch **Zeigervariablen**, die anstelle einer Hauptspeicheradresse den *Namen einer Speichervariablen* als Wert enthalten. Dieser Sachverhalt wird in der folgenden Abbildung illustriert.

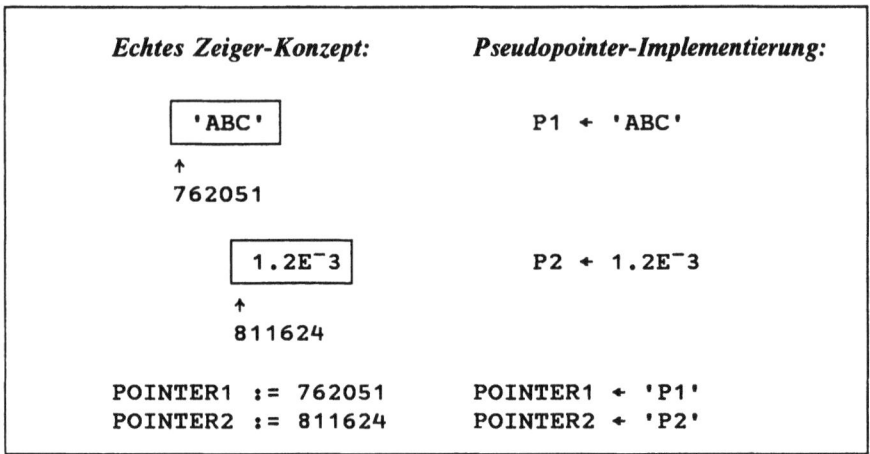

Abb. 19. Vergleich des Zeiger-Konzepts mit der Pseudopointer-Implementierung

Die in Abb. 19 vorkommenden Werte 762051 und 811624 stellen (willkürlich gewählte) physische Hauptspeicheradressen dar, während P1 und P2 Speichervariablen sind.

Die Funktionen *NEW* und *DISPOSE* sind bei diesem Vorgehen wie folgt zu konstruieren: *NEW* verwendet eine globale Variable, die wir in Analogie zu früher AVAIL taufen wollen. AVAIL wird zu Beginn auf 1 initialisiert (Funktion *INIT*) und bei jedem Aufruf von *NEW* um 1 erhöht. Dies erlaubt das automatische Generieren der benötigten Speichervariablen-Namen als Characterstrings 'P',⌽AVAIL. Die Programmliste der Funktionen *INIT* und *NEW* ist in den folgenden Abbildungen enthalten.

```
      ∇ INIT [□] ∇
    ∇
[0]    INIT
[1]    A
[2]    A* INIT initialisiert AVAIL fuer Pseudopointer-
[3]    A* Implementierung
[4]    A* Aufruf:  INIT
[5]    A
[6]    AVAIL←1              A erste freie Nummer
    ∇
```

Abb. 20. Funktion INIT

4. Abstrakte Datentypen und ihre Implementierung 95

```
      ∇ NEW [⎕] ∇
   ∇
[0]   POINTER←NEW
[1]   ⍝
[2]   ⍝* NEW erzeugt Speichervariable fuer Pseudopointer-
[3]   ⍝* Implementierung
[4]   ⍝* Aufruf:  [Zeiger ←] NEW
[5]   ⍝
[6]   POINTER←'P',⍕AVAIL          ⍝ Name der Speichervariablen
[7]   AVAIL←AVAIL+1               ⍝ AVAIL←next(AVAIL)
   ∇
```

Abb. 21. Funktion NEW

DISPOSE löscht einfach die Speichervariable, deren Name in der vorgegebenen Zeigervariablen enthalten ist.

```
      ∇ DISPOSE [⎕] ∇
   ∇
[0]   DISPOSE POINTER;TEMP
[1]   ⍝
[2]   ⍝* DISPOSE gibt Speichervariable wieder frei
[3]   ⍝* Aufruf:  DISPOSE  Zeiger
[4]   ⍝
[5]   TEMP←⎕EX POINTER            ⍝ Speichervariable loeschen
   ∇
```

Abb. 22. Funktion DISPOSE

Unter Verwendung dieser Funktionen können wir nun anstelle der Pascal-Konstruktion

```
NEW(pointer);
pointer↑ := 77;
DISPOSE(pointer);
```

die APL2-Konstruktion

```
POINTER ← NEW
⍎ POINTER,'← 77'
DISPOSE POINTER
```

verwenden. Nehmen wir an, dass *NEW* den Variablennamen P5 erzeugt hat. Dann wird der Zeigervariablen POINTER der Characterstring 'P5' zugeordnet. Die APL-Anweisung ⍎POINTER,'←77' bewirkt somit, dass die Anweisung P5←77 ausgeführt wird, d.h. dass der Speichervariablen P5 der Wert 77 zugewiesen wird. *DISPOSE* löscht die entsprechende Speichervariable, d.h. in unserem Beispiel wird mittels **DISPOSE POINTER** die Variable P5 gelöscht. Wir ahnen bereits jetzt, dass wir bei der *Pseudopointer-Implementierung* häufig die primitive Funktion ⊕ brauchen, was im vorliegenden Fall leider zu eher unleserlichen Programmen führt.

Im nächsten Kapitel wollen wir einen ersten wichtigen abstrakten Datentyp einführen: die *lineare Liste*. Dies wird wird uns die Gelegenheit geben, unsere drei Implementierungsmethoden anhand eines konkreten Beispiels näher zu erläutern.

Teil B

Lineare Datenstrukturen

5. Lineare Listen

5.1 Der abstrakte Datentyp Lineare Liste

Der ADT **Lineare Liste** ist – wie praktisch alle abstrakten Datentypen – ein zusammengesetzter Datentyp. Jedes seiner Objekte besteht aus endlich vielen Unterobjekten bzw. Elementen und ist **linear** geordnet. Das heisst, seine Elemente sind in einer festen Reihenfolge angeordnet: Für je zwei Elemente ist definiert, welches *Vorgänger* und welches *Nachfolger* des anderen ist. Jedes Objekt dieses ADTs heisst ebenfalls *lineare Liste* und ebenso jede Datenstruktur, die den ADT Lineare Liste implementiert. Genau genommen gibt es viele verschiedene abstrakte Datentypen *Lineare Liste*, je nachdem von welchem Typ oder welchen Typen die Elemente sind. Wir wollen hier aber auf diese Unterscheidung verzichten. Wichtig ist, dass die Objekte unterschiedlich lang sein dürfen, insbesondere hat die **leere Liste** die Länge 0. Verschiedene abstrakte Datentypen *Lineare Liste* zu unterscheiden, würde sich eher von der Wahl der primitiven Operationen her aufdrängen. Es ist bei jedem ADT eine wichtige Frage, wie die Menge *Op* der primitiven Operationen zu definieren ist, und i.a. gibt es mehrere vernünftige Möglichkeiten. Letztlich ergibt sich die optimale Wahl erst aufgrund der Anwendung, für die man den ADT benötigt.

Wir wollen für unseren ADT Lineare Liste die folgenden fünf primitiven Operationen vorsehen:

– *createlist(L,a_1,...,a_n)*
  Es wird die Liste $L = (a_1,...,a_n)$ generiert und mit dem Variablennamen L verknüpft. Falls keine Elemente angegeben werden, wird die leere Liste erzeugt.
– *deletelist(L)*
  Die Liste L wird gelöscht.
– *insafter(L,a_i,x)*
  Das Element x wird in der Liste L hinter a_i eingefügt, d.h. aus der Liste $L = (a_1,...,a_i,a_{i+1},...,a_n)$ entsteht die Liste $L = (a_1,...,a_i,x,a_{i+1},...,a_n)$.

- *insfirst(L,x)*
  Das Element x wird am Anfang der Liste L eingefügt, d.h. aus der Liste $L = (a_1,...,a_n)$ entsteht die Liste $L = (x, a_1,...,a_n)$.
- *delete(L,a_l)*
  Das Element a_l wird aus der Liste L gelöscht, d.h. aus der Liste $L = (a_1,...,a_{l-1},a_l,a_{l+1},...,a_n)$ entsteht die Liste $L = (a_1,...,a_{l-1},a_{l+1},...,a_n)$.
- *locate(L,x,i)*
  Die Positon i des Elements x in L wird bestimmt, d.h. a_i ist das erste Element in L mit x als Wert. Falls der Wert x in L nicht vorkommt, resultiert $i=0$.

Damit definieren wir

$Op := \{createlist, deletelist, insafter, insfirst, delete, locate\}$.

Häufig werden weitere primitive Operationen, wie *read(L,i)*, *first(L)*, *last(L)*, *previous(L,x)*, *next(L,x)*, ebenfalls von Nutzen sein. Es sei hier nochmals darauf hingewiesen, dass eine andere Wahl der primitiven Operationen einen anderen ADT ergibt, auch wenn die Objektmenge Ob die gleiche ist.

Beispiel: Beim Pokern lässt sich für jeden Spieler auf natürliche Weise ein abstrakter Datentyp KARTEN als konkretes Beispiel eines ADT Lineare Liste einführen. In jedem Zeitpunkt während des Spielens stellen die sortierten Karten in der Hand des Spielers ein Objekt dieses Datentyps dar, z.B. beim Aufnehmen

KARTEN = (Karo As, Karo 3, Kreuz 9, Pik 7).

Die Karten werden durch Paare dargestellt. Das erste Element steht für die Farbe (Herz, Karo, Pik, Kreuz), das zweite für den Wert (As, König, Dame, Bube, 10,...,2). So kann das Aufnehmen und Einfügen der fünften Karte *Herz 9* zwischen *Kreuz 9* und *Pik 7* durch

insafter(KARTEN, Kreuz 9, Herz 9)

nachgebildet werden, das Herausnehmen und Ablegen der Karte *Pik 7* durch

delete(KARTEN, Pik 7).

Auf diese Weise wird es leicht möglich sein, den einen bestimmten Spieler betreffenden Teil des Spielverlaufs durch ein Computerprogramm zu simulieren.

In den nächsten Abschnitten werden wir uns mit dem Implementieren des abstrakten Datentyps Lineare Liste mittels unserer drei Implementier-

5. Lineare Listen

techniken befassen. Zur Illustrierung wollen wir gerade das Poker-Beispiel verwenden.

5.2 APL2-gerechte Implementierung von linearen Listen

Wie wir bereits unter 4.2.1 „APL2-gerechte Implementierung" angedeutet haben, soll die *APL2-gerechte Implementierungsart* direkt von den vielfältigen Möglichkeiten der APL2-Arrays Gebrauch machen. Als Datenstruktur für eine lineare Liste wollen wir einen Vektor (eindimensionaler Array) verwenden, dessen Elemente zusammen immer ein Objekt des ADT Lineare Liste darstellen. Also einen Vektor der folgenden Art:

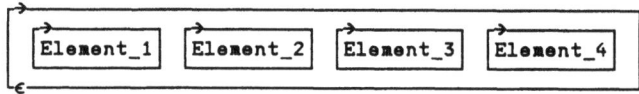

Mit dieser Datenstruktur lassen sich die fünf primitiven Operationen, die wir im vorigen Abschnitt eingeführt haben, einfach und elegant realisieren. Mit *createlist* wird eine Liste erzeugt, d.h. in dieser Implementierungsart ein Vektor, der die angegebenen Elemente enthält.

```
       ∇ CREATELIST [◊] ∇
    ∇
[0]    LIST←CREATELIST ELEMENTS
[1]    ⍝
[2]    ⍝* CREATELIST erzeugt Liste aus vorgegebenen Elementen
[3]    ⍝* Aufruf:  [Liste ←] CREATELIST  Elemente
[4]    ⍝
[5]    LIST←ELEMENTS             ⍝ Liste
    ∇
```

Abb. 23. Funktion CREATELIST

Umgekehrt löscht *deletelist* eine Liste, d.h. den entsprechenden Vektor.

```
       ∇ DELETELIST [◊] ∇
    ∇
[0]    DELETELIST LIST;TEMP
[1]    ⍝
[2]    ⍝* DELETELIST loescht Liste
[3]    ⍝* Aufruf: DELETELIST   'Name der Liste'
[4]    ⍝
[5]    TEMP←⎕EX LIST             ⍝ loeschen
    ∇
```

Abb. 24. Funktion DELETELIST

Bei den anderen primitiven Operationen geht es um einzelne Listenelemente: Lokalisieren eines Elements innerhalb einer Liste, Einfügen eines neuen Elements in eine Liste bzw. das Entfernen eines Elements aus einer Liste. Die Funktion *locate* (Lokalisieren eines Elements in einer Liste) wird mittels der primitiven Funktion ι realisiert. Falls das gesuchte Element in der Liste nicht vorkommt, ergibt ι den Wert 1+⍴LIST. In diesem Fall wird das Resultat mittels der Funktion | auf 0 gesetzt.

```
        ∇ LOCATE [◊] ∇
     ∇
[0]     POSITION←LOCATE LIST_EL;ELEMENT;LIST
[1]     ⍝
[2]     ⍝* LOCATE bestimmt Position eines Elements in einer Liste
[3]     ⍝* Aufruf: [Position ←] LOCATE (Liste Element)
[4]     ⍝
[5]     (LIST ELEMENT)←LIST_EL            ⍝ separieren
[6]     POSITION←(1+⍴LIST)|LISTι⊂ELEMENT  ⍝ Position in Liste oder 0
     ∇
```

Abb. 25. Funktion LOCATE

Die Funktion *locate* wird gerade für zwei der anderen primitiven Operationen gebraucht. Bei der Funktion *delete* (Entfernen eines Elements aus einer Liste) wird zuerst mittels *locate* die Position POS des zu löschenden Elements innerhalb der Liste bestimmt. Nach der *delete*-Operation setzt sich die Liste aus der Teilliste vor dieser Position ((POS-1)↑LIST) und derjenigen nach dieser Position (POS↓LIST) zusammen.

```
        ∇ DELETE [◊] ∇
     ∇
[0]     LIST←DELETE LIST_EL;ELEMENT;POS
[1]     ⍝
[2]     ⍝* DELETE loescht vorgegebenes Element aus Liste
[3]     ⍝* Aufruf: [Liste ←] DELETE (Liste Element)
[4]     ⍝
[5]     (LIST ELEMENT)←LIST_EL            ⍝ separieren
[6]     POS←LOCATE(LIST ELEMENT)          ⍝ Position oder 0
[7]     →(0=POS)/'→0,⍴⎕←''Element kommt in Liste nicht vor.'''
[8]     LIST←((POS-1)↑LIST),POS↓LIST      ⍝ Element entfernen
     ∇
```

Abb. 26. Funktion DELETE

Analog wird bei der Funktion *insafter* (Einfügen eines Elements in eine Liste) vorgegangen. Damit das neue Element an die gewünschte Stelle innerhalb der Liste kommt, muss dasjenige Listenelement (Referenzelement) angegeben werden, hinter dem das neue Element eingefügt werden soll. Die Position

5. Lineare Listen

POS des Referenzelements wird wiederum mit *locate* bestimmt. Die neue Liste setzt sich hier aus dem Listenteil bis und mit dem Referenzelement (POS↑LIST), dem neuen Element (⊂ELEMENT) und dem Rest der bisherigen Liste (POS↓LIST) zusammen.

```
      ∇ INSAFTER [□] ∇
   ∇
[0]   LIST←INSAFTER LIST_REF_EL;ELEMENT;REFERENCE;POS
[1]   ⍝
[2]   ⍝* INSAFTER fuegt Element nach Referenzelement in Liste ein
[3]   ⍝* Aufruf:  [Liste ←]  INSAFTER  (Liste Ref-Element Element)
[4]   ⍝
[5]   (LIST REFERENCE ELEMENT)←LIST_REF_EL    ⍝ separieren
[6]   POS←LOCATE(LIST REFERENCE)              ⍝ Position oder 0
[7]   →(0=POS)/'→0,⍴⎕←''Referenzelement nicht in Liste.'''
[8]   LIST←(POS↑LIST),(⊂ELEMENT),POS↓LIST     ⍝ Element einfuegen
   ∇
```

Abb. 27. Funktion INSAFTER

Für das Einfügen eines Elements am Anfang einer Liste benötigen wir eine spezielle Funktion *insfirst*. Denn hier gibt es *kein* Element, nach welchem das neue eingefügt werden könnte. Dafür kann auf *locate* verzichtet werden. Es wird lediglich die bisherige Liste an das neue Element (⊂ELEMENT) angehängt.

```
      ∇ INSFIRST [□] ∇
   ∇
[0]   LIST←INSFIRST LIST_EL;ELEMENT
[1]   ⍝
[2]   ⍝* INFIRST fuegt Element an Listenanfang ein
[3]   ⍝* Aufruf:  [Liste ←]  INSFIRST  (Liste Element)
[4]   ⍝
[5]   (LIST ELEMENT)←LIST_EL           ⍝ separieren
[6]   LIST←(⊂ELEMENT),LIST             ⍝ Element einfuegen
   ∇
```

Abb. 28. Funktion INSFIRST

Damit haben wir unsere primitiven Operationen für den ADT Lineare Liste implementiert. Wir wollen nun noch das Poker-Beispiel anschauen. Die Karten in der Hand des Spielers werden in Form einer linearen Liste dargestellt:

```
KARTEN←CREATELIST ('KARO' 'AS')('KARO' 3)('KREUZ' 9)('PIK' 7)
DISPLAY KARTEN
```

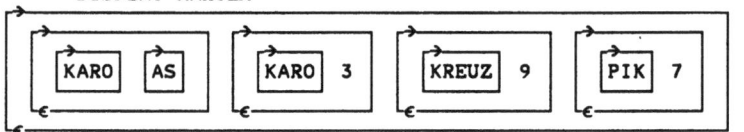

Einfügen der Karte *Herz 9* zwischen *Kreuz 9* und *Pik 7*:

```
KARTEN←INSAFTER (KARTEN ('KREUZ' 9) ('HERZ' 9))
DISPLAY KARTEN
```

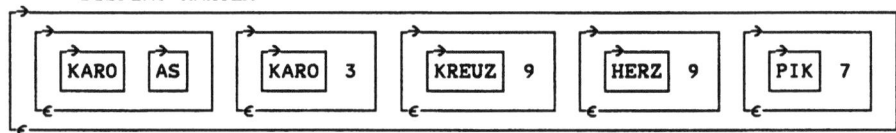

Entfernen der Karte *Pik 7*:

```
KARTEN←DELETE (KARTEN ('PIK' 7))
DISPLAY KARTEN
```

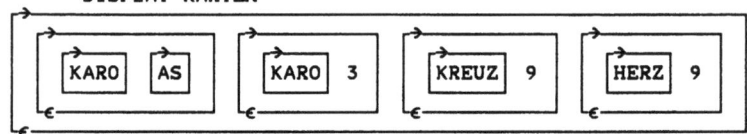

Wie wir sehen, lässt sich der ADT Lineare Liste bei dieser Implementierungsart einfach und anschaulich realisieren. In den folgenden Abschnitten werden wir die beiden anderen Methoden betrachten, wobei wir schon jetzt festhalten dürfen, dass die Eleganz der soeben vorgestellten *APL2-gerechten Methode* nicht annähernd zu erreichen sein wird.

5.3 Matrix-Implementierung von linearen Listen

Während die im vorigen Abschnitt vorgestellte *APL2-gerechte Implementierung* dem geübten APL2-Programmierer (und sicher auch einem LISP- oder Prolog-Programmierer) als natürlich erschien, dürfte sie den an herkömmliche imperative Sprachen (wie C, Pascal oder PL/1) gewohnten Leser mit einer neuen Denkweise bekannt gemacht haben. In diesem und im nächsten Abschnitt wird es gerade umgekehrt sein. Das hier vorgestellte Vorgehen entspricht der Arbeitsweise mit Zeigervariablen in einer herkömmlichen imperativen Programmiersprache. Bei dieser Methode können wir die Stärken von APL2 nicht gleichermassen ausnutzen. Insbesondere ist es hier i.a. nicht möglich, eine ganze Liste in einem einzigen Schritt zu bearbeiten. Meistens ist eine Iteration über die einzelnen Elemente der Liste nötig.

5. Lineare Listen

Bei der *Matrix-Implementierung* verwenden wir — wie bereits unter 4.2.3 „Matrix-Implementierung" erläutert — eine Matrix, deren Zeilen für das Darstellen der Listenelemente verwendet werden sollen. Wir haben dort bereits die Funktionen zum Erstellen der Matrix (mit dem Namen MATRIX) sowie zum Anfordern bzw. Freigeben ihrer Zeilen vorgestellt (vgl. Abb. 15 auf Seite 91 und die drei darauffolgenden Abbildungen).

Nun wollen wir uns den primitiven Listenoperationen zuwenden. Doch zuerst noch eine Vorbemerkung: Da bei der Matrix-Implementierung aufs Mal nur auf *ein* Listenelement zugegriffen werden kann, muss in vielen Fällen die ganze Liste elementweise durchlaufen werden. Dies kann mittels einer **Iteration** (Schleife) oder einer **Rekursion** geschehen. Um dem Leser beide Techniken vorzustellen, wollen wir im folgenden *createlist* und *locate* (sowie *previous*, das die Position des Vorgängers eines Elements in einer linearen Liste bestimmt und das wir für *delete* brauchen) rekursiv, *deletelist* hingegen iterativ implementieren.

Beginnen wir also mit *createlist*: Falls eine leere Liste erstellt werden soll, wird das Resultat auf 0 gesetzt (Zeile [5]). Falls Elemente vorhanden sind, wollen wir das erste Element wegnehmen und **rekursiv** eine Teilliste aus den restlichen Elementen erstellen [6]. Ist diese Teilliste erstellt, fügen wir an deren Spitze mit *insfirst* das erste Element ein [7], womit wir die gesamte Liste erhalten. Das Resultat ist der Index derjenigen Zeile von MATRIX, welche das erste Element der Liste enthält. Im Falle einer leeren Liste wird als Index — wie bereits gesagt — 0 zurückgegeben, also kein gültiger Zeilenindex von MATRIX (da wir hier wie auch sonst in diesem Buch davon ausgehen wollen, dass ⎕IO auf 1 initialisiert wurde).

```
        ∇ CREATELIST [⎕] ∇
     ∇
[0]    LIST←CREATELIST ELEMENTS
[1]    ⍝
[2]    ⍝* CREATELIST erzeugt Liste aus vorgegebenen Elementen
[3]    ⍝* Aufruf:  [Liste ←]  CREATELIST Elemente
[4]    ⍝
[5]    →(0=⍴ELEMENTS)/LIST←0         ⍝ leere Liste
[6]    LIST←CREATELIST 1↓ELEMENTS    ⍝ rekursiver Aufruf
[7]    LIST←INSFIRST LIST(↑ELEMENTS) ⍝ erstes Element einfuegen
     ∇
```

Abb. 29. Funktion CREATELIST

Für *deletelist* wollen wir eine Schleifenkonstruktion verwenden: INDEX in Zeile [5] zeigt auf das erste Element der Liste, während LIST den Variablennamen dieses Indexes enthält (im Falle einer leeren Liste ist INDEX gleich 0). In einer Schleife geben wir mittels *DISPOSE* das jeweils erste Element der Liste frei, nachdem wir in [8] den Index des Nachfolgers sichergestellt haben. Nach dem Freigeben des ersten Elementes setzen wir INDEX auf dessen Nachfolger, d.h. auf das erste Element der Restliste. Dieses Vorgehen wird wiederholt, bis alle Elemente freigegeben sind, d.h. bis **INDEX** den Wert 0 aufweist. Mit der Systemfunktion ☐**EX** wird in [13] schliesslich die Indexvariable selbst gelöscht.

```
        ∇ DELETELIST [☐] ∇
     ∇
[0]     DELETELIST LIST;TEMP;INDEX;NEXT
[1]     ⍝
[2]     ⍝* DELETELIST loescht Liste
[3]     ⍝* Aufruf:  DELETELIST  'Name der Liste'
[4]     ⍝
[5]     ⍎'INDEX←',LIST            ⍝ Index der Liste
[6]     LOOP:
[7]     →(0=INDEX)/END            ⍝ Ende der Liste
[8]     NEXT←MATRIX[INDEX;2]      ⍝ NEXT←next(INDEX)
[9]     DISPOSE INDEX             ⍝ Zeile freigeben
[10]    INDEX←NEXT                ⍝ INDEX←NEXT
[11]    →LOOP
[12]    END:
[13]    TEMP←☐EX LIST             ⍝ Variable loeschen
     ∇
```

Abb. 30. Funktion DELETELIST

Nun wollen wir noch die primitiven Operationen betrachten, bei welchen es nicht um gesamte Listen, sondern um einzelne Listenelemente geht. Bei *insfirst* erzeugen wir zuerst mit *NEW* ein neues Element [6], dessen Position innerhalb von **MATRIX** durch den Index **NEWPOS** angegeben wird. An dieses neue erste Element wird in Zeile [7] (neben der eigentlichen Wertzuweisung) der Rest der Liste angehängt, während in Zeile [8] der Listenindex auf das neue erste Element gesetzt wird.

```
        ∇ INSFIRST [☐] ∇
     ∇
[0]     LIST←INSFIRST LIST_EL;ELEMENT;NEWPOS
[1]     ⍝
[2]     ⍝* INFIRST fuegt Element an Listenanfang ein
[3]     ⍝* Aufruf:  [Liste ←]  INSFIRST  (Liste Element)
[4]     ⍝
[5]     (LIST ELEMENT)←LIST_EL    ⍝ separieren
[6]     NEWPOS←NEW                ⍝ Index des neuen Elements
[7]     MATRIX[NEWPOS;]←ELEMENT LIST   ⍝ NEWPOS←(ELEMENT LIST)
[8]     LIST←NEWPOS               ⍝ Index der Liste
     ∇
```

Abb. 31. Funktion INSFIRST

Für *insafter* und *delete* benötigen wir noch die primitive Operation *locate*, welche die Position eines Elements in einer Liste bestimmt. Die Suche nach

5. Lineare Listen

einem Element innerhalb einer Liste wollen wir **rekursiv** realisieren. Falls die Liste leer (d.h. **LISTE** bzw. **POS** gleich 0) ist, wird 0 als Resultat zurückgegeben [6]. Sonst wird in Zeile [7] geprüft, ob das erste Element der Liste ((⊂POS,1)⊃MATRIX) gleich dem gesuchten Element ist. Falls ja, wird der Index **POS** zurückgegeben. Andernfalls wird *locate* rekursiv auf die restliche Liste angewendet, deren Listenindex durch **MATRIX[POS;2]** in Zeile [8] gegeben ist.

```
        ∇ LOCATE [◻] ∇
     ∇
[0]     POS←LOCATE LIST_EL;ELEMENT;LIST
[1]     ⍝
[2]     ⍝* LOCATE bestimmt Position eines Elements in einer Liste
[3]     ⍝* Aufruf:  [Position ←]  LOCATE  (Liste Element)
[4]     ⍝
[5]     (LIST ELEMENT)←LIST_EL           ⍝ separieren
[6]     →(0=POS←LIST)/0                  ⍝ leere Liste
[7]     →(ELEMENT≡(⊂POS,1)⊃MATRIX)/0     ⍝ Element gefunden
[8]     POS←LOCATE(MATRIX[POS;2])ELEMENT ⍝ Restliste absuchen
     ∇
```

Abb. 32. Funktion LOCATE

Das Auffinden des Vorgängers eines Elements einer Liste mittels *previous* (welches wir für *delete* benötigen) kann ganz analog vorgenommen werden. Jedoch wollen wir hier nicht ein bestimmtes Element, sondern dessen Position innerhalb der Liste vorgeben. Deswegen werden in Zeile [7] zwei Indizes und nicht zwei Listenelemente miteinander verglichen. Auch ist darauf zu achten, dass der Vergleich nicht mit dem Index des aktuellen Elements (**PREPOS**) erfolgt, sondern mit demjenigen des darauffolgenden Elements (**NEXT**).

```
        ∇ PREVIOUS [◻] ∇
     ∇
[0]     PREPOS←PREVIOUS LIST_POS;POS;LIST;NEXT
[1]     ⍝
[2]     ⍝* PREVIOUS bestimmt Vorgaengerposition eines Elements
[3]     ⍝* Aufruf:  [Vorgaengerpos ←] PREVIOUS  (Liste Position)
[4]     ⍝
[5]     (LIST POS)←LIST_POS                 ⍝ separieren
[6]     →(0=PREPOS←LIST)/0                  ⍝ Ende der Liste
[7]     →(POS=NEXT←MATRIX[PREPOS;2])/0      ⍝ Vorgaenger gefunden
[8]     PREPOS←PREVIOUS NEXT POS            ⍝ Restliste absuchen
     ∇
     ∇
```

Abb. 33. Funktion PREVIOUS

Damit können wir nun zu *insafter* kommen. Wie bei der APL2-gerechten Implementierung bestimmen wir mittels *locate* die Position POS des Referenzelements innerhalb der Liste. *NEW* liefert uns ein neues Listenelement, das wir mittels der Zeilen [9] und [10] zwischen dem Referenzelement (POS) und dessen bisherigem Nachfolger (MATRIX[POS;2]) einfügen. In Zeile [11] erfolgt noch die Wertzuweisung an das neue Element.

```
       ∇ INSAFTER [□] ∇
    ∇
[0]    LIST←INSAFTER LIST_REF_EL;ELEMENT;REFERENCE;POS;NEWPOS
[1]    A
[2]    A* INSAFTER fuegt Element nach Referenzelement in Liste ein
[3]    A* Aufruf:  [Liste ←]  INSAFTER  (Liste Ref-Element Element)
[4]    A
[5]    (LIST REFERENCE ELEMENT)←LIST_REF_EL   A separieren
[6]    POS←LOCATE(LIST REFERENCE)             A Position oder 0
[7]    ±(0=POS)/'→0,ρ□←''Referenzelement nicht in Liste.'''
[8]    NEWPOS←NEW                             A neues Element
[9]    MATRIX[NEWPOS;2]←MATRIX[POS;2]         A next(NEWPOS)←next(POS)
[10]   MATRIX[POS;2]←NEWPOS                   A next(POS)←NEWPOS
[11]   MATRIX[NEWPOS;1]←⊂ELEMENT              A info(NEWPOS)←ELEMENT
    ∇
```

Abb. 34. Funktion INSAFTER

```
       ∇ DELETE [□] ∇
    ∇
[0]    LIST←DELETE LIST_EL;ELEMENT;POS;PREPOS
[1]    A
[2]    A* DELETE loescht vorgegebenes Element aus Liste
[3]    A* Aufruf:  [Liste ←]  DELETE  (Liste Element)
[4]    A
[5]    (LIST ELEMENT)←LIST_EL                 A separieren
[6]    POS←LOCATE(LIST ELEMENT)               A Position oder 0
[7]    ±(0=POS)/'→0,ρ□←''Element kommt in Liste nicht vor.'''
[8]    →(POS=LIST)/FIRST_EL                   A erstes Element loeschen
[9]    PREPOS←PREVIOUS(LIST POS)              A Vorgaenger des Elements
[10]   MATRIX[PREPOS;2]←MATRIX[POS;2]         A next(PREPOS)←next(POS)
[11]   →FREE
[12]   FIRST_EL:
[13]   LIST←MATRIX[POS;2]                     A LIST←next(POS)
[14]   FREE:
[15]   DISPOSE POS                            A Knoten freigeben
    ∇
```

Abb. 35. Funktion DELETE

Ganz ähnlich können wir bei *delete* (siehe Abb. 35) vorgehen. Allerdings müssen wir hier eine Fallunterscheidung vorsehen [8]: Falls das *erste* Element

5. Lineare Listen

einer Liste gelöscht werden soll, so ist der Listenindex auf das bisherige zweite Element zu setzen [13] und anschliessend das erste Element mittels *DISPOSE* freizugeben [15]. Andernfalls ist die Position des Vorgängers des zu löschenden Elements zu bestimmen [9], denn der Vorgänger soll neu auf den Nachfolger des zu löschenden Elementes (**MATRIX[POS;2]**) und *nicht* mehr auf das zu löschende Element zeigen. Sobald dieser Index auf den Nachfolger (**MATRIX[PREPOS;2]**) neu gesetzt ist [10], kann das Element mittels *DISPOSE* freigegeben werden [15].

Damit haben wir unsere primitiven Operationen des ADT Lineare Liste auch für die *Matrix-Implementierung* beieinander. Wir wollen diese noch auf das Poker-Beispiel anwenden. Da die Variable **KARTEN** bei dieser Implementierungsart lediglich der Index des ersten Listenelements ist, wollen wir die konkreten Auswirkungen der primitiven Operationen anhand der Variablen **MATRIX** verfolgen. Diese Variable wird zuerst initialisiert:

```
       INIT 4
       AVAIL
1
       DISPLAY MATRIX
 ┌─→
 ↓0  2
 │0  3
 │0  4
 │0  0
 └─
```

Die Karten in der Hand des Spielers werden in Form der folgenden linearen Liste dargestellt:

```
       KARTEN←CREATELIST ('KARO' 'AS')('KARO' 3)('KREUZ' 9)('PIK' 7)
       KARTEN
4
       DISPLAY MATRIX
```

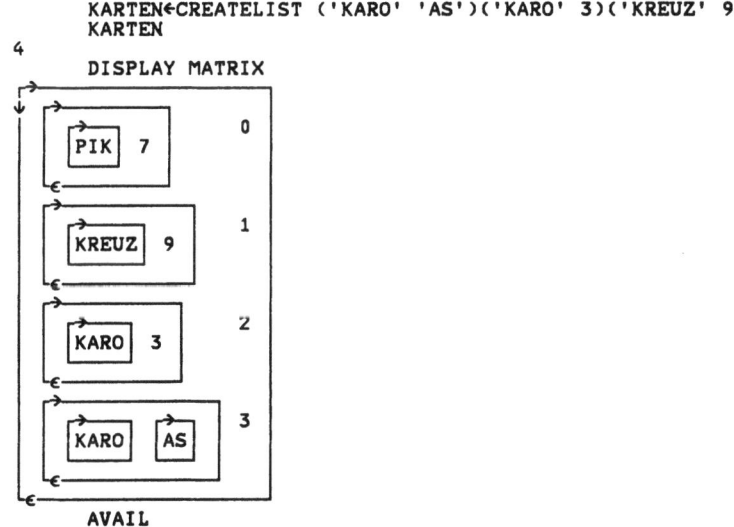

Einfügen der Karte *Herz 9* zwischen *Kreuz 9* und *Pik 7*:

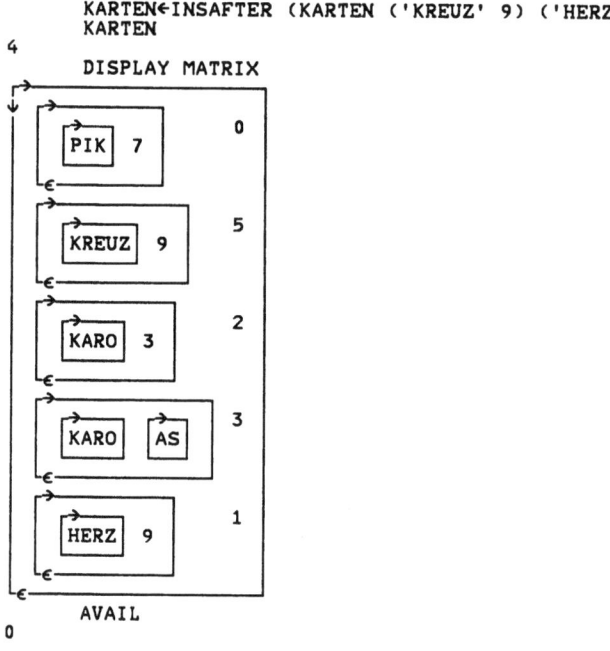

Entfernen der Karte *Pik 7*:

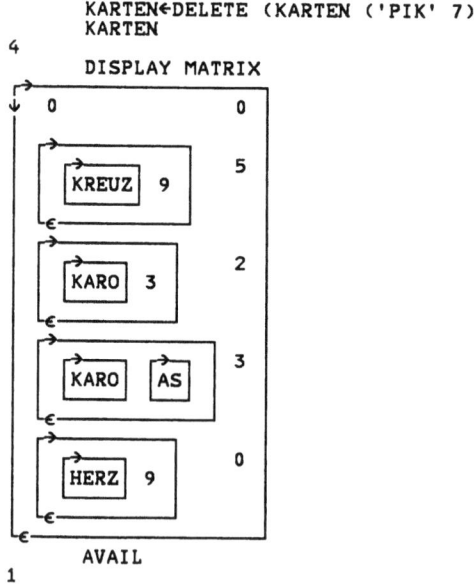

5. Lineare Listen

Nachdem wir mit der *Matrix-Implementierung* der Denkweise herkömmlicher imperativer Programmiersprachen bereits sehr nahe gekommen sind, wollen wir uns im nächsten Abschnitt die dritte Implementierungsart anschauen, welche das *List Processing* solcher Sprachen noch getreuer nachbildet.

5.4 Pseudopointer-Implementierung von linearen Listen

Wir haben diese Methode bereits im Abschnitt 4.2.4 „Pseudopointer-Implementierung" vorgestellt. Es sind dort **Zeigervariablen** eingeführt worden, welche die Namen von sog. **Speichervariablen** enthalten und so auf die entsprechenden Speicherplätze hinweisen. Für die Speichervariablen haben wir die Namen P1, P2 usw. fest reserviert.

Zur Implementierung des ADT Lineare Liste genügt es jedoch nicht, den Variablen P1, P2 usw. einfach Werte zuzuweisen. Jede dieser Variablen, die je ein Element der Liste darstellt, muss auch einen Verweis auf das nachfolgende Element enthalten. Dieser Verweis wird hier – im Gegensatz zur *Matrix-Implementierung*, wo dafür der Index der entsprechenden Zeile von MATRIX verwendet wurde – mittels des Namens der Speichervariablen des nächsten Elements realisiert. (Für das Ende einer Liste wollen wir hier in Analogie zur *Matrix-Implementierung* anstelle eines Variablennamens den numerischen Wert 0 verwenden.) Somit ist es naheliegend, für Elemente einer linearen Liste zweielementige Vektoren zu verwenden:[1] das erste Element des Vektors soll den Wert des Listenelements darstellen (*info*-Teil), während das zweite Element einen Zeiger auf das nachfolgende Listenelement bzw. eine 0 enthält (*next*-Teil).

Die Funktionen zur Initialisierung von AVAIL (globaler Zähler, der zur Generierung der Namen von Speichervariablen benötigt wird) sowie zum Anfordern bzw. Freigeben von Speichervariablen haben wir bereits früher vorgestellt (vgl. Abb. 20 auf Seite 94 und die beiden darauffolgenden Abbildungen). Was die restlichen Funktionen (primitive Operationen) angeht, so können wir diese zu einem grossen Teil von der *Matrix-Implementierung* übernehmen. Für die nötigen Anpassungen können wir die folgende einfache Regel aufstellen: Überall dort, wo in der Programmliste der *Matrix-Implementierung* die Variable MATRIX auftritt, ist eine Änderung nötig. Und zwar in Form einer Anweisung, welche & auf einen Characterstring anwendet, der u.a. eine Zeigervariable enthält. Für den *info*-Teil greifen wir auf das erste Element der entsprechenden Variablen zu, für den *next*-Teil auf das zweite Element. Mit dieser Regel wollen wir kurz schauen, für welche der primitiven Operationen Anpassungen erforderlich sind: *createlist* greift nur mittels *insfirst* auf die Liste zu und kann folglich unverändert übernommen werden

---

[1] Pascal-Programmierer würden von einem *Record* sprechen, der aus einem *info*-Teil und einem *next*-Teil besteht (vgl. Seite 50).

(vgl. Abb. 29). Hingegen bedarf *deletelist* (vgl. Abb. 30) einer kleinen Änderung. Und zwar in Zeile [8], wo der Zeiger auf das nachfolgende Element (♠'2⊃',POINTER) benötigt wird.

```
        ∇ DELETELIST [□] ∇
       ∇
[0]    DELETELIST LIST;TEMP;POINTER;NEXT
[1]    ρ
[2]    ρ* DELETELIST loescht Liste
[3]    ρ* Aufruf:  DELETELIST  'Name der Liste'
[4]    ρ
[5]     ♠'POINTER←',LIST         ρ Zeiger auf Liste
[6]    LOOP:
[7]     →(0=POINTER)/END         ρ Ende der Liste
[8]     ♠'NEXT←2⊃',POINTER       ρ NEXT←next(POINTER)
[9]     DISPOSE POINTER          ρ Zeile freigeben
[10]    POINTER←NEXT             ρ POINTER←NEXT
[11]    →LOOP
[12]   END:
[13]    TEMP←□EX LIST            ρ Variable loeschen
       ∇
```

Abb. 36. Funktion DELETELIST

Analoge Anpassungen sind bei *insfirst*, *locate*, *previous* sowie *insafter* und *delete* nötig. Die Programmliste der geänderten Funktionen ist in den nachfolgenden Abbildungen enthalten.

```
        ∇ INSFIRST [□] ∇
       ∇
[0]    LIST←INSFIRST LIST_EL;ELEMENT;NEWPOS
[1]    ρ
[2]    ρ* INFIRST fuegt Element an Listenanfang ein
[3]    ρ* Aufruf:  [Liste ←]  INSFIRST  (Liste Element)
[4]    ρ
[5]     (LIST ELEMENT)←LIST_EL   ρ separieren
[6]     NEWPOS←NEW               ρ Zeiger auf neues Element
[7]     ♠NEWPOS,'←ELEMENT LIST'  ρ NEWPOS←(ELEMENT LIST)
[8]     LIST←NEWPOS              ρ Zeiger auf Liste
       ∇
```

Abb. 37. Funktion INSFIRST

5. Lineare Listen

```
      ∇ LOCATE [☐] ∇
    ∇
[0]   POS←LOCATE LIST_EL;ELEMENT;LIST
[1]   ⍝
[2]   ⍝* LOCATE bestimmt Position eines Elements in einer Liste
[3]   ⍝* Aufruf:   [Position ←]  LOCATE  (Liste Element)
[4]   ⍝
[5]   (LIST ELEMENT)←LIST_EL           ⍝ separieren
[6]   →(0=POS←⍴LIST)/0                 ⍝ leere Liste
[7]   ⍎'→(ELEMENT≡1⊃',POS,')/0'        ⍝ Element gefunden
[8]   ⍎'POS←LOCATE(2⊃',POS,')ELEMENT'  ⍝ Restliste absuchen
    ∇
```

Abb. 38. Funktion LOCATE

```
      ∇ PREVIOUS [☐] ∇
    ∇
[0]   PREPOS←PREVIOUS LIST_POS;POS;LIST;NEXT
[1]   ⍝
[2]   ⍝* PREVIOUS bestimmt Vorgaengerposition eines Elements
[3]   ⍝* Aufruf:   [Vorgaengerpos ←] PREVIOUS  (Liste Position)
[4]   ⍝
[5]   (LIST POS)←LIST_POS              ⍝ separieren
[6]   →(0=PREPOS←⍴LIST)/0              ⍝ Ende der Liste
[7]   ⍎'→(POS≡NEXT←2⊃',PREPOS,')/0'    ⍝ Vorgaenger gefunden
[8]   PREPOS←PREVIOUS NEXT POS         ⍝ Restliste absuchen
    ∇
```

Abb. 39. Funktion PREVIOUS

```
      ∇ INSAFTER [☐] ∇
    ∇
[0]    LIST←INSAFTER LIST_REF_EL;ELEMENT;REFERENCE;POS;NEWPOS;NEXT
[1]    ⍝
[2]    ⍝* INSAFTER fuegt Element nach Referenzelement in Liste ein
[3]    ⍝* Aufruf:   [Liste ←]  INSAFTER  (Liste Ref-Element Element)
[4]    ⍝
[5]    (LIST REFERENCE ELEMENT)←LIST_REF_EL ⍝ separieren
[6]    POS←LOCATE(LIST REFERENCE)           ⍝ Position oder 0
[7]    ⍎(0=POS)/'→0,⎕←''Referenzelement nicht in Liste.'''
[8]    NEWPOS←NEW                           ⍝ neues Element
[9]    ⍎'NEXT←2⊃',POS                       ⍝ NEXT←next(POS)
[10]   ⍎POS,'[2]←⊂NEWPOS'                   ⍝ next(POS)←NEWPOS
[11]   ⍎NEWPOS,'←ELEMENT NEXT'              ⍝ NEWPOS←(ELEMENT NEXT)
    ∇
```

Abb. 40. Funktion INSAFTER

```
        ∇ DELETE [□] ∇
        ∇
[0]     LIST←DELETE LIST_EL;ELEMENT;POS;PREPOS
[1]     ⍝
[2]     ⍝* DELETE loescht vorgegebenes Element aus Liste
[3]     ⍝* Aufruf:  [Liste ←] DELETE  (Liste Element)
[4]     ⍝
[5]     (LIST ELEMENT)←LIST_EL          ⍝ separieren
[6]     POS←LOCATE(LIST ELEMENT)        ⍝ Position oder 0
[7]     ⍎(0=POS)/'→0,⍴⎕←''Element kommt in Liste nicht vor.'''
[8]     →(POS=LIST)/FIRST_EL            ⍝ erstes Element loeschen
[9]     PREPOS←PREVIOUS(LIST POS)       ⍝ Vorgaenger des Elements
[10]    ⍎PREPOS,'[2]←⊂⊃',POS            ⍝ next(PREPOS)←next(POS)
[11]    →FREE
[12] FIRST_EL:
[13]    ⍎'LIST←⊂⊃',POS                  ⍝ LIST←next(POS)
[14] FREE:
[15]    DISPOSE POS                     ⍝ Knoten freigeben
        ∇
```

Abb. 41. Funktion DELETE

Wie der Leser leicht feststellen kann, entsprechen alle diese Änderungen der oben formulierten einfachen Regel. Hingegen wird es ihm möglicherweise etwas Mühe bereiten, genau zu verstehen, was in den geänderten Zeilen (alle enthalten ein ⍎) geschieht. Die Unleserlichkeit der Programme der *Pseudopointer-Implementierung* ist sicher auch deren grösster Nachteil, weshalb wir sie in diesem Buch nicht mehr weiter verfolgen wollen. Jedoch wollten wir hier zeigen, dass auch in APL2 eine dem *List Processing* ganz nahe verwandte Implementierung von linearen Listen möglich ist.

Zum Abschluss dieses Abschnittes wollen wir diese dritte Implementierungstechnik noch anhand des Poker-Beispiels illustrieren. Zuerst initialisieren wir den globalen Zähler **AVAIL** mittels *INIT*:

```
        INIT
        AVAIL
1
```

Die Karten in der Hand des Spielers werden in Form der folgenden linearen Liste dargestellt:

```
        KARTEN←CREATELIST ('KARO' 'AS')('KARO' 3)('KREUZ' 9)('PIK' 7)
        KARTEN
P4
        DISPLAY P4
```

5. Lineare Listen

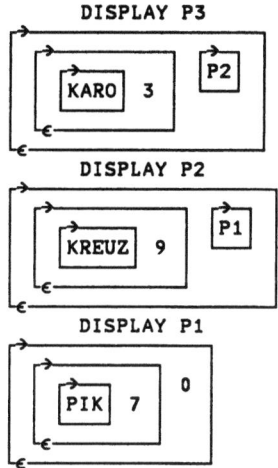

Einfügen der Karte *Herz 9* zwischen *Kreuz 9* und *Pik 7*:

```
KARTEN←INSAFTER (KARTEN ('KREUZ' 9) ('HERZ' 9))
KARTEN
```
P4

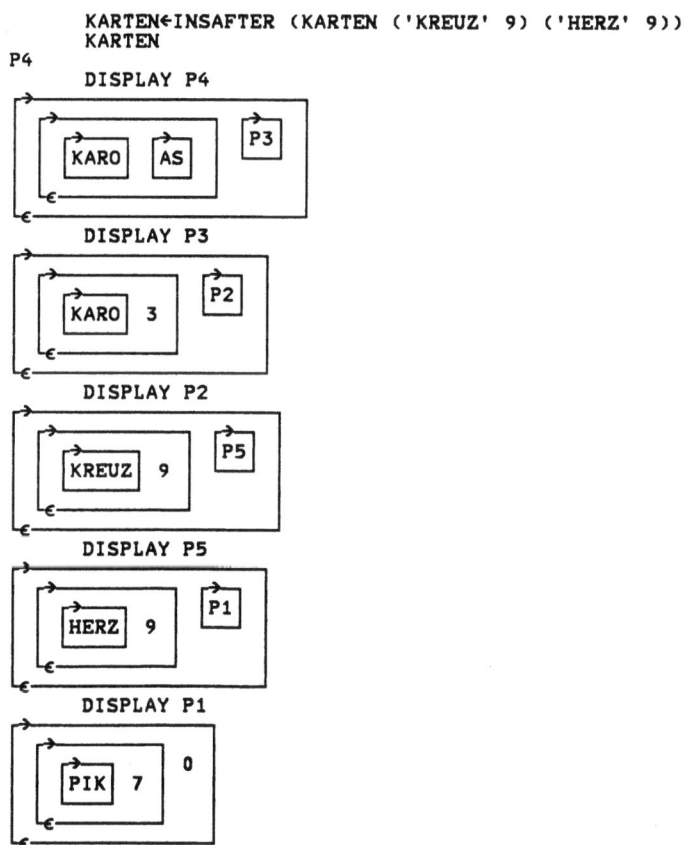

Entfernen der Karte *Pik 7*:

```
         KARTEN←DELETE (KARTEN ('PIK' 7))
         KARTEN
P4
         DISPLAY P4
```

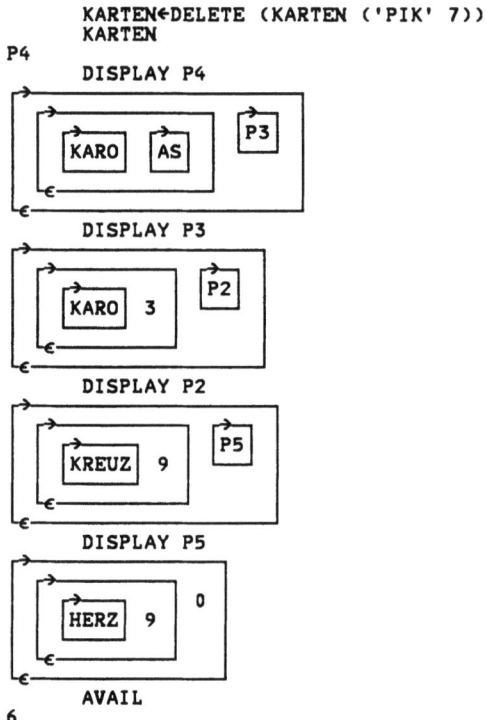

Damit haben wir alle drei Implementierungsarten für den ADT Lineare Liste vorgestellt. Im nächsten Abschnitt wollen wir diese noch miteinander vergleichen sowie ihre Vor- und Nachteile diskutieren.

5.5 Vergleich der drei Implementierungsmethoden

In den vorhergehenden Abschnitten haben wir anhand des Beispiels des ADT Lineare Liste unsere drei Implementierungsmethoden erläutert. Während die *APL2-gerechte Implementierung* die Möglichkeiten der Arrays von APL2 und der dazugehörenden primitiven Funktionen voll ausnutzt, bilden die beiden anderen Methoden das *List Processing* von herkömmlichen imperativen Sprachen nach. Wir haben festgestellt, dass bei der *Matrix-Implementierung* und der *Pseudopointer-Implementierung* von der Idee her sehr ähnlich vorgegangen wird und dass die Realisierungen der entsprechenden primitiven Operationen folglich viele Gemeinsamkeiten aufweisen. Demgegenüber steckt hinter der *APL2-gerechten Implementierung* eine ganz andere Denkweise, die zu grundlegenden Unterschieden bei der Realisierung der primitiven Operationen führt. Diese Methode kann bei allen vorgestellten

5. Lineare Listen

Funktionen vollständig auf Schleifen verzichten, was bei den beiden anderen Implementierungsmethoden (wie bei imperativen Programmiersprachen) nicht möglich ist, ausser bei *insfirst*. Das Nachbilden des *List Processing* von imperativen Programmiersprachen in den vorhergehenden Abschnitten soll helfen, APL2 sowohl dem Kenner jener Sprachen als auch für Algorithmen, die auf dem *List Processing* beruhen, zugänglich zu machen. Es wird immer wieder festgestellt, dass eine Programmiersprache und ihre Konzepte die Denkweise ihrer Benutzer stark beeinflussen. Das Erlernen einer ganz anders konzipierten Programmiersprache ist somit − ähnlich wie bei natürlichen Sprachen − auch abgesehen von den neuen Anwendungsmöglichkeiten ein Gewinn.

Wenn wir mit der Diskussion der *Matrix*- und der *Pseudopointer-Implementierung* in erster Linie Leser mit Programmiererfahrung in Pascal, C oder PL/1 ansprechen wollten, so heisst das keineswegs, dass wir den Einsatz dieser Methoden in APL2 (obwohl gut machbar) für sinnvoll halten. Wir haben uns bereits von der *Pseudopointer-Implementierung* distanziert, da diese wegen des unvermeidlichen Gebrauchs von ⍎ zu unleserlichen Programmen führt. Aus Effizienzgründen fällt auch die *Matrix-Implementierung* ausser Betracht, obwohl sie effizienter als die *Pseudopointer-Implementierung* ist. Die nachfolgende Tabelle gibt ungefähre Vergleichswerte für die Ausführungszeiten unserer primitiven Operationen an (die Zeitmessungen wurden anhand einer Liste mit 1000 Elementen vorgenommen):

Operation	*APL2-gerecht*	*Matrix*	*Pseudopointer*
createlist	1	500	700
deletelist	1	200	200
insfirst	1	1	1
insafter	1	100	200
delete	1	200	300

Ausser bei *insfirst* weist die *Matrix-Implementierung* gegenüber der *APL2-gerechten Implementierung* die 100- bis 500-fachen Ausführungszeiten auf, bei der *Pseudopointer-Implementierung* betragen die entsprechenden Faktoren zwischen 200 und 700. Bei *insfirst* kann auf jegliches Absuchen der Liste verzichtet werden, was sich in etwa gleichem Zeitbedarf für alle drei Implementierungsarten äussert. Allerdings könnten die anderen Funktionen der *Matrix*- und der *Pseudopointer-Implementierung* noch optimiert werden (z.B. könnte bei *delete* das zweimalige Durchsuchen der Liste mittels *locate* und *previous* vermieden werden), wodurch die Zeitunterschiede etwas kleiner ausfallen würden. Aber an der grundsätzlichen Überlegenheit der *APL2-gerechten Implementierung* würde dies nichts ändern, weshalb wir uns in den folgenden Kapiteln ausschliesslich mit dieser Methode beschäftigen wollen.

Ein weiterer Vorteil der *APL2-gerechten Implementierung* zeigt sich bei der Realisierung der primitiven Operation *delete*: Dort benötigen wir (im Gegensatz zu den beiden anderen Methoden) keine Funktion *previous*. Wenn wir allerdings genau hinschauen, so stellen wir fest, dass der Ausdruck POS-1 in Zeile [8] der Programmliste von *delete* (vgl. Abb. 26) der primitiven Operation *previous* entspricht. Wegen der Einfachheit dieses Ausdrucks (Eleganz der *APL2-gerechten Implementierung*) haben wir aber darauf verzichtet, diesen als eigene Funktion zu programmieren.

Wir haben bereits früher festgestellt, dass es zu einem vorgegebenen ADT i.a. verschiedene sinnvolle Datenstrukturen gibt. Was den ADT Lineare Liste anbelangt, werden z.B. bei imperativen Sprachen neben der bisher betrachteten **einfach-verketteten Liste** (bei der man von einem Element aus auf direktem Wege nur zu dessen Nachfolger gelangen kann) häufig auch die *doppelt-verkettete Liste* sowie die *Ringliste* als Datenstruktur verwendet. Bei der **doppelt-verketteten Liste** gibt es von jedem Listenelement aus nicht nur den direkten Zugang zu seinem Nachfolger, sondern auch zu seinem Vorgänger. In einer doppelt-verketteten Liste lässt sich somit *previous* genau so leicht realisieren wie *next*. Bei der *Matrix-Implementierung* müssten wir für eine doppelt-verkettete Liste eine Matrix mit drei Spalten verwenden, wobei die dritte Spalte die Indizes der Vorgänger enthalten würde. Analog würden wir bei der *Pseudopointer-Implementierung* für die Elemente einer doppelt-verketteten Liste dreielementige Vektoren verwenden, deren drittes Element ein Zeiger auf den Vorgänger wäre. *APL2-gerecht implementierte* Listen können wir bereits als doppelt verkettete Listen betrachten: *previous* lässt sich durch POS-1 realisieren, *next* durch POS+1. (Im Prinzip könnten wir uns noch eine weitergehende Verkettung der Listen vorstellen. So liesse sich etwa eine primitive Operation *next_but_one* durch POS+2, *last_but_one* durch POS-2 verwirklichen, usw.) Bei der **Ringliste** wird das erste Element als Nachfolger des letzten betrachtet. In der *APL2-gerechten Implementierung* können wir auf einfache Art und Weise eine Liste als Ringliste behandeln, indem wir statt POS den Ausdruck 1+(⍴LIST)|POS-1 brauchen (bei den beiden anderen Implementierungsmethoden würde am Ende einer Liste der Index bzw. Zeiger auf das erste Element anstelle einer 0 verwendet).

Damit wollen wir unsere Betrachtungen zur Implementierung von linearen Listen abschliessen. Im nächsten Kapitel stellen wir mit dem *Stack* und der *Queue* zwei Spezialfälle von linearen Listen vor, die für die Anwendungen so wichtig sind, dass sie i.a. als eigenständige ADT betrachtet werden.

6. Stack und Queue

In diesem Kapitel wollen wir zwei Spezialfälle des ADT Lineare Liste betrachten. Für beide stellen wir eine APL2-gerechte Implementierung vor und illustrieren diese je anhand einer kleinen Anwendung.

6.1 Stack

6.1.1 Der abstrakte Datentyp Stack

Beim ADT **Stack** (deutsch: Stapel, Keller) handelt es sich – wie bereits angedeutet – um einen Spezialfall des ADT Lineare Liste. Ein Stack ist eine lineare Liste, bei der Elemente jedoch nur an *einem* Ende (welches **top** genannt wird) eingefügt bzw. entfernt werden können. Zur Veranschaulichung mag ein Stapel Teller dienen: neue Teller werden sinnvollerweise zuoberst daraufgelegt. Wird ein Teller benötigt, nimmt man am einfachsten den obersten weg. Das Einfügen und Entfernen von Tellern wird also immer am oberen Ende des Tellerstapels vorgenommen, der somit ein typisches Beispiel eines Stacks darstellt. Durch Hinzufügen weiterer Elemente kann man einen Stack grundsätzlich beliebig verlängern. Umgekehrt ist der kürzeste mögliche Stack der leere Stack.

Zum Erstellen und Löschen eines Stacks können wir die primitiven Operationen *createlist* und *deletelist* aus dem letzten Kapitel übernehmen. Für den Zugriff auf einen Stack wollen wir die folgenden, für den ADT Stack typischen, primitiven Operationen einführen:

– *push(S, x)*
  Das Element *x* wird auf den Stack *S* gelegt, d.h. am top-Ende des Stacks eingefügt.

– *top(S, x)*
  Eine Kopie des top-Elements des Stacks *S* wird als Wert der Variablen *x* zurückgegeben. Das top-Element wird jedoch nicht aus dem Stack entfernt.

— *pop(S, x)*
Das top-Element wird aus dem Stack *S* entfernt und als Wert der Variablen *x* zurückgegeben.

Die Operationen *top* und *pop* können nur bei einem nicht-leeren Stack angewendet werden. Daher benötigen wir noch die folgende Hilfsoperation:

— *empty(S)*
Es wird überprüft, ob der Stack *S* leer ist oder nicht.

Bevor wir zu einem Anwendungsbeispiel kommen, wollen wir uns noch die Implementierung des ADT Stack anschauen.

6.1.2 Implementierung des ADT Stack

Zur Implementierung des ADT Stack wollen wir auf die APL2-gerechte Implementierung von linearen Listen zurückgreifen (vgl. 5.2 „APL2-gerechte Implementierung von linearen Listen"). Wir entscheiden uns hier dafür, das Ende der entsprechenden linearen Liste als top eines Stacks zu betrachten. Somit entspricht die primitive Operation *push* einem *insafter* hinter dem letzten Listenelement und *pop* einem *delete* des letzten Elements. Das Einfügen eines Elements in einen Stack mittels **push** kann durch ein einfaches *Catenate* realisiert werden (Zeile [6]):

```
      ∇ PUSH [□] ∇
    ∇
[0]   S1←PUSH ELEMENT_S;ELEMENT;S
[1]   A
[2]   A* PUSH fuegt neues Element in Stack ein
[3]   A* Aufruf: [Stack ←] PUSH Element Stack
[4]   A
[5]   (ELEMENT S)←ELEMENT_S    A separieren
[6]   S1←S,⊂ELEMENT            A anfuegen des Elements
    ∇
```

Abb. 42. Funktion PUSH

Die primitive Operation *empty* überprüft, ob ein Stack leer ist, indem sie mittels *Shape* die Anzahl Elemente auf dem Stack bestimmt und diese mit 0 vergleicht (Programmliste in Abb. 43).
Die primitive Operation *top* bestimmt das top-Element eines Stacks durch Herausgreifen des letzten Vektorelements. Da ¯1↑S einen einelementigen Vektor liefert, erhält man das top-Element selbst mittels ↑¯1↑S.

6. Stack und Queue

```
      ∇ EMPTY [□] ∇
   ∇
[0]   RES←EMPTY VARIABLE
[1]   A
[2]   A* EMPTY prueft, ob Stack bzw. Queue leer ist
[3]   A* Aufruf: [Res ←]   EMPTY Variable
[4]   A*          Res = 1,   falls Variable leer
[5]   A*                0,   sonst
[6]   A
[7]   RES←0=ρ,VARIABLE      A Test auf Anzahl Elemente
   ∇
```

Abb. 43. Funktion EMPTY

```
      ∇ TOP [□] ∇
   ∇
[0]   ELEMENT←TOP S
[1]   A
[2]   A* TOP gibt oberstes Element eines Stacks an
[3]   A* Aufruf: [Element ←]   TOP Stack
[4]   A
[5]   ELEMENT←↑⁻1↑S                    A Top-Element
   ∇
```

Abb. 44. Funktion TOP

Unsere Funktion *top* geht davon aus, dass ein nicht-leerer Stack vorliegt. Ist man nicht sicher, ob ein gegebener Stack leer ist oder nicht, ist vor dem Aufruf von *top* die Funktion *empty* zu verwenden. Wird *top* auf einen leeren Vektor angewendet, wird ein unsinniges Resultat zurückgegeben. (Selbstverständlich könnte man die Überprüfung auf einen leeren Stack auch in *top* einbauen. Wir wollen dies aber nicht tun und überlassen es dem Leser als Übung, die Funktion *top* entsprechend zu erweitern.)

Die primitive Operation *pop* geht gleich vor wie *top*, entfernt aber zusätzlich mittels ⁻1↓S das top-Element aus dem Stack:

```
      ∇ POP [□] ∇
   ∇
[0]   ELEMENT_S←POP S
[1]   A
[2]   A* POP entfernt oberstes Element aus Stack
[3]   A* Aufruf: [(Element Stack) ←]   POP Stack
[4]   A
[5]   ELEMENT_S←(↑⁻1↑S)(⁻1↓S)   A top-Element, Rest
   ∇
```

Abb. 45. Funktion POP

Wie *top* darf auch *pop* nur auf einen nicht-leeren Stack angewendet werden.
Damit haben wir unsere primitiven Operationen für den ADT Stack implementiert. Offensichtlich haben wir durch die Einschränkung der Zugriffsmöglichkeiten einfachere Programme als beim ADT Lineare Liste erhalten.

6.1.3 Eine Anwendung des ADT Stack

Als Anwendung wählen wir ein sehr einfaches Beispiel aus dem Gebiet der **Syntaxanalyse**, welche z.B. bei Übersetzern (Compiler) und Interpretern eine wichtige Rolle spielt. Es sollen mathematische Ausdrücke betrachtet werden, die drei Typen von Klammern enthalten können, nämlich ( ), [ ] und { }.

Beispiele:

```
A + (B - C ÷ [D - E])
{5 - [6 × 5 - (4 + 7)] + } - 8
F - {9 × (G + 3} ÷ 2) + 1]
```

Die Aufgabe bestehe nun darin, zu überprüfen, ob die Klammern **syntaktisch** korrekt gesetzt sind, und zwar ohne Rücksicht darauf, ob das, was zwischen den Klammern steht, ebenfalls syntaktisch korrekt ist. (Die viel schwierigere Frage, ob die Ausdrücke auch **semantisch** korrekt sind, d.h. den gewünschten Sinn ergeben, wollen wir vollständig beiseite lassen.) Offensichtlich sind die Klammern bei den ersten zwei Beispielen syntaktisch korrekt gesetzt, beim dritten nicht. Der zweite Ausdruck ist zwar auch nicht korrekt, da beim zweiten + der rechte Operand fehlt, aber wir wollen uns wie gesagt auf die Überprüfung der Klammern beschränken. Offenbar können wir wie folgt vorgehen: Wir durchgehen den vorgegebenen Ausdruck Zeichen um Zeichen von links nach rechts. Für die erste rechte Klammer, die wir antreffen, muss gelten, dass die unmittelbar vorhergehende Klammer eine linke vom gleichen Typ ist. Wir entfernen in diesem Fall die beiden Klammern und wiederholen unser Vorgehen. Genau dann, wenn wir auf diese Weise alle Klammern aus dem Ausdruck entfernen können, ist die Klammersetzung syntaktisch richtig. Etwas unschön ist bei diesem Vorgehen, dass wir einen Ausdruck i.a. mehrmals durchgehen müssen. Dies lässt sich elegant vermeiden, wenn wir unseren Algorithmus mit Hilfe eines Stacks wie folgt verbessern: Beim Absuchen des Ausdrucks von links nach rechts legen wir jede linke Klammer, die wir antreffen, auf einen Stack LEFT. Sobald wir eine rechte Klammer antreffen, holen wir das top-Element von LEFT — falls dies möglich, d.h. der Stack nicht leer ist — und vergleichen die beiden Klammern. Falls sie zusammengehören, d.h. vom gleichen Typ sind, können wir sie „vergessen" und weiterfahren. Erst am Schluss des Absuchens sollte der Stack wieder leer sein. Offensichtlich gibt es genau drei Situationen, die eine nicht-korrekte Klammersetzung anzeigen, nämlich:

6. Stack und Queue

```
        ∇ SYNTAX [☐] ∇
    ∇
[0]    RES←SYNTAX STRING;LEFT;SYMB;TOPEL
[1]    ⍝
[2]    ⍝* SYNTAX prueft Syntax eines Characterstrings
[3]    ⍝* Aufruf: [Resultat ←] SYNTAX Characterstring
[4]    ⍝
[5]    LEFT←⍳0                    ⍝ Stack initialisieren
[6]    LOOP:                      ⍝ --- Schleife
[7]    →(0=⍴STRING)/END           ⍝ Abbruchkriterium
[8]    SYMB←↑STRING               ⍝ aktuelles Zeichen
[9]    STRING←1↓STRING            ⍝ restlicher String
[10]   →(SYMB∊'([{')/'LEFT←PUSH SYMB LEFT'  ⍝ linke Klammer
[11]   →(~SYMB∊')]}')/LOOP        ⍝ keine rechte Klammer
[12]   →(EMPTY LEFT)/INVALID      ⍝ keine Klammer auf Stack
[13]   (TOPEL LEFT)←POP LEFT      ⍝ linke Klammer
[14]   →((('([{'⍳TOPEL)≠')]}'⍳SYMB)/INVALID  ⍝ ungleiche Klammern
[15]   →LOOP                      ⍝ --- Schleifenende
[16]   END:                       ⍝ String abgearbeitet
[17]   →(~EMPTY LEFT)/INVALID     ⍝ Stack nicht geleert
[18]   →0,RES←'OK'                ⍝ korrekte Syntax
[19]   INVALID:                   ⍝ Syntaxfehler
[20]   RES←'Ungueltig'
    ∇
```

Abb. 46. Programm SYNTAX

a) Es liegt eine rechte Klammer vor, aber der Stack **LEFT** ist leer. D.h. der Ausdruck enthält keine linke Klammer, die zu dieser rechten Klammer passen würde.

b) Die vorliegende rechte Klammer und die linke Klammer, welche sich zuoberst auf dem Stack befindet, sind nicht vom gleichen Typ (rund, eckig bzw. geschweift) und passen somit nicht zusammen.

c) Nach der Abarbeitung des gesamten Ausdrucks ist der Stack nicht leer, d.h. der Ausdruck enthält mehr linke als rechte Klammern.

Diese drei Situationen lassen sich auch unmittelbar dem Programm *SYNTAX*, welches diesen Algorithmus implementiert, entnehmen (vgl. Abb. 46). Dieses Programm initialisiert zuerst einen leeren Stack **LEFT**. In einer Schleife wird jeweils das erste Zeichen des Strings **STRING**, in welchem anfänglich der vorgegebene Ausdruck enthalten ist, entfernt und der Variablen **SYMB** zugeordnet ([8], [9]). Falls **SYMB** eine linke Klammer enthält, wird diese auf den Stack **LEFT** gelegt [10]. Sofern **SYMB** keine rechte Klammer ist, kann sofort zum nächsten Zeichen des Ausdrucks weitergegangen werden [11]. Zeilen [12] bis [14] dienen zur Untersuchung der Situation im Falle einer rechten Klammer in **SYMB**: In [12] wird nachgeschaut, ob in **LEFT** überhaupt noch eine linke Klammer enthalten ist. Falls nein, handelt es sich um die oben beschriebene Situation a). Sonst wird die zuoberst auf dem Stack **LEFT** liegende linke Klammer entfernt [13]. Ist diese nicht vom gleichen Typ (rund, eckig bzw. geschweift) wie die aktuelle rechte Klammer in SYMB, liegt Situation b) vor [14]. Ist der Stack LEFT nach Abarbeitung des gesamten Ausdruckes nicht leer, befinden wir uns in Situation c). In allen drei Situationen a), b) und c) wird zum Label INVALID gesprungen und das Resultat 'Ungueltig' zurückgegeben [20]. Tritt keine dieser drei Situationen auf, d.h. liegt ein Ausdruck mit korrekter Klammersetzung vor, wird das Resultat auf 'OK' gesetzt und die Programmausführung beendet [18].

Zur Überprüfung wollen wir unser Programm *SYNTAX* auf die drei oben angegebenen Ausdrücke anwenden:

```
        SYNTAX 'A + (B - C + [D - E])'
OK
        SYNTAX '{5 - [6 × 5 - (4 + 7)] + } - 8'
OK
        SYNTAX 'F - {9 × (G + 3} + 2) + 1]'
Ungueltig
```

Damit wollen wir unsere Betrachtungen zum ADT Stack vorläufig beenden — wir werden ihn später nochmals antreffen — und zu einem nächsten Spezialfall des ADT Lineare Liste übergehen.

6.2 Queue

6.2.1 Der abstrakte Datentyp Queue

Eine **Queue** (deutsch: Schlange, Warteschlange) ist eine lineare Liste, bei der Elemente am "hinteren" Ende (**rear** genannt) eingefügt und am "vorderen" Ende (**front** genannt) entfernt werden können. Als typisches Beispiel einer Queue können die Kunden an der Kasse eines Supermarkts erwähnt werden: Zum Bezahlen ihrer Einkäufe stellen sie sich zuhinterst an und kommen nach einiger Zeit, d.h. sobald die vor ihnen angekommenen Kunden bezahlt haben und weitergegangen sind, selbst an die Reihe und verlassen somit die Queue. Bei diesem Beispiel stellt die Queue wirklich eine Warteschlange dar.

Zum Erstellen und Löschen einer Queue können wir auch hier die primitiven Operationen *createlist* und *deletelist* übernehmen. Für den Zugriff auf eine Queue wollen wir die folgenden, für den ADT Queue typischen, primitiven Operationen einführen:

- *enqueue(Q, x)*

  Das Element x wird in die Queue Q aufgenommen, d.h. am Rear-Ende der Queue eingefügt.

6. Stack und Queue

- *front(Q, x)*
  Eine Kopie des Front-Elements der Queue Q wird als Wert der Variablen x zurückgegeben. Das Front-Element wird jedoch nicht aus der Queue entfernt.

- *dequeue(Q, x)*
  Das Front-Element wird aus der Queue Q entfernt und als Wert der Variablen x zurückgegeben.

Die Operationen *front* und *dequeue* können nur bei einer nicht-leeren Queue angewendet werden. Daher benötigen wir noch die folgende Hilfsoperation:

- *empty(Q)*
  Es wird überprüft, ob die Queue Q leer ist oder nicht.

Als nächstes wollen wir uns mit der Implementierung des ADT Queue befassen.

6.2.2 Implementierung des ADT Queue

Zur Implementierung des ADT Queue wollen wir analog vorgehen wie beim ADT Stack, d.h. die APL2-gerechte Implementierung von linearen Listen verwenden. Als Front-Element einer Queue wollen wir das erste Element der entsprechenden linearen Liste und als Rear-Element das letzte Element betrachten. Somit werden neue Elemente gleich wie beim Stack zuhinterst eingefügt, während beim Entfernen jeweils das erste Element gewählt wird. Folglich können wir die primitive Operation *enqueue* gleich wie *push* realisieren:

```
        ∇ ENQUEUE [□] ∇
     ∇
[0]    QUEUE←ENQUEUE ELEMENT_QUEUE;ELEMENT
[1]    A
[2]    A* ENQUEUE fuegt neues Element in Queue ein
[3]    A* Aufruf: [Queue ←]  ENQUEUE (Element Queue)
[4]    A
[5]    (ELEMENT QUEUE)←ELEMENT_QUEUE    A separieren
[6]    QUEUE←QUEUE,⊂ELEMENT              A Einfuegen des Elements
     ∇
```

Abb. 47. Funktion ENQUEUE

Die primitive Operation *empty* kann auch unmittelbar vom ADT Stack übernommen werden (vgl. Abb. 43 auf Seite 121), weshalb wir hier auf die Programmliste verzichten wollen. Die primitiven Operationen *front* und *dequeue* können auch weitgehend wie die Stack-Operationen *top* und *pop* implementiert werden, sofern anstelle des letzten das erste Element herausgegriffen wird. Dies führt zu den Anpassungen in den jeweiligen Zeilen [5]:

```
      ∇ FRONT [◊] ∇
   ∇
[0]   ELEMENT←FRONT QUEUE
[1]   A
[2]   A* FRONT gibt vorderstes Element in Queue an
[3]   A* Aufruf: [Element ←]   FRONT Queue
[4]   A
[5]   ELEMENT←↑QUEUE            A 1. Element
   ∇
```

Abb. 48. Funktion FRONT

```
      ∇ DEQUEUE [◊] ∇
   ∇
[0]   ELEMENT_QUEUE←DEQUEUE QUEUE
[1]   A
[2]   A* DEQUEUE entfernt erstes Element aus Queue
[3]   A* Aufruf: [(Element Queue) ←]   DEQUEUE Queue
[4]   A
[5]   ELEMENT_QUEUE←(↑QUEUE)(1↓QUEUE)   A 1. Element, Rest
   ∇
```

Abb. 49. Funktion DEQUEUE

Wie die entsprechenden Stack-Operationen setzen auch *front* und *dequeue* eine nicht-leere Queue voraus. Folglich ist vor deren Verwendung eine Überprüfung mittels *empty* nötig.

Damit haben wir bereits unsere primitiven Operationen des ADT Queue implementiert und können zu einem Anwendungsbeispiel übergehen.

6.2.3 Eine Anwendung des ADT Queue

Ein Hauptanwendungsgebiet von Queues stellt die **diskrete Simulation** dar, welche sich mit dem Modellieren, Simulieren und Analysieren von Wartesituationen befasst. Etwas vereinfacht ausgedrückt wird von der interessierenden Wartesituation zuerst ein **Modell** in Form eines Computerprogramms erstellt. Dann wird die Wartesituation **simuliert**, d.h. das Computerprogramm wird — i.a. für verschiedene Inputs — ausgeführt. Und schliesslich wird der (normalerweise umfangreiche) Output mit statistischen Methoden **analysiert**. Bei der diskreten Simulation spielen **Zufallszahlen** — oder genauer Pseudozufallszahlen, da sie mit Hilfe einer Formel, also keineswegs *zufällig*, erzeugt werden — eine ganz zentrale Rolle. Wir können hier das

6. Stack und Queue

umfangreiche Thema **Generierung von Zufallszahlen** nicht ernsthaft anschneiden und begnügen uns bei der folgenden Anwendung des ADT Queue mit trivialen Beispielen.

Eine Szene eines mit *Computeranimation* erstellten Filmes soll einen Zug von Fischen darstellen, die einer hinter dem andern einen Fluss hinaufschwimmen und dabei einen kleinen Wasserfall überwinden müssen. Der Wasserfall kann immer nur von einem Fisch passiert werden, so dass es zu einem Stau und einer Warteschlange kommen kann. Für die Implementierung dieser Szene soll u.a. ein Simulationsprogramm *WATERFALL* erstellt werden, welches die Wartesituation vor dem Wasserfall modelliert. Wir wollen annehmen, dass ein Zug aus n Fischen mit konstanter Geschwindigkeit auf den Wasserfall zuschwimme. Um die gleichaussehenden Fische identifizieren zu können, numerieren wir sie von 1 bis n. Der zeitliche Abstand zwischen zwei aufeinanderfolgenden Fischen sei ungefähr konstant, nämlich 6, 7 oder 8 Sekunden, je mit der Wahrscheinlichkeit 1/3. Mit der Wahrscheinlichkeit p gelinge es einem Fisch, den Wasserfall hinaufzuspringen, und mit der Gegenwahrscheinlichkeit $1-p$ lande der Fisch nach dem Sprungversuch auf dem Land und soll dann nicht weiter im Modell berücksichtigt werden. Fürs Anlaufnehmen und den Sprung brauche ein Fisch t Sekunden, wobei t eine ganze Zahl ist und $8 \leq t \leq 16$ gelten soll. Die Wahrscheinlichkeiten der Sprungzeiten (deren Summe natürlich 1 ergibt) können der folgenden Tabelle entnommen werden:

8	9	10	11	12	13	14	15	16
0.04	0.08	0.12	0.16	0.20	0.16	0.12	0.08	0.04

Mit unserem Simulationsprogramm *WATERFALL* wollen wir für verschiedene n (Anzahl Fische) und p (Wahrscheinlichkeit, dass ein Sprung gelingt) untersuchen, wann die einzelnen Fische den Wasserfall erreichen, wann sie ans Springen kommen und welche Fische nach dem Überwinden des Wasserfalls weiterziehen können. Dieses Programm besteht im wesentlichen aus einer Schleife, welche für jeden uns interessierenden Zeitpunkt gewisse Aktionen vornimmt. Interessieren sollen die Zeitpunkte von zwei Arten von **Ereignissen**:

– Ankunft eines Fisches beim Wasserfall bzw. sein Eintritt in die Warteschlange QUEUE.

– Ende des Sprunges eines Fisches (mit oder ohne Erfolg) bzw. Austritt des nächstfolgenden Fisches aus der Warteschlange QUEUE.

Bei der Simulation, d.h. während der Programmausführung, werden die Zeitpunkte dieser Ereignisse gemäss unserer Aufgabenstellung wie folgt mittels Pseudozufallszahlen berechnet:

```
      ∇ WATERFALL [□] ∇
   ∇
[0]    DONE←N WATERFALL P;T;QUEUE;ARRIVING;JUMPING;NEXTARRIVAL;
       NEXTJUMP;SUCCESS;ALL_JUMPED;ALL_ARRIVED
[1]    ⍝
[2]    ⍝* WATERFALL simuliert Fischsprung bei Wasserfall
[3]    ⍝* Aufruf: [Ziel ←] Anzahl WATERFALL Wahrscheinlichkeit
[4]    ⍝
[5]    DONE←⍳0                          ⍝ Resultat am Anfang
[6]    ALL_ARRIVED←ALL_JUMPED←0         ⍝ noch nicht fertig
[7]    T←0                              ⍝ Anfangszeit
[8]    QUEUE←⍳0                         ⍝ Queue am Anfang
[9]    MESSAGE 'Zeit' 'Ereignis' 'anwesende Fische'
[10]   MESSAGE(5⍴'-')(26⍴'-')(17⍴'-')
[11]   ARRIVING←JUMPING←1               ⍝ 1. Fisch
[12]   MESSAGE T 'Ankunft von Fisch 1'('vor Sprung:  ' QUEUE)
[13]   NEXTARRIVAL←5+?3                 ⍝ Ankunft 2. Fisch
[14]   NEXTJUMP←JUMPTIME                ⍝ Sprungzeit 1. Fisch
[15]  LOOP:                             ⍝ -- Simulationsschleife
[16]   →(ALL_ARRIVED∧ALL_JUMPED)/0      ⍝ Abbruchkriterium
[17]   →ALL_ARRIVED/JUMP                ⍝ alle angekommen
[18]   →(NEXTJUMP≤NEXTARRIVAL)/JUMP     ⍝ zuerst Sprung fertig
[19]  ARRIVAL:                          ⍝ -- Ankunft eines Fisches
[20]   T←NEXTARRIVAL                    ⍝ aktuelle Zeit
[21]   ARRIVING←ARRIVING+1              ⍝ naechster Fisch
[22]   QUEUE←ENQUEUE ARRIVING QUEUE     ⍝ Eintritt in Queue
[23]   MESSAGE T('Ankunft von Fisch' ARRIVING)('vor Sprung:
       QUEUE)
[24]   →(ALL_ARRIVED←ARRIVING≥N)/LOOP   ⍝ bereits n Fische da?
[25]   NEXTARRIVAL←T+5+?3               ⍝ naechste Ankunft
[26]   →LOOP
[27]  JUMP:                             ⍝ -- Sprung beendet
[28]   T←NEXTJUMP                       ⍝ aktuelle Zeit
[29]   SUCCESS←(?100)≤P×100             ⍝ erfolgreich?
[30]   DONE←DONE,SUCCESS/JUMPING        ⍝ Fische am Ziel
[31]   MESSAGE T('Sprungende von Fisch' JUMPING)('nach Sprung:
       DONE)
[32]   →(ALL_JUMPED←EMPTY QUEUE)/LOOP   ⍝ Queue leer?
[33]   (JUMPING QUEUE)←DEQUEUE QUEUE    ⍝ naechster Kandidat
[34]   NEXTJUMP←T+JUMPTIME              ⍝ Sprungende
[35]   →LOOP
    ∇
```

Abb. 50. Programm WATERFALL

- Wir dürfen davon ausgehen, dass der erste Fisch zum Zeitpunkt $t_0 = 0$ ankommt und sofort mit seinem Sprung beginnt.
- Die Zeiten zwischen den Ankünften zweier aufeinanderfolgenden Fische beträgt 6, 7 oder 8 Sekunden, wobei jede dieser Zwischenankunftszeiten gleich wahrscheinlich ist (d.h. die Wahrscheinlichkeit 1/3 hat). Solche Zwischenankunftszeiten lassen sich in APL2 leicht mittels *Roll* (?) erzeugen: Mit ?3 erhält man eine Zufallszahl zwischen 1 und 3, wobei jeder der

6. Stack und Queue

```
      ∇ JUMPTIME [◻] ∇
    ∇
[0]    RES←JUMPTIME
[1]    A
[2]    A* JUMPTIME berechnet Sprungzeit eines Fisches
[3]    A* Aufruf: [Resultat ←]  JUMPTIME
[4]    A
[5]    RES←↑((?100)≤+\4 8 12 16 20 16 12 8 4)/7+⍳9
    ∇
```

Abb. 51. Funktion JUMPTIME

drei Werte mit der Wahrscheinlichkeit 1/3 angenommen wird. Folglich erhalten wir die gewünschte Zwischenankunftszeit mittels 5+?3 (Zeile [13] bzw. [25]).

— Etwas komplizierter ist das Erzeugen der Zufallszahlen für die Sprungzeiten t, deren Wahrscheinlichkeiten der obigen Tabelle zu entnehmen sind. Die verschiedenen Werte von t treten hier im Gegensatz zu den Zwischenankunftszeiten mit unterschiedlichen Wahrscheinlichkeiten auf. Solche Zufallszahlen lassen sich auch mit *Roll* erzeugen. Wir wollen hier kurz erläutern, wie dazu vorzugehen ist.

Wir erzeugen Zufallszahlen zwischen 1 und 100 (mittels ?100). Je nach dem Wert der erzeugten Zahl wird ein Wert für t bestimmt: Ist die Zufallszahl ≤4, wird t auf 8 gesetzt. Ist sie >4, aber ≤12, bekommt t den Wert 9, usw. Es ist leicht einzusehen, dass auf diese Weise jede der neun Sprungzeiten von t mit einer Wahrscheinlichkeit angenommen wird, die proportional zu der Anzahl Zufallszahlen ist, die dieser Sprungzeit zugeordnet werden. D.h. die neun Wahrscheinlichkeiten stehen im Verhältnis 4:8:12:16:20:16:12:8:4 zueinander, wie es verlangt ist. Auf diesem Prinzip beruhend haben wir zur Berechnung der Sprungzeiten eine Funktion *JUMPTIME* erstellt, die in den Zeilen [14] und [34] von *WATERFALL* aufgerufen wird (vgl. Abb. 51). Die einzelnen Wahrscheinlichkeiten haben wir bereits mit 100 multipliziert (es hat ja keinen Sinn, die Multiplikation bei jedem Aufruf von *JUMPTIME* von neuem auszuführen). Mit +\4 8 12 16 20 16 12 8 4 erhalten wir die aufsummierten Werte, die wir gemäss obigen Erläuterungen zum Vergleich mit dem Wert der erzeugten Zufallszahl brauchen. Hat die Zufallszahl z.B. den Wert 5, erhalten wir beim Vergleich den Vektor 0 1 1 1 1 1 1 1 1. Dieser Vektor wird nun zur Auswahl eines der möglichen Werte von t (7+⍳9 ↔ 8 9 10 11 12 13 14 15 16) verwendet, und zwar mittels *Compress* und *First*. Auf diesem Weg erhalten wir in unserem Beispiel das Resultat 9.

Zufallszahlen brauchen wir noch an einer anderen Stelle, nämlich für den Entscheid, ob dem gerade springenden Fisch der Sprung gelingt oder nicht. Dafür wollen wir mit der Wahrscheinlichkeit p eine 1 (d.h. Erfolg) und mit

```
        ∇ MESSAGE [□] ∇
        ∇
[0]     RES←MESSAGE ARGUMENTS;COL1;COL2;COL3
[1]     A
[2]     A* MESSAGE formatiert Tabelleneintrag
[3]     A* Aufruf: [Resultat ←] MESSAGE  Kol_1 Kol_2 Kol_3
[4]     A
[5]     (COL1 COL2 COL3)←ARGUMENTS         A separieren
[6]     →(∧/'-'∊¨ARGUMENTS)/LINE           A Kopf unterstreichen
[7]     ⍎(0∊0\0/COL1)/'COL1←⍕ 0⊤COL1'      A Zahlen formatieren
[8]     RES←5↑COL1                         A Spalte 1
[9]     RES←RES,'| ',25↑⍕⊃,/COL2           A Spalte 2
[10]    RES←RES,'| ',⍕⊃,/COL3              A Spalte 3
[11]    →0
[12]    LINE:
[13]    RES←COL1,'+',COL2,'+',COL3         A Strich
        ∇
```

Abb. 52. Funktion MESSAGE

der Gegenwahrscheinlichkeit $1-p$ eine 0 (Misserfolg) erzeugen. In Analogie zu den Sprungzeiten vergleichen wir ?100 mit der mit 100 multiplizierten Wahrscheinlichkeit p. Ist (?100) ≤ p×100, so liegt ein Erfolg vor, ansonsten ein Misserfolg. Je nachdem wird die Variable SUCCESS in [29] auf 1 oder 0 gesetzt.

In unserem Programm ist stets der Zeitpunkt der nächsten Ankunft (NEXTARRIVAL) und des nächsten Sprungendes (NEXTJUMP) bekannt. Diese Zeitpunkte sind nicht von Anfang an bekannt, sondern werden laufend aufgrund des Zeitpunkts des unmittelbar vorhergehenden Ereignisses berechnet. (Ein solches Vorgehen, das in der Informatik in ganz verschiedenen Situationen von Bedeutung ist, heisst **Bootstrapping**.) Zu Beginn eines Schleifendurchlaufs kann so bestimmt werden, ob das nächstfolgende Ereignis eine Ankunft oder ein Sprungende ist [18]. Je nachdem wird bei der Marke ARRIVAL oder JUMP weitergefahren. Liegt als nächstes eine *Ankunft* vor, wird die aktuelle Zeit T auf diesen Zeitpunkt gesetzt [20], die Nummer des Fisches bestimmt [21] und der neu angekommene Fisch in die Warteschlange QUEUE aufgenommen [22]. Damit der Benutzer das Geschehen verfolgen kann, wird mittels der Funktion *MESSAGE* (vgl. Abb. 52) eine Meldung ausgegeben [23] und anschliessend der Zeitpunkt der nächsten Ankunft berechnet [25]. Im Falle eines *Sprungendes* wird die aktuelle Zeit T auf diesen Zeitpunkt gesetzt [28]. Es wird nun untersucht, ob ein erfolgreicher Sprung vorliegt [29]. Falls ja, wird der entsprechende Fisch in die Variable DONE (Liste der oben angekommenen Fische) aufgenommen [30] und eine Meldung ausgegeben [31]. Schliesslich wird der nächste Kandidat aus QUEUE entnommen [33] und der Zeitpunkt für dessen Sprungende berechnet [34]. Mit diesen Erklärungen dürfte die Programmliste in Abb. 50 verständlich sein.

6. Stack und Queue

Jetzt wollen wir uns zwei Simulationsläufe mit dem Modell *WATERFALL* anschauen:

```
    10 WATERFALL .7
Zeit | Ereignis                | anwesende Fische
-----+-------------------------+------------------
   0 | Ankunft von Fisch 1     | vor Sprung:
   6 | Ankunft von Fisch 2     | vor Sprung:  2
   9 | Sprungende von Fisch 1  | nach Sprung: 1
  13 | Ankunft von Fisch 3     | vor Sprung:  3
  21 | Sprungende von Fisch 2  | nach Sprung: 1 2
  21 | Ankunft von Fisch 4     | vor Sprung:  4
  29 | Ankunft von Fisch 5     | vor Sprung:  4 5
  34 | Sprungende von Fisch 3  | nach Sprung: 1 2 3
  37 | Ankunft von Fisch 6     | vor Sprung:  5 6
  44 | Sprungende von Fisch 4  | nach Sprung: 1 2 3 4
  45 | Ankunft von Fisch 7     | vor Sprung:  6 7
  51 | Ankunft von Fisch 8     | vor Sprung:  6 7 8
  53 | Sprungende von Fisch 5  | nach Sprung: 1 2 3 4 5
  59 | Ankunft von Fisch 9     | vor Sprung:  7 8 9
  64 | Sprungende von Fisch 6  | nach Sprung: 1 2 3 4 5 6
  66 | Ankunft von Fisch 10    | vor Sprung:  8 9 10
  72 | Sprungende von Fisch 7  | nach Sprung: 1 2 3 4 5 6
  85 | Sprungende von Fisch 8  | nach Sprung: 1 2 3 4 5 6 8
  97 | Sprungende von Fisch 9  | nach Sprung: 1 2 3 4 5 6 8
 112 | Sprungende von Fisch 10 | nach Sprung: 1 2 3 4 5 6 8 10

1 2 3 4 5 6 8 10

    5 WATERFALL .5
Zeit | Ereignis                | anwesende Fische
-----+-------------------------+------------------
   0 | Ankunft von Fisch 1     | vor Sprung:
   6 | Ankunft von Fisch 2     | vor Sprung:  2
  10 | Sprungende von Fisch 1  | nach Sprung:
  14 | Ankunft von Fisch 3     | vor Sprung:  3
  22 | Sprungende von Fisch 2  | nach Sprung:
  22 | Ankunft von Fisch 4     | vor Sprung:  4
  29 | Ankunft von Fisch 5     | vor Sprung:  4 5
  36 | Sprungende von Fisch 3  | nach Sprung: 3
  51 | Sprungende von Fisch 4  | nach Sprung: 3
  61 | Sprungende von Fisch 5  | nach Sprung: 3 5
3 5
```

Im zweiten Beispiel haben offensichtlich die Fische mit den Nummern 3 und 5 den Sprung geschafft, im ersten alle ausser den Fischen 7 und 9. Auf die in der diskreten Simulation übliche Analyse wollen wir nicht eingehen. Eine typische Frage wäre hier etwa die nach der durchschnittlichen Warteschlangenlänge oder nach der durchschnittlichen Anzahl Fische, die pro Zeiteinheit das Hindernis überwinden. Um solche Fragen zu beantworten, sind sehr lange Simulationsläufe und statistische Auswertungen des resultierenden umfangreichen Outputs nötig.

Mit diesem Anwendungsbeispiel für den ADT Queue kommen wir zum Ende dieses Kapitels, in welchem wir zwei Spezialfälle des ADT Lineare Liste besprochen haben. Wir werden später noch sehen, dass die ADT Stack und Queue nicht nur Spezialfälle des ADT Lineare Liste, sondern auch des ADT Priority Queue sind. Eine Bemerkung scheint uns hier noch angebracht: Die linearen Listen, Stacks und Queues sollen uns nicht vergessen lassen, dass auch Arrays und Skalare lineare Datenstrukturen sind (vgl. 3.2.4 „Beliebige einfache Arrays"), in APL2 sogar die wesentlich wichtigeren. Es wäre möglich, aber wenig sinnvoll, einen oder sogar mehrere abstrakte Datentypen *Array* einzuführen, wie dies z.B. in [TeAu86] gemacht wird. Denn in APL2 müssten die Arrays, wenn schon, als Standarddatentypen betrachtet werden (vgl. 3.2.1 „Standarddatentypen"). Wir verzichten daher auf einen Abschnitt „Der abstrakte Datentyp Array". Das nächste Kapitel wird illustrieren, dass Arrays für viele wichtige Algorithmen sehr geeignete Datenstrukturen sind.

7. Klassische Algorithmen und ihre Eignung für APL2

7.1 Vorbemerkungen

Wenn man Lehrbücher über Datenstrukturen und Algorithmen auf ihre Stoffauswahl hin überprüft, stellt man fest, dass es viele Algorithmen gibt, die fast überall behandelt werden und deshalb mit Recht „klassisch" genannt werden dürfen. Es handelt sich dabei um Algorithmen für ganz verschiedene, i.a. einfach formulierbare Probleme, die sie besonders elegant, effizient und oft auf raffinierte Weise lösen. Wie wir bereits in der Einleitung erwähnt haben, bilden die APL- und APL2-Lehrbücher diesbezüglich eine Ausnahme. Sie befassen sich in der Regel nicht mit diesen klassischen Algorithmen, sondern lösen die entsprechenden Probleme auf eine andere, APL- bzw. APL2-„gerechte" Weise. Die schöne Konsequenz davon ist, dass APL und APL2 die Familie der Programmiersprachen echt bereichern, die weniger schöne, dass sie oft als nicht ganz ernst zu nehmende Aussenseiter betrachtet werden. Wir werden im folgenden anhand von drei Beispielen zeigen, dass sich APL2 sehr gut eignet, um klassische Algorithmen sowohl zu formulieren als auch zu implementieren. „Klassisch" orientierte Vorlesungen oder Lehrbücher über Algorithmen und Datenstrukturen könnten somit genausogut APL2 wie Pascal als zugrundeliegende Programmiersprache verwenden. Wir zeigen anhand der drei Beispiele aber auch, dass die entsprechenden Probleme in APL2 tatsächlich mit Vorteil nicht-klassisch gelöst werden. „Elegant", „effizient" und „raffiniert" sind eben relative Begriffe, und dies deutlich zu machen, scheint uns ein wichtiges − und oft vernachlässigtes − Thema (z.B. in der Informatik-Ausbildung) zu sein.

7.2 Der Algorithmus von Horner

Wir wählen als Ausgangsbeispiel die **Polynomfunktion**

$$y = p(x) = 3 + 7x - 5x^2 + 2x^3 - 6x^4$$

und wollen für verschiedene x-Werte den zugehörigen y-Wert bestimmen, z.B. um anschliessend eine grobe Skizze der Funktionskurve anfertigen zu können. Nun wird in der Schule i.a. gelehrt, dass das „naive" Verfahren, nämlich das Polynom für einen vorgegebenen x-Wert von links nach rechts auszuwerten, nicht die effizienteste Methode sei, weil auf diese Weise gleiche Potenzen von x mehrmals ausgerechnet werden. Ein Argument, das einleuchtet. Als effizientere Methode wird das berühmte Schema von W.G. Horner (**Horner-Schema** oder **Algorithmus von Horner**, vgl. auch [MaDu85]) präsentiert, welches das Polynom vor dem Auswerten zuerst anders darstellt:

$$y = p(x) = 3 + x(7 + x(^-5 + x(2 + x(^-6))))$$

Es wird offensichtlich von links nach rechts wiederholt x ausgeklammert. Wir stellen nun vergleichend fest, dass für eine „naive" Auswertung 10 Multiplikationen nötig sind, für eine Auswertung nach Horner dagegen nur 4. Die Anzahl Additionen bzw. Subtraktionen ist in beiden Fällen gleich, nämlich 4. Würden wir uns die Aufgabe stellen, ein Programm für das Auswerten von Polynomen in Pascal zu schreiben, so wäre das Horner-Schema gegenüber der naiven Methode eindeutig vorzuziehen, denn dieses Programm würde das Polynom von links nach rechts auswerten, genauso wie wir es von Hand auch machen würden. Bei APL2 sieht die Sache erstaunlicherweise ganz anders aus. Wir wollen zuerst auch mit dem Horner-Schema arbeiten, was mit einer Rekursion sehr elegant möglich ist. Dann werden wir uns aber nochmals der naiven Methode zuwenden und sehen, dass sie ihre Vorteile hat.

Allgemein wollen wir von einer Polynomfunktion vom Grad n ausgehen:

$$y = p(x) = a_0 + a_1 x + a_2 x^2 + \ldots + a_n x^n$$

Gemäss dem Horner-Schema lässt sich $p(x)$ auch in der folgenden Weise dargestellen:

$$p(x) = a_0 + x(a_1 + x(a_2 + \ldots + x(a_{n-1} + x a_n) \ldots))$$

$p(x)$ lässt sich mittels des Algorithmus von Horner auf elegante Weise rekursiv bestimmen:

$$p(x) = a_0 + x p'(x) \qquad (*)$$

wo $p'(x)$ wiederum ein Polynom ist, allerdings vom Grad $n-1$:

$$p'(x) = a_1 + a_2 x + a_3 x^2 + \ldots + a_n x^{n-1}$$

Die Rekursion bricht ab, sobald ein Polynom vom Grad 0, nämlich gerade die Konstante a_n, erreicht wird.

7. Klassische Algorithmen

Die rekursive Formulierung wollen wir benutzen, um den Algorithmus von Horner in APL2 zu implementieren. Das Polynom $p(x)$ wollen wir als Vektor $A = (a_0, a_1, \ldots, a_n)$ darstellen, wo a_i seine Koeffizienten sind. Analog lässt sich das Polynom $p'(x)$ durch den Vektor $A' = (a_1, a_2, \ldots, a_n)$ darstellen.

Die folgende Funktion *POLYNOM1* berechnet den Funktionswert einer Polynomfunktion an einer gegebenen Stelle mittels des Algorithmus von Horner:

```
      ∇ POLYNOM1 [▯] ∇
    ∇
[0]   RES←A POLYNOM1 X
[1]   A
[2]   A* POLYNOM1 berechnet einen Funktionswert eines Polynoms
[3]   A* (mittels Horner-Schema)
[4]   A* Aufruf: [Resultat ←]  Koeffizienten POLYNOM1  x
[5]   A
[6]   →(1=⍴,A)/'→0,RES←↑A'          A Abbruchkriterium
[7]   RES←(↑A)+X×(1↓A)POLYNOM1 X    A rekursiver Aufruf
    ∇
```

Abb. 53. Funktion POLYNOM1

Falls ein Polynom vom Grad 0 vorliegt, d.h. der Koeffizientenvektor nur *ein* Element enthält, ist der Funktionswert gleich diesem Koeffizienten (Zeile [6]). Für Polynome vom Grad $n > 0$ verwenden wir die Darstellung (*) [7]: Mit ↑A erhalten wir den Koeffizienten a_0, mit 1↓A die Koeffizienten von $p'(x)$. Mit (1↓A) POLYNOM1 X wird der entsprechende Funktionswert des Polynoms $p'(x)$ berechnet, welcher anschliessend mit x multipliziert wird. Dazu wird dann noch a_0 addiert. Da bei jedem rekursiven Aufruf der Grad des Polynoms um 1 erniedrigt wird, kann „(Länge von A) = 1?" in Zeile [6] als Kriterium für den Abbruch der Rekursion verwendet werden.

Wir wollen jetzt *POLYNOM1* auf unser Ausgangsbeispiel anwenden. Dieses Polynom kann durch den Vektor (3 7 ¯5 2 ¯6) dargestellt werden. Wir berechnen mit unserer Funktion *POLYNOM1* die Funktionswerte von $p(x)$ für $x = 0$, 1 und 2:

```
      3 7 ¯5 2 ¯6 POLYNOM1 0
3
      3 7 ¯5 2 ¯6 POLYNOM1 1
1
      3 7 ¯5 2 ¯6 POLYNOM1 2
¯83
```

Jetzt wollen wir uns überlegen, wie wir in APL2 die Funktionswerte eines Polynoms ohne den Algorithmus von Horner berechnen würden. Eine naheliegende Lösung besteht sicher darin, alle benötigten Potenzen von x zu berechnen, d.h. $x^0=1$, $x^1=x$, x^2, ..., x^n. Die benötigten Exponenten erhalten wir durch ¯1+⍳⍴A (das entspricht im obigen Beispiel ¯1+⍳3, was 0 1 2 ergibt. Die Potenzen von x bekommen wir folglich mittels X*¯1+⍳⍴A. Diese sind noch mit den zugehörigen Koeffizienten zu multiplizieren, worauf die Summe all dieser Produkte zu bilden ist. Dafür bietet APL2 mit dem *inneren Produkt* eine elegante Lösung an: Koeffizienten +.× Potenzen ergibt das gewünschte Resultat. Dieses Verfahren wurde mittels einer Funktion *POLYNOM2* realisiert, die — wie sich der Leser durch Ausprobieren leicht überzeugen kann — dieselben Resultate wie *POLYNOM1* ergibt:

```
      ∇ POLYNOM2 [□] ∇
    ∇
[0]   RES←A POLYNOM2 X
[1]   ⍝
[2]   ⍝* POLYNOM2 berechnet einen Funktionswert eines Polynoms
[3]   ⍝* (mittels direktem Potenzieren)
[4]   ⍝* Aufruf: [Resultat ←] Koeffizienten POLYNOM2 x
[5]   ⍝
[6]   RES←A+.×X*¯1+⍳⍴A
    ∇
```

Abb. 54. Funktion POLYNOM2

Diese Lösung hat gegenüber dem Algorithmus von Horner sicher den Vorteil, dass sie keine Rekursion beinhaltet und bei der Ausführung lediglich eine einzige Zeile zu interpretieren ist. Andererseits wird hier jede Potenz einzeln gebildet, was wir mit dem Algorithmus von Horner ja vermeiden wollten. Um die Vorteile der beiden Lösungen zu kombinieren, wollen wir jetzt noch eine dritte Lösungsmöglichkeit vorschlagen: Grundsätzlich wollen wir dafür von *POLYNOM2* ausgehen, jedoch die Potenzen anders bilden. Bereits im Kapitel 3 „Kurzeinführung in APL2" haben wir den primitiven Operator *Scan* kennengelernt, der sich für unseren Zweck direkt anbietet. Damit können wir nämlich die Potenzen mittels kumulierter Multiplikation bilden, d.h. jede Potenz ergibt sich aus der vorhergehenden durch Multiplikation mit x. Die Potenzen x^1, x^2, ..., x^n erhalten wir mit der Anweisung ×\n⍴X. n ist der Grad des Polynoms und wird bestimmt durch ¯1+⍴A. Da wir auch noch die 0-te Potenz ($x^0=1$) benötigen, verwenden wir die Anweisung 1,×\(¯1+⍴A)⍴X. Den Rest können wir von *POLYNOM2* übernehmen, womit wir die folgende Funktion *POLYNOM3* erhalten:

7. Klassische Algorithmen

```
        ∇ POLYNOM3 [◻] ∇
     ∇
[0]     RES←A POLYNOM3 X
[1]     A
[2]     A* POLYNOM3 berechnet einen Funktionswert eines Polynoms
[3]     A* (Potenzieren mittels kumulierter Multiplikation)
[4]     A* Aufruf: [Resultat ←] Koeffizienten POLYNOM3 x
[5]     A
[6]     RES←A+.×1,×\(¯1+⍴A)⍴X
     ∇
```

Abb. 55. Funktion POLYNOM3

Nun interessiert uns natürlich ein Effizienzvergleich der drei Varianten. Dazu haben wir die Ausführungszeiten der drei Programme für verschiedene Polynome gemessen. Die Zeitmessungen erfolgten mit unserem Operator *TIME* (aus Abb. 6 auf Seite 63) unter APL2/PC und ergaben die folgenden Mittelwerte (gemessene Zeiten in msec; n steht für den Grad des betrachteten Polynoms):

n	POLYNOM1 (Horner)	POLYNOM2 (Potenzieren)	POLYNOM3 (Multiplizieren)
2	50	0	0
50	450	60	30
100	830	110	50
200	1700	270	100

Die wesentlich grösseren Ausführungszeiten von *POLYNOM1* sollten uns wegen der Rekursion und der dadurch bedingten mehrmaligen Interpretation nicht weiter erstaunen. Schliesslich berücksichtigen Laufzeitbetrachtungen bei compilierten Sprachen wie Pascal nur die wirklichen Ausführungszeiten, nicht aber den Übersetzungsaufwand (Compilieren bzw. Interpretieren). Dort hat der Algorithmus von Horner auch durchaus seine Berechtigung. Laufzeitmessungen bei APL2 schliessen hingegen stets den Interpretieraufwand mit ein, was zu ganz anderen Laufzeiten führen kann. Die Unterschiede zwischen *POLYNOM2* und *POLYNOM3* sind (zumindest für höhergradige Polynome) trotz etwa gleichem Interpretieraufwand beachtlich. Offensichtlich bringt das kumulierte Multiplizieren gegenüber dem separaten Potenzieren doch spürbare Einsparungen.

Wir haben gesehen, dass der klassische Algorithmus von Horner in APL2 sehr elegant implementierbar ist, aber – im Gegensatz zur Situation bei Pascal – kein effizientes Programm ergibt.

7.3 Binäres Suchen

Es sei der *sortierte* Vektor

$$A = {}^-35.6 \quad {}^-8 \quad 1 \quad 3 \quad 6.5 \quad 7 \quad 11.1 \quad 19 \quad 25$$

gegeben. Wir möchten für verschiedene **Suchargumente** x möglichst rasch herausfinden, ob x in A vorkommt und, wenn ja, auf welcher Position. Solche und ähnliche **Suchprobleme** treten in der Informatik häufig auf (z.B. elektronisches, d.h. auf dem Computer gespeichertes, Telefonbuch), und es sind entsprechend viele **Suchalgorithmen** entwickelt worden.

Wenn die ganze zu sortierende Datei im Hauptspeicher Platz hat und wie hier als sortierter Vektor vorliegt, wird als geeigneter Suchalgorithmus i.a. der **Binary Search** (binäres Suchen) empfohlen, der rekursiv wie folgt funktioniert:

1. Bestimme den Index *mid* eines ungefähr in der Mitte des Vektors liegenden Elementes und vergleiche dieses mit dem Suchargument.

2. Falls dieses Element gleich dem Suchargument ist, gib *mid* als Resultat zurück und beende das Verfahren erfolgreich.

3. Falls das Element grösser als das Suchargument ist, setze die Suche im vorderen Teil des Vektors (Indexpositionen 1 bis *mid* − 1) fort.

4. Falls das Element kleiner als der Suchargument ist, setze die Suche im hinteren Teil des Vektors (ab Indexposition *mid* + 1) fort.

5. Abbruchkriterium: Falls der Vektor die Länge 0 hat, brich das Verfahren erfolglos ab.

Wir wollen jetzt dieses Verfahren in APL2 implementieren. Dazu wollen wir zwei Funktionen erstellen:

- Ein Hauptprogramm *BINSEARCH*, welchem der abzusuchende Vektor und das Suchargument als Argumente übergeben werden.

- Für das eigentliche Suchen soll das rekursive Unterprogramm *BINSRCH* zuständig sein, welchem vom aufrufenden Programm − am Anfang *BINSEARCH*, dann *BINSRCH* selber − das Suchargument und der zu untersuchende Bereich des Vektors übergeben werden. Der Vektor selbst soll hingegen nicht übergeben werden, sondern als eine bzgl. *BINSRCH* *globale* Variable zur Verfügung stehen. Damit wird erreicht, dass der APL2-Interpreter nicht mehrere Kopien des i.a. grossen Vektors anlegt, wodurch ein unnötiger verschwenderischer Umgang mit Speicherplatz vermieden werden kann.

Das Hauptprogramm *BINSEARCH* ist eine sehr einfache Funktion:

7. Klassische Algorithmen

```
      ∇ BINSEARCH [□] ∇
   ∇
[0]   RES←KEY BINSEARCH VECTOR
[1]   A
[2]   A* BINSEARCH fuehrt den Binary Search in VECTOR durch
[3]   A* Aufruf: [Resultat ←] Suchargument BINSEARCH Vektor
[4]   A
[5]   RES←KEY BINSRCH(1,⍴VECTOR) A Aufruf der rekursiven Funktion
   ∇
```

Abb. 56. Funktion BINSEARCH

Das rekursive Verfahren ist in der Funktion *BINSRCH* enthalten:

```
      ∇ BINSRCH [□] ∇
   ∇
[0]   RES←KEY BINSRCH RANGE;MID
[1]   A
[2]   A* BINSRCH fuehrt Binary Search in Bereich von VECTOR durch
[3]   A* Aufruf: [Resultat ←] Suchargument BINSRCH Bereich
[4]   A
[5]   →(RANGE[1]>RANGE[2])/'→0,⍴RES←0'       A Abbruchkriterium
[6]   MID←⌊(+/RANGE)÷2                        A Index des Mittelelements
[7]   →(KEY=VECTOR[MID])/'→0,⍴RES←MID'        A gefunden
[8]   A--- rekursiver Aufruf, untere bzw. obere Haelfte:
[9]   →(KEY<VECTOR[MID])/'RES←KEY BINSRCH RANGE[1],MID-1'
[10]  →(KEY>VECTOR[MID])/'RES←KEY BINSRCH (MID+1),RANGE[2]'
   ∇
```

Abb. 57. Funktion BINSRCH

Punkt 1 des Verfahrens wird durch Zeile [6] realisiert, Punkt 2 durch [7]. Die rekursiven Aufrufe (Punkte 3 und 4) erfolgen unter den entsprechenden Bedingungen in [9] und [10]. Zeile [5] beinhaltet das Kriterium für einen erfolglosen Abbruch (Punkt 5): sobald ein leerer Suchbereich vorliegt, d.h. der Index der unteren Grenze grösser als derjenige der oberen Grenze ist, ist klar, dass die Suche erfolglos ist. In diesem Fall soll *BINSRCH* und somit auch *BINSEARCH* den Wert 0 zurückgeben.

Die folgenden zwei Beispiele zeigen Anwendungen unserer *Binary-Search*-Implementierung:

```
      11.1 BINSEARCH (¯35.6 ¯8 1 3 6.5 7 11.1 19 25)
7
      8 BINSEARCH (¯35.6 ¯8 1 3 6.5 7 11.1 19 25)
0
```

Im ersten Beispiel wurde das Suchargument an der siebten Stelle gefunden, im zweiten war die Suche erfolglos.

Der klassische *Binary-Search*-Algorithmus lässt sich also sehr gut in APL2 implementieren. Normalerweise wird ihm aber die primitive Funktion ι vorgezogen, obschon diese weniger raffiniert sucht, weil sie nicht voraussetzt, dass der Vektor sortiert ist: ι sucht strikt von links nach rechts, d.h. **linear**. Es stellt sich nun die Frage, welche der beiden Methoden für sortierte Vektoren schneller ist.

Zum Vergleich von *BINSEARCH* mit ι haben wir wie beim Algorithmus von Horner die Ausführungszeiten gemessen. Dazu haben wir einen sortierten Vektor mit 20'000 Elementen durch X←ι20000 initialisiert und dann den Wert 20 durch 20.1 ersetzt: X[20]←20.1. Für dieses Beispiel haben wir die folgenden Messwerte (in msec) erhalten:

Suchargument	ι	*BINSEARCH*
50	0	490
500	50	330
15'000	990	50
20'000	1300	380
20	1300	380

Bei ι nimmt der Zeitaufwand – wie zu erwarten ist – umso mehr zu, je weiter hinten im Vektor der gesuchte Wert auftritt. Für den nicht vorhandenen Wert 20 muss ι den gesamten Vektor absuchen, genauso wie für das letzte Element 20'000. Mit *BINSEARCH* werden bestimmte Werte (wie 15'000, dessen Index *mid* bereits beim zweiten Aufruf von *BINSRCH* berechnet wird) sehr rasch gefunden – trotz Rekursion und höherem Interpretieraufwand viel schneller als mit ι. Bei weniger günstig gelegenen Werten kann *BINSEARCH* seine theoretische Überlegenheit wegen des sich bemerkbar machenden Interpretieraufwandes nicht immer zum Tragen bringen, vor allem bei Elementen am Anfang des Vektors, die mit ι natürlich sehr rasch gefunden werden. Bei grösseren Vektoren (wie in unserem Beispiel) kann der *Binary Search* jedoch seine Stärke gegenüber ι trotz wesentlich höherem Interpretieraufwand häufig zur Geltung bringen, z.B. im für beide Verfahren ungünstigsten Fall (gesuchter Wert kommt im Vektor nicht vor).

Natürlich darf man nicht vergessen, dass das Erstellen von *BINSEARCH* mit Aufwand verbunden ist und sich daher nur bei häufigen Anwendungen mit sehr grossen Vektoren lohnt. Ferner sei nochmals deutlich darauf hingewiesen, dass *BINSEARCH* nur für *sortierte* Vektoren gebraucht werden kann, d.h. nicht so allgemein anwendbar wie ι ist. Fazit: Der *Binary Search* kann auch in APL2 seine Berechtigung haben, aber i.a. ist ι auch bei sortierten Vektoren die bessere Wahl.

7.4 Der Merge-Algorithmus

Eine klassische Aufgabe der Informatik besteht darin, zwei sortierte Dateien möglichst effizient zu einer einzigen zu **verschmelzen** (englisch: **merge**) bzw. zusammenzufügen, wobei die resultierende Datei wiederum sortiert sein soll. Ein typisches Beispiel stellt das periodische (z.B. tägliche) Verschmelzen zweier Kundendateien dar, nämlich einer sog. Stammdatei (schon früher erfasste Kunden) und der Mutationsdatei (neue Kunden).

Wir wollen im folgenden konkret zwei sortierte numerische Vektoren A und B zu einem sortierten Vektor C verschmelzen.

Beispiel: Das Verschmelzen von A = 1 2 4 5 7 8 und B = 2 3 6 ergibt C = 1 2 2 3 4 5 6 7 8.

Diese Verschmelzung soll mittels eines Programmes möglichst rasch durchgeführt werden. Ein Pascal-Programmierer wird natürlich sofort an eine Schleifenkonstruktion denken: Es wird solange wie möglich das vorderste Element von A mit dem vordersten Element von B verglichen und das kleinere von diesen beiden Elementen dem Vektor C angefügt. Dieser klassische Algorithmus ist natürlich auch in APL2 möglich und einfach zu programmieren. Dafür wollen wir eine Funktion *MERGE1* (vgl. Abb. 58) erstellen. Die beiden Vektoren A und B werden dieser Funktion als rechtes Argument `FILES` übergeben. In Zeile [7] wird ein leeres Resultat `RES` initialisiert. Die Schleifenkonstruktion ist in [8] bis [13] enthalten. Die Schleife wird verlassen, sobald einer der beiden Vektoren leer ist [9]. Ansonsten wird von beiden Vektoren je das erste Element genommen (`1⊃¨FILES`). Falls dasjenige des ersten Vektors den grösseren Wert hat, ergibt `>/1⊃¨FILES` den Wert 1. In diesem Fall wird der Variablen `FILE` der Wert 2 zugewiesen [10]. Andernfalls bekommt `FILE` den Wert 1. `FILE` enthält jetzt also die Nummer desjenigen Vektors, dessen erstes Element nach `RES` zu übertragen ist. Dann wird aus dem durch `FILE` spezifizierten Vektor das erste Element ausgewählt (`(FILE 1)⊃FILES`) und dem Vektor `RES` angehängt [11]. Anschliessend wird in [12] das ausgewählte Element noch aus dem entsprechenden Vektor entfernt (`1↓FILE⊃FILES`). (Leser, die mit einer APL2-Version arbeiten, die die selektive Spezifikation mittels *Pick* nicht unterstützt, können in dieser Zeile unsere Funktion *SPECIFY* − vgl. 3.5.2 „Selektive Spezifikation mittels Pick" − verwenden.) Nach Beendigung der Schleife, d.h. falls einer der Vektoren leer ist, muss der noch verbleibende andere Vektor ins Resultat übernommen werden. Da wir nicht wissen, welcher der beiden Vektoren leer ist, konkatenieren wir sie einfach mittels `⊃,/FILES` und fügen diesen Rest am Ende unseres Resultatvektors hinzu [15].

Damit haben wir die Funktion *MERGE1* erläutert und können sie anhand eines Beispiels ausprobieren:

```
        ∇ MERGE1 [☐] ∇
    ∇
[0]    RES←MERGE1 FILES;FILE
[1]    A
[2]    A* MERGE1 fuegt zwei sortierte Vektoren aneinander,
[3]    A* wobei das Resultat wiederum sortiert ist
[4]    A* (klassischer Merge-Algorithmus)
[5]    A* Aufruf: [Resultat ←] MERGE1  Vektor1 Vektor2
[6]    A
[7]    RES←⍳0                      A initialisieren
[8]    LOOP:                       A Schleife
[9]    →(⊃∨/0=ρ¨FILES)/END         A ein File leer
[10]   FILE←1+>/1⊃¨FILES           A File mit kleinerem Element
[11]   RES←RES,(FILE ⊃1)⊃FILES     A kleinstes Element
[12]   (FILE⊃FILES)←1↓FILE⊃FILES   A dieses entfernen
[13]   →LOOP
[14]   END:                        A Terminierungsarbeiten
[15]   RES←RES,⊃,/FILES            A restliche Elemente
    ∇
```

Abb. 58. Funktion MERGE1

```
      MERGE1 (1 2 4 5 7 8)(2 3 6)
1 2 2 3 4 5 6 7 8
```

Es stellt sich auch hier die Frage, ob unsere Funktion *MERGE1* eine APL2-gerechte Lösung ist. Der Leser wird sich vielleicht an den Abschnitt 3.5.4 „Ein Zerlegungsproblem" erinnern, wo die gleiche Aufgabe auch schon ohne Schleife gelöst wurde. Und zwar als Zusatz zur Lösung einer etwas schwierigeren Aufgabe: Die Vektoren A und B sind so in Stücke aufzuteilen, dass die Verzahnung dieser Stücke gerade den sortierten Vektor C ergibt. Diese Stücke wurden mit der Funktion *SPLIT_UP* (vgl. Abb. 12 auf Seite 84) gefunden, welche den Kern der Funktion *MERGE* (vgl. Abb. 13 auf Seite 85) bildet. Um A und B zu verschmelzen, ruft *MERGE* die Funktion *SPLIT_UP* auf und muss dann nur noch die gefundenen Stücke korrekt konkatenieren. *MERGE* ist sicher APL2-gerechter als *MERGE1*, aber − da eine anspruchsvollere Aufgabe gelöst wird − etwas komplizierter.

Nun gibt es eine APL2-gerechte Lösung des *Merge*-Problems, die äusserst einfach ist und sowohl *MERGE* wie auch *MERGE1* bezüglich Schnelligkeit bei weitem schlägt: *MERGE2* (vgl. Abb. 59) konkateniert einfach die beiden Vektoren A und B und sortiert den resultierenden Vektor. Dass dabei die Tatsache, dass A und B bereits sortiert sind, ignoriert wird, spielt überhaupt keine Rolle. Die folgende Tabelle enthält Zeitmessungen in msec, die sich für sortierte Vektoren A und B mit je n Elementen unter APL2/370 ergaben:

7. Klassische Algorithmen

```
        ∇ MERGE2 [□] ∇
      ∇
[0]     RES←MERGE2 FILES
[1]     A
[2]     A* MERGE2 fuegt zwei sortierte Vektoren aneinander und
[3]     A* sortiert das Resultat
[4]     A* (APL2-gerechte Loesung mit ▲)
[5]     A* Aufruf: [Resultat ←] MERGE2 Vektor1 Vektor2
[6]     A
[7]     RES←RES[▲RES←⊃,/FILES]   A Catenate und Sortieren
      ∇
```

Abb. 59. Funktion MERGE2

n	MERGE (APL2-gerecht)	MERGE1 (Schleife)	MERGE2 (Sortieren)
100	10	84	1
200	25	170	2
500	112	455	5
1000	410	996	9
2000	2018	2165	18
3000	6163	4079	27
4000	(*)	4860	35

(*) bedeutet, dass die entsprechende Zeit auf unserem System nicht gemessen werden konnte, da der aktive Workspace (ca. 3 MB) nicht ausreichte.

Die Zeitmessungen bestätigen also, dass unsere einfache Lösung *MERGE2* massiv effizienter ist als die klassische Schleifenkonstruktion *MERGE1* und die APL2-gerechte Lösung *MERGE*. Der klassische *Merge*-Algorithmus hat also in APL2 wenig Daseinsberechtigung, obwohl *MERGE1* kein kompliziertes Programm ist. *MERGE* leistet, wie schon betont, mehr als nur das Verschmelzen von *A* und *B*, weshalb der blosse Zeitvergleich etwas unfair ist. Das Unterprogramm *SPLIT_UP* von *MERGE* verwendet ein *äusseres Produkt*, vergleicht also jedes Element von *A* mit jedem Element von *B*, was sowohl platz- als auch zeitaufwendig ist. Generell muss gesagt werden, dass das *äussere Produkt* seine Eleganz oft teuer erkauft, obschon es auch viele platz- und zeiteffiziente Anwendungen gibt. Dass *MERGE* für kleine Vektoren effizienter ist als *MERGE1*, liegt daran, dass sich hier der Zeitbedarf des *äusseren Produkts* noch weniger stark auswirkt als das wegen der Schleife aufwendige Interpretieren von *MERGE1*.

Eine unmittelbare Anwendung des *Merge*-Algorithmus ist der *Merge-Sort*, der zu den prominentesten klassischen Algorithmen gehört. Seine rekursive Arbeitsweise lässt sich sehr einfach erklären: Um einen Vektor zu sortieren, wird dieser zuerst ungefähr halbiert. Dann werden die beiden Hälften je einzeln sortiert. Schliesslich werden die beiden sortierten Hälften mit dem

Merge-Algorithmus miteinander verschmolzen, womit der vorgegebene Vektor sortiert ist. Die Rekursion bricht dann ab, wenn der zu sortierende Vektor nur noch die Länge 1 aufweist, also bereits sortiert ist.

Wir überlassen es dem Leser, den einfachen Nachweis zu erbringen, dass sich mit Hilfe von *MERGE1* der *Merge-Sort* auf klassische Weise in APL2 implementieren lässt. Etwas weniger klassisch, aber auch problemlos möglich, wäre die Verwendung von *MERGE2* oder *MERGE*. Auf alle drei Arten kann leicht ein korrektes Sortier-Programm erstellt werden — aber leider kein schnelles. Denn gegenüber dem Sortier-Idiom

```
V ← V[⍋V]
```

hat der *Merge-Sort*-Algorithmus nicht die geringste Chance, da der zusätzlich auftretende Interpretieraufwand eines eigenen Programms unmöglich durch eine raffiniertere Strategie wettgemacht werden kann. Bei anderen klassische Sortier-Algorithmen, wie *Quick-Sort*, *Heap-Sort*, etc. kämen wir zu einem ganz analogen Schluss. Fairerweise muss allerdings erwähnt werden, dass uns APL-Systeme bekannt sind, bei denen die Implementierung der primitiven Funktionen ⍋ und ⍒ auf dem *Merge-Sort* beruht.

7.5 Schlussfolgerungen

Wir haben in diesem Kapitel einige klassische Algorithmen angeschaut und in APL2 implementiert. Dabei haben wir untersucht, ob diese Implementierungen als APL2-gerecht beurteilt werden dürfen oder ob APL2 andere Vorgehensweisen bevorzugt. Wir möchten abschliessend vier wesentliche Schlüsse ziehen:

Erstens sind klassische Algorithmen auch in APL2 implementierbar, und zwar übersichtlich und elegant. Die Kürze der APL2-Notation kommt auch diesen Implementierungen zugute. Das heisst, dass sich APL2 sehr gut eignet, um klassische Algorithmen zu *beschreiben*, und auch, um Algorithmen zu *entwickeln*, die klassisch werden könnten. Wir haben schon mit Erfolg Algorithmen zuerst in APL2 implementiert, auf Korrektheit getestet und erst nachträglich in eine compilierte Sprache wie Pascal umgeschrieben.

Zweitens sind in APL2 i.a. die einfachsten Lösungen auch die zeiteffizientesten. In dieser Hinsicht haben Implementierungen von klassischen Algorithmen normalerweise keine Chance. Beim binären Suchen ist, wie wir dargelegt haben, der Fall nicht ganz so klar, da der *Binary Search* aufgrund der Tatsache, dass der zu untersuchende Vektor bereits sortiert ist, eine raffiniertere Suchstrategie als ⍳ anwenden kann. Aber dies ändert nichts an unserer allgemeinen Aussage. Es ist daher schon verständlich, dass sich die Stoffinhalte von APL- und APL2-Lehrbüchern von denjenigen anderer Programmiersprachen erheblich unterscheiden.

7. Klassische Algorithmen

Drittens ist zu bedenken, dass sich unsere Vergleiche nur auf Hauptspeicheranwendungen beziehen. Alle unsere Programme verarbeiten kleine Datenmengen, die im Workspace Platz haben. Viele klassische Techniken lassen sich auch für sehr grosse, z.B. auf Disk gespeicherte, Datenmengen anwenden. Dies ist bei den (primitiven) APL2-Funktionen und -Operatoren nicht der Fall.

Viertens sind glücklicherweise auch APL2-gerechte Lösungen oft nichttrivial und interessant, und wir hoffen, dass unser Buch einen genügenden Nachweis für diese Behauptung erbringt. Informatik ist auch mit APL oder APL2 nicht langweilig.

Teil C

Nichtlineare Datenstrukturen

8. Mengen und Abbildungen

8.1 Der abstrakte Datentyp Menge

In diesem Kapitel wollen wir einige wichtige abstrakte Datentypen betrachten, deren Objekte nicht mehr die Eigenschaft haben, dass alle ihre Elemente in einer festen Reihenfolge zueinander stehen bzw. linear geordnet sind. Als erstes wollen wir uns mit dem ADT **Menge** befassen, dem der wichtige Mengenbegriff aus der Elementarmathematik zugrundeliegt. Alle Objekte dieses ADT sind endliche Mengen, also Ansammlungen von irgendwelchen Objekten, welche aber alle voneinander verschieden sein müssen. Die **Elemente** einer Menge haben keine bestimmte Reihenfolge, d.h. es ergibt sich keine neue Menge, wenn wir dieselben Elemente einfach anders anordnen. Die Objekte des ADT Menge haben also keine lineare Datenstruktur. Wie in der Mathematik üblich, wollen wir (endliche) Mengen i.a. durch Aufführen ihrer Elemente in geschweiften Klammern vorgeben.

Beispiel:

$A = \{1, 3, 5, 7, 9\}$
$B = \{2, 3, 5, 7\}$
$C = \{1, 'A', '1A'\}$

Die Menge A enthält offensichtlich alle ungeraden natürlichen Zahlen < 10, B die Primzahlen < 10 und C eine Zahl sowie zwei Characterstrings. Da die Reihenfolge, in welcher die Elemente einer Menge aufgeführt werden, keine Rolle spielt, gilt also z.B. die folgende Gleichheit:

$A = \{3, 7, 5, 9, 1\} = \{9, 7, 1, 5, 3\}$

Eine Menge kann auch keine Elemente enthalten und wird dann als **leere Menge** bezeichnet. Man verwendet dafür das Symbol $\{\}$ oder $\emptyset$.

Für den ADT Menge wollen wir die folgenden primitiven Operationen einführen:

- *createset(M, $x_1,...,x_n$)*
  Es wird die Menge $M = \{x_1,...,x_n\}$ generiert und mit dem Variablennamen M verknüpft. Allfällige Duplikate werden dabei ignoriert. Falls keine Elemente angegeben werden, wird die leere Menge erzeugt.
- *union(X, Y, Z)*
  Es wird die Vereinigung $X \cup Y$ der Mengen X und Y gebildet, d.h. die Menge aller Elemente, die in X oder Y vorkommen. Das Resultat wird mit dem Variablennamen Z verknüpft. Elemente, die sowohl in X als auch in Y enthalten sind, werden natürlich nur einmal in Z aufgeführt.
  In unserem Beispiel gilt $A \cup B = \{1, 2, 3, 5, 7, 9\}$.
- *intersection(X, Y, Z)*
  Es wird der Durchschnitt $X \cap Y$ der Mengen X und Y gebildet, d.h. die Menge aller Elemente, die sowohl in X als auch in Y vorkommen. Das Resultat wird mit dem Variablennamen Z verknüpft.
  In unserem Beispiel gilt $A \cap B = \{3, 5, 7\}$.
- *difference(X, Y, Z)*
  Es wird die Differenz $X - Y$ der Mengen X und Y gebildet, d.h. die Menge aller Elemente, die zwar in X, aber nicht in Y vorkommen. Das Resultat wird mit dem Variablennamen Z verknüpft.
  In unserem Beispiel gilt $A - B = \{1, 9\}$.
- *member(M, x)*
  Es wird untersucht, ob x ein Element der Menge M ist oder nicht, d.h. ob $x \in M$ gilt oder nicht. Entsprechend wird eine 1 oder 0 zurückgegeben.
  In unserem Beispiel gilt $3 \in A$, jedoch nicht $4 \in A$.
- *subset(X, Y)*
  Es wird untersucht, ob X eine Teilmenge von Y ist ($X \subseteq Y$), d.h. ob alle Elemente von X auch in Y vorkommen.
  In unserem Beispiel gilt $\{1, 3\} \subseteq A$, jedoch nicht $\{1, 3\} \subseteq B$.
- *equal(X, Y)*
  Es wird untersucht, ob $X = Y$ gilt, d.h. ob X und Y dieselben Elemente enthalten.
  In unserem Beispiel gilt $A = \{1, 3, 5, 7, 9\} = \{9, 7, 5, 3, 1\}$, aber nicht $A = B$.

Mit diesen primitiven Operationen kann man insbesondere auch einzelne Elemente in eine Menge M einfügen bzw. aus ihr entfernen. Um z.B. ein Element x in die Menge M aufzunehmen, bilden wir die Vereinigung $M \cup \{x\}$. Analog lässt sich mit der Differenz $M - \{x\}$ ein Element x aus der Menge M entfernen. Folglich können wir auf spezielle primitive Operationen *insert* bzw. *delete* verzichten. Je nach Anwendung wären noch weitere primitive Operationen sinnvoll bzw. nötig, z.B. *cardinality(M)* zur Bestimmung der Anzahl Elemente von M oder *any_element(M, x)* zur Entnahme irgendeines Elementes aus einer nichtleeren Menge M.

8. Mengen und Abbildungen

Damit haben wir den ADT Menge definiert und wollen in den folgenden Abschnitten zwei verschiedene Implementierungen vorstellen.

8.2 Implementierung durch Aufzählen der Elemente

Diese erste Implementierungsart für den ADT Menge verwendet — wie die APL2-gerechte Implementierung von linearen Listen — für jedes Objekt einen Vektor als Datenstruktur. Für unsere Menge A aus dem vorhergehenden Abschnitt ergibt sich der folgende Vektor:

```
A←1 3 5 7 9
```

Wir müssen uns bewusst sein, dass hier im Unterschied zum ADT Lineare Liste

(a) die Reihenfolge der Elemente im Vektor absolut belanglos ist

und

(b) keine Duplikate zugelassen sind.

Unsere Realisierungen der primitiven Operationen für den ADT Menge müssen (a) und (b) berücksichtigen.

Beim Erstellen einer Menge mittels *createset* muss sichergestellt werden, dass allfällige Duplikate entfernt werden. Dafür sorgt die Funktion *UNIQUE* aus Abb. 8 auf Seite 73. *Ravel* in Zeile [5] sorgt dafür, dass auch für eine einelementige Menge ein Vektor und nicht ein Skalar erstellt wird:

```
      ∇ CREATESET [◻] ∇
    ∇
[0]   SET←CREATESET ELEMENTS
[1]   A
[2]   A* CREATESET erstellt die aus ELEMENTS bestehende Menge
[3]   A* Aufruf: [Menge ←] CREATESET Elemente
[4]   A
[5]   SET←UNIQUE(,ELEMENTS)     A Menge als Vektor bzw. Liste
    ∇
```

Abb. 60. Funktion CREATESET

Die primitive Operation *difference* lässt sich direkt mittels ~ (*Without*) implementieren (siehe Abb. 61). Auch die primitive Operation *union* (vgl. Abb. 62) lässt sich sehr einfach realisieren. Ein einfaches *Catenate* genügt, sofern wir dafür sorgen, dass allfällige Duplikate entfernt werden. Dafür könnten wir *UNIQUE* verwenden, aber wir wollen zu diesem Zweck gerade *difference* bzw. ~ einsetzen, da für zwei beliebige Mengen X und Y allgemein

```
        ∇ DIFFERENCE [▯] ∇
        ∇
[0]     RES←SET1 DIFFERENCE SET2
[1]     ⍝
[2]     ⍝* DIFFERENCE bildet die Differenz zweier Mengen
[3]     ⍝* Aufruf: [Resultat ←] Menge1 DIFFERENCE Menge2
[4]     ⍝
[5]     RES←SET1~SET2    ⍝ Entfernen der Elemente von SET2 aus SET1
        ∇
```

Abb. 61. Funktion DIFFERENCE

die Beziehung $X \cup Y = X \cup (Y - X)$ gilt. SET2~SET1 entfernt alle Elemente aus SET2, die auch in SET1 vorkommen. Die übrigbleibenden Elemente von SET2 können wir dann mit *Catenate* an SET1 anhängen.

```
        ∇ UNION [▯] ∇
        ∇
[0]     RES←SET1 UNION SET2
[1]     ⍝
[2]     ⍝* UNION bildet die Vereinigung zweier Mengen
[3]     ⍝* Aufruf: [Resultat ←] Menge1 UNION Menge2
[4]     ⍝
[5]     RES←SET1,SET2~SET1    ⍝ Konkatenieren ohne Duplikate
        ∇
```

Abb. 62. Funktion UNION

Analog können wir die primitive Operation *intersection* auf *difference* bzw. ~ zurückführen. Für zwei Mengen X und Y gilt nämlich allgemein die Beziehung $X \cap Y = X - (X - Y)$, die wir im folgenden Programm verwenden wollen:

```
        ∇ INTERSECTION [▯] ∇
        ∇
[0]     RES←SET1 INTERSECTION SET2
[1]     ⍝
[2]     ⍝* INTERSECTION bildet den Durchschnitt zweier Mengen
[3]     ⍝* Aufruf: [Resultat ←] Menge1 INTERSECTION Menge2
[4]     ⍝
[5]     RES←SET1~SET1~SET2         ⍝ Komplement der Differenz
        ∇
```

Abb. 63. Funktion INTERSECTION

8. Mengen und Abbildungen 153

Die primitive Operation *member* wird mittels ∈ realisiert:

```
      ∇ MEMBER [□] ∇
    ∇
[0]    RES←ELEMENT MEMBER SET
[1]    ⍝
[2]    ⍝* MEMBER gibt an, ob ELEMENT in der Menge SET enthalten ist
[3]    ⍝* Aufruf: [Resultat ←] Element MEMBER Menge
[4]    ⍝
[5]    RES←(⊂ELEMENT)∈SET         ⍝ Ist ELEMENT ∈ SET ?
    ∇
```

Abb. 64. Funktion MEMBER

Für zwei Mengen X und Y gilt $X \subseteq Y$ genau dann, wenn alle Elemente von X auch in Y enthalten sind. Folglich kann die primitive Operation für alle Elemente von X mittels *member* bzw. ∈ überprüfen, ob diese auch in Y vorkommen:

```
      ∇ SUBSET [□] ∇
    ∇
[0]    RES←SET1 SUBSET SET2
[1]    ⍝
[2]    ⍝* SUBSET prueft, ob SET1 Teilmenge von SET2 ist
[3]    ⍝* Aufruf: [Resultat ←] Menge1 SUBSET Menge2
[4]    ⍝
[5]    RES←∧/SET1∈SET2   ⍝ alle Elemente von SET1 auch ∈ SET2 ?
    ∇
```

Abb. 65. Funktion SUBSET

Wenden wir uns schliesslich der Implementierung von *equal* zu. Die primitive Funktion *Match* (≡) kann zwar verwendet werden, um zwei APL2-Arrays auf Identität zu überprüfen. Da aber bei Mengen die Reihenfolge der Elemente keine Rolle spielt, ist *Match* für die Implementierung der primitiven Operation *equal* nicht geeignet. Stattdessen gehen wir von der mengentheoretischen Definition für die Gleichheit von Mengen aus: Zwei Mengen X und Y sind genau dann gleich, wenn $X \subseteq Y$ und $Y \subseteq X$ gilt. Diese Definition wird auch im folgenden Programm verwendet:

```
        ∇ EQUAL [□] ∇
     ∇
[0]    RES←SET1 EQUAL SET2
[1]    A
[2]    A* EQUAL prueft, ob SET1 und SET2 identisch sind
[3]    A* Aufruf: [Resultat ←] Menge1 EQUAL Menge2
[4]    A
[5]    RES←(SET1 SUBSET SET2)∧SET2 SUBSET SET1   A je Teilmenge ?
     ∇
```

Abb. 66. Funktion EQUAL

Wir wollen jetzt diese primitiven Operationen auf die beiden Mengen *A* und *B* aus dem vorigen Abschnitt anwenden:

```
      A←CREATESET 1 3 5 7 9
      B←CREATESET 2 3 5 7

      A DIFFERENCE B
1 9

      A UNION B
1 3 5 7 9 2

      A INTERSECTION B
3 5 7

      3 MEMBER A
1

      4 MEMBER A
0

      (CREATESET 1 3) SUBSET A
1

      (CREATESET 1 3) SUBSET B
0

      A EQUAL (CREATESET 9 7 5 3 1)
1

      A EQUAL B
0
```

Diese Implementierungsart für den ADT Menge ist für beliebige endliche Mengen verwendbar und darf sicher als sehr anschaulich bezeichnet werden. Die in einer Anwendung auftretenden Vektoren können unmittelbar als Mengen interpretiert werden. Alle benötigten primitiven Operationen lassen sich auf ganz einfache Art und Weise durch Kombination von primitiven

8. Mengen und Abbildungen

Funktionen von APL2 realisieren, die wegen ihrer Kürze und Nützlichkeit zu den Idiomen gezählt werden dürfen.

8.3 Bitvektor-Implementierung

Falls in einer Anwendung alle betrachteten Mengen Teilmengen einer nicht allzu grossen **Universalmenge** sind, lassen sich diese Mengen als Bitvektoren darstellen.
Beispiel: Sei $U = \{1, 2, 3,..., 10\}$ die Universalmenge. Dann lassen sich die beiden in den vorhergehenden Abschnitten verwendeten Mengen A und B wie folgt als Bitvektoren darstellen:

A = 1 0 1 0 1 0 1 0 1 0
B = 0 1 1 0 1 0 1 0 0 0

Jedes einzelne Bit eines solchen Vektors gibt an, ob das entsprechende Element der Universalmenge in der zugehörigen Menge vorkommt (1) oder nicht (0). In dieser Darstellung lassen sich die Mengenoperationen auf logische Operationen zurückführen, was eine gute Effizienz garantiert. Andererseits kann ein Anwender bei dieser Implementierung nicht unmittelbar feststellen, welche Elemente eine Menge konkret enthält. Um die Elemente einer Menge $X \subseteq U$ tatsächlich zu erhalten, bedarf es einer zusätzlichen Operation:

```
Elemente ← X/U
```

Für die Implementierung des ADT Menge als Bitvektor wollen wir voraussetzen, dass die Universalmenge gemäss der im letzten Abschnitt beschriebenen Implementierungsart implementiert und als globale Variable mit dem Namen UNIVERSE vorhanden sei. Dann kann eine beliebige Teilmenge von UNIVERSE mit der folgenden Funktion *createset* als Bitvektor erstellt werden:

```
      ∇ CREATESET [□] ∇
    ∇
[0]    SET←CREATESET ELEMENTS
[1]    A
[2]    A* CREATESET erstellt die aus ELEMENTS bestehende Menge
[3]    A* Aufruf: [Menge ←] CREATESET Elemente
[4]    A
[5]    SET←UNIVERSE∈ELEMENTS        A Menge als Bitvektor
    ∇
```

Abb. 67. Funktion CREATESET

Falls der Benutzer Elemente angibt, die nicht in UNIVERSE enthalten sind, so werden diese von *createset* ignoriert.

Bei dieser Implementierungsart kann **union** auf ein logisches *or* (∨) zurückgeführt werden:

```
      ∇ UNION [◊] ∇
    ∇
[0]   RES←SET1 UNION SET2
[1]   A
[2]   A* UNION bildet die Vereinigung zweier Mengen
[3]   A* Aufruf: [Resultat ←] Menge1 UNION Menge2
[4]   A
[5]   RES←SET1∨SET2  A Vereinigen mittels log. OR
    ∇
```

Abb. 68. Funktion UNION

Die primitiven Operationen *intersection* und *difference* können ganz analog realisiert werden, wenn ∧ bzw. ∧~ anstelle von ∨ verwendet wird. Wir wollen daher auf die Wiedergabe der Programmliste dieser beiden primitiven Operationen verzichten.

Die primitive Operation *member* kann hier nicht ganz so elegant implementiert werden wie im letzten Abschnitt. Mittels ι ist die Position des gegebenen Elementes in der Universalmenge zu bestimmen. Falls an der entsprechenden Position des Bitvektors der interessierenden Menge eine 1 steht, ist das gegebene Element darin enthalten:

```
      ∇ MEMBER [◊] ∇
    ∇
[0]   RES←ELEMENT MEMBER SET
[1]   A
[2]   A* MEMBER gibt an, ob ELEMENT in der Menge SET enthalten ist
[3]   A* Aufruf: [Resultat ←] Element MEMBER Menge
[4]   A
[5]   RES←(SET,0)[UNIVERSEιELEMENT]  A Ist SET fuer ELEMENT = 1 ?
    ∇
```

Abb. 69. Funktion MEMBER

Damit für zwei Mengen X und Y die Beziehung $X \subseteq Y$ gilt, darf X kein Element enthalten, das nicht auch in Y vorkommt. D.h. der Bitvektor von X darf an keiner Stelle eine 1 enthalten, an welcher derjenige von Y eine 0 aufweist. Diese Forderung ist erfüllt, wenn alle Elemente des Bitvektors von $X \leq$ als die entsprechenden Elemente des Bitvektors von Y sind. Die primitive Operation *subset* haben wir daher unter Verwendung von $\leq$ realisiert:

8. Mengen und Abbildungen

```
      ∇ SUBSET [☐] ∇
   ∇
[0]   RES←SET1 SUBSET SET2
[1]   A
[2]   A* SUBSET prueft, ob SET1 Teilmenge von SET2 ist
[3]   A* Aufruf: [Resultat ←] Menge1 SUBSET Menge2
[4]   A
[5]   RES←∧/SET1≤SET2    A alle Elemente von SET1 ≤ SET2 ?
   ∇
```

Abb. 70. Funktion SUBSET

Die primitive Operation *equal* könnten wir natürlich gleich wie im vorigen Abschnitt mit Hilfe von *subset* implementieren. Da jedoch die Elemente einer als Bitvektor dargestellten Menge immer entsprechend der Reihenfolge in der Universalmenge angeordnet sind, sind die Bitvektoren zweier gleichen Mengen identisch, d.h. hier können wir die primitive Funktion *Match* (≡) verwenden:

```
      ∇ EQUAL [☐] ∇
   ∇
[0]   RES←SET1 EQUAL SET2
[1]   A
[2]   A* EQUAL prueft, ob SET1 und SET2 identisch sind
[3]   A* Aufruf: [Resultat ←] Menge1 EQUAL Menge2
[4]   A
[5]   RES←SET1≡SET2       A Bitvektoren identisch ?
   ∇
```

Abb. 71. Funktion EQUAL

Wir wollen jetzt noch diese Implementierung anhand der Beispiele, die wir im letzten Abschnitt verwendet haben, testen. Um die Resultate in Form von Bitvektoren einfacher überprüfen zu können, wenden wir sie mittels *Compress* (/) auf die Universalmenge an, um die zugehörigen Mengenelemente zu erhalten:

```
      UNIVERSE←ι10
      A←CREATESET 1 3 5 7 9
      B←CREATESET 2 3 5 7
      A
1 0 1 0 1 0 1 0 1 0
      B
0 1 1 0 1 0 1 0 0 0
```

```
      A DIFFERENCE B
1 0 0 0 0 0 0 0 1 0
      (A DIFFERENCE B)/UNIVERSE
1 9
      A UNION B
1 1 1 0 1 0 1 0 1 0
      (A UNION B)/UNIVERSE
1 2 3 5 7 9
      A INTERSECTION B
0 0 1 0 1 0 1 0 0 0
      (A INTERSECTION B)/UNIVERSE
3 5 7
```

Die Funktionen *member*, *subset* und *equal* ergeben als Resultat je 0 oder 1, d.h. ihr Output sieht genau gleich aus wie im vorhergehenden Abschnitt.

Auch bei dieser Implementierungsart lassen sich die primitiven Operationen elegant realisieren. Gegenüber der Implementierung durch Aufzählen der Elemente weist sie eine etwas bessere Zeiteffizienz auf, da die primitiven Operationen auf logische Operationen zurückgeführt werden können. Andererseits sind als Bitvektoren dargestellte Mengen für den Anwender nicht so leicht interpretierbar. Ferner ist für kleine Mengen (bei einer grossen Universalmenge U) der Speicherbedarf unverhältnismässig gross, da für jede Menge ein Bitvektor mit n Elementen benötigt wird, wo n die Anzahl Elemente von U ist. Vor allem aber kann nicht bei allen Anwendungen von einer Universalmenge ausgegangen werden.

8.4 Abbildungen

8.4.1 Der ADT Abbildung

Genauso wie der Begriff „Menge" ist auch der Begriff „Abbildung" einer der wichtigsten Grundbegriffe der Mathematik. Eine **Abbildung** F erhalten wir dadurch, dass wir jedem Element einer Ausgangs- oder Definitionsmenge A genau ein Element einer Bild- oder Wertemenge B zuordnen. Ordnet F dem Element $a \in A$ das Element $b \in B$ zu, so heisst b das **Bild** von a unter der Abbildung F, und man schreibt $b = F(a)$.

Gewisse Abbildungen wie z.B. $y = F(x) = 2x + 3$ können in APL2 leicht als arithmetische Ausdrücke programmiert und für vorgegebene x-Werte ausgewertet werden. Andere Abbildungen können nicht einfach durch eine Formel dargestellt werden. Eine gesuchte Telefonnummer z.B. erhält man i.a. am einfachsten mittels Nachschlagen in einer Tabelle, nämlich im Telefonbuch.

8. Mengen und Abbildungen

Jede Abbildung $F(x)$ kann als die Menge aller Paare $(x, F(x))$ aufgefasst werden, wobei $x \in A$ gilt. Dementsprechend wollen wir den ADT Abbildung als Spezialfall des ADT Menge einführen. Ein Objekt des ADT Abbildung ist also eine endliche Menge, welche aus Paaren $(x, F(x))$ besteht. Für den ADT Abbildung wollen wir (neben denjenigen des ADT Menge) die folgenden primitiven Operationen definieren:

- *assign(F, a, z)*
  Das Paar (a, z) wird in die Menge F aufgenommen. z wird so als Bild von a unter der Abbildung F definiert, d.h. es gilt nun $z = F(a)$. Die primitive Operation *assign* macht aus F eine neue Funktion, die − genau genommen − auch einen neuen Namen bekommen müsste. Die Informatik ist da aber, wie andernorts auch, nicht so streng wie die Mathematik.

- *compute(F, a, z)*
  Es wird der Wert von $F(a)$ bestimmt und der Variablen z zurückgegeben.

Die primitive Operation *compute* soll nur angewendet werden können, wenn a in der Definitionsmenge von F vorkommt. Folglich ist es sinnvoll, diese Bedingung vor der Anwendung von *compute* mittels der primitiven Operation *member* zu überprüfen.

8.4.2 Implementierung des ADT Abbildung

Für unsere Implementierung des ADT Abbildung wollen wir annehmen, dass für jedes interessierende Objekt F die Bilder aller $x \in A$ bereits berechnet sind. Weil F mit Hilfe von *assign* erweiterbar sein soll, drängt es sich auf, für die Implementierung des ADT Abbildung auf die erste Implementierungsart für den ADT Menge (Aufzählen der Elemente) zurückzugreifen. Denn bei einer Bitvektor-Implementierung müsste die Universalmenge bereits bekannt sein, was bei vielen Anwendungen nicht der Fall ist.

Die primitive Operation *assign* können wir auf *union* zurückführen, wie dies in der folgenden Programmliste getan wird:

```
      ∇ ASSIGN [□] ∇
   ∇
[0]   RES←TABLE ASSIGN PAIR
[1]   A
[2]   A× ASSIGN fuegt neues Paar in Abbildung ein
[3]   A× Aufruf: [Tabelle ←] Tabelle ASSIGN (x,F(x))
[4]   A
[5]   RES←TABLE UNION CREATESET⊂PAIR      A Vereinigung
   ∇
```

Abb. 72. Funktion ASSIGN

Bei der primitiven Operation *compute* wollen wir voraussetzen, dass für das angegebene Argument x ein Paar $(x, F(x))$ existiert. Dann können wir mit (1⊃¨MAPPING)ι⊂ARGUMENT die Position POS des Paares mit der ersten Komponente ARGUMENT innerhalb des Vektors MAPPING bestimmen und erhalten mittels (POS,2)⊃MAPPING den zugeordneten Wert:

```
      ∇ COMPUTE [▯] ∇
    ∇
[0]   RES←MAPPING COMPUTE ARGUMENT;POS
[1]   ⍝
[2]   ⍝* COMPUTE liefert das Bild von ARGUMENT unter der
[3]   ⍝* Abbildung MAPPING
[4]   ⍝* Aufruf: [Res ←] Abbildung COMPUTE Argument
[5]   ⍝
[6]   POS←(1⊃¨MAPPING)ι⊂ARGUMENT    ⍝ Position in Tabelle
[7]   RES←(POS,2)⊃MAPPING           ⍝ Wert aus Tabelle
    ∇
```

Abb. 73. Funktion COMPUTE

Falls F nicht als Tabelle, sondern als Formel, gegeben ist, besteht für *assign* kein Bedarf, und wir brauchen nur *compute* zu implementieren. Wir illustrieren diesen Fall anhand der trigonometrischen Funktionen:

```
      ∇ COMPUTE [▯] ∇
    ∇
[0]   RES←MAPPING COMPUTE ARGUMENT;FUNCTION
[1]   ⍝
[2]   ⍝* COMPUTE liefert das Bild von ARGUMENT unter der
[3]   ⍝* Abbildung MAPPING
[4]   ⍝* Aufruf: [Res ←] Funktion COMPUTE Argument
[5]   ⍝* wobei Funktion eine trigonometrische Funktion ist
[6]   ⍝
[7]   RES←ι0                        ⍝ fuer Fehlerfall
[8]   FUNCTION←('SIN' 'COS' 'TAN')ι⊂MAPPING   ⍝ Funktion
[9]   →(3<FUNCTION)/'→0,⎕←''ungueltige Funktion'''
[10]  RES←FUNCTION∘ARGUMENT         ⍝ Wert berechnen
    ∇
```

Abb. 74. Funktion COMPUTE für die trigonometrischen Funktionen *sin*, *cos* und *tan*

Anwendungsbeispiele:

```
      'SIN' COMPUTE 0
0
      'SIN' COMPUTE (○1)÷2
1
```

```
      'COS' COMPUTE 0
1
      'COT' COMPUTE (o1)÷2
 ungueltige Funktion
```

Die folgende Anwendung stellt eine Kombination beider Varianten (sowohl Tabelle als auch Formel) dar.

8.4.3 Eine Anwendung des ADT Abbildung

In unserem Kalender spielt das Datum des Osterfestes eine wichtige Rolle. Nach einem Beschluss des Konzils von Nizäa (325 n. Chr.) wird das Osterfest am ersten Sonntag nach dem Vollmond gefeiert, der auf den Frühlingsanfang folgt. C.F. Gauss (1777 – 1855) hat ein recht einfaches Verfahren zur Berechnung des Osterdatums entwickelt, das wir ohne weitere Erklärung übernehmen wollen (vgl. [MaDu85] unter dem Stichwort „Kalender"). Wir haben es in Form der folgenden Funktion *EASTERDATE* implementiert[2]:

```
       ∇ EASTERDATE [◊] ∇
       ∇
 [0]   DATE←EASTERDATE YEAR;A;B;C;D;E;M;N;DAY
 [1]   A
 [2]   A* EASTERDATE berechnet das Datum von Ostern im Jahr YEAR
 [3]   A* nach dem Verfahren von Gauss (fuer Jahre ∈ [1700, 2199])
 [4]   A* Aufruf: [(Tag Monat) ←] EASTERDATE  Jahr
 [5]   A
 [6]   (M N)←↑(YEAR≤1699,1799,1899,2099,2199)/(ι0)(23 3)(23 4)
       (24 5)(24 6)
 [7]   D←30|M+19×(A←19|YEAR)
 [8]   B←4|YEAR
 [9]   C←7|YEAR
 [10]  E←7|+/1 2 4 6×N,B,C,D
 [11]  DAY←D+E+22
 [12]  →((35=D+E)∨(10<A)∧(D=28)∧E=6)/'DAY←DAY-7'
 [13]  →↑((DAY<32),1)/'DATE←DAY ''Maerz''' 'DATE←(DAY-31) ''April'''
       ∇
```

Abb. 75. Funktion EASTERDATE

Mit einem Anwenderprogramm *EASTER* wollen wir jetzt eine Abbildung implementieren, die eine effiziente Bestimmung des Osterdatums für ein gegebenes Jahr erlaubt. Dabei sollen für häufig interessierende Jahre (z.B. 1990 – 2000) die Daten bereits im voraus berechnet und in einer Tabelle ab-

---

[2] Für Jahre vor 1700 oder nach 2199 erzeugt *EASTERDATE* in Zeile [6] die Fehlermeldung LENGTH ERROR.

gespeichert werden, so dass sie bei Bedarf nur noch abgefragt werden müssen. Für seltener interessierende Jahre hingegen soll das Datum erst dann mit *EASTERDATE* berechnet werden, wenn es wirklich benötigt wird. Die folgenden Überlegungen mögen zur Begründung dieser Aufteilung dienen: Einerseits soll die Tabelle der im voraus berechneten Osterdaten aus Speicherplatzgründen nicht allzu gross sein — und dennoch sollen beliebige Jahreszahlen verwendet werden können. Anderseits ist es — zumindest bei häufig gefragten Jahreszahlen — nicht sinnvoll, jedesmal eine Berechnung vorzunehmen. Daher der Kompromiss, für häufig verlangte Jahreszahlen eine Tabelle und ansonsten die direkte Berechnung zu verwenden.

Die Tabelle der im voraus berechneten Osterdaten realisieren wir in Form einer Abbildung **DATELIST**. Jedes Element von **DATELIST** ist ein Paar (*Jahr, Osterdatum*):

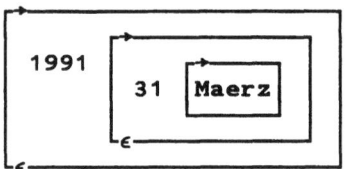

Unser Programm *EASTER* überprüft zuerst mit der primitiven Operation *member*, ob die angegebene Jahreszahl in **DATELIST** vorkommt. Falls nein, wird das entsprechende Osterdatum mittels *EASTERDATE* berechnet. Andernfalls wird das Osterdatum mittels *compute* aus **DATELIST** übernommen:

```
        ∇ EASTER [◊] ∇
     ∇
[0]    DATE←EASTER YEAR;POS
[1]    A
[2]    A* EASTER berechnet das Datum von Ostern im Jahr YEAR
[3]    A* Aufruf: [(Tag Monat) ←]  EASTER  Jahr
[4]    A
[5]    A--- Falls nicht in Tabelle, mit EASTERDATE berechnen:
[6]     ★(~YEAR MEMBER 1⊃¨DATELIST)/'→0,ρDATE←EASTERDATE YEAR'
[7]    A--- Sonst in Tabelle nachschauen:
[8]    DATE←DATELIST COMPUTE YEAR
     ∇
```

Abb. 76. Funktion EASTER

Die folgenden Anwendungen des Programms *EASTER* liefern einige Beispiele von Osterdaten:

```
    EASTER 1991
31 Maerz
```

```
EASTER 2000
23 April
EASTER 2020
12 April
```

Die beiden ersten Daten wurden in `DATELIST` gefunden, während das Osterdatum für das Jahr 2020 neu berechnet werden musste.

8.5 Priority Queues

8.5.1 Der abstrakte Datentyp Priority Queue

Eine **Priority Queue** ist eine Menge, bei der jedem Element eine sog. **Priorität** – i.a. eine ganze Zahl – zugeordnet ist. In diese Menge können neue Elemente beliebig hinzugefügt werden. Anders ist es beim Entfernen von Elementen: Im Fall einer **aufsteigenden Priority Queue** kann immer nur das/ein Element niedrigster Priorität entfernt werden, im Fall einer **absteigenden Priority Queue** immer nur ein/das Element höchster Priorität. Eine feste Reihenfolge der Elemente ist nicht vorgeschrieben, weshalb die Priority Queue nicht zu den linearen Datenstrukturen gehört. Als Beispiel einer aufsteigenden Priority Queue kann z.B. der Vorrat an Fertigkonserven eines Junggesellen betrachtet werden. Die Priorität wäre hier das Verfalldatum. Beim Einkaufen achtet der Jungeselle nicht auf das Verfalldatum. Beim Zubereiten einer Mahlzeit wählt er aber immer die/eine Konserve mit ältestem (d.h. kleinstem) Verfalldatum.

Für den ADT Priority Queue wollen wir – natürlich neben denjenigen des ADT Abbildung – die folgenden primitiven Operationen einführen:

– *insert(P, x)*
   Das Element *x* wird in die Priority Queue *P* aufgenommen.
– *deletemin(P, x)*
   Das/ein Element niedrigster Priorität wird aus der aufsteigenden Priority Queue *P* entfernt und als Wert der Variablen *x* zurückgegeben.

bzw.

– *deletemax(P, x)*
   Das/ein Element höchster Priorität wird aus der absteigenden Priority Queue *P* entfernt und als Wert der Variablen *x* zurückgegeben.

Da die Operationen *deletemin* bzw. *deletemax* nur auf eine nichtleere Priority Queue angewendet werden können, benötigen wir noch die folgende Hilfsoperation:

— *empty(P)*
Es wird überprüft, ob die Priority Queue *P* leer ist oder nicht.

Es ist leicht ersichtlich, dass sich Stack und Queue (vgl. Kapitel 6) als Spezialfälle einer Priority Queue betrachten lassen: Verwendet man den Zeitpunkt der Aufnahme eines Elements in die Datenstruktur als dessen Priorität, so entspricht eine aufsteigende Priority Queue einer Queue (da *deletemin* dann das gleiche Resultat wie *dequeue* ergibt) und eine absteigende Priority Queue einem Stack (da *deletemax* dann identisch zu *pop* ist).

8.5.2 Implementierung des ADT Priority Queue

Für die Implementierung des ADT Priority Queue wollen wir auf den ADT Abbildung zurückgreifen. Jedem Element ist seine Priorität zugeordnet, d.h. es liegen Paare der Form (*Element, Priorität*) vor. Somit können wir für die primitive Operation *insert* auf *assign* aus dem letzten Abschnitt zurückführen:

```
      ∇ INSERT [□] ∇
   ∇
[0]   PQUEUE1←INSERT EL_PQ;ELEMENT;PQUEUE
[1]   A
[2]   A* INSERT fuegt neues Element in Priority Queue ein
[3]   A* Aufruf: [Prio_Queue ←] INSERT (Element Prio) Prio_Queue
[4]   A
[5]   (ELEMENT PQUEUE)←EL_PQ           A separieren
[6]   PQUEUE1←PQUEUE ASSIGN ELEMENT    A neues Element einfuegen
   ∇
```

Abb. 77. Funktion INSERT

Bei der Anwendung von *insert* müssen wir bloss daran denken, dass wir ausser dem Element selbst auch seine Priorität (und natürlich die Priority Queue) als Argumente anzugeben haben. Die primitive Operation *empty* kann unmittelbar vom ADT Stack übernommen werden (vgl. Abb. 43 auf Seite 121).

Die primitive Operation *deletemin* bestimmt zuerst die Position des Elementes mit der niedrigsten Priorität, indem es zuerst die Prioritäten aller Elemente herausgreift (`VALUES ← 2⊃¨PQUEUE`), dann das Minimum dieser Prioritäten bestimmt (`⌊/VALUES`) und schliesslich mittels ι die Position des Minimums in der Liste der Prioritäten ermittelt [6]. Das gewünschte Element der Priority Queue kann dann mittels ⊃ herausgegriffen werden [7], worauf dieses aus der Priority Queue entfernt wird [8]:

8. Mengen und Abbildungen

```
        ∇ DELETEMIN [◊] ∇
     ∇
[0]     EL_PQUEUE←DELETEMIN PQUEUE;POS;VALUES;ELEMENT
[1]     ⍝
[2]     ⍝⁎ DELETEMIN entfernt kleinstes Element aus einer
[3]     ⍝⁎ aufsteigenden Priority Queue
[4]     ⍝⁎ Aufruf: [(Resultat Prio_Queue) ←] DELETEMIN Prio_Queue
[5]     ⍝
[6]     POS←VALUES⍳⌊/VALUES←2⊃¨PQUEUE      ⍝ Position im Vektor
[7]     ELEMENT←POS⊃PQUEUE                  ⍝ kleinstes Element
[8]     PQUEUE←((POS-1)↑PQUEUE),POS↓PQUEUE  ⍝ Rest-Prio_Queue
[9]     EL_PQUEUE←ELEMENT PQUEUE            ⍝ Resultat
     ∇
```

Abb. 78. Funktion DELETEMIN

Die primitive Operation *deletemax* kann ganz analog implementiert werden, wobei lediglich in Zeile [6] das Maximum der Prioritäten (⌈/VALUES) anstelle des Minimums (⌊/VALUES) zu ermitteln ist. Wir wollen daher auf die Programmliste verzichten.

Damit haben wir unsere Implementierung des ADT Priority Queue abgeschlossen und können diese für ein Anwendungsbeispiel verwenden.

8.5.3 Eine Anwendung des ADT Priority Queue

Wie bei der Queue wollen wir auch hier als Anwendung ein Beispiel aus der diskreten Simulation wählen. Der Schützenverein eines kleinen Dorfes beabsichtige, eine Schiessveranstaltung auf die folgende Weise durchzuführen: Zuerst soll auf die A-Scheibe geschossen werden, dann auf die B-Scheibe und schliesslich auf die C-Scheibe. Pro Scheibe können maximal 120 Punkte erzielt werden. Guten Schützen soll ermöglicht werden, das Schiessen möglichst rasch zu absolvieren, um früher zum „gemütlichen zweiten Teil" im Restaurant übergehen zu können: Wer beim ersten oder zweiten Schiessen mindestens 90 Punkte erzielt, bekommt für das nächste Schiessen die Priorität 1 zugeteilt. Wer weniger erreicht, aber mindestens 60 Punkte, bekommt die Priorität 2, und die übrigen die tiefste Priorität 3. Beim ersten Schiessen treten die Schützen gemäss ihrer Ankunftsreihenfolge an.

Vor der eigentlichen Schiessveranstaltung soll der Anlass mit Hilfe eines Computerprogramms *MATCH* simuliert werden. Wir treffen dazu die folgenden konkreten Annahmen: Die Reihenfolge der Ankünfte, die für das erste Schiessen ausschlaggebend ist, sei Ueli, Fritz, Rösi, Ruedi, Ernst, Peter, Vreni, Walter, Hans und Werner. Wir nehmen an, dass beim ersten und zweiten Schiessen die Prioritäten 1, 2 und 3 mit den Wahrscheinlichkeiten 0.1, 0.5 und 0.4 zugeteilt werden können. (Insbesondere setzen wir also voraus, dass die Zuteilung der Prioritäten beim zweiten Teilschiessen unabhängig von derjenigen beim ersten Teilschiessen ist. Dies ist zwar nicht ganz

```
        ∇ MATCH [□] ∇
     ∇
[0]    RES←MATCH;QUEUE1;PQUEUE2;PQUEUE3;NEXT
[1]    ⍝
[2]    ⍝* MATCH simuliert Schuetzenfest
[3]    ⍝* Aufruf: [Resultat ←] MATCH
[4]    ⍝
[5]    QUEUE1←⍳0                    ⍝ initialisieren
[6]    QUEUE1←ENQUEUE 'Ueli' QUEUE1  ⍝ Ankunft 1
[7]    QUEUE1←ENQUEUE 'Fritz' QUEUE1 ⍝ Ankunft 2
[8]    QUEUE1←ENQUEUE 'Roesi' QUEUE1 ⍝ Ankunft 3
[9]    QUEUE1←ENQUEUE 'Ruedi' QUEUE1 ⍝ Ankunft 4
[10]   QUEUE1←ENQUEUE 'Ernst' QUEUE1 ⍝ Ankunft 5
[11]   QUEUE1←ENQUEUE 'Peter' QUEUE1 ⍝ Ankunft 6
[12]   QUEUE1←ENQUEUE 'Vreni' QUEUE1 ⍝ Ankunft 7
[13]   QUEUE1←ENQUEUE 'Walter' QUEUE1 ⍝ Ankunft 8
[14]   QUEUE1←ENQUEUE 'Hans' QUEUE1  ⍝ Ankunft 9
[15]   QUEUE1←ENQUEUE 'Werner' QUEUE1 ⍝ Ankunft 10
[16]   □←'PRIORITAETEN NACH A-SCHEIBE:'
[17]   □←⊃[2]PQUEUE2←SIMULATE1 QUEUE1 ⍝ A-Scheibe
[18]   □←'PRIORITAETEN NACH B-SCHEIBE:'
[19]   □←⊃[2]PQUEUE3←SIMULATE2 PQUEUE2 ⍝ B-Scheibe
[20]   RES←⍳0                       ⍝ initialisieren
[21]   LOOP:                        ⍝ Sortieren
[22]   →(EMPTY PQUEUE3)/0           ⍝ Abbruch
[23]   (NEXT PQUEUE3)←DELETEMIN PQUEUE3 ⍝ naechster
[24]   RES←RES,1↑NEXT               ⍝ Resultat
[25]   →LOOP
     ∇
```

Abb. 79. Programm MATCH

realistisch, vereinfacht aber unsere Lösung.) Als Resultat soll uns lediglich die Reihenfolge für das Schiessen auf die C-Scheibe interessieren, somit brauchen wir uns in unserem Programm nicht um die für die drei Teilschiessen benötigten Zeiten zu kümmern. Auch können wir darauf verzichten, das dritte Schiessen zu simulieren, da das gesuchte Resultat bereits nach dem zweiten Schiessen feststeht. D.h. für unsere Aufgabenstellung reicht das Modellieren und Simulieren der ersten beiden Schiessen aus.

Dementsprechend haben wir unser Simulationsprogramm *MATCH* aufgebaut. Zuerst wird eine Queue QUEUE1 erstellt, die die Kandidaten für das erste Teilschiessen (gemäss ihrer Ankunftsreihenfolge) enthält. Dann wird die Funktion *SIMULATE1* auf QUEUE1 angewendet. Diese Funktion simuliert das Schiessen auf die A-Scheibe und ordnet jedem Kandidaten eine Priorität 1, 2 oder 3 zu. *SIMULATE1* übergibt die Kandidaten zusammen mit den Prioritäten für das Schiessen auf die B-Scheibe in Form einer Priority Queue PQUEUE2. Analog wird das Schiessen auf die B-Scheibe mittels der Funktion *SIMULATE2* simuliert, welche auf die Priority Queue PQUEUE2 angewendet wird. Auch hier erhält man als Resultat eine Priority Queue PQUEUE3, in der jedem Kandidaten die Priorität für das Schiessen auf

8. Mengen und Abbildungen

die C-Scheibe zugeordnet ist. An dieser Stelle steht das Resultat von *MATCH* eigentlich bereits fest. Wir wollen – da die Elemente einer Priority Queue bei unserer Implementierung unsortiert vorliegen – PQUEUE3 noch sortieren und die Namen gemäss der Reihenfolge der Prioritäten – jedoch ohne die Prioritäten – ins Resultat RES aufnehmen. Dazu wenden wir *deletemin* wiederholt auf die Priority Queue PQUEUE3 an, bis diese leer ist.

Selbstverständlich hätten wir *MATCH* auch etwas anders realisieren können. Anstatt die Queue mit 10-maligem Aufruf von *enqueue* aufzubauen, hätten wir mit *createlist* und den 10 Namen als Argument die gleiche Queue erhalten. Das Sortieren von PQUEUE3 könnten wir auch mit ⍋ (d.h. mit der Anweisung PQUEUE3[⍋2⊃¨PQUEUE3]) vornehmen, jedoch wollten wir hier den ADT Priority Queue voll zum Zug kommen lassen.

Die Struktur der Funktion *SIMULATE1* besteht hauptsächlich aus einer Schleife. Bei jedem Durchgang entnehmen wir einen Kandidaten aus der Queue QUEUE [8] und berechnen seine Priorität für das Schiessen auf die B-Scheibe, indem wir analog zur Funktion *JUMPTIME* (vgl. Abb. 51 auf Seite 129) eine Zufallszahl zwischen 1 und 3 mit den vorgegebenen Wahrscheinlichkeiten erzeugen [9]. Schliesslich wird der Kandidat zusammen mit seiner Priorität in die Priority Queue PQUEUE aufgenommen [10]:

```
      ∇ SIMULATE1 [◻] ∇
      ∇
[0]   PQUEUE←SIMULATE1 QUEUE;CAND;PRIO
[1]   ⍝
[2]   ⍝* SIMULATE1 simuliert Schiessen auf A-Scheibe
[3]   ⍝* Aufruf: [Resultat ←]  SIMULATE1 Queue
[4]   ⍝
[5]   PQUEUE←⍳0              ⍝ initialisieren
[6]   LOOP:
[7]   →(EMPTY QUEUE)/0        ⍝ Abbruch
[8]   (CAND QUEUE)←DEQUEUE QUEUE  ⍝ Kandidat
[9]   PRIO←↑((?10)≤10×+\.1 .5 .4)/⍳3  ⍝ Prioritaet
[10]  PQUEUE←INSERT(CAND PRIO)PQUEUE  ⍝ in Prio_Queue
[11]  →LOOP
      ∇
```

Abb. 80. Funktion SIMULATE1

Analog sieht die Funktion *SIMULATE2* aus. Der Unterschied zu *SIMULATE1* besteht darin, dass *SIMULATE2* auf eine Priority Queue statt auf eine Queue angewendet wird und folglich *deletemin* anstelle von *dequeue* verwendet [8]. Ferner ist zu beachten, dass ein mit *deletemin* aus PQUEUE1 entnommenes Element ein Paar der Form *(Element, Priorität)* ist, wovon für die zweite Priority Queue PQUEUE2 nur der erste Teil (1⊃CAND) von Interesse ist [10]:

```
        ∇ SIMULATE2 [▯] ∇
     ∇
[0]    PQUEUE2←SIMULATE2 PQUEUE1;CAND;PRIO
[1]    ⍝
[2]    ⍝* SIMULATE2 simuliert Schiessen auf B-Scheibe
[3]    ⍝* Aufruf: [Resultat ←]  SIMULATE2 PQueue
[4]    ⍝
[5]    PQUEUE2←⍳0                    ⍝ initialisieren
[6]    LOOP:                         ⍝ Schleife
[7]    →(EMPTY PQUEUE1)/0            ⍝ Abbruch
[8]    (CAND PQUEUE1)←DELETEMIN PQUEUE1  ⍝ Kandidat
[9]    PRIO←↑((?10)≤10×+\.1 .5 .4)/⍳3    ⍝ Prioritaet
[10]   PQUEUE2←INSERT((1⊃CAND)PRIO)PQUEUE2 ⍝ in Prio_Queue
[11]   →LOOP
     ∇
```

Abb. 81. Funktion SIMULATE2

Jetzt wollen wir uns noch eine Ausführung unseres Programms *MATCH* anschauen:

```
     MATCH
PRIORITAETEN NACH A-SCHEIBE:
  Ueli    3
  Fritz   2
  Roesi   3
  Ruedi   3
  Ernst   2
  Peter   1
  Vreni   3
  Walter  2
  Hans    3
  Werner  3
PRIORITAETEN NACH B-SCHEIBE:
  Peter   3
  Fritz   2
  Ernst   1
  Walter  3
  Ueli    2
  Roesi   3
  Ruedi   3
  Vreni   3
  Hans    2
  Werner  2
Ernst Fritz Ueli Hans Werner Peter Walter Roesi Ruedi Vreni
```

An den Zwischenresultaten (Prioritäten nach der A- bzw. B-Scheibe) erkennen wir leicht, dass unsere Priority Queues als lineare Listen implementiert sind, da die Elemente ihre alte Reihenfolge beibehalten haben (d.h. nach der A-Scheibe die Ankunftsreihenfolge und nach der B-Scheibe die Reihenfolge gemäss den Prioritäten nach der A-Scheibe). Beim sortierten Resultat ist auch gut ersichtlich, dass innerhalb der einzelnen Prioritäten die vorherige Reihenfolge der Elemente beibehalten wurde.

8.6 Anwendung auf relationale Datenbanken

Als eine etwas grössere Anwendung des ADT Menge wollen wir relationale Datenbanken betrachten. Allerdings kann hier keine gründliche Einführung in dieses grosse Gebiet[3] vermittelt werden. Wir wollen uns auf einige wenige Aspekte beschränken, die im Zusammenhang mit Mengen von Interesse sind.

Eine **relationale Datenbank** kann als Familie von zweidimensionalen Tabellen aufgefasst werden. Jede Tabelle besteht aus einer **Kopfzeile** mit **Attributnamen** und einem **Inhalt**, welcher weitere Zeilen mit **Attributwerten** enthält. Die Kopfzeile wird als zeitunabhängig aufgefasst, während der Inhalt i.a. zeitabhängig ist (Verändern, Hinzufügen und Entfernen von Zeilen). Der Inhalt einer Tabelle kann mathematisch als **Relation** aufgefasst werden – daher der Name *relationale Datenbank*. Die Zeilen des Inhalts heissen dann **Tupel**. Wir betrachten als Beispiel eine kleine Datenbank GASTHOF, die nur aus den drei Tabellen RAUM, MENÜ und SPEISEKARTE bestehen soll. Die zugehörigen Attribute sind – in der gebräuchlichen Notation – wie folgt in Klammern angegeben:

RAUM (NAME, KARTE, PLÄTZE)

MENÜ (BEZEICHNUNG, CODE, PREIS, ANZAHL)

SPEISEKARTE (KARTE, CODE)

Für jeden Raum ist bekannt, wieviele Sitzplätze er aufweist und welche Speisekarte benutzt wird. Für jedes der angebotenen Menüs ist der Preis und ein Code als Kurzbezeichnung festgelegt, ferner die Anzahl, in der es maximal zubereitet werden kann. Schliesslich ist bestimmt, welche Menüs auf welchen Speisekarten aufgeführt sind. Abb. 82 zeigt, wie diese Datenbank im Falle einer Gaststätte mit vier Räumen, fünf Menüs und drei Speisekarten zu einem bestimmten Zeitpunkt aussehen könnte.

Um aus Datenbanken Informationen zu gewinnen, werden häufig sogenannte **Queries** (Anfragen, Abfragen) formuliert, in unserem Fall zum Beispiel:

– *Query 1:* Von welchen Menüs, die höchstens 12 DM kosten, können mehr als 50 zubereitet werden?

– *Query 2:* In welchen Räumen können 30 Personen Wurstsalat essen?

Eine Möglichkeit, um Queries zu verarbeiten, bildet die sogenannte **Relationenalgebra,** die in unserem einfachen Fall nur drei Operationen umfassen soll:

---

[3] Für eine Einführung in das Gebiet der Datenbanken sei z.B. auf [LoSc87] verwiesen.

```
SHOWTABLE RAUM

NAME         KARTE PLAETZE              SHOWTABLE SPEISEKARTE
----         ----- -------
ARVENSTUBE   A       30                 KARTE CODE
BAERENSTUBE  B       45                 ----- ----
SAELI        B       80                 A     R1
FELSENBAR    C       25                 A     R2
                                        A     FO
     SHOWTABLE MENUE                    A     RA
                                        B     R1
BEZEICHNUNG  CODE PREIS ANZAHL          B     R2
-----------  ---- ----- ------          B     FO
SENNENROESTI R1    12     40            B     RA
SPECKROESTI  R2    10     55            B     WS
FONDUE       FO    15     30            C     R1
RACLETTE     RA    13     60            C     R2
WURSTSALAT   WS     8.5   80            C     WS
```

Abb. 82. Datenbank GASTHOF

- *select*: Es werden diejenigen Zeilen einer Tabelle ausgewählt, die eine bestimmte Bedingung erfüllen.
- *project*: Es werden bestimmte Spalten einer Tabelle ausgewählt. Dabei können identische Zeilen entstehen, von denen nur je eine berücksichtigt wird.
- *join*: Diese Operation arbeitet mit zwei Tabellen, von denen wir voraussetzen, dass sie genau ein gemeinsames Attribut A haben. *join* konkateniert zuerst jede Zeile des Inhalts der ersten Tabelle mit jeder Zeile des Inhalts der zweiten Tabelle (für die dabei entstehende Tabelle wird in der Mathematik der Begriff **kartesisches Produkt** verwendet). Davon werden nur diejenigen Zeilen berücksichtigt, welche bezüglich A den gleichen Attributwert haben. Die so entstehende Tabelle hat zwei identische Spalten, von welchen die zweite noch weggelassen wird.

Mit Hilfe dieser drei Operationen lassen sich unsere zwei Queries wie folgt ausdrücken:

- *Query 1:* Wähle in der Tabelle MENÜ mittels *select* diejenigen Zeilen aus, in denen das Attribut PREIS einen Wert kleiner oder gleich 12 hat und das Attribut ANZAHL einen Wert grösser als 50 aufweist. Aus der so erhaltenen Tabelle können dann mittels *project* die Spalten BEZEICHNUNG, PREIS und ANZAHL als Resultat ausgegeben werden.
- *Query 2:* Verbinde die drei Tabellen mittels *join* zu einer neuen Tabelle, und zwar zuerst RAUM und SPEISEKARTE bzgl. des Attributs KARTE und dann die dabei erhaltene Tabelle mit MENÜ bzgl. des Attributs CODE. Wähle in dieser Tabelle mittels *select* diejenigen Zeilen aus, in

8. Mengen und Abbildungen

denen das Attribut BEZEICHNUNG den Wert WURSTSALAT hat und das Attribut PLÄTZE einen Wert grösser oder gleich 30 aufweist. Aus der so erhaltenen Tabelle kann mittels *project* schliesslich die Spalte NAME als Resultat ausgegeben werden.

Im folgenden stellen wir die APL2-Datenstrukturen und Funktionen zur Implementierung eines einfachen relationalen Datenbanksystems vor und illustrieren diese anhand des in Abb. 82 gezeigten Beispiels. Jede Tabelle (Relation) einer relationalen Datenbank wird als eine 2×1-Matrix implementiert. Das erste Element enthält die Attributnamen der einzelnen Tabellenspalten, während das zweite aus dem Inhalt (Tabelle der Tupel der Attributwerte) besteht. Im Unterschied zu den vorhergehenden Abschnitten wollen wir hier die Menge (Tabelle) der Tupel also nicht als Vektor, sondern als Matrix implementieren. Diese Datenstruktur hat den Vorteil, dass sie für den Anwender etwas übersichtlicher ist. Im übrigen sind die beiden Implementierungen gleichwertig, und für die Umformung gelten die folgenden Beziehungen:

```
Tupelmenge ← ⊂[2] Matrix
Matrix     ← ⊃[2] Tupelmenge
```

(Diese Beziehungen werden wir bei der Implementierung der Operationen *project* und *join* verwenden, damit wir dort die Funktion *UNIQUE* aus Abb. 8 auf Seite 73 einsetzen können.) Abb. 84 zeigt die Struktur der Tabelle MENÜ. Abb. 83 enthält die Programmliste der Funktion *SHOWTABLE*, welche eine übersichtliche Darstellung einer Datenbanktabelle erzeugt (die Tabellen in Abb. 82 wurden mit dieser Funktion erstellt).

```
      ∇ SHOWTABLE [□] ∇
   ∇
[0]    RES←SHOWTABLE TABLE;HEADER
[1]    A
[2]    A* SHOWTABLE gibt eine Datenbanktabelle aus
[3]    A* Aufruf: [Resultat ←]  SHOWTABLE   Tabelle
[4]    A
[5]    HEADER←(⊂1 1)⊃TABLE            A Spaltenbeschriftung
[6]    A--- Output zusammensetzen:
[7]    RES←HEADER,[1]((ρ"HEADER)ρ'-'),[1](⊂2 1)⊃TABLE
   ∇
```

Abb. 83. Funktion SHOWTABLE

Die Operation *select* erlaubt die Auswahl von Zeilen einer Tabelle, die ein bestimmtes Kriterium erfüllen. Beispielsweise können alle Räume in der Tabelle RAUM bestimmt werden, in denen die Speisekarte B verwendet wird und mindestens 50 Leute gleichzeitig bedient werden können. In APL2 wollen wir diese Abfrage folgendermassen formulieren:

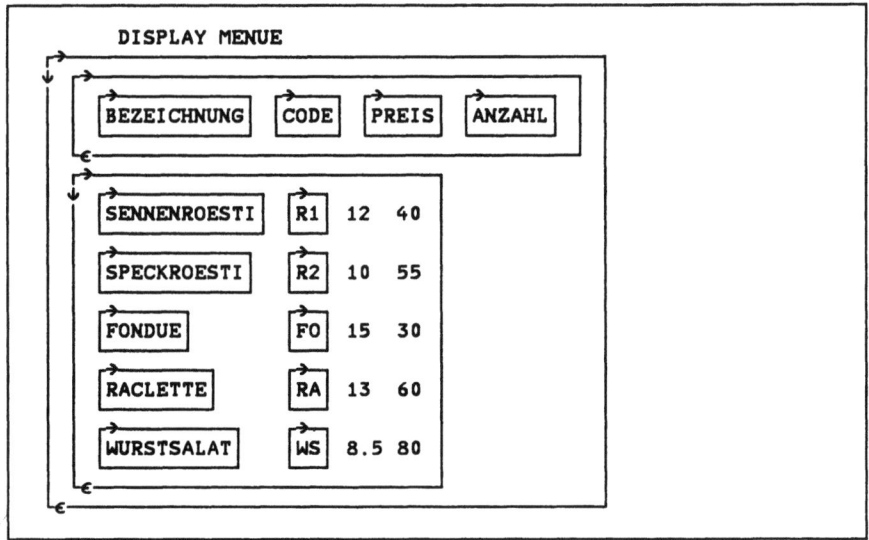

Abb. 84. Struktur der Tabelle MENÜ

```
RAUM    SELECT  ('KARTE' '=' 'B') 'AND' ('PLAETZE' '≥' 50)
```

In Worten: *select* soll aus der Tabelle RAUM diejenigen Zeilen auswählen, bei denen in der Spalte KARTE ein B und in der Spalte PLÄTZE ein Wert grösser oder gleich 50 vorkommt.

Wir wollen uns vorerst auf eine Teilaufgabe von *select* beschränken, nämlich auf die Auswahl von Zeilen aufgrund eines einzigen Attributs. Für diese Teilaufgabe wollen wir Auswahlbedingungen zulassen, die eine der zwei folgenden Formen aufweisen:

(1) *'Name des Attributs'* *'Vergleichsoperator'* Wert

(2) *'Name des Attributs'* *'Vergleichsoperator'* *' < Name eines zweiten Attributs'*

Mit Hilfe des Namens des interessierenden Attributs lässt sich aus der Liste der Attributnamen die zugehörige Spaltennummer berechnen (bei Form (2) gilt dasselbe natürlich auch für das zweite Attribut, das Vergleichsattribut). Als Vergleichsoperatoren sollen =, ≠, <, ≤, ≥, > zugelassen sein. Es werden nun diejenigen Zeilen der Tabelle ausgewählt, deren Werte in der interessierenden Spalte die Vergleichsrelation mit dem vorgegebenen Wert bzw. mit der Vergleichsspalte erfüllen. Abb. 85 enthält die Funktion *SELECT_ONE*, die für diese Teilaufgabe erstellt wurde.

Nun zurück zu *select* (Programmliste in Abb. 86). Das Auswahlkriterium von *select* soll von der folgenden Form sein:

(*Bedingung 1*) {'AND' | 'OR'} (*Bedingung 2*) {'AND' | 'OR'} ...

8. Mengen und Abbildungen

```
        ∇ SELECT_ONE [⎕] ∇
    ∇
[0]    RES←TABLE SELECT_ONE ARGUMENT;RELOP;KEY;COL;VALUE;NOT;
       HEADER;VALUE_TAB;COL2
[1]    ⍝
[2]    ⍝* SELECT_ONE fuehrt SELECT fuer eine einzige Spalte durch
[3]    ⍝* Aufruf: [Res ←]  Tabelle  SELECT_ONE  Selektionsargument
[4]    ⍝*  mit    Selektionsargument = ('Key' 'relop' Wert)
[5]    ⍝* oder   Selektionsargument = ('Key' 'relop' '<Referenzkey')
[6]    ⍝
[7]    (HEADER VALUE_TAB)←,TABLE       ⍝ auseinandernehmen
[8]    RES←(↑⍴VALUE_TAB)⍴0             ⍝ fuer Fehlerfall
[9]    (KEY RELOP VALUE)←ARGUMENT      ⍝ Argument separieren
[10]   NOT←(RELOP='≠')/'~'             ⍝ NOT fuer ≠
[11]   ⍎(RELOP∊'=≠')/'RELOP←''=''' ⍝ = und ≠ durch = ersetzen
[12]   COL←HEADER⍳⊂KEY                 ⍝ Spaltenindex
[13]   ⍎(COL>⍴HEADER)/'→0,⍴⎕←''ungueltiger Schluessel:'' KEY'
[14]   →('<'∊VALUE)/REFERENCE          ⍝ Vergleich mit Spalte
[15]   ⍝--- Auswaehlen der interessierenden Zeilen:
[16]   ⍎'RES←',NOT,'VALUE_TAB[;COL]',RELOP,'⊂VALUE'
[17]   →0
[18]   REFERENCE:     ⍝--- Vergleich mit Spalte COL2:
[19]   COL2←1+(↑⍴HEADER)-(⌽HEADER)⍳⊂VALUE~'<'
[20]   ⍎(COL2≤0)/'→0,⍴⎕←''ungueltiger Schluessel:'' VALUE'
[21]   ⍝--- Auswaehlen der interessierenden Zeilen:
[22]   ⍎'RES←',NOT,'VALUE_TAB[;COL]',RELOP,'⍉VALUE_TAB[;COL2]'
    ∇
```

Abb. 85. Funktion SELECT_ONE

wo {'AND' | 'OR'} bedeutet, dass entweder 'AND' oder 'OR' gewählt werden kann, und wo *Bedingung 1, Bedingung 2,* usw. von der Form (1) oder (2) der Auswahlbedingung von *SELECT_ONE* sein sollen. *select* wendet auf jede dieser Bedingungen die Funktion *SELECT_ONE* an. Für jede der Bedingungen liefert *SELECT_ONE* einen Bitvektor, in welchem die auszuwählenden Zeilen durch eine 1 gekennzeichnet sind. *SELECT_ONE* liefert also eine Menge, welche als Bitvektor implementiert ist (vgl. 8.3 „Bitvektor-Implementierung"). Somit kann zum Verknüpfen mittels *and* die Funktion *INTERSECTION* und mittels *or* die Funktion *UNION* aus diesem Abschnitt verwendet werden (vgl. Programmliste in Abb. 68 auf Seite 156). Die Funktion *COMPOSE* in Abb. 87 führt diese Verknüpfung aus.

174   Teil C: Nichtlineare Datenstrukturen

```
        ∇ SELECT [□] ∇
    ∇
[0]     RES←TABLE SELECT ARGS;HEADER;VALUES;AND_OR;SIMPLE_RES;NUMBER
[1]     ⍝
[2]     ⍝※ SELECT fuehrt SELECT in Datenbanktabelle durch
[3]     ⍝※ Aufruf: [Res ←] Tabelle SELECT  Selektionsargumente
[4]     ⍝※ mit Selektionsargumente =
[5]     ⍝※            ('Key' 'relop' Wert) 'AND'/'OR' ...
[6]     ⍝
[7]     →(2≥=ARGS)/'ARGS←,⊂ARGS'           ⍝ falls nur eine Bedingung
[8]     (HEADER VALUES)←,TABLE             ⍝ auseinandernehmen
[9]     RES←2 1⍴HEADER((¯2↑⍴HEADER)⍴0)    ⍝ fuer Fehlerfall
[10]    →(1≠2|NUMBER←⍴ARGS)/'→0,⍴□←''ungueltige Anzahl Argumente'''
[11]    AND_OR←ARGS[2×⍳⌊NUMBER+2]          ⍝ ANDs und ORs (evtl. leer)
[12]    ⍝
[13]    ⍝-- SELECT_ONE auf einzelne Spalten anwenden:
[14]    SIMPLE_RES←(⊂TABLE)SELECT_ONE¨ARGS[¯1+2×⍳(NUMBER+1)÷2]
[15]    ⍝
[16]    ⍝-- AND und OR auf Mengenoperationen uebersetzen:
[17]    AND_OR←('INTERSECTION' 'UNION' '•')[('AND' 'OR')⍳AND_OR]
[18]    →('•'∊AND_OR)/'→0,⍴□←''ungueltige Verknuepfung(en)'''
[19]    ⍝
[20]    ⍝-- Gesamtresultat durch Vereinigen und Schneiden:
[21]    RES←2 1⍴HEADER((∊AND_OR COMPOSE SIMPLE_RES)⌿VALUES)
    ∇
```

Abb. 86. Funktion SELECT

```
        ∇ COMPOSE [□] ∇
    ∇
[0]     RES←OPERATORS COMPOSE BITSTRINGS
[1]     ⍝
[2]     ⍝※ COMPOSE fuehrt Vereinigung und Schnitt fuer SELECT durch
[3]     ⍝※ Aufruf: [Resultat ←] Operationen COMPOSE Bitstrings
[4]     ⍝
[5]     →(0=⍴OPERATORS)/'→0,⍴RES←↑BITSTRINGS' ⍝ Rekursionsabbruch
[6]     ⍝-- rekursiver Aufruf:
[7]     ⍎'RES←((1↓OPERATORS)COMPOSE 1↓BITSTRINGS) ',(↑OPERATORS),
        ' ↑BITSTRINGS'
    ∇
```

Abb. 87. Funktion COMPOSE

Die oben aufgeführte *select*-Abfrage ergibt folgendes Resultat:

```
        SHOWTABLE RAUM SELECT ('KARTE' '=' 'B')
                        'AND' ('PLAETZE' '≥' 50)
NAME    KARTE  PLAETZE
----    -----  -------
SAELI   B          80
```

8. Mengen und Abbildungen

Analog können aus der Tabelle MENÜ all diejenigen Zeilen ausgewählt werden, in denen der Wert des Attributs PREIS kleiner als der Wert des Attributs ANZAHL ist. Dazu würde man folgende Anfrage formulieren:

```
MENUE SELECT ('PREIS' '<' '<ANZAHL')
```

Da alle Zeilen diese Bedingung erfüllen, ist das Resultat dieser Abfrage mit der Tabelle MENÜ identisch.

Wir kommen nun zur Operation *project*, mit der einzelne Spalten einer Tabelle ausgewählt werden können. Beispielsweise kann *project* aus der Tabelle RAUM eine Tabelle mit den beiden Spalten NAME und PLÄTZE erzeugen. In APL2 wollen wir den dazu nötigen Programmaufruf wie folgt formulieren:

```
RAUM PROJECT 'NAME' 'PLAETZE'
```

In Worten: *project* soll aus der Tabelle RAUM die Spalten mit den Attributnamen NAME und PLÄTZE auswählen.

Die Operation *project* kann einfach implementiert werden (siehe Abb. 88): Zuerst müssen die Indizes der gewünschten Attribute in der Liste der Attributnamen bestimmt werden. Diese Indizes sind gleichzeitig die Indizes der gewünschten Spalten der Attributwerte und können direkt zu deren Auswahl verwendet werden. Am Schluss ist noch sicherzustellen, dass von allenfalls entstandenen mehrfach vorkommenden Zeilen nur je eine berücksichtigt wird (wozu wir die Funktion *UNIQUE* aus Abb. 8 auf Seite 73 auf die in einen Vektor umgewandelte Tabelle anwenden).

Beispiel:

```
        SHOWTABLE RAUM PROJECT 'NAME' 'PLAETZE'
NAME            PLAETZE
----            -------
ARVENSTUBE           30
BAERENSTUBE          45
SAELI                80
FELSENBAR            25
```

Schliesslich wollen wir noch schauen, wie die Operation *join* zu implementieren ist. Mit *join* können zwei Tabellen, die ein gemeinsames Attribut aufweisen, zu *einer* Tabelle zusammengefasst werden. So lassen sich beispielsweise die beiden Tabellen SPEISEKARTE und MENÜ aufgrund ihres gemeinsamen Attributs CODE zusammenfassen, wozu wir den folgenden Programmaufruf verwenden wollen:

```
(SPEISEKARTE MENUE) JOIN 'CODE'
```

```
        ∇ PROJECT [▢] ∇
     ∇
[0]    RES←TABLE PROJECT COLUMNS;HEADER;VALUES;COLS;TEMP
[1]    ⍝
[2]    ⍝* PROJECT fuehrt Projektion von Datenbanktabellen durch
[3]    ⍝* Aufruf: [Resultat ←] Tabelle PROJECT Spaltennamen
[4]    ⍝
[5]    ⍎(1≥=⍴COLUMNS)/'COLUMNS←,⊂COLUMNS'       ⍝ nur ein Attribut
[6]    (HEADER VALUES)←,RES←TABLE               ⍝ auseinandernehmen
[7]    COLS←HEADER⍳COLUMNS                      ⍝ Spaltennummern
[8]    ⍎(∨/COLS>⍴HEADER)/'→0,⍴▢←''ungueltige Spaltennamen'''
[9]    TEMP←⊃[2]UNIQUE⊂[2](⊂COLS)⌷[2]VALUES     ⍝ auswaehlen
[10]   RES←2 1⍴COLUMNS TEMP                     ⍝ Resultat
     ∇
```

Abb. 88. Funktion PROJECT

Das heisst: *join* soll aus den beiden Tabellen SPEISEKARTE und MENÜ eine neue Tabelle bilden, wobei zum Zusammenfügen das gemeinsame Attribut CODE zu gebrauchen ist.

Ein erster Schritt von *join* (Programmliste in Abb. 90) besteht darin, jede Zeile von Attributwerten der ersten Tabelle mit jeder Zeile von Attributwerten der zweiten Tabelle zu konkatenieren. Dazu werden beide Tabellen in Vektoren umgeformt, wobei jede Zeile zu einem Vektorelement wird. Auf diese beiden Vektoren wird das *äussere Produkt* ∘., angewendet. Das dabei erhaltene Resultat wird wieder in eine zweidimensionale Tabelle zurückverwandelt. Für diesen ersten Schritt wird die folgende Funktion *CARTESIAN* verwendet:

```
        ∇ CARTESIAN [▢] ∇
     ∇
[0]    RES←TAB1 CARTESIAN TAB2;HEADER;VALUES
[1]    ⍝
[2]    ⍝* CARTESIAN bildet das kartesisches Produkt
[3]    ⍝* zweier Datenbanktabellen
[4]    ⍝* Aufruf: [Res ←] Tabelle_1 CARTESIAN Tabelle_2
[5]    ⍝
[6]    HEADER←↑,/(⊂⊂1 1)⊃¨TAB1 TAB2              ⍝ Header
[7]    VALUES←⊃[2],(⊂[2](⊂2 1)⊃TAB1)∘.,⊂[2](⊂2 1)⊃TAB2  ⍝ Werte
[8]    RES←2 1⍴HEADER VALUES                     ⍝ Resultat zusammensetzen
     ∇
```

Abb. 89. Funktion CARTESIAN

Im nächsten Schritt werden mit *select* diejenigen Zeilen ausgewählt, bei denen die beiden Spalten des gemeinsamen Attributs gleiche Werte aufweisen. Mit *project* und *UNIQUE* wird schliesslich von den zwei identischen Spalten des gemeinsamen Attributs die zweite eliminiert.

8. Mengen und Abbildungen   177

```
       ∇ JOIN [□] ∇
    ∇
[0]    RES←TAB1_TAB2 JOIN KEY;TAB1;TAB2
[1]    A
[2]    A* JOIN fuegt zwei Datenbanktabellen aufgrund einer
[3]    A* gemeinsamen Spalte zusammen
[4]    A* Aufruf: [Res ←] (Tab_1 Tab_2) JOIN Spaltenname
[5]    A
[6]    (TAB1 TAB2)←TAB1_TAB2              A Tabellen separieren
[7]    RES←TAB1 CARTESIAN TAB2            A kartesisches Produkt
[8]    RES←RES SELECT,⊂(KEY '='('<',KEY)) A gleiche Spaltenwerte
[9]    RES←RES PROJECT UNIQUE(⊂1 1)⊃RES   A keine doppelte Spalte
    ∇
```

Abb. 90. Funktion JOIN

Beispiel:

```
       SHOWTABLE (SPEISEKARTE MENUE) JOIN 'CODE'
KARTE CODE BEZEICHNUNG  PREIS ANZAHL
----- ---- -----------  ----- ------
  A    R1  SENNENROESTI  12     40
  A    R2  SPECKROESTI   10     55
  A    FO  FONDUE        15     30
  A    RA  RACLETTE      13     60
  B    R1  SENNENROESTI  12     40
  B    R2  SPECKROESTI   10     55
  B    FO  FONDUE        15     30
  B    RA  RACLETTE      13     60
  B    WS  WURSTSALAT     8.5   80
  C    R1  SENNENROESTI  12     40
  C    R2  SPECKROESTI   10     55
  C    WS  WURSTSALAT     8.5   80
```

Damit haben wir die nötigen Werkzeuge für unsere Abfragen *Query 1* und *Query 2* zusammengestellt. Schauen wir uns ihre Formulierung und Resultate an:

– *Query 1:*

```
       X←MENUE SELECT ('PREIS' '≤' 12) 'AND' ('ANZAHL' '>' 50)
       SHOWTABLE X PROJECT 'BEZEICHNUNG' 'PREIS' 'ANZAHL'
BEZEICHNUNG PREIS ANZAHL
----------- ----- ------
SPECKROESTI  10     55
WURSTSALAT    8.5   80
```

– *Query 2:*

```
X←(RAUM SPEISEKARTE) JOIN 'KARTE'
Y←(X MENUE) JOIN 'CODE'
Z←Y SELECT ('BEZEICHNUNG' '=' 'WURSTSALAT')
         'AND' ('PLAETZE' '≥' 30)
SHOWTABLE Z PROJECT 'NAME'
```
NAME

BAERENSTUBE
SAELI

Damit wollen wir unser Beispiel einer relationalen Datenbank verlassen. Die vorgestellten Programme und Tabellen dürften genügen, um zu zeigen, wie mit Hilfe des ADT Menge relationale Datenbanken realisiert werden können. Selbstverständlich müssten für eine in der Praxis einsetzbare Datenbanksoftware noch viele weitere Programme erstellt werden, die aber durchaus auf dem hier vorgestellten Ansatz aufbauen könnten.

9. Bäume

9.1 Der abstrakte Datentyp Binärer Baum

Ein Objekt dieses ADT, also ein einzelner **binärer Baum**, besteht grundsätzlich aus drei Teilen, nämlich der **Wurzel** (engl. Root), dem **linken Unterbaum** und dem **rechten Unterbaum**. Die Wurzel ist einfach ein bestimmtes Element des Objekts, der linke und rechte Unterbaum sind ihrerseits binäre Bäume. Der **leere binäre Baum**, der keine Elemente − auch keine Wurzel − enthält, ist als Spezialfall auch zugelassen. Abb. 91 zeigt einen binären Baum in der üblichen Darstellung, welche tatsächlich an einen Baum erinnert, der allerdings auf dem Kopf steht. Die Wurzel hat den Wert 6.5, die Elemente mit Werten < 6.5 bilden den linken Unterbaum, die Elemente mit Werten > 6.5 den rechten Unterbaum. Wie bei den linearen Listen spricht man statt von Elementen auch oft von **Knoten**. Der Knoten mit Wert 11.1 hat einen **Vater** (mit Wert 6.5), einen **linken Sohn** (mit Wert 7) und einen **rechten Sohn** (mit Wert 19). (Diese eingebürgerten Begriffe sind selbstverständlich weder frauenfeindlich noch politisch gemeint.) Offenbar hat der Knoten mit Wert 11.1 einen **Vorgänger** und drei **Nachfolger**. Söhne des gleichen Knotens heissen **Brüder**. Ein Knoten, der keine Söhne hat, wird **Blatt** genannt. Die anderen Knoten heissen **Nichtblatt-Knoten**. Für die Knoten eines binären Baumes T kann eine Beziehung $x < y$ relativ natürlich wie folgt definiert werden: $x < y$ gilt genau dann, wenn x Vorgänger von y ist. Da − anders als bei den linearen Listen − für je zwei Elemente x und y nicht zwingend $x < y$ oder $y < x$ gelten muss, definiert $<$ keine lineare Ordnung. Als Datenstrukturen aufgefasst, werden die binären Bäume deshalb zu den **nichtlinearen** gezählt.

Zum ADT Binärer Baum gehört auch eine Menge Op von primitiven Operationen. Die richtige Auswahl ist weniger natürlich vorgegeben bzw. anwendungsabhängiger als bei den bisher behandelten abstrakten Datentypen. Die folgenden Operationen werden aber in vielen Fällen geeignete Kandidaten sein:

− *makebintree(T, x)*
   Es wird ein binärer Baum, der nur aus der Wurzel mit dem Wert x besteht, erstellt und mit dem Variablennamen T versehen.

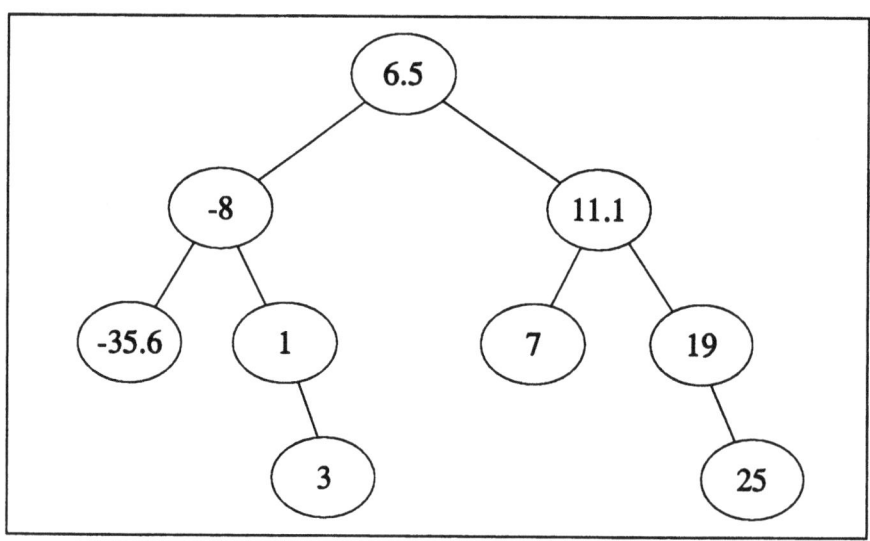

Abb. 91. Binärer Suchbaum

- *combine(T, x, T_1, T_2)*
  Es wird ein binärer Baum T mit der Wurzel x und den beiden binären Bäumen T_1 und T_2 als Unterbäumen konstruiert.
- *setleft(T, r, x)*
  Im binären Baum T wird ein Knoten mit dem Wert x eingefügt, und zwar als linker Sohn des Knotens r. Hat r bereits einen linken Sohn, so wird dessen alter Wert durch x ersetzt.
  Analog: *setright(T, r, x)*
- *left(T, r, x)*
  Der Wert des linken Sohns des Knotens r des binären Baumes T wird — sofern es einen solchen gibt — als Wert der Variablen x zurückgegeben.
  Analog: *right(T, r, x)*
- *father(T, r, x)*
  Der Wert des Vaters des Knotens r des binären Baumes T wird als Wert der Variablen x zurückgegeben.
- *brother(T, r, x)*
  Der Wert des Bruders des Knotens r des binären Baumes T wird — sofern vorhanden — als Wert der Variablen x zurückgegeben.
- *isleft(T, r)*
  Es wird untersucht, ob r der linke Sohn eines Knotens des binären Baumes T ist.
  Analog: *isright(T, r)*

9. Bäume

Bei verschiedenen primitiven Operationen wird ein Referenzknoten r benötigt. Es gibt verschiedene Möglichkeiten, wie ein solcher spezifiziert werden kann:

a) Falls die Werte aller Knoten eines binären Baumes voneinander verschieden sind, genügt es, den Inhalt des gewünschten Knotens anzugeben. (In unserem Baum in Abb. 91 ist diese Bedingung erfüllt.)

b) Falls mehrere Knoten eines binären Baumes den gleichen Inhalt aufweisen können, aber die Inhalte zweier Brüder sich stets unterscheiden, kann ein Knoten eindeutig durch einen Suchpfad spezifiziert werden, welcher − von der Wurzel ausgehend − die Inhalte aller seiner Vorgänger sowie denjenigen des gewünschten Knotens selbst enthält.

c) Falls weder a) noch b) erfüllt sind, kann ein Hilfssuchpfad verwendet werden, der, von der Wurzel ausgehend, einen Pfad zum gewünschten Knoten definiert, indem für jeden auf dem Pfad liegenden Knoten explizit angegeben wird, ob im linken oder rechten Unterbaum weitergefahren werden soll.

Beispiel: Der Knoten mit dem Wert 1 im Baum in Abb. 91 kann wie folgt spezifiziert werden:

a) $r \leftarrow 1$

b) $r \leftarrow 6.5\ ^-8\ 1$

c) $r \leftarrow$ 'links', 'rechts'

Natürlich kann die Möglichkeit a) als Spezialfall von b) aufgefasst werden und b) als Spezialfall von c). Wir werden im nächsten Abschnitt beim Implementieren des abstrakten Datentyps binärer Baum die Möglichkeiten b) und c) zugrundelegen. Dies gilt insbesondere für die folgende Hilfsoperation *locate*, die ohne weiteres als primitive Operation aufgefasst werden kann:

− *locate(T, x, r)*
   Der Suchpfad r des (eines) Knotens mit dem Wert x im binären Baum T wird bestimmt, sofern x in T vorkommt.

Der binäre Baum T von Abb. 91 hat die spezielle Eigenschaft, dass alle linken Nachfolger eines Knotens kleinere Werte und alle rechten Nachfolger grössere Werte als der Knoten selber enthalten. Ein solcher binärer Baum heisst **binärer Suchbaum**. Tatsächlich kann in T sehr elegant und effizient (rekursiv) gesucht werden:

− Das Suchargument wird zuerst mit dem Wert der Wurzel verglichen. Bei Gleichheit ist die Suche erfolgreich.

– Falls das Suchargument kleiner ist, wird im linken Unterbaum weitergesucht.
– Falls das Suchargument grösser ist, wird im rechten Unterbaum weitergesucht.
– Falls der Unterbaum, in dem gesucht werden soll, leer ist, ist die Suche erfolglos.

Aufmerksame Leser werden sofort festgestellt haben, dass dieser Suchalgorithmus auf der genau gleichen Idee beruht wie das binäre Suchen im Abschnitt 7.3 „Binäres Suchen". (In T sind übrigens genau die gleichen Werte wie im dortigen Vektor A gespeichert.) Bei Sprachen wie Pascal ist das Suchen mit Hilfe eines binären Suchbaumes echt allgemeiner als der *Binary Search*, welcher verlangt, dass die Daten als Vektor gespeichert sind. Denn dort erlauben Vektoren kein einfaches Einfügen bzw. Entfernen von Elementen. In APL2 besteht diese Einschränkung nicht, weshalb eine Realisierung des binären Suchens mit Hilfe von binären Suchbäumen keinen nennenswerten Gewinn bringt. In anderen Anwendungen aber haben binäre Bäume – wie wir sehen werden – auch in APL2 ihre volle Berechtigung.

9.2 Implementierung des ADT Binärer Baum

Ein nichtleerer binärer Baum besteht – wie wir soeben festgestellt haben – aus drei Teilen. Daher ist es naheliegend, für die Implementierung eines binären Baumes T in APL2 einen 3-elementigen verschachtelten Vektor zu verwenden:

– 1. Element: Wurzel (Root) von T
– 2. Element: linker Unterbaum (LUB) von T
– 3. Element: rechter Unterbaum (RUB) von T

Ein leerer binärer Baum wird in Form eines leeren einfachen Vektors implementiert. Für den binären Suchbaum aus Abb. 91 erhalten wir so den folgenden verschachtelten Vektor:

9. Bäume 183

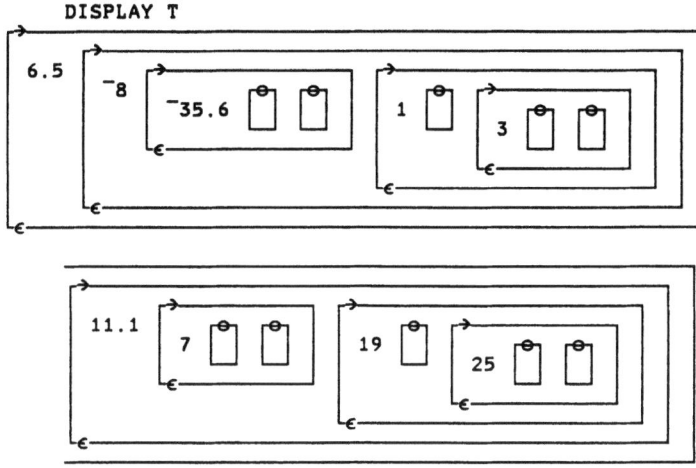

Zum ersten Mal in diesem Buch ergeben sich hier beliebig tief verschachtelte Vektoren: Je tiefer ein binärer Baum ist, desto mehr Verschachtelungsebenen weist der zugehörige Vektor auf.

Beim Erstellen eines binären Baumes mittels der primitiven Operation *makebintree* geht es darum, ein Wurzelelement und zwei leere Unterbäume zu einem 3-elementigen Vektor zusammenzufassen. Es ist folglich naheliegend, für die Realisierung von *makebintree* die primitive Operation *combine* zu verwenden, welche ein Wurzelelement und zwei beliebige Unterbäume zu einem binären Baum zusammenfasst. Daher wollen wir zuerst **combine** implementieren:

```
     ∇ COMBINE [□] ∇
    ∇
[0]    RES←ROOT COMBINE SUBTREES
[1]    A
[2]    A* COMBINE erstellt einen binaeren Baum aus einem
[3]    A* Root-Element und zwei Unterbaeumen LUB und RUB
[4]    A* Aufruf: [Res ←]   Root COMBINE  (LUB RUB)
[5]    A
[6]    RES←(⊂ROOT),SUBTREES     A 3-elementiger Vektor
    ∇
```

Abb. 92. Funktion COMBINE

Für unsere Implementierung **MAKEBTREE** von *makebintree* können wir nun − wie aus der folgenden Programmliste ersichtlich ist − direkt auf *combine* zurückgreifen:

```
        ∇ MAKEBTREE [◻] ∇
     ∇
[0]    RES←MAKEBTREE ROOT
[1]    A
[2]    A* MAKEBTREE erstellt einen binaeren Baum, der nur
[3]    A* aus einer Wurzel besteht
[4]    A* Aufruf: [Res ←] MAKEBTREE Wurzel
[5]    A
[6]    RES←ROOT COMBINE '' ''            A 2 leere Unterbaeume
     ∇
```

Abb. 93. Funktion MAKEBTREE

Das Hinzufügen von Knoten erfolgt mit den primitiven Operationen *setleft* und *setright*. Wir wollen uns hier auf *setleft* beschränken und voraussetzen, dass der Knoten, an welchem ein linker Sohn angehängt werden soll, durch einen Suchpfad gemäss der Möglichkeit b) des vorhergehenden Abschnitts spezifiziert ist.

```
        ∇ SETLEFT [◻] ∇
     ∇
[0]    TREE←SETLEFT TREE_PATH_EL;ELEMENT;PATH;INDEX
[1]    A
[2]    A* SETLEFT fuegt Element nach Referenzelement in binaerem
[3]    A* Baum ein, und zwar als dessen linken Sohn
[4]    A* Aufruf: [Baum ←] SETLEFT (Baum Suchpfad Element)
[5]    A
[6]    (TREE PATH ELEMENT)←TREE_PATH_EL    A separieren
[7]    →((0=ρ,PATH)∨0=ρTREE)/0             A leerer Pfad oder Baum
[8]    →(~(↑PATH)≡1⊃TREE)/0                A Wurzel≠Pfadelement
[9]    →(1=ρ,PATH)/INSERT                  A Suchpfad abgearbeitet
[10]   →(0=ρINDEX←((⊂2⊃PATH)∊¨1↓TREE)/2 3)/0 A Unterbaum bestimmen
[11]   A--- rekursiver Aufruf fuer linken oder rechten Unterbaum:
[12]   (INDEX⊃TREE)←SETLEFT(INDEX⊃TREE)(1↓PATH)ELEMENT
[13]   →0
[14]   INSERT:
[15]   ⍎(0≠ρ2⊃TREE)/'→0,ρ(2 1⊃TREE)←ELEMENT' A Sohn ersetzen
[16]   (2⊃TREE)←MAKEBTREE ELEMENT          A Blatt einfuegen
     ∇
```

Abb. 94. Funktion SETLEFT

Die Implementation von *setleft* stellt zuerst sicher, dass weder der vorliegende Suchpfad noch der Baum leer ist [7]. Falls das erste Element des Suchpfades nicht mit der Wurzel identisch ist, liegt ein ungültiger Suchpfad vor [8]. Dann wird der Baum nicht verändert. Falls der Suchpfad nur ein Element enthält [9], sind wir beim Referenzknoten angelangt. Dann kann der linke Sohn dieses Knotens überschrieben werden [15] bzw. – falls es noch keinen solchen gibt – als Blatt neu angehängt werden [16]. (Bei *setright*

9. Bäume

wären in diesen beiden Zeilen die Indexwerte 2 durch Indexwerte 3 zu ersetzen.) Enthält der Suchpfad mindestens zwei Elemente, so wird geschaut, in welchem der beiden Unterbäume weiterzusuchen ist [10], was dann mittels eines rekursiven Aufrufs in [12] erfolgt.

Die Hilfsoperation *locate* kann mit Hilfe der folgenden Funktion implementiert werden (für die Möglichkeit b)):

```
        ∇ LOCATE [□] ∇
     ∇
[0]     PATH←ELEMENT LOCATE TREE;PATH1
[1]     ⍝
[2]     ⍝* LOCATE sucht den Suchpfad eines Elementes
[3]     ⍝* in einem binaeren Baum
[4]     ⍝* Aufruf: [Suchpfad ←] Suchargument  LOCATE  Baum
[5]     ⍝
[6]     →(0=⍴TREE)/'→0,PATH←⍳0'               ⍝ Abbruchkriterium
[7]     →(ELEMENT≡1⊃TREE)/'→0,PATH←,⊂1⊃TREE'  ⍝ Vergleich mit Root
[8]     PATH1←ELEMENT LOCATE 2⊃TREE            ⍝ linker Unterbaum
[9]     →(0<⍴PATH1)/'→0,PATH←(⊂1⊃TREE),PATH1' ⍝ links gefunden
[10]    PATH1←ELEMENT LOCATE 3⊃TREE            ⍝ rechter Unterbaum
[11]    →(0<⍴PATH1)/'→0,PATH←(⊂1⊃TREE),PATH1' ⍝ rechts gefunden
[12]    PATH←⍳0                               ⍝ Misserfolg
     ∇
```

Abb. 95. Funktion LOCATE

Als Abbruchkriterium für die rekursive Funktion *locate* dient die Frage, ob der abzusuchende binäre Baum leer ist. Falls ja, kann das Suchargument unmöglich in ihm enthalten sein, was durch einen leeren Suchpfad ausgedrückt wird [6]. Bei einem nichtleeren binären Baum wird die Wurzel 1⊃TREE mit dem Suchargument verglichen. Falls Gleichheit gilt, kann die Suche erfolgreich abgeschlossen und die Wurzel als Suchpfad zurückgegeben werden [7]. Andernfalls wird mit einem rekursiven Aufruf im linken Unterbaum 2⊃TREE weitergesucht [8] und, falls die Suche dort erfolgreich war, die Wurzel am Anfang des erhaltenen Suchpfads eingefügt [9]. Falls die Suche im linken Unterbaum erfolglos war, wird analog der rechte Unterbaum untersucht [10], [11] und im Falle eines nochmaligen Misserfolgs ein leerer Suchpfad als Resultat zurückgegeben [12].

Zur Spezifikation eines Elementes in einem verschachtelten Vektor ist auch ein andersartiger Suchpfad möglich, nämlich derjenige, der als Argument für die primitive Funktion *pick* (⊃) verwendet werden kann. Ein solcher Suchpfad ist in jedem Fall eindeutig. Bei vielen Anwendungen wird ein derartiger (implementationsspezifischer) Suchpfad wesentlich einfachere Programme ergeben, da damit direkt auf das gewünschte Element zugegriffen werden kann. Daher ist es nützlich, eine zweite Implementation von *locate* zu erstellen, die einen solchen Suchpfad liefert, welcher aus einer Folge von Indizes mit den Werten 1, 2 oder 3 besteht. (Ein solcher Suchpfad entspricht in etwa der im vorhergehenden Abschnitt eingeführten Möglichkeit c).) Ein

Index 1 bedeutet dabei „Wurzel", 2 „linker Unterbaum" und 3 „rechter Unterbaum". So hat in Abb. 91 der Knoten mit dem Wert 3 den Suchpfad (2 3 3 1). Die Programmstruktur bleibt die gleiche. Statt der Wurzel ist in [7] ein Index 1, in [9] ein Index 2 und in [11] ein Index 3 in den Suchpfad aufzunehmen. Da bei ⊃ der leere Suchpfad den gesamten Array bedeutet, muss eine erfolglose Suche mittels ⁻1 anstelle eines leeren Suchpfades gemeldet werden. Die Programmliste der entsprechenden Funktion *LOCATEV* ist im Anhang A „Weitere Programme" in Abb. 196 enthalten.

Ein Vergleich mit dem Algorithmus auf Seite 181*f* zeigt, dass das Suchen in binären Suchbäumen im wesentlichen ein Spezialfall des Bestimmens eines Suchpfades in einem beliebigen binären Baum ist: Während beim Suchen in einem binären Suchbaum bei jedem Knoten höchstens in einem der beiden Unterbäume weiterzusuchen ist, muss *locate* unter Umständen beide Unterbäume absuchen – nämlich dann, wenn das Suchargument weder in der Wurzel noch im linken Unterbaum zu finden ist. Falls das Suchargument nicht vorkommt, müssen sogar alle Knoten angeschaut werden, d.h. der binäre Baum wird **traversiert**.

Es gibt viele Anwendungen, welche verlangen, dass ein binärer Baum traversiert, d.h. jeder Knoten genau einmal besucht wird. Die folgenden drei verwandten Traversierungsarten, die sich elegant rekursiv definieren lassen, gehören zu den wichtigsten:

– *preorder*-Traversierung: Es wird zuerst die Wurzel besucht, dann wird der linke und anschliessend der rechte Unterbaum in *preorder*-Reihenfolge traversiert.

– *inorder*-Traversierung: Zuerst wird der linke Unterbaum in *inorder*-Reihenfolge traversiert, dann die Wurzel besucht und schliesslich der rechte Unterbaum in *inorder*-Reihenfolge traversiert.

– *postorder*-Traversierung: Der linke und der rechte Unterbaum werden nacheinander in *postorder*-Reihenfolge traversiert, dann wird die Wurzel besucht.

Für den binären Baum aus Abb. 91 werden die Knoten in den folgenden Reihenfolgen besucht:

– *preorder*-Traversierung: 6.5 ⁻8 ⁻35.6 1 3 11.1 7 19 25

– *inorder*-Traversierung: ⁻35.6 ⁻8 1 3 6.5 7 11.1 19 25

– *postorder*-Traversierung: ⁻35.6 3 1 ⁻8 7 25 19 11.1 6.5

Offensichtlich kommen die Knoten eines binären Suchbaumes bei der *inorder*-Traversierung gerade nach ihren Werten aufsteigend sortiert zum Vorschein (Beweis?).

9. Bäume

Unsere Funktion *locate* stellt eine Anwendung der *preorder*-Traversierung dar; allerdings wird hier die Traversierung abgebrochen, sobald das Suchargument gefunden wird.

Neben *makebintree*, *combine* und *setleft* bzw. *setright* haben wir im letzten Abschnitt u.a. noch die primitiven Operationen *father* und *brother* eingeführt. Da wir diese aber für unsere Anwendungen nicht benötigen, wollen wir auf ihre Implementierung verzichten. Es dürfte für unsere Leser nicht schwer sein, selber entsprechende Funktionen zu erstellen – unter Verwendung unserer Hilfsfunktion *locate* (erste oder zweite Version) und unter Berücksichtigung der Tatsache, dass einer Wurzel stets der Index 1, einem linken Unterbaum der Index 2 und einem rechten Unterbaum der Index 3 zugeordnet ist. Es sei hier noch auf [Thom89] hingewiesen, wo eine analoge Implementierung der binären Bäume beschrieben wird.

Als erste Anwendung wollen wir jetzt den binären Baum T aus Abb. 91 konstruieren:

```
T←MAKEBTREE 6.5
T←SETLEFT T (6.5) ¯8
T←SETLEFT T (6.5 ¯8) ¯35.6
T←SETRIGHT T (6.5 ¯8) 1
T←SETRIGHT T (6.5 ¯8 1) 3
T←SETRIGHT T (6.5) 11.1
T←SETRIGHT T (6.5 11.1) 19
T←SETRIGHT T (6.5 11.1 19) 25
T←SETLEFT T (6.5 11.1) 7
```

Statt mit *setleft* und *setright* hätten wir T auch mit Hilfe von *combine* erstellen können. Dazu müsste man mittels *makebintree* aus jedem Blatt einen einelementigen Baum erstellen und dann von unten nach oben sukzessive zwei Unterbäume zusammenfassen.

Der verschachtelte Vektor, durch den der binäre Baum T implementiert ist, wurde bereits am Anfang dieses Abschnittes mit der Funktion *DISPLAY* dargestellt. Nun ist diese Implementierung von binären Bäumen – so elegant sie auch ist und so sehr sie sich für die Verarbeitung mit Hilfe von Programmen eignet – für den Anwender nicht anschaulich und nur mit einigem Aufwand zu interpretieren. Wir wollen daher zum Abschluss dieses Abschnittes ein einfaches Hilfsprogramm **PRINTBTREE** vorstellen, das binäre Bäume effektiv baumähnlich – und damit viel leichter verständlich – darstellt (siehe Abb. 96). Dieses Programm wandelt einen als Vektor implementierten nichtleeren binären Baum in eine verschachtelte 3×3-Matrix um. (Für einen leeren binären Baum wird ein leerer Vektor erzeugt.) Die erste Zeile dieser Matrix enthält als zweites Element die Wurzel des binären Baumes. Als erstes und drittes Element in der dritten Zeile werden der linke bzw. rechte Unterbaum eingefügt – jeweils wieder als 3×3-Matrix (oder als leerer Vektor). Die restlichen Matrixelemente dienen lediglich zur Erzeugung von etwas Abstand innerhalb der Darstellung, ihnen wird je ein leerer Vektor zugeordnet.

```
        ∇ PRINTBTREE [□] ∇
    ∇
[0]   RES←PRINTBTREE TREE
[1]   ⍝
[2]   ⍝* PRINTBTREE gibt binaeren Baum aus
[3]   ⍝* Aufruf:  PRINTBTREE  Baum
[4]   ⍝
[5]   →(0=⍴TREE)/'→0,RES←⍳0'          ⍝ Abbruchkriterium
[6]   RES←1 3⍴''(1⊃TREE)''            ⍝ Root-Element
[7]   RES←RES,[1]'' '' ''             ⍝ Leerzeile
[8]   ⍝--- rekursive Aufrufe fuer Unterbaeume:
[9]   RES←RES,[1](PRINTBTREE 2⊃TREE)''(PRINTBTREE 3⊃TREE)
    ∇
```

Abb. 96. Funktion PRINTBTREE

Der binäre Suchbaum aus Abb. 91 wird mit *PRINTBTREE* wie folgt ausgegeben:

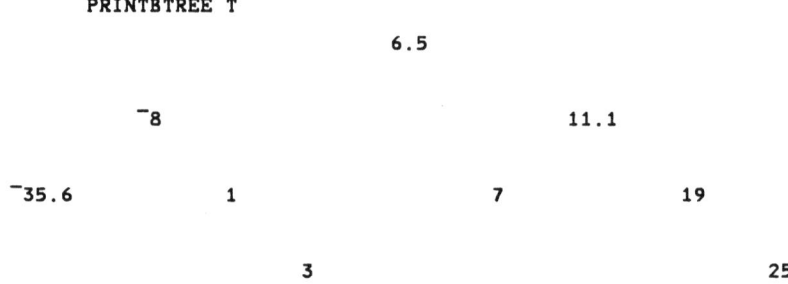

Gegenüber der Darstellung in Abb. 91 fehlen hier die gewohnten Verbindungsstrecken zwischen Vätern und Söhnen. Bei geeigneter APL2-Systemumgebung könnten diese mit Hilfe von Grafik-Befehlen erzeugt werden. Wir wollen uns aber auf unser einfaches Programm beschränken, das bei beliebigen APL2-Systemen eingesetzt werden kann.

9.3 Huffman-Code

Als grössere Anwendung des ADT Binärer Baum wollen wir ein Beispiel aus der **Codierungstheorie** wählen. Eine **Codierung** oder ein **Code** ist eine Abbildung, welche jedem Zeichen eines **Alphabets** ein **Codewort** zuordnet, d.h. ein oder mehrere Zeichen aus einem anderen Alphabet. Bekannt ist etwa der ASCII-Code, der jedem Zeichen des lateinischen Alphabets eine Folge von acht Zeichen aus dem Alphabet {0, 1} zuordnet (z.B. $A \rightarrow 01000001$, $B \rightarrow 01000010$, usw.).

1952 hat D.A. Huffman einen interessanten Code vorgeschlagen, der ebenfalls jedem Zeichen eines gegebenen Alphabets eine Binärzeichenfolge zuordnet − im Gegensatz zum ASCII-Code verwendet er jedoch unterschiedlich lange Codewörter. Unter Berücksichtigung der Auftretenswahrscheinlichkeiten der einzelnen Zeichen (der Buchstaben *E* beispielsweise wird in deutschen Texten wesentlich häufiger gebraucht als das *X*) kann mit seinem Verfahren eine sog. optimale Codierung erreicht werden, d.h. nach dem Verfahren von Huffman codierte Zeichenfolgen oder **Nachrichten** weisen im Mittel eine minimale Länge auf.

Um den Huffman-Code für ein gegebenes Alphabet zu finden, konstruiert man aufgrund der Auftretenswahrscheinlichkeiten der einzelnen Zeichen einen sog. **Huffman-Baum**. Dies ist ein binärer Baum, dessen Blätter als Werte die einzelnen Zeichen des Alphabets enthalten. Dieser Baum kann verwendet werden, um eine Zeichenfolge aus dem Alphabet optimal in eine Binärzeichenfolge zu **codieren** oder umgekehrt eine Binärzeichenfolge zu **decodieren**. Der Pfad von der Wurzel zu einem Blatt definiert das Codewort für das entsprechende Zeichen (Linksabbiegen in einem Knoten liefert eine 0, Rechtsabbiegen eine 1).

Beispiel: Wir wollen vom kleinen Alphabet {*A, B, C, D, E*} ausgehen. Seine Zeichen sollen mit den Wahrscheinlichkeiten 0.25, 0.2, 0.05, 0.1 bzw. 0.4 auftreten (die Summe der Wahrscheinlichkeiten muss natürlich 1 sein). Da das *E* am häufigsten auftritt, soll ihm ein möglichst kurzes Codewort zugeordnet werden, während für das relativ seltene *C* ein längeres Codewort verwendet werden darf.

Wir werden nun erläutern, wie allgemein ein Huffman-Code zu konstruieren ist, und wollen anschliessend zwei Programme vorstellen, die für das Codieren von Nachrichten (bestehend aus Zeichen des gegebenen Alphabets) in Binärzeichenfolgen und für das Decodieren von Binärzeichenfolgen in Nachrichten des ursprünglichen Alphabets verwendet werden können. Unsere Programme wollen wir dann auch auf das obige Beispiel anwenden.

9.3.1 Konstruktion des Huffman-Baumes

Der Huffman-Baum zur binären Codierung eines vorgegebenen Alphabets kann wie folgt erstellt werden:

− *Gegeben* seien das zu codierende Alphabet sowie die Auftretenswahrscheinlichkeiten seiner Zeichen (deren Summe 1 ergeben muss).
− *Initialisierung*: Für jedes Zeichen des Alphabets wird ein einelementiger binärer Baum konstruiert, dessen Wurzel das jeweilige Zeichen enthält und dessen Unterbäume beide leer sind. Jedem Baum wird die Auftretenswahrscheinlichkeit des in seiner Wurzel enthaltenen Zeichens zugeordnet. Die resultierenden Paare (*Baum, Wahrscheinlichkeit*) werden zu einer Menge zusammengefasst.

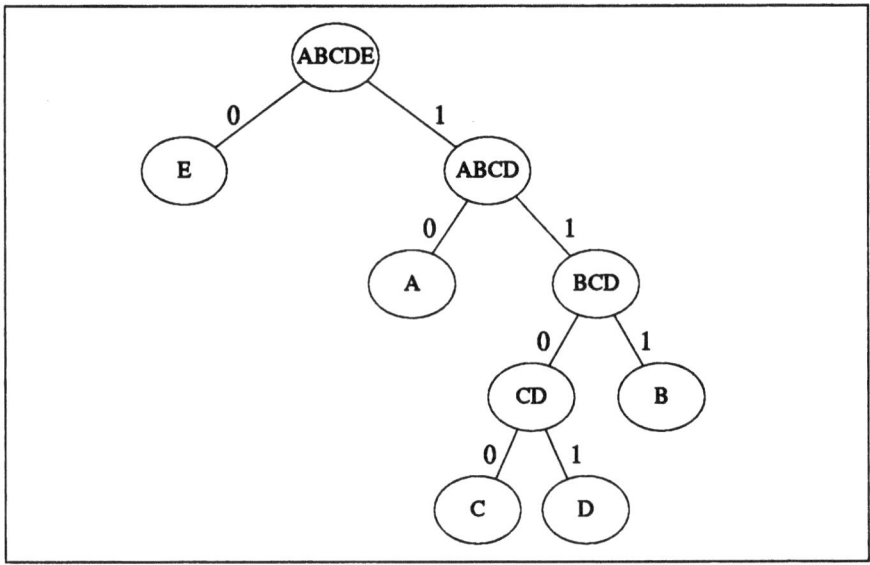

Abb. 97. Huffman-Baum

- *Schrittweiser Aufbau des Huffman-Baumes*: Fasse in jedem Schritt die beiden Bäume mit den kleinsten Wahrscheinlichkeiten zu einen neuen Baum zusammen. Seien T_1 und T_2 die beiden Bäume mit den kleinsten Wahrscheinlichkeiten (Reihenfolge beliebig). Dann werden diese zu einem neuen Baum T_{12} zusammengefasst, dessen Wurzel die Konkatenierung der in den Wurzeln von T_1 und T_2 vorhandenen Zeichen zugeordnet wird. T_1 wird sein linker Unterbaum und T_2 sein rechter Unterbaum. Dem Baum T_{12} wird die Summe der Wahrscheinlichkeiten W_1 und W_2 der Bäume T_1 und T_2 zugeordnet. Schliesslich werden in der Menge die Paare (T_1, W_1) und (T_2, W_2) durch $(T_{12}, W_1 + W_2)$ ersetzt. Sobald die Menge nur noch ein einziges Element enthält, ist der Huffmann-Baum erstellt.

Bei unserem Beispiel werden zuerst die Bäume der Zeichen C und D zusammengefasst. Dabei entsteht ein Baum mit der Wurzel CD und den beiden bisherigen Bäumen als Unterbäumen. Diesem neuen Baum wird die Wahrscheinlichkeit $0.1 + 0.05 = 0.15$ zugeordnet. Danach wird dieser Baum mit demjenigen von B vereinigt, usw. Am Schluss entsteht der in Abb. 97 abgebildete Huffman-Baum. Dieser Baum besagt, dass den Zeichen des Alphabets die folgenden Codewörter zugeordnet werden:

Zeichen	A	B	C	D	E
Codewort	10	111	1100	1101	0

9. Bäume

Wir stellen fest, dass dem häufigsten Zeichen *E* ein nur einstelliges Codewort zugeordnet wird, während für die selteneren Zeichen *C* und *D* jeweils ein vierstelliges Codewort resultiert.

Das soeben beschriebene Verfahren haben wir in Form des folgenden Programms *HUFFMAN* implementiert:

```
       ∇ HUFFMAN [☐] ∇
    ∇
[0]    TREE←HUFFMAN PAIRS;SET
[1]    ⍝
[2]    ⍝※ HUFFMAN erstellt Baum fuer Huffman-Codierung
[3]    ⍝※ Aufruf: [Baum ←] HUFFMAN (Paar_1 Paar_2 ... )
[4]    ⍝※ wo Paar_i = (Zeichen_i Wahrscheinlichkeit_i)
[5]    ⍝
[6]    TREE←⍳0                         ⍝ fuer Fehlerfall
[7]    →(0=⍴PAIRS)/'→0,⍴☐←''Kein Alphabet angegeben'''
[8]    →(1≠+/2⊃¨PAIRS)/'→0,⍴☐←''ungueltige Wahrscheinlichkeiten'''
[9]    SET←(⊂¨"MAKEBTREE"1⊃¨PAIRS),¨2⊃¨PAIRS  ⍝ Priority Queue
[10]   TREE←HUFFTREE SET               ⍝ Huffman-Baum konstruieren
    ∇
```

Abb. 98. Funktion HUFFMAN

Falls das Alphabet keine Zeichen enthält [7] oder die Summe der Wahrscheinlichkeiten ungleich 1 ist [8], wird ein leerer binärer Baum zurückgegeben. Sonst wird in [9] die Initialisierung vorgenommen, d.h. die Menge SET der einelementigen Bäume und ihrer Wahrscheinlichkeiten erstellt. Mit Hilfe der rekursiven Hilfsfunktion *HUFFTREE* in Abb. 99 wird daraus der Huffman-Baum konstruiert. Wenn wir die den Bäumen zugeordneten Wahrscheinlichkeiten als Prioritäten interpretieren, können wir die Menge SET als aufsteigende Priority Queue auffassen (vgl. 8.5 „Priority Queues"). Mit der Funktion *deletemin* aus Abb. 78 auf Seite 165 können wir dieser den/einen Baum mit minimaler Wahrscheinlichkeit entnehmen. Dies geschieht in *HUFFTREE* in den Zeilen [6] und [8]. Falls der Huffman-Baum fertig konstruiert ist, d.h. falls nach der Entnahme des Baumes mit der kleinsten Wahrscheinlichkeit die Priority Queue SET leer ist, kann das Verfahren erfolgreich abgeschlossen werden. Der Huffman-Baum ist dann im ersten Teil des soeben entnommenen Paares (*Baum, Wahrscheinlichkeit*) enthalten [7]. Ist das Verfahren noch nicht beendet, wird aus den zwei entnommenen Bäumen ein neuer Baum konstruiert [9], [10]. Die Summe der beiden Wahrscheinlichkeiten wird in [11] berechnet, worauf der neue Baum zusammen mit seiner Wahrscheinlichkeit in die Priority Queue SET aufgenommen wird [12]. Schliesslich wird *HUFFTREE* rekursiv auf die veränderte Priority Queue angewendet [13].

Die Anwendung von *HUFFMAN* auf unser Beispiel ergibt den Huffman-Baum aus Abb. 97:

```
        ∇ HUFFTREE [▯] ∇
         ∇
[0]    TREE←HUFFTREE SET;TREE1;TREE2;NEW_ROOT;NEW_TREE;NEW_PRIO
[1]    ⍝
[2]    ⍝* HUFFTREE baut aus gegebener Baummenge den Huffman-Baum
[3]    ⍝* auf (Hilfsfunktion fuer Programm HUFFMAN)
[4]    ⍝* Aufruf: [Baum ←] HUFFTREE Baummenge
[5]    ⍝
[6]    (TREE1 SET)←DELETEMIN SET      ⍝ Baum mit min. Prio
[7]    →(EMPTY SET)/'→0,⍴TREE←1⊃TREE1'  ⍝ Abbruchkriterium
[8]    (TREE2 SET)←DELETEMIN SET      ⍝ zweiter Baum
[9]    NEW_ROOT←⊃,/(⊂1 1)⊃¨TREE1 TREE2  ⍝ neue Wurzel
[10]   NEW_TREE←NEW_ROOT COMBINE 1⊃¨TREE1 TREE2    ⍝ neuer Baum
[11]   NEW_PRIO←⊃+/2⊃¨TREE1 TREE2     ⍝ neue Prioritaet
[12]   SET←INSERT(NEW_TREE NEW_PRIO)SET  ⍝ einfuegen in Menge
[13]   TREE←HUFFTREE SET              ⍝ rekursiver Aufruf
         ∇
```

Abb. 99. Funktion HUFFTREE

```
      HBAUM←HUFFMAN ('A' .25)('B' .2)('C' .05)('D' .1)('E' .4)
      PRINTBTREE HBAUM

      EACDB


E                   ACDB


          A                           CDB


                              CD              B


                          C       D
```

9.3.2 Codieren von Nachrichten nach Huffman

Nachdem wir den Huffman-Baum für unser Beispiel konstruiert haben, wollen wir ihn zum Codieren von Nachrichten verwenden. Wie wir bereits erwähnt haben, entspricht der Pfad von der Wurzel zu einem Blatt der Codierung des entsprechenden Zeichens: Linksabbiegen in einem Knoten steuert eine 0 bei, Rechtsabbiegen eine 1. Ein Suchpfad eines Knotens eines als Vektor implementierten binären Baumes enthält für Linksabbiegen (d.h. für das Auswählen des linken Unterbaums) eine 2 und für Rechtsabbiegen eine 3. Wenn wir also von den Werten eines mit *LOCATEV* (vgl. Abb. 196 auf Seite 326 im Anhang A „Weitere Programme") bestimmten Suchpfades eines Blattes eines Huffman-Baumes jeweils 2 subtrahieren und schliesslich die letzte Stelle (Index der Wurzel des untersten nicht-leeren Unterbaums, d.h.

9. Bäume

des Blattes) weglassen, ergibt sich genau eine Binärcodierung nach Huffman. Auf dieser Idee beruht die folgende Funktion *CODECHAR* zum Codieren eines einzelnen Zeichens eines vorgegebenen Alphabets:

```
       ∇ CODECHAR [▯] ∇
     ∇
[0]    RES←TREE CODECHAR CHAR
[1]    ⍝
[2]    ⍝* CODECHAR codiert ein Zeichen gemaess Huffman-Codierung
[3]    ⍝* Aufruf: [Code ←] Huffman_Baum CODECHAR Zeichen
[4]    ⍝
[5]    RES←(¯1↓CHAR LOCATEV TREE)-2    ⍝ Pfad in Huffman-Baum
     ∇ 14.03.1991 14.44.38 (GMT)
     ∇
```

Abb. 100. Funktion CODECHAR

Eine aus mehreren Zeichen bestehende Nachricht können wir codieren, indem *CODECHAR* auf jedes Zeichen einzeln angewendet und das Resultat mittels ϵ (*Enlist*) in einen einfachen Vektor umgewandelt wird:

```
       ∇ CODE [▯] ∇
     ∇
[0]    RES←TREE CODE STRING
[1]    ⍝
[2]    ⍝* CODE codiert String gemaess Huffman-Codierung
[3]    ⍝* Aufruf: [Code ←] Huffman_Baum CODE String
[4]    ⍝
[5]    RES←∊(⊂TREE)CODECHAR¨STRING ⍝ codiere jedes Zeichen
     ∇
```

Abb. 101. Funktion CODE

Anwendungsbeispiele:

```
      HBAUM CODE 'A'
1 0
      HBAUM CODE 'B'
1 1 1
      HBAUM CODE 'ABBA'
1 0 1 1 1 1 1 1 0
      HBAUM CODE 'BEA'
1 1 1 0 1 0
```

9.3.3 Decodieren von Binärzeichenfolgen nach Huffman

Analog zum Codieren von Nachrichten erfolgt das Decodieren von Binärzeichenfolgen mit Hilfe des Huffman-Baumes. Eine Binärzeichenfolge beschreibt einen Pfad durch den Baum, der zum gesuchten Zeichen (Blatt) führt. Da man vor dem Erkennen eines einzelnen Zeichens jedoch nicht weiss, wieviele Binärzeichen zu einem einzelnen Zeichen des Alphabets gehören, kann hier nicht mit dem *Each*-Operator gearbeitet werden. Stattdessen muss eine gegebene Binärzeichenfolge Zeichen für Zeichen durchlaufen werden. Sobald ein Blatt erreicht wird, hat man ein Zeichen des ursprünglichen Alphabets erkannt.

Wir wollen zuerst ein Programm *DECODECHAR* vorstellen, welches das erste durch eine gegebene Binärzeichenfolge dargestellte Zeichen bestimmt:

```
       ∇ DECODECHAR [☐] ∇
     ∇
[0]    RES←TREE DECODECHAR CODE
[1]    A
[2]    A⋇ DECODECHAR decodiert gemaess Huffman ein Zeichen des
[3]    A⋇ Alphabets aus einem gegebenen Binaercode
[4]    A⋇ Aufruf: [(Zeichen Rest) ←] Huffman_Baum DECODECHAR Code
[5]    A
[6]    →(⊃∧/0=ρ¨1↓TREE)/'→0,ρRES←(1⊃TREE) CODE'   A Blatt erreicht
[7]    →(0=ρ,CODE)/ERROR                          A leerer Code
[8]    RES←((2+1↑CODE)⊃TREE)DECODECHAR 1↓CODE     A Rekursion
[9]    →0
[10]  ERROR:                                      A falsche Codelaenge
[11]   'Achtung: eingegebener Code ist ungueltig.'
[12]   RES←'' ''                                  A leeres Resultat
     ∇
```

Abb. 102. Funktion DECODECHAR

Sobald *DECODECHAR* ein Blatt des Huffman-Baumes erreicht hat, d.h. sobald zwei leere Unterbäume vorliegen, wird der Inhalt dieses Blattes (1⊃TREE) sowie der noch nicht interpretierte Rest der Binärzeichenfolge als Resultat zurückgegeben [6]. Falls kein Blatt vorliegt und die zu decodierende Binärzeichenfolge leer ist [7], kann kein Zeichen decodiert werden, und es wird eine Fehlermeldung ausgegeben. Falls kein Blatt vorliegt und noch nicht alle Binärzeichen interpretiert wurden, wird mittels eines rekursiven Aufrufs in dem durch das erste Binärzeichen spezifizierten Unterbaum weitergesucht, und zwar unter Verwendung der restlichen Binärzeichenfolge [8].

Zum Decodieren einer ganzen Binärzeichenfolge in eine Nachricht aus dem vorgegebenen Alphabet verwenden wir das iterative Programm *DECODE*:

```
        ∇ DECODE [▯] ∇
    ∇
[0]   STRING←TREE DECODE CODE;CHAR
[1]   A
[2]   A* DECODE decodiert Binaercode gemaess Huffman-Codierung
[3]   A* Aufruf: [String ←] Huffman_Baum DECODE Codewort
[4]   A
[5]   STRING←''
[6]   LOOP:
[7]   →(0=ρ,CODE)/0                  A Abbruchkriterium
[8]   (CHAR CODE)←TREE DECODECHAR CODE   A decodiere Zeichen
[9]   STRING←STRING,CHAR             A Resultatstring
[10]  →LOOP
    ∇
```

Abb. 103. Funktion DECODE

Bei jedem Schleifendurchlauf wird ein Zeichen der Nachricht bestimmt [8]. Sobald die ganze Binärzeichenfolge abgearbeitet ist, wird die Schleife verlassen [7].

Anwendungsbeispiele:

```
      HBAUM DECODE 1 1 1 1 0 1 0 1 1 1
BAAB
      HBAUM DECODE 1 1 1 0 1
Achtung: eingegebener Code ist ungueltig.
BE
      HBAUM DECODE 1 1 1 0 1 0
BEA
```

Im Falle einer ungültigen Codierung (2. Beispiel) wird soweit möglich decodiert, dann jedoch die entsprechende Fehlermeldung ausgegeben.

9.4 Der abstrakte Datentyp Allgemeiner Baum

Bei den **allgemeinen Bäumen** fällt die für binäre Bäume geltende Einschränkung, dass ein Knoten nicht mehr als zwei Söhne haben kann, dahin: Ein allgemeiner Baum besteht aus einer Wurzel und endlich vielen Unterbäumen, die ihrerseits allgemeine Bäume sind. Die Wurzel ist immer vorhanden, ein allgemeiner Baum ist also nie leer. Die Unterbäume dürfen auch fehlen. Allgemeine Bäume werden in **geordnete** und **ungeordnete** unterteilt, je nachdem ob für die Unterbäume eine feste Reihenfolge besteht oder nicht. Wir wollen nur geordnete allgemeine Bäume betrachten, aber einfach von allgemeinen Bäumen sprechen. Terminologie und Darstellungsweise für allgemeine Bäume sind zu denjenigen für binäre Bäume analog.

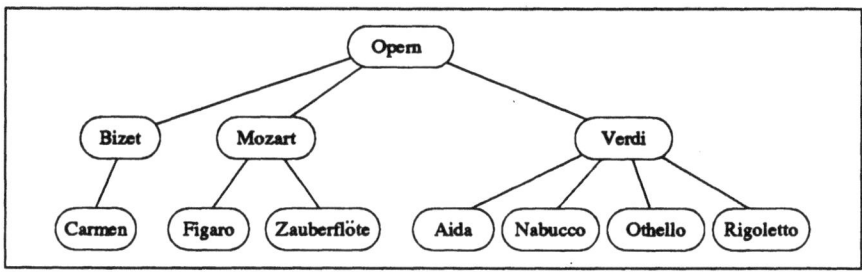

Abb. 104. Allgemeiner Baum

Beispiel: Ein Opernfreund will seine Schallplatten computergestützt verwalten und sieht dazu eine Baumstruktur vor, die – in etwas vereinfachter Form – in Abb. 104 abgebildet ist. „Aida" ist der **älteste Sohn** von „Verdi", „Rigoletto" der **jüngste Sohn**. „Othello" ist der **nächstjüngere Bruder** von „Nabucco".

Wichtig ist, dass eine solche Baumstruktur das problemlose Hinzufügen und Entfernen von Knoten ermöglicht. Falls der Opernfreund zusätzlich ein Jazz- und Operettenfreund ist, wird er noch zwei weitere solche Bäume vorsehen wollen. Er erhält damit einen **Wald**. Er könnte diese einzelnen Bäume aber auch zu einem einzigen Baum zusammenfassen, indem er eine neue Wurzel „Musik" einführt, deren Söhne dann „Jazz", „Opern" und „Operetten" wären.

Wir haben jetzt die Objekte eines abstrakten Datentyps Allgemeiner Baum eingeführt, eigentlich sogar die Objekte eines ADT Wald, den wir aber nicht weiter verfolgen wollen. Eine geeignete Auswahl an primitiven Operationen ist wieder sehr anwendungsabhängig. Wir treffen die folgende Auswahl:

- *maketree(T, x)*
  Es wird ein nur aus einer Wurzel bestehender allgemeiner Baum T konstruiert. Die Wurzel hat den Wert x.

- *combine(T, x, T_1,...,T_n)*
  Es wird ein allgemeiner Baum T konstruiert, mit den allgemeinen Bäumen $T_1,...,T_n$ als Unterbäumen. Die Wurzel hat den Wert x. (Falls keine Unterbäume angegeben werden, entspricht *combine* der primitiven Funktion *maketree*.)

- *oldest-son(T, r, x)*
  Der Wert des ältesten Sohns des Knotens r im allgemeinen Baum T wird der Variablen x übergegeben.

- *next-brother(T, r, x)*
  Der Wert des nächstjüngeren Bruders des Knotens r im allgemeinen Baum T wird der Variablen x übergegeben.

– *father(T, r, x)*
Der Wert des Vaters des Knotens *r* des allgemeinen Baumes *T* wird der Variablen *x* übergegeben.

Für den Referenzknoten *r* existieren Implementierungsmöglichkeiten, die zu denjenigen bei binären Bäumen analog sind (vgl. Seite 181).

Bevor wir uns der Implementierung des ADT Allgemeiner Baum zuwenden, möchten wir noch darauf hinweisen, dass sich unser Musik-Beispiel leicht zu einer einfachen **hierarchischen Datenbank** ausbauen liesse. Eine hierarchische Datenbank kann als Familie von allgemeinen Bäumen aufgefasst werden, ähnlich wie wir eine relationale Datenbank als Familie von zweidimensionalen Tabellen aufgefasst haben. Die Idee der hierarchischen Datenbank ist älter als diejenige der relationalen Datenbank und eher naheliegender und anschaulicher. Ein Nachteil hierarchischer Datenbanken ist ihre Unsymmetrie: Während sich z.B. für einen bestimmten Opern-Komponisten leicht feststellen lässt, welche seiner Werke in der Musik-Datenbank gespeichert sind, kann die Frage nach dem Komponisten von „Der Barbier von Sevilla" zu einer mühsamen Suche führen. Genauere Ausführungen zu den hierarchischen Datenbanken finden sich z.B. in [LoSc87].

9.5 Implementierung des ADT Allgemeiner Baum

Die Implementierung des ADT Allgemeiner Baum wollen wir analog zu derjenigen des ADT Binärer Baum vornehmen. Während ein nichtleerer binärer Baum stets aus drei Teilen besteht, umfasst ein allgemeiner Baum neben der Wurzel eine beliebige endliche Anzahl Unterbäume. (Leere allgemeine Bäume sollen nicht zugelassen sein, jedoch ist es möglich, dass ein allgemeiner Baum nur aus der Wurzel besteht.) Folglich wählen wir für die Implementierung eines allgemeinen Baumes mit n Unterbäumen einen $n+1$-elementigen verschachtelten Vektor, wobei $n \geq 0$ gilt. Das erste Element eines solchen Vektors enthält die Wurzel des entsprechenden Baumes, während die restlichen n Elemente je einen Unterbaum darstellen. Für den allgemeinen Baum aus Abb. 104 ergibt sich somit der folgende Vektor:

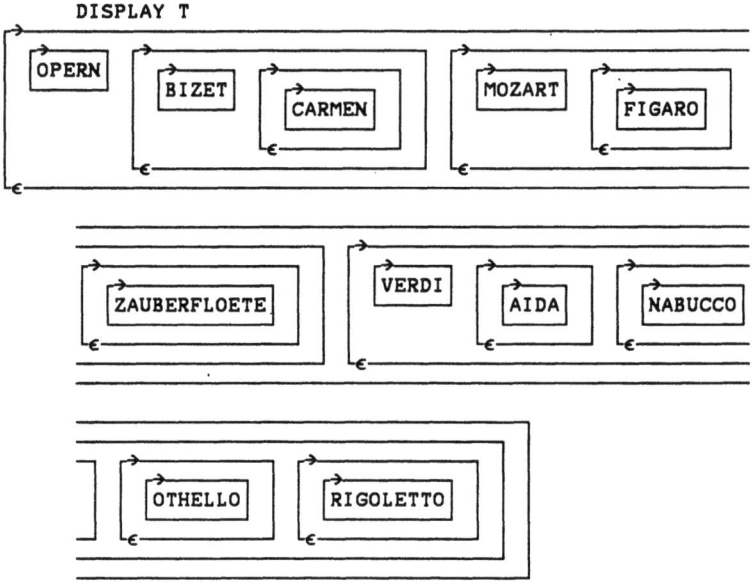

Im Unterschied zu den binären Bäumen wird hier ein aus der Wurzel bestehender Baum mittels eines einelementigen Vektors implementiert. D.h. als Abbruchkriterium beim rekursiven Traversieren kann nicht mehr die Überprüfung auf lauter leere Unterbäume verwendet werden. Stattdessen muss jeweils überprüft werden, ob der aktuelle Baum keinen Unterbaum hat, d.h. ob der entsprechende Vektor nur ein einziges Element enthält. Unter Berücksichtigung dieses grundlegenden Unterschieds lassen sich die Programme der Implementierung von binären Bäumen leicht zu solchen für allgemeine Bäume umcodieren. Die beiden primitiven Operationen *maketree* und *combine* beispielsweise können durch die folgenden einfachen Funktionen realisiert werden:

```
       ∇ MAKETREE [☐] ∇
    ∇
[0]    RES←MAKETREE ROOT
[1]    A
[2]    A* MAKETREE erstellt einen einelementigen allgemeinen Baum,
[3]    A* der nur aus einer Wurzel besteht
[4]    A* Aufruf: [Res ←] MAKETREE  Root
[5]    A
[6]    RES←ROOT COMBINE⍳0            A keine Unterbaeume
    ∇
```

Abb. 105. Funktion MAKETREE

```
        ∇ COMBINE [◊] ∇
     ∇
[0]    RES←ROOT COMBINE SUBTREES
[1]    ⍝
[2]    ⍝* COMBINE erstellt einen allgemeinen Baum aus einer
[3]    ⍝* Wurzel und n≥0 Unterbaeumen
[4]    ⍝* Aufruf: [Res ←] Wurzel COMBINE (Unterbaeume)
[5]    ⍝
[6]    RES←(⊂ROOT),SUBTREES      ⍝ n+1-elementiger Vektor
     ∇
```

Abb. 106. Funktion COMBINE

Diese beiden primitiven Operationen reichen bereits aus, um den allgemeinen Baum aus Abb. 104 zu konstruieren:

```
T11←MAKETREE 'CARMEN'
T1←'BIZET' COMBINE ,⊂T11
T21←MAKETREE 'FIGARO'
T22←MAKETREE 'ZAUBERFLOETE'
T2←'MOZART' COMBINE T21 T22
T31←MAKETREE 'AIDA'
T32←MAKETREE 'NABUCCO'
T33←MAKETREE 'OTHELLO'
T34←MAKETREE 'RIGOLETTO'
T3←'VERDI' COMBINE T31 T32 T33 T34
T←'OPERN' COMBINE T1 T2 T3
```

Da *combine* als rechtes Argument eine Liste von Unterbäumen erwartet, müssen wir beim Zusammenfügen einer Wurzel mit nur einem Unterbaum dafür sorgen, dass dieser als Liste mit einem einzigen Element übergeben wird. Deshalb haben wir oben den Ausdruck ,⊂T11 verwendet.

Allgemeine Bäume können ähnlich traversiert werden wie binäre Bäume. Bei der *preorder*- und *postorder*-Traversierung wird die Wurzel vor bzw. nach der Traversierung aller Unterbäume besucht. Nicht ganz so eindeutig ist der Fall bei der *inorder*-Traversierung: Hier wollen wir festlegen, dass zuerst der erste Unterbaum (sofern vorhanden), dann die Wurzel und schliesslich die restlichen Unterbäume traversiert werden. Die *inorder*-Traversierung wollen wir gerade verwenden, um ein Hilfsprogramm *PRINTTREE* (vgl. Abb. 107) zur Ausgabe eines allgemeinen Baumes zu erstellen. Ähnlich wie im Programm *PRINTBTREE* für binäre Bäume (vgl. Abb. 96 auf Seite 188) wird ein als Vektor implementierter allgemeiner Baum in eine 3×(n+1)-Matrix umgewandelt, wobei n≥0 die Anzahl Unterbäume ist (ein nur aus einer Wurzel bestehender Baum wird nicht umgewandelt [5]). In Zeile [7] wird der erste Unterbaum traversiert, in [8] die Wurzel besucht. Sofern mehr als ein Unterbaum vorhanden ist (was in [9] geprüft wird), werden in [10] die restlichen Unterbäume durchlaufen.

```
        ∇ PRINTTREE [□] ∇
     ∇
[0]    RES←PRINTTREE TREE;NUMBER
[1]    A
[2]    A* PRINTTREE gibt allgemeinen Baum aus
[3]    A* Aufruf:  PRINTTREE Baum
[4]    A
[5]    ⍎(1=NUMBER←⍴TREE)/'→0,RES←TREE'    A Abbruchkriterium
[6]    RES←(3,NUMBER)⍴⊂⍳0                 A Matrix initialisieren
[7]    RES[3;1]←⊂PRINTTREE 2⊃TREE         A erster Unterbaum
[8]    RES[1;2]←⊂1⊃TREE                   A Root-Element
[9]    →(2≥NUMBER)/0                      A nur ein Unterbaum?
[10]   RES[3;2+⍳NUMBER-2]←PRINTTREE¨2↓TREE A restliche Unterbaeume
     ∇
```

Abb. 107. Funktion PRINTTREE

Da für die Darstellung des ganzen allgemeinen Baumes aus Abb. 104 die Seitenbreite dieses Buches nicht ausreichen würde, wollen wir das Programm *PRINTTREE* nur auf den dritten Unterbaum anwenden:

```
    PRINTTREE 4⊃T
        VERDI

    AIDA        NABUCCO    OTHELLO    RIGOLETTO
```

Die vorgestellten Programme für die beiden primitiven Operationen *maketree* und *combine* sowie das Hilfsprogramm *PRINTTREE* dürften genügen, um die Implementierung des ADT Allgemeiner Baum zu illustrieren. Die Implementierung weiterer primitiver Operationen überlassen wir daher unseren Lesern als Übungsaufgabe. Wir wollen uns im nächsten Abschnitt gleich einer Anwendung des ADT Allgemeiner Baum zuwenden.

9.6 Tries

Der bis jetzt als Beispiel verwendete allgemeine Baum aus Abb. 104 hilft unserem Musikfreund beim *schrittweisen* Auffinden einer gesuchten Schallplatte: In einem ersten Schritt legt er die gewünschte Musikgattung fest (z.B. Opern), in einem zweiten den Komponisten usw. Ähnlich geht man auch vor, wenn man im Telefonbuch die Rufnummer einer Person oder im Wörterbuch die Übersetzung eines Wortes in eine Fremdsprache sucht. Beim Nachschlagen in einem Wörterbuch z.B. steuert man zuerst den Anfangsbuchstaben des betreffenden Wortes an. Innerhalb der Menge der Wörter mit dem gleichen Anfangsbuchstaben sucht man dann nach dem entsprechenden zweiten Buchstaben usw. Ein wesentlicher Unterschied zum Musik-Beispiel besteht darin, dass bei einem Suchschritt nicht nach einem ganzen Such-

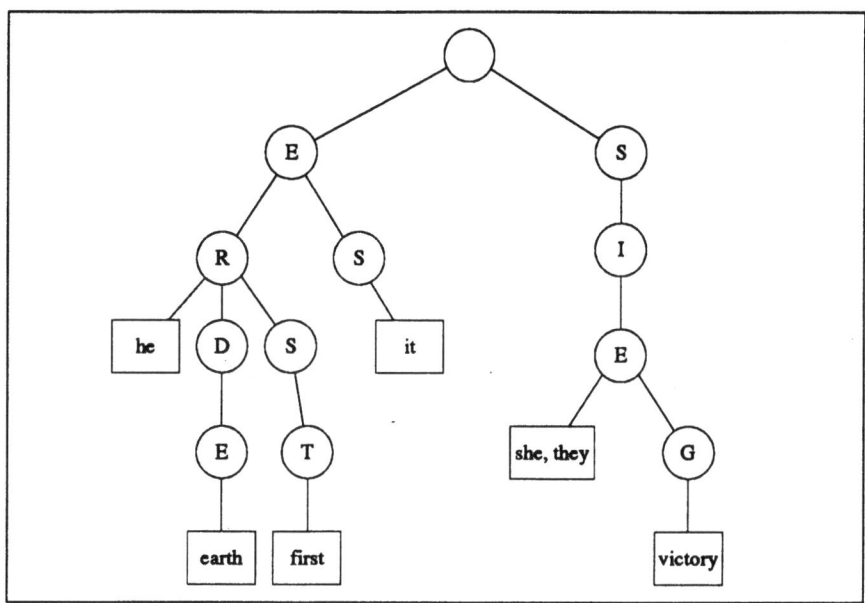

Abb. 108. Trie

argument oder Schlüssel gesucht wird, sondern nur nach einem *Teil* eines Schlüssels (z.B. eine Ziffer oder ein Buchstabe).

Es gibt eine Klasse von allgemeinen Bäumen, welche das stückweise Abspeichern und Suchen von Schlüsseln speziell unterstützen, nämlich die sog. **Tries** (vom englischen re*trie*val) oder **digitalen Suchbäume**. Ein Nichtblattknoten eines Tries enthält i.a. als Information *nur einen Teil* von einem oder mehreren Schlüsseln. Eine Ausnahme bildet die Wurzel, welche keine Information enthält, sondern nur auf die Schlüsselanfänge zeigt. (Eine andere Möglichkeit wäre, zur Vermeidung der leeren Wurzel einen Trie als Wald aufzufassen.) Jeder im Baum abgespeicherte Schlüssel ist als **Pfad** implementiert: Aufgrund geeigneter Übergänge von einem Vater zu einem Sohn und Konkatenierung der zugehörigen Informationen kann er – ausgehend von der Wurzel – schrittweise rekonstruiert werden. Die Blätter eines Tries enthalten keine Schlüsselteile, sondern die zum entsprechenden Schlüssel gehörenden *Nutzinformationen*. Zu jedem Blatt gibt es genau einen Pfad von der Wurzel her, was bedeutet, dass für jede Nutzinformation genau *ein* Schlüssel gespeichert ist, der sie identifiziert.

Beispiel: Ein deutsch-englisches Wörterbuch soll als Trie abgespeichert werden. Einfachheitshalber wollen wir uns auf einen winzigen Wortschatz beschränken: *ER, ERDE, ERST, ES, SIE, SIEG*. Für diesen Wortschatz konstruieren wir den Trie in Abb. 108. Diese Darstellung verwendet zwei verschiedene Arten von Knoten:

– runde Nichtblattknoten, welche Schlüsselteile enthalten,
– eckige Blattknoten, welche die zum entsprechenden Schlüssel gehörende Nutzinformation, nämlich die englische Übersetzung, enthalten.

Die Wurzel enthält keine Information und wird bloss zum Zusammenfügen der Unterbäume benötigt. Wir stellen bei diesem Beispiel auch fest, dass der Pfad für ein Wort (z.B. *SIE*) Teil eines Pfades für ein anderes Wort (*SIEG*) sein kann. Das Ende eines Schlüssels erkennen wir daran, dass ein Sohn des entsprechenden Knotens ein Blatt ist. Der Einfachheit halber wollen wir in den Nichtblattknoten jeweils nur ein einziges Zeichen als Schlüsselteil speichern.

Zum Erstellen eines Tries können wir auf die primitive Operation *maketree* zurückgreifen und erhalten damit einen nur aus der Wurzel bestehenden allgemeinen Baum (der Wurzel wollen wir als Wert einen leeren Vektor zuordnen). Zum Abfragen der Nutzinformation eines vorgegebenen Schlüssels benötigen wir eine Operation *retrieve*:

– Versuche, aufgrund des vorgegebenen Schlüssels im Trie einen Pfad von der Wurzel aus abwärts zu begehen.
– Falls der Schlüssel abgearbeitet werden kann und ein Blatt erreicht wird, gib dessen Wert als Nutzinformation zurück.
– Andernfalls ist die Suche erfolglos, und es kann keine Nutzinformation zurückgegeben werden.

Für die Aufnahme eines Schlüssels und der zugehörigen Nutzinformation in einen Trie sehen wir eine Operation *insert* vor, welche wie folgt funktioniert:

– Gehe gemäss dem vorgegebenen Schlüssel solange wie möglich entlang eines Pfades im Trie abwärts.
– Falls nicht für alle Schlüsselteile bereits Knoten existieren, bilde für den Rest des Schlüssels eine Verlängerung des Pfades.
– Füge als Sohn desjenigen Knotens, der den letzten Schlüsselteil enthält, ein Blatt mit der Nutzinformation an.
– Falls für den vorgegebenen Schlüssel bereits ein Blatt mit einer Nutzinformation besteht, ersetze diese Nutzinformation durch die neue.

Diese beiden Operationen wollen wir in Form von zwei Funktionen implementieren. Bei der Operation *retrieve* wird mittels rekursiver Aufrufe [8] im Trie von der Wurzel aus abwärts gesucht, bis – sofern möglich – der ganze vorgegebene Schlüssel abgearbeitet ist [5]. Vor jedem rekursiven Aufruf wird der Index desjenigen Unterbaums im Vektor bestimmt, dessen Wurzel das erste Zeichen des aktuellen Schlüsselrests enthält [6]. Falls kein solcher Unterbaum vorhanden ist, wird die Suche erfolglos abgebrochen (wobei ein leerer Vektor zurückgegeben wird) [7]. Falls nach dem Abarbeiten des ganzen Schlüssels kein Blatt erreicht ist, wird ebenfalls ein leerer Vektor zurückgegeben [12]. Sonst wird der Inhalt des Blattes als Nutzinformation zurückgegeben [13].

```
        ∇ RETRIEVE [□] ∇
     ∇
[0]     INFO←TRIE RETRIEVE KEY;INDEX
[1]     ⍝
[2]     ⍝* RETRIEVE sucht Nutzinformation zu Schluessel in Trie
[3]     ⍝* Aufruf: [Info ←] Trie RETRIEVE Schluessel
[4]     ⍝
[5]     →(0=⍴,KEY)/END              ⍝ Schluessel gefunden
[6]     INDEX←1+((↑KEY)=1⊃¨1↓TRIE)⍳1 ⍝ Unterbaum finden
[7]     ⍎(INDEX>⍴TRIE)/'→0,⍴INFO←⍳0' ⍝ ungueltiger Schluessel
[8]     INFO←(INDEX⊃TRIE)RETRIEVE 1↓KEY ⍝ Rekursion
[9]     →0
[10] END:
[11]    INDEX←1+(1=∊⍴¨1↓TRIE)⍳1     ⍝ Blatt finden
[12]    ⍎(INDEX>⍴TRIE)/'→0,⍴INFO←⍳0' ⍝ keine Info vorhanden
[13]    INFO←↑INDEX⊃TRIE            ⍝ Resultat
     ∇
```

Abb. 109. Funktion RETRIEVE

Ganz ähnlich kann auch die Operation *insert* (Programmliste in Abb. 110) implementiert werden. Wie bei *retrieve* wird gemäss dem Schlüssel im Trie ein Pfad von oben nach unten verfolgt. Falls für ein Zeichen des Schlüssels noch kein Knoten existiert, wird ein neuer Knoten mit dem entsprechenden Zeichen in den Trie aufgenommen [9]. Ist der vorgegebene Schlüssel ganz abgearbeitet, wird geschaut, ob ein Sohn des aktuellen Knotens ein Blatt ist [13], [14]. Je nachdem wird die bereits vorhandene Nutzinformation überschrieben [15] oder ein neues Blatt angehängt [18].

Damit sind wir in der Lage, den Trie aus Abb. 108 zu konstruieren:

```
WORDS←MAKETREE⍳0
WORDS←WORDS INSERT 'ER' 'HE'
WORDS←WORDS INSERT 'ERDE' 'EARTH'
WORDS←WORDS INSERT 'ERST' 'FIRST'
WORDS←WORDS INSERT 'ES' 'IT'
WORDS←WORDS INSERT 'SIE' 'SHE, THEY'
WORDS←WORDS INSERT 'SIEG' 'VICTORY'
```

Mit Hilfe von *retrieve* erhalten wir die englische Übersetzung von einzelnen Wörtern des betrachteten Wortschatzes:

```
    WORDS RETRIEVE 'ER'
HE
```

```
        ∇ INSERT [☐] ∇
      ∇
[0]    RES←TRIE INSERT KEY_INFO;INDEX;KEY;INFO
[1]    ⍝
[2]    ⍝* INSERT fuegt (Schluessel, Info) in einen Trie ein
[3]    ⍝* Aufruf:  [Trie ←]    Trie  INSERT  (Schluessel Info)
[4]    ⍝
[5]    (KEY INFO)←KEY_INFO              ⍝ separieren
[6]    RES←TRIE                         ⍝ Resultat vorbereiten
[7]    →(0=⍴,KEY)/END                   ⍝ Schluessel abgearbeitet
[8]    INDEX←1+((↑KEY)=1⊃¨1↓TRIE)⍳1     ⍝ Unterbaum finden
[9]    →(INDEX>⍴TRIE)/'RES←TRIE,⊂1↑KEY' ⍝ kein UB gefunden
[10]   (INDEX⊃RES)←(INDEX⊃RES)INSERT((1↓KEY)INFO) ⍝ Rekursion
[11]   →0
[12]   END:
[13]   INDEX←1+(1=∊⍴¨1↓TRIE)⍳1          ⍝ Index von Info
[14]   →(INDEX>⍴TRIE)/NEW               ⍝ noch keine Info?
[15]   (INDEX⊃RES)←,⊂,INFO              ⍝ Info ersetzen
[16]   →0
[17]   NEW:
[18]   RES←TRIE,⊂,⊂,INFO                ⍝ Info einfuegen
      ∇
```

Abb. 110. Funktion INSERT

```
      WORDS RETRIEVE 'ERDE'
EARTH
      WORDS RETRIEVE 'SIE'
SHE, THEY
```

Tries sind für die Implementierung von Wörterbüchern gut geeignet. Vor allem wenn viele Wörter mit mehreren gleichen Buchstaben beginnen, kann gegenüber einem separaten Abspeichern jedes einzelnen Wortes Speicherplatz gespart werden. Ferner wird beim Suchen in Tries ähnlich wie beim *Binary Search* (vgl. 7.3 „Binäres Suchen") die Menge der noch abzusuchenden Knoten sehr rasch eingeschränkt (bei einem aus deutschen Wörtern bestehenden Wörterbuch muss jeweils nur einer von bis zu 26 Unterbäumen weiterberücksichtigt werden), was auch zu einer guten Zeiteffizienz führt.

10. Graphen

10.1 Der abstrakte Datentyp Graph

Die Graphen ergeben die allgemeinsten Datenstrukturen, welche in diesem Buch zur Sprache kommen. Mathematisch wird ein **Graph** als Paar $G=(E,K)$ von zwei endlichen Mengen definiert, einer **Eckenmenge** E – auch **Knotenmenge** genannt – und einer **Kantenmenge** K. Bei einem **ungerichteten** Graphen ist jede Kante durch die beiden Knoten bestimmt, welche sie verbindet (die beiden Knoten dürfen auch identisch sein). Bei einem **gerichteten** Graphen ist für jede Kante zusätzlich festgelegt, welcher der beiden Knoten der Anfangsknoten ist und welcher der Endknoten. Für zwei verschiedene Knoten a, b sind in diesem Fall die beiden Kanten (a,b) und (b,a) zu unterscheiden.

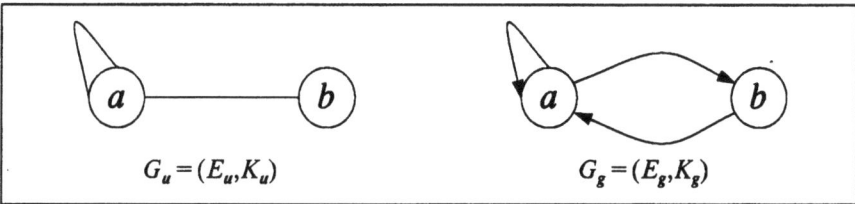

Abb. 111. Ungerichteter und gerichteter Graph

Der ungerichtete Graph G_u und der gerichtete Graph G_g in Abb. 111 haben die gleichen Knotenmengen $E_u = E_g = \{a, b\}$, aber unterschiedliche Kantenmengen $K_u = \{(a,a), (a,b) = (b,a)\}$ und $K_g = \{(a,a), (a,b), (b,a)\}$. **Gerichtete Kanten** werden i.a. durch Pfeile dargestellt. Die beiden folgenden Beispiele illustrieren, dass für gewisse Anwendungen ungerichtete, für andere gerichtete Graphen natürlich sind.

Beispiel 1: Ein Volksmusikfreund will seine CDs computergestützt verwalten. Dabei möchte er – anders als der Opernfreund im letzten Kapitel – Komponisten und Titel gleich behandeln. Er möchte rasch herausfinden können, welche Stücke von einem vorgegebenen Komponisten er besitzt. Er möchte aber auch rasch bestimmen können, von welchem Komponisten ein Stück mit einem vorgegebenen Titel stammt. (Anders als bei den Opern

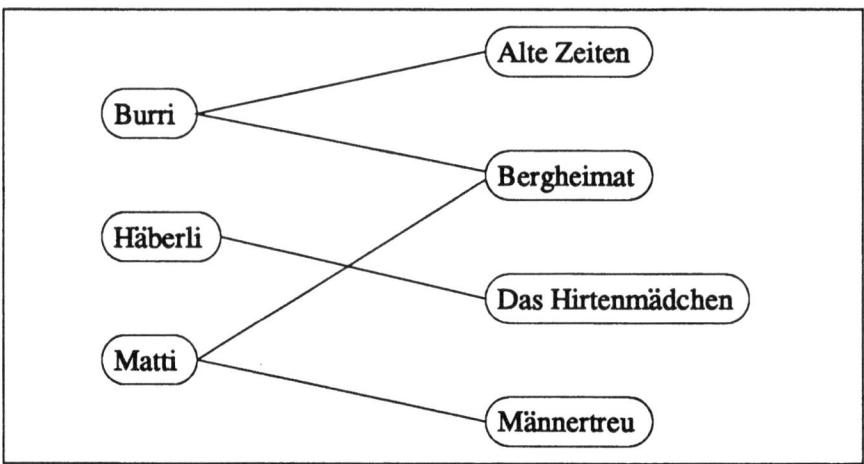

Abb. 112. Volksmusik-Graph

kommt es in der Volksmusik oft vor, dass verschiedene Stücke den gleichen Namen tragen.) Diese **Symmetrie** zwischen Komponisten und Titeln lässt sich mit einem Baum als Datenstruktur nur unbefriedigend modellieren, jedoch sehr gut mit einem (ungerichteten) Graphen, weshalb der Volksmusikfreund nicht einfach die Datenstruktur des Opernfreundes übernehmen sollte. In seinem Fall ergibt ein *ungerichteter Graph* eine viel geeignetere Datenstruktur. Abb. 112 zeigt einen kleinen derartigen Graphen. Jeder Knoten entspricht entweder einem Komponisten oder einem Titel, d.h. die Menge E umfasst alle Komponisten und Titel. Genau dann, wenn ein Komponist ein Stück eines bestimmten Titels geschrieben hat, werden die beiden zugehörigen Knoten durch eine Kante verbunden. Eine Kante kann also nur zwei verschiedenartige Knoten verbinden. Ein solcher Graph heisst **bipartit**.

Auch dieses Beispiel könnte leicht zu einer einfachen Musik-Datenbank ausgebaut werden, im Gegensatz zum Beispiel auf Seite 197 jetzt aber zu einer **Netzwerk-Datenbank**. Netzwerk-Datenbanken, die neben den hierarchischen und den relationalen Datenbanken den dritten berühmten klassischen Datenbanktyp darstellen, basieren auf (bipartiten) Graphen. Für nähere Angaben zu den Netzwerk-Datenbanken verweisen wir wiederum auf [LoSc87].

Beispiel 2: Das Auskunfts- und Reservationsbüro eines grösseren Bahnhofs wurde vor einiger Zeit modernisiert. Am Eingang steht neu ein Apparat, bei dem der ankommende Kunde einen Nummernzettel bezieht. Der Kunde hat zwischen zwei Arten von Zetteln zu wählen: rote Zettel fürs Abholen einer bereits bestellten Fahrkarte und von Reservationsbestätigungen an der Kasse oder grüne Zettel für Auskünfte und fürs Vornehmen von Buchungen am Auskunftsschalter. Die Inhaber eines roten Zettels werden nach einer i.a. kurzen Wartezeit zur Kasse gerufen, die Kunden mit einem grünen Zettel nach i.a. längerem Warten zum Auskunftsschalter. Nach der Bedienung am

10. Graphen

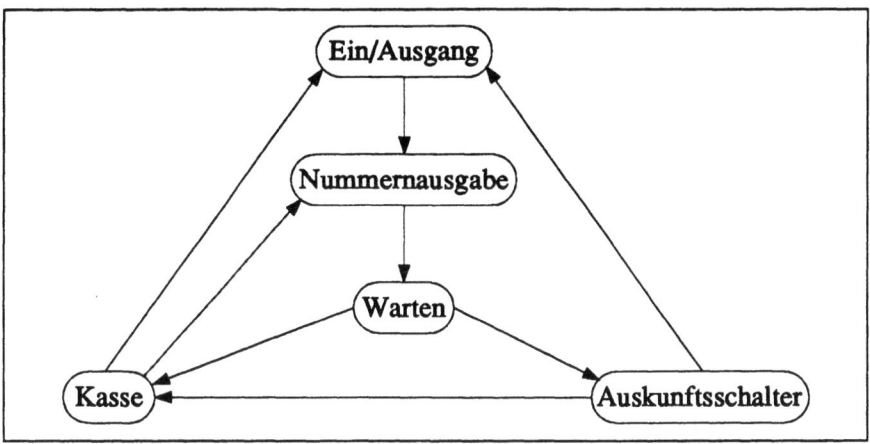

Abb. 113. Graph für Auskunfts- und Reservationsbüro

Auskunftsschalter geht der Kunde zur Kasse oder direkt zum Ausgang. Hat ein Kunde irrtümlicherweise anstelle eines grünen einen roten Zettel bezogen, wird er von der Kasse zur Nummernausgabe zurückgeschickt, worauf er nochmals eine Wartezeit in Kauf nehmen muss.

Um die Zweckmässigkeit und Akzeptanz der neuen Einrichtung zu überprüfen, wird nach einiger Zeit eine Erhebung durchgeführt. Das Auskunfts- und Reservationsbüro wird zu diesem Zweck mit Hilfe eines *gerichteten Graphen* (vgl. Abb. 113) modelliert, und dann werden die Frequenzen der einzelnen Abläufe sowie die Wartezeiten gemessen und ausgewertet.

Wir wollen jetzt auch Graphen unter dem Gesichtspunkt der abstrakten Datentypen betrachten. Die Objektmenge eines *ADT Graph* besteht entweder nur aus ungerichteten oder nur aus gerichteten Graphen. Wir sollten daher eigentlich zwischen einem *ADT ungerichteter Graph* und einem *ADT gerichteter Graph* unterscheiden, wollen aber der Einfachheit halber i.a. darauf verzichten. Als primitive Operationen schlagen wir die folgenden vor:

- *join(G, a, b)*
  Im Graphen G wird die Kante *(a,b)* eingefügt.

- *remove(G, a, b)*
  Die Kante *(a,b)* wird aus dem Graphen G entfernt.

- *adjacent(G, a, b)*
  Es wird untersucht, ob die Kante *(a,b)* existiert oder nicht. Entsprechend wird eine 1 oder eine 0 zurückgegeben. Bei einem gerichteten Graphen G ist es natürlich möglich, dass *adjacent(G,a,b)* ≠ *adjacent(G,b,a)* gilt.

Da definitionsgemäss ein Graph G aus einer Knotenmenge E und einer Kantenmenge K besteht, lassen sich diese drei primitiven Operationen auf solche des ADT Menge zurückführen: *join* auf *union*, *remove* auf *difference* und *adjacent* auf *member* (vgl. 8.1 „Der abstrakte Datentyp Menge").

Viele Anwendungen verwenden Graphen mit einer festen Knotenmenge E, bei vielen muss aber auch E verändert werden können. Diese grundsätzlich verschiedenen Situationen führen i.a. zu unterschiedlichen Implementierungen der Graphen. Da E eine Menge ist, können wir für das Hinzufügen und Entfernen von Knoten einfach auf die entsprechenden primitiven Operationen des ADT Menge zurückgreifen.

Für gerichtete Graphen wollen wir noch zwei weitere Operationen einführen, die man je nach Geschmack noch als primitiv oder bereits als „höher" auffassen kann:

– *successors(G, x, M)*
   Es wird die Menge M aller *Nachfolger* des Knotens x im Graphen $G=(E,K)$ gebildet, d.h. die Menge aller Knoten $y \in E$, für welche die Kante $(x,y) \in K$ existiert.[4]

– *predecessors(G, x, M)*
   Es wird die Menge M aller *Vorgänger* des Knotens x im Graphen $G=(E,K)$ gebildet, d.h. die Menge aller Knoten $y \in E$, für welche die Kante $(y,x) \in K$ existiert.[4]

Bei ungerichteten Graphen hat ein Knoten nicht Vorgänger und Nachfolger, sondern **Nachbarn**. Diese sollen sich mit der folgenden Operation bestimmen lassen:

– *neighbors(G, x, M)*
   Es wird die Menge M aller *Nachbarn* des Knotens x im Graphen $G=(E,K)$ gebildet, d.h. die Menge aller Knoten $y \in E$, für welche die Kante $(x,y) = (y,x) \in K$ existiert.

Wir werden *successors* und *predecessors* so implementieren, dass sie auch auf ungerichtete Graphen angewendet werden können und dann gerade Implementierungen von *neighbors* sind.

---

[4] Oft bezeichnet man alle Knoten, die von x aus über einen *Pfad* erreicht werden können, als Nachfolger von x. Diejenigen Knoten, die man bei der Anwendung von *successors* erhält, müsste man dann genaugenommen **unmittelbare Nachfolger** nennen. Wir werden aber in diesem Kapitel den Begriff *Nachfolger* stets nur für unmittelbare Nachfolger verwenden. Analoges gilt für den Begriff *Vorgänger*.

10.2 Implementierung von gerichteten Graphen

Wir wollen drei verschiedene Implementierungen von Graphen vorstellen. Dabei werden wir uns auf gerichtete Graphen beschränken. Ungerichtete Graphen können nämlich als spezielle gerichtete betrachtet werden, welche die Eigenschaft haben, dass für verschiedene $a,b \in E$ mit $(a,b) \in K$ auch immer $(b,a) \in K$ gilt. Das Paar $\{(a,b), (b,a)\}$ stellt dann die ungerichtete Kante zwischen a und b dar (vgl. Abb. 111). Die in diesem Kapitel vorgestellten Programme können sowohl für gerichtete wie auch für ungerichtete Graphen verwendet werden, sofern dies nicht ausdrücklich ausgeschlossen wird. Die erste der folgenden Implementierungsarten würde sich auch für eine spezifische Implementierung von ungerichteten Graphen eignen, allerdings müssten gewisse Operationen etwas anders implementiert werden.

10.2.1 Implementierung als Mengenpaar

Bei dieser Implementierung des ADT gerichteter Graph wollen wir von der im letzten Abschnitt angegebenen Definition ausgehen. Wir implementieren einen Graphen als zweielementigen Vektor, dessen erstes Element die Knotenmenge und dessen zweites Element die Kantenmenge darstellt. Diese beiden Mengen sollen ihrerseits gemäss 8.2 „Implementierung durch Aufzählen der Elemente" implementiert werden. Für ihre Erstellung können wir somit auf *createset* (vgl. Abb. 60 auf Seite 151) zurückgreifen.

Wie wir bereits im letzten Abschnitt erwähnt haben, lassen sich die primitiven Operationen *join*, *remove* und *adjacent* auf primitive Mengenoperationen zurückführen. Für **join** greifen wir beispielsweise auf *union* zurück:

```
     ∇ JOIN [□] ∇
     ∇
[0]   RES←GRAPH JOIN EDGE
[1]   A
[2]   A* JOIN fuegt Kante in Graphen ein
[3]   A* Aufruf: [Graph ←]  Graph  JOIN  (Knoten1 Knoten2)
[4]   A
[5]   (2⊃GRAPH)←(2⊃GRAPH)UNION CREATESET←EDGE  A Vereinigung
[6]   RES←GRAPH                                A Resultat
     ∇
```

Abb. 114. Funktion JOIN

Die primitive Operation **adjacent** lässt sich analog auf *member* zurückführen:

```
       ∇ ADJACENT [□] ∇
     ∇
[0]    RES←GRAPH ADJACENT PAIR
[1]    ⍝
[2]    ⍝* ADJACENT prueft, ob ein vorgegebenes Knotenpaar durch
[3]    ⍝* eine Kante verbunden ist oder nicht
[4]    ⍝* Aufruf: [Graph ←]  Graph ADJACENT (Knoten1 Knoten2)
[5]    ⍝
[6]    RES←PAIR MEMBER(2⊃GRAPH) ⍝ Element der Kantenmenge?
     ∇
```

Abb. 115. Funktion ADJACENT

Unser Graph $G = (E,K)$ in Abb. 113 wird bei dieser Implementierung durch die folgenden Mengen E und K definiert:

```
E←CREATESET 'EIN/AUSGANG' 'NUMMERNAUSGABE' 'WARTEN'
            'KASSE' 'AUSKUNFTSSCHALTER'
K←CREATESET ('EIN/AUSGANG' 'NUMMERNAUSGABE')
            ('NUMMERNAUSGABE' 'WARTEN')
BAHN←E K
BAHN←BAHN JOIN 'WARTEN' 'KASSE'
BAHN←BAHN JOIN 'WARTEN' 'AUSKUNFTSSCHALTER'
BAHN←BAHN JOIN 'AUSKUNFTSSCHALTER' 'KASSE'
BAHN←BAHN JOIN 'AUSKUNFTSSCHALTER' 'EIN/AUSGANG'
BAHN←BAHN JOIN 'KASSE' 'EIN/AUSGANG'
BAHN←BAHN JOIN 'KASSE' 'NUMMERNAUSGABE'
```

Um die Nachfolger eines Knotens $x \in E$ zu bestimmen, greift die Operation *successors* all diejenigen Paare aus der Knotenmenge heraus, deren erste Komponente gleich x ist:

```
       ∇ SUCCESSORS [□] ∇
     ∇
[0]    RES←GRAPH SUCCESSORS ELEMENT
[1]    ⍝
[2]    ⍝* SUCCESSORS bestimmt die Nachfolger von ELEMENT
[3]    ⍝* Aufruf: [Res ←] Graph SUCCESSORS Element
[4]    ⍝
[5]    RES←2⊃¨((⊂ELEMENT)=¨1⊃¨2⊃GRAPH)/2⊃GRAPH ⍝ ausgehende Kanten
     ∇
```

Abb. 116. Funktion SUCCESSORS

In der Kantenmenge 2⊃GRAPH wird für alle Paare von Knoten die erste Komponente (1⊃¨) mit dem vorgegebenen Knoten **ELEMENT** verglichen. Von den mittels *Compress* (/) ausgewählten Paaren wird je die zweite Komponente (2⊃¨) ins Resultat aufgenommen.

10. Graphen

Ganz analog bestimmt die Operation *predecessors*, welche wir als Funktion **PREDECESS** implementieren, die Vorgänger eines Knotens. Statt der ersten Komponente der Paare wird je deren zweite Komponente mit dem vorgegebenen Knoten verglichen. Am Schluss wird von jedem ausgewählten Paar die erste Komponente ins Resultat übernommen:

```
      ∇ PREDECESS [□] ∇
    ∇
[0]   RES←GRAPH PREDECESS ELEMENT
[1]   A
[2]   A* PREDECESS bestimmt die Vorgaenger von ELEMENT
[3]   A* Aufruf: [Res ←]  Graph  PREDECESS  Element
[4]   A
[5]   RES←1⊃¨((⊂ELEMENT)≡¨2⊃¨2⊃GRAPH)/2⊃GRAPH A eingehende Kanten
    ∇
```

Abb. 117. Funktion PREDECESS

Eine Anwendung von *successors* und *predecessors* auf den Knoten *Kasse* unseres Graphen in Abb. 113 führt zu den folgenden Resultaten:

```
      BAHN SUCCESSORS 'KASSE'
EIN/AUSGANG NUMMERNAUSGABE

      BAHN PREDECESS 'KASSE'
WARTEN AUSKUNFTSSCHALTER
```

10.2.2 Implementierung mittels Adjazenzmatrix

Besonders für Graphen mit einer festen Knotenmenge E ist die Implementierung mittels einer **Adjazenzmatrix** sehr populär. Da in APL2 Matrizen im Gegensatz zu Pascal dynamisch verkleinert und vergrössert werden können, ist die Implementierung von Graphen mittels einer Adjazenzmatrix aber auch bei sich verändernder Knotenmenge E oft eine gute Lösung. Wichtig ist, dass die Knoten in einer festen Reihenfolge zur Verfügung stehen, also z.B. als lineare Liste. Für einen Graphen mit n Knoten ist die zugehörige Adjazenzmatrix eine Boolesche $n \times n$-Matrix. Das Element in der i-ten Zeile und j-ten Spalte hat genau dann den Wert 1, wenn vom i-ten zum j-ten Knoten eine Kante führt.

Auch für diese Implementierung eines Graphen G verwenden wir einen zweielementigen Vektor. Das erste Element stellt die Menge E als lineare Liste dar, das zweite die Adjazenzmatrix. Die Adjazenzmatrix für den Graphen aus Abb. 113 sieht wie folgt aus (Reihenfolge der Knoten wie im vorigen Abschnitt):

```
0 1 0 0 0
0 0 1 0 0
0 0 0 1 1
1 1 0 0 0
1 0 0 1 0
```

Die primitive Operation *adjacent* ist äusserst einfach zu implementieren: Für zwei vorgegebene Knoten werden zuerst deren Positionen in der Knotenliste bestimmt [6]. Dann wird mit Hilfe dieser zwei Positionen das zugehörige Element der Adjazenzmatrix lokalisiert und als Resultat zurückgegeben [8]:

```
       ∇ ADJACENT [☐] ∇
    ∇
[0]    RES←GRAPH ADJACENT PAIR;ROW;COL
[1]    A
[2]    A* ADJACENT prueft, ob ein vorgegebenes Knotenpaar durch
[3]    A* eine Kante verbunden ist oder nicht
[4]    A* Aufruf: [Graph ←] Graph ADJACENT (Knoten1 Knoten2)
[5]    A
[6]    (ROW COL)←(1⊃GRAPH)⍳PAIR            A Position in Matrix
[7]    →(∨/(ROW COL)>ρ2⊃GRAPH)/'→0,RES←0 ' A nicht in Kantenmenge?
[8]    RES←⊃(ROW COL)⊃GRAPH                A Matrixelement
    ∇
```

Abb. 118. Funktion ADJACENT

Um die primitiven Operationen *join* und *remove* zu implementieren, kann man analog das der Kante entsprechende Matrixelement suchen und dieses auf 1 (*join*) bzw. 0 (*remove*) setzen.

Bei der Operation *successors* ist (sofern der vorgegebene Knoten im Graphen vorkommt [5]) die entsprechende Zeile der Adjazenzmatrix zu bestimmen (((1⊃GRAPH)=¨⊂ELEMENT)/2⊃GRAPH), die man dann mittels *Compress* auf die Liste der Knoten (1⊃GRAPH) anwendet [6]:

```
       ∇ SUCCESSORS [☐] ∇
    ∇
[0]    RES←GRAPH SUCCESSORS ELEMENT
[1]    A
[2]    A* SUCCESSORS bestimmt die Nachfolger von ELEMENT
[3]    A* Aufruf: [Res ←] Graph SUCCESSORS Element
[4]    A
[5]    →(~(⊂ELEMENT)∊1⊃GRAPH)/'→0,RES←⍳0' A Knoten nicht vorhanden
[6]    RES←(,((1⊃GRAPH)=¨⊂ELEMENT)/2⊃GRAPH)/1⊃GRAPH A Matrixzeile
    ∇
```

Abb. 119. Funktion SUCCESSORS

Die Operation *predecessors* kann auf *successors* zurückgeführt werden, sofern die transponierte Adjazenzmatrix (⍉2⊃GRAPH) verwendet wird:

10. Graphen 213

```
     ∇ PREDECESS [□] ∇
   ∇
[0]   RES←GRAPH PREDECESS ELEMENT
[1]   A
[2]   A* PREDECESS bestimmt die Vorgaenger von ELEMENT
[3]   A* Aufruf: [Res ←] Graph PREDECESS Element
[4]   A
[5]   RES←((1⊃GRAPH)(⌽2⊃GRAPH))SUCCESSORS ELEMENT
   ∇
```

Abb. 120. Funktion PREDECESS

Diese Implementierung ist für viele Zwecke sehr geeignet. Da die Adjazenzmatrix eines ungerichteten Graphen symmetrisch ist, kann es allerdings bei einer grossen Knotenmenge zu einer beträchtlichen Platzverschwendung kommen. Ein anderer – kleiner – Nachteil ist der, dass einer Adjazenzmatrix nicht direkt entnommen werden kann, welche Knoten durch eine bestimmte Kante verbunden werden. Dazu muss die Liste der Knoten beigezogen werden.

10.2.3 Implementierung mittels Adjazenzliste

Diese Implementierung basiert auf einer ähnlichen Idee wie diejenige mittels Adjazenzmatrix. Es wird hier keine Boolesche Matrix verwendet, sondern für jeden Knoten eine Liste seiner Nachfolger explizit angegeben. Die Adjazenzliste für den Graphen aus Abb. 113 sieht wie folgt aus:

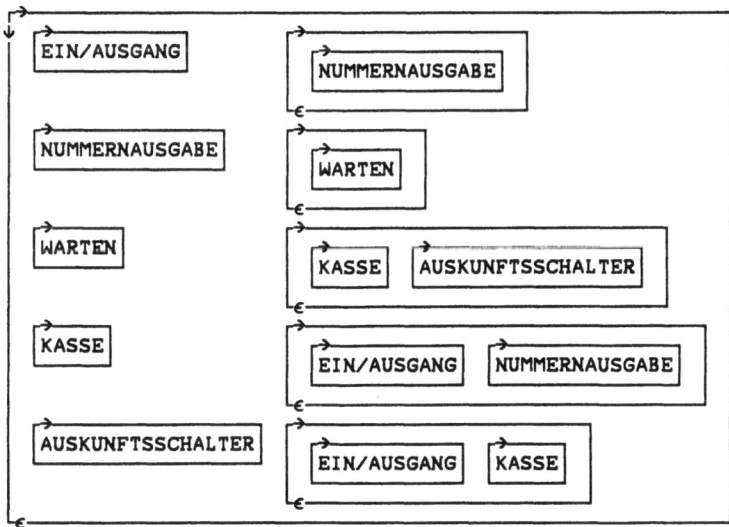

Eine Adjazenzliste ist also eine Matrix mit zwei Spalten, welche in der ersten Spalte die Knoten des Graphen und in der zweiten die jeweiligen Nachfolger enthält. Die erste Spalte entspricht der Knotenmenge, während die zweite die Kanten definiert.

Für die Implementierung der primitiven Operation *adjacent* wird in der Nachfolgerliste des ersten Knotens [6] nachgeschaut, ob der zweite Knoten darin enthalten ist [7]:

```
      ∇ ADJACENT [□] ∇
   ∇
[0]   RES←GRAPH ADJACENT PAIR;LIST
[1]   ⍝
[2]   ⍝* ADJACENT prueft, ob ein vorgegebenes Knotenpaar durch
[3]   ⍝* eine Kante verbunden ist oder nicht
[4]   ⍝* Aufruf: [Graph ←] Graph ADJACENT (Knoten1 Knoten2)
[5]   ⍝
[6]   LIST←,⊃(GRAPH[;1]≡¨⊂1⊃PAIR)/GRAPH[;2]   ⍝ entspr. Zeile
[7]   RES←(⊂2⊃PAIR)∈LIST                      ⍝ Knoten2 in Zeile?
   ∇
```

Abb. 121. Funktion ADJACENT

Bei der primitiven Operation *join* ist die Nachfolgerliste des ersten Knotens zu erweitern, bei *remove* ist der entsprechende zweite Knoten aus der Nachfolgerliste des ersten Knotens zu entfernen.

Für die Operation *successors* können wir Zeile [6] aus der Programmliste von *adjacent* übernehmen:

```
      ∇ SUCCESSORS [□] ∇
   ∇
[0]   RES←GRAPH SUCCESSORS ELEMENT
[1]   ⍝
[2]   ⍝* SUCCESSORS bestimmt die Nachfolger von ELEMENT
[3]   ⍝* Aufruf: [Res ←] Graph SUCCESSORS Element
[4]   ⍝
[5]   RES←,⊃(GRAPH[;1]≡¨⊂ELEMENT)/GRAPH[;2]   ⍝ entspr. Zeile
   ∇
```

Abb. 122. Funktion SUCCESSORS

Die Operation *predecessors* (implementiert als Funktion **PREDECESS**) lässt sich ganz analog realisieren. Es sind hier allerdings alle diejenigen Matrixzeilen von Interesse, in deren *zweiter* Spalte der vorgegebene Knoten vorkommt:

10. Graphen

```
        ∇ PREDECESS [☐] ∇
     ∇
[0]     RES←GRAPH PREDECESS ELEMENT
[1]     ⍝
[2]     ⍝* PREDECESS bestimmt die Vorgaenger von ELEMENT
[3]     ⍝* Aufruf: [Res ←]  Graph PREDECESS  Element
[4]     ⍝
[5]     RES←((⊂⊂ELEMENT)∊¨GRAPH[;2])/GRAPH[;1] ⍝ Zeilen mit ELEMENT
     ∇
```

Abb. 123. Funktion PREDECESS

10.2.4 Konversion der drei Implementierungsarten

Wir haben soeben drei verschiedene Implementierungen des ADT Graph kennengelernt. Da nicht jede Anwendung die gleiche bevorzugt, kann es nötig sein, die eine Implementierung in eine andere überzuführen bzw. zu konvertieren. Wir wollen daher, bevor wir zu den eigentlichen Anwendungen von Graphen kommen, drei Konversionsprogramme vorstellen, die eine Umwandlung einer Implementierung eines Graphen in jede der beiden anderen ermöglichen. (Da es 6 Konversionsmöglichkeiten gibt, ist für einige Konversionen die Ausführung von zwei solchen Programmen nötig.) Da wir bisher nur für die Implementierung als Mengenpaar erläutert haben, wie ein Graph zu konstruieren ist, können wir die entsprechenden Programme gerade auch zum Erstellen von Graphen in den beiden anderen Implementierungen verwenden.

Betrachten wir zuerst die Konversion der Implementierung als Mengenpaar in diejenige mittels einer Adjazenzmatrix. Die Knotenmenge kann beibehalten werden (da wir sowohl Mengen als auch Listen mittels APL2-Vektoren implementiert haben). Die Adjazenzmatrix kann mit Hilfe des *äusseren Produktes* erzeugt werden. Für jedes Knotenpaar wird dabei nachgeschaut, ob die beiden Knoten durch eine (gerichtete) Kante verbunden sind [6] (die verwendete Funktion *ADJACENT* ist natürlich diejenige für die Implementierung als Mengenpaar). Die resultierende Adjazenzmatrix wird schliesslich mit der Knotenmenge zu einem zweielementigen Vektor zusammengefasst [7]:

```
        ∇ SET_TO_MAT [□] ∇
      ∇
[0]   RES←SET_TO_MAT GRAPH;MATRIX
[1]   A
[2]   A* SET_TO_MAT konvertiert Implementierung eines Graphen
[3]   A* als Mengenpaar in Adjazenzmatrix-Implementierung
[4]   A* Aufruf: [Res ←] SET_TO_MAT Mengen
[5]   A
[6]   MATRIX←(∊GRAPH)ADJACENT¨(⊂¨1⊃GRAPH)∘.,⊂¨1⊃GRAPH   A Matrix
[7]   RES←(1⊃GRAPH)MATRIX                                A Graph
      ∇
```

Abb. 124. Funktion SET_TO_MAT

Liegt ein Graph in der Adjazenzmatrix-Implementierung vor, erhalten wir die zugehörige Adjazenzliste durch das Konstruieren einer Matrix mit zwei Spalten, wobei die erste die Knoten (1⊃GRAPH) und die zweite die jeweiligen Nachfolger [5] enthält (hier ist natürlich die Funktion *SUCCESSORS* für die Adjazenzmatrix-Implementierung zu verwenden):

```
        ∇ MAT_TO_LIS [□] ∇
      ∇
[0]   RES←MAT_TO_LIS GRAPH;EDGES
[1]   A
[2]   A* MAT_TO_LIS konvertiert Adjazenzmatrix zu Adjazenzliste
[3]   A* Aufruf: [Adjazenzliste ←] MAT_TO_LIS Adjazenzmatrix
[4]   A
[5]   EDGES←(∊GRAPH)SUCCESSORS¨1⊃GRAPH      A Nachfolger bestimmen
[6]   RES←⍉(2,⍴1⊃GRAPH)⍴(1⊃GRAPH),EDGES     A Graph
      ∇
```

Abb. 125. Funktion MAT_TO_LIS

Schliesslich kommen wir noch zur Umwandlung einer Adjazenzliste in eine Implementierung als Mengenpaar. Die Knotenmenge kann direkt aus der ersten Spalte der vorgegebenen Matrix gebildet werden [7], während sich die Kantenmenge durch Anwendung einer Hilfsfunktion *MAKE_EDGE* auf alle Knoten und deren Nachfolger ergibt [6]. Da die Anwendung des *Each*-Operators (¨) auf *MAKE_EDGE* für jeden Knoten eine Menge von ausgehenden Kanten liefert, erhält man die Kantenmenge des Graphen als Vereinigung all dieser Mengen. (Da keine Kante mehrfach vorkommt, kann statt der Mengenoperation *union* eine einfache Konkatenierung mittels ⊃,/ durchgeführt werden.)

```
        ∇ LIS_TO_SET [□] ∇
     ∇
[0]    SET←LIS_TO_SET GRAPH;EDGES
[1]    ⍝
[2]    ⍝* LIS_TO_SET konvertiert Adjazenzliste zu Implementierung
[3]    ⍝* als Mengenpaar
[4]    ⍝* Aufruf: [Menge ←] LIS_TO_SET Adjazenzliste
[5]    ⍝
[6]    EDGES←⊃,/GRAPH[;1]MAKE_EDGE¨GRAPH[;2]    ⍝ alle Kanten bilden
[7]    SET←(GRAPH[;1])EDGES                      ⍝ Graph
     ∇
```

Abb. 126. Funktion LIS_TO_SET

Die in *LIS_TO_SET* verwendete Hilfsfunktion **MAKE_EDGE** bildet aus einem Knoten und der Liste ihrer Nachfolger die Menge aller von diesem Knoten ausgehenden Kanten:

```
        ∇ MAKE_EDGE [□] ∇
     ∇
[0]    RES←NODE MAKE_EDGE SUCCESSORS
[1]    ⍝
[2]    ⍝* MAKE_EDGE bildet die von einem Knoten ausgehenden Kanten
[3]    ⍝* Aufruf: [Kanten ←] Knoten MAKE_EDGE Nachfolger
[4]    ⍝
[5]    RES←(⊂⊂NODE),¨⊂¨SUCCESSORS               ⍝ Paare von Knoten
     ∇
```

Abb. 127. Funktion MAKE_EDGE

Damit sind wir nun in der Lage, Graphen in jeder der drei Implementierungsarten zu erstellen bzw. ineinander umzuwandeln. Die Konversionsfunktionen sowie die Implementierungen der primitiven Operationen werden es uns erlauben, die meisten Anwendungen unabhängig von einer bestimmten Implementierung des vorgegebenen Graphen zu programmieren. Sie ermöglichen auch herauszufinden, welche Implementierung für eine konkrete Anwendung die effizienteste ist. In den nächsten Abschnitten wollen wir ein paar interessante Probleme lösen, die sich bei vielen Anwendungen von Graphen stellen.

10.3 Exhaustive Graphsuche

In diesem Abschnitt wollen wir in Graphen Kantenzüge oder **Pfade** von einem vorgegebenen Knoten (einem sog. **Startknoten**) zu einem anderen Knoten (**Zielknoten** genannt) suchen. Dabei gehen wir vom Graphen in Abb. 128 aus, der eine Auswahl von Verbindungen mit öffentlichen Ver-

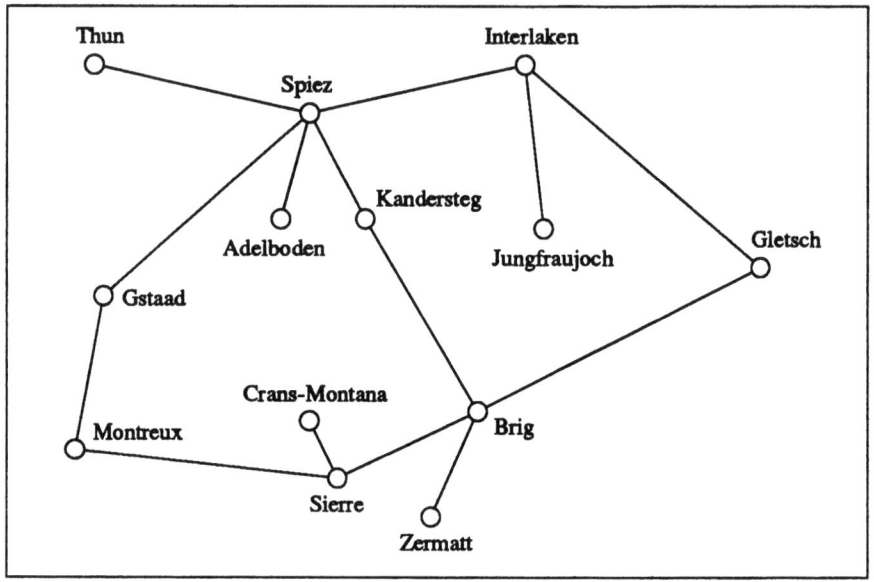

Abb. 128. Verkehrsnetz Berner Oberland und Wallis

kehrsmitteln in der Region Berner Oberland und Wallis darstellt. Ein solcher Graph lässt sich leicht aufgrund einer geographischen Karte erstellen. Man übernimmt aus dieser die interessierenden Orte als Knoten und verbindet diejenigen durch Kanten, welche aufgrund öffentlicher Verkehrsmittel „benachbart" sind.

Wir implementieren diesen Graphen der Einfachheit halber als gerichteten Graphen, welcher für jede Verbindung Kanten in beiden Richtungen aufweist, wie dies aus der folgenden Adjazenzliste hervorgeht:

```
        VERKEHR
THUN            SPIEZ
SPIEZ           THUN INTERLAKEN ADELBODEN GSTAAD KANDERSTEG
INTERLAKEN      SPIEZ JUNGFRAUJOCH GLETSCH
JUNGFRAUJOCH    INTERLAKEN
GLETSCH         INTERLAKEN BRIG
ADELBODEN       SPIEZ
MONTREUX        SIERRE GSTAAD
SIERRE          MONTREUX CRANS-MONTANA BRIG
CRANS-MONTANA   SIERRE
BRIG            GLETSCH SIERRE ZERMATT KANDERSTEG
ZERMATT         BRIG
GSTAAD          SPIEZ MONTREUX
KANDERSTEG      SPIEZ BRIG
```

Wir wollen nun ein Programm entwickeln, das einem unerfahrenen Touristen bei der Wahl einer Verkehrsverbindung zwischen zwei Orten im Berner

10. Graphen

Oberland und im Wallis behilflich ist. Der Besucher braucht nur zu sagen, wo er sich befindet und welches sein Ziel ist, damit ihm das Programm einen Vorschlag für die Routenwahl unterbreiten kann. Allgemeiner soll unser Programm in der Lage sein, in einem beliebigen Graphen einen Pfad von einem Startknoten zu einem Zielknoten zu finden. In gewissen Fällen genügt es, *einen* zum Ziel führenden Pfad zu ermitteln, in anderen Fällen interessiert man sich für alle in Frage kommenden Pfade.

Falls der gegebene Graph nicht allzu gross ist, kann man einen Pfad durch Ausprobieren finden. Bei grösseren Graphen führt ein planloses Suchen selten innerhalb einer akzeptablen Frist zum Ziel, weshalb ein systematisches Suchen vorzuziehen ist. Oft benutzt man Suchverfahren, die auf dem folgenden Algorithmus beruhen, der – unter Verwendung einer Liste *OPEN*, in welcher die zu einem Zeitpunkt bereits untersuchten Teilpfade enthalten sind – einen Pfad von einem Start- zu einem Zielknoten sucht:

1. Füge einen Teilpfad, bestehend nur aus aus dem Startknoten, in die Liste *OPEN* ein.

2. Falls *OPEN* leer ist, beende das Verfahren.

3. Entferne einen Teilpfad *t* aus *OPEN*. Falls der letzte Knoten *x* in *t* gerade der Zielknoten ist, haben wir eine Lösung gefunden und können das Verfahren erfolgreich beenden.

4. Bestimme die Menge aller Nachfolger *n* von *x*, die nicht in *t* vorkommen.

5. Bilde für jeden dieser Nachfolger *n* von *x* durch Konkatenieren von *t* mit *n* einen neuen Teilpfad. Füge alle diese Teilpfade (anstelle von *t*) in *OPEN* ein.

6. Fahre mit Schritt 2 weiter.

Mit einer leichten Modifikation im 3. Schritt (Weiterfahren mit Schritt 2 anstelle Beendigung des Verfahrens) kann dieser Algorithmus auch zur Bestimmung aller möglichen Lösungen benutzt werden.

Bevor wir uns mit der Implementierung befassen, wollen wir das Verfahren anhand unseres Beispiels etwas erläutern. Gegeben seien der Startknoten *Spiez* und der Zielknoten *Gletsch*. Zuerst wird ein nur aus dem Knoten *Spiez* bestehender Teilpfad in die Liste *OPEN* aufgenommen. Im 3. Schritt wird dieser Teilpfad wieder aus *OPEN* entnommen. Da sein letzter Knoten nicht der Zielknoten ist, werden seine Nachfolger *Thun*, *Gstaad*, *Adelboden*, *Kandersteg* und *Interlaken* bestimmt (Reihenfolge willkürlich). Mit diesen werden neue Teilpfade *(Spiez, Thun)*, *(Spiez, Gstaad)*, usw. gebildet und in *OPEN* eingefügt. Weiter geht es mit Schritt 2 und sogleich mit Schritt 3. Es wird z.B. der Teilpfad *t = (Spiez, Interlaken)* aus *OPEN* entfernt. Die Nachfolger von *Interlaken*, nämlich *Gletsch* und *Jungfraujoch* (nicht aber *Spiez*, da dieser Knoten bereits im Teilpfad *t* vorkommt), werden je an *t* angehängt und die resultierenden Listen in *OPEN* aufgenommen. Bei der nächsten Entnahme eines Teilpfades aus *OPEN* sei z.B. *t = (Spiez,*

```
        ∇ SEARCH [☐] ∇
     ∇
[0]    RES←GRAPH(CHOOSE SEARCH)START_GOAL;ACTUAL;NEXT;OPEN;START;
       GOAL
[1]    A
[2]    A* SEARCH fuehrt Suche in einem Graphen durch
[3]    A* Aufruf: [Res ←] Graph (Programm SEARCH) (Start Ziel)
[4]    A*         wo Programm = POP,   fuer Depth-first-Suche
[5]    A*         Programm = DEQUE, fuer Breadth-first-Suche
[6]    A
[7]    A--- Initialisierungen:
[8]    (START GOAL)←START_GOAL              A separieren
[9]    RES←(0,1)ρ''                         A Loesungsmatrix
[10]   OPEN←,⊂,⊂START                       A OPEN am Anfang
[11]   A--- Suchschleife:
[12]  LOOP:
[13]   →(EMPTY OPEN)/0                      A Abbruchkriterium
[14]   (ACTUAL OPEN)←CHOOSE OPEN            A naechster Kandidat
[15]   →(GOAL=↑⁻1↑ACTUAL)/SOLUTION          A Loesung gefunden
[16]   NEXT←(GRAPH SUCCESSORS↑⁻1↑ACTUAL)~ACTUAL A Nachfolger
[17]   OPEN←OPEN,(⊂ACTUAL),¨⊂¨NEXT          A neue Teilpfade
[18]   →LOOP
[19]   A--- Loesung eintragen:
[20]  SOLUTION:
[21]   RES←RES,[1]⊂ACTUAL                   A Eintrag in Resultat
[22]   →LOOP                                A fuer alle Loesungen
     ∇
```

Abb. 129. Operator SEARCH

Interlaken, Jungfraujoch) an der Reihe. Der einzige Nachfolger *Interlaken* kommt bereits in *t* vor, d.h. es wird kein neuer Teilpfad gebildet und in *OPEN* eingefügt (dadurch wird der Umweg über *Jungfraujoch* fallengelassen bzw. rückgängig gemacht). Bei der nächsten Durchführung von Schritt 3 wird z.B. *t = (Spiez, Interlaken, Gletsch)* aus *OPEN* entnommen, womit wir den Zielknoten erreicht haben. Der soeben aus *OPEN* entnommene Teilpfad ist also die bzw. eine Lösung.

In unserer Erläuterung haben wir jeweils den *zuletzt* eingefügten Teilpfad aus *OPEN* entnommen, d.h. *OPEN* als Stack aufgefasst. Wir hätten stattdessen jeweils auch ein anderes Element von *OPEN* wählen können und damit eine etwas andere Suchstrategie erhalten. Wir wollen uns im Moment noch nicht auf eine bestimmte Suchstrategie festlegen und gehen vorerst von der Annahme aus, dass für die Auswahl eines Elementes aus *OPEN* eine Funktion *CHOOSE* als Blackbox zur Verfügung stehe.

Damit kommen wir zur Implementierung unseres Graphsuchalgorithmus. Um ihn für verschiedene Suchstrategien (d.h. für verschiedene Zugriffsmethoden auf *OPEN*) ausprobieren zu können, nehmen wir die Implementierung in Form eines definierten Operators *SEARCH* vor. Die Programmliste ist in Abb. 129 enthalten. Auf die Anweisungen für die Initialisierung der Resultatmatrix (pro Matrixzeile soll eine Lösung eingetragen werden) [9] und

10. Graphen

der Liste OPEN [10] folgt eine Suchschleife. Diese Schleife wird verlassen, sobald OPEN leer ist [13] (die Programmliste von *EMPTY* ist in Abb. 43 auf Seite 121 enthalten). Sonst wird ein Teilpfad aus OPEN entnommen und der Variablen ACTUAL zugeordnet [14]. Falls dieser Teilpfad bereits zum Ziel führt [15], wird er in die Resultatmatrix aufgenommen [21]. Andernfalls werden die Nachfolger des letzten Knotens von ACTUAL bestimmt (ohne diejenigen, die bereits in ACTUAL vorkommen) [16]. Aus jedem dieser Nachfolger wird durch Konkatenieren mit ACTUAL ein neuer Teilpfad gebildet. All diese Teilpfade werden dann in OPEN aufgenommen (genaugenommen an OPEN angehängt) [17]. Falls nur *eine* Lösung gesucht ist, kann nach dem Eintrag der ersten gefundenen Lösung die Programmausführung beendet werden (d.h. Zeile [22] ist dann zu entfernen), andernfalls wird die Schleife weiter durchlaufen [22].

Wir wollen nun unser Programm *SEARCH* auf den Graphen in Abb. 128 anwenden. Zur Entnahme von Teilpfaden aus der Liste *OPEN* wollen wir die Blackbox *CHOOSE* durch die Funktion *POP* aus Abb. 45 auf Seite 121 ersetzen, was bedeutet, dass wir *OPEN* — wie bei der vorangehenden Erläuterung des Algorithmus — als Stack implementieren:

```
VERKEHR (POP SEARCH) 'SPIEZ' 'GLETSCH'
SPIEZ KANDERSTEG BRIG GLETSCH
SPIEZ GSTAAD MONTREUX SIERRE BRIG GLETSCH
SPIEZ INTERLAKEN GLETSCH
```

Analog können wir *OPEN* auch als Queue auffassen, d.h. anstelle von *POP* die Funktion *DEQUEUE* aus Abb. 49 auf Seite 126 verwenden:

```
VERKEHR (DEQUEUE SEARCH) 'SPIEZ' 'GLETSCH'
SPIEZ INTERLAKEN GLETSCH
SPIEZ KANDERSTEG BRIG GLETSCH
SPIEZ GSTAAD MONTREUX SIERRE BRIG GLETSCH
```

Bei unserer Implementierung von Stacks und Queues erfolgt das Einfügen von neuen Elementen am Ende des verwendeten Vektors, und in *SEARCH* geschieht dies auch so [17]. Daher können wir *OPEN* problemlos als Stack oder als Queue auffassen. Wenn man ganz systematisch sein wollte, müsste man natürlich in [17] für das Einfügen neuer Elemente die Funktionen *PUSH* bzw. *ENQUEUE* verwenden...

Da wir in beiden Testläufen alle Lösungen bestimmt haben, erhielten wir natürlich dieselben Lösungen — wenn auch nicht in derselben Reihenfolge. Um die Unterschiede der beiden Suchstrategien besser erkennen zu können, wollen wir die jeweils betrachteten Teilpfade als Zwischenresultate ausdrucken. Dazu fügen wir in *SEARCH* zwischen den Zeilen [14] und [15] die folgende Anweisung ein:

```
[14.5]  '-->' ACTUAL
```

Mit dieser kleinen Ergänzung führen wir unsere beiden Testläufe nochmals durch. Diejenigen Zwischenresultate, welche zugleich Lösungen sind, haben wir nachträglich von Hand mit (*) gekennzeichnet:

```
      VERKEHR (POP SEARCH) 'SPIEZ' 'GLETSCH'
 -->  SPIEZ
 -->  SPIEZ KANDERSTEG
 -->  SPIEZ KANDERSTEG BRIG
 -->  SPIEZ KANDERSTEG BRIG ZERMATT
 -->  SPIEZ KANDERSTEG BRIG SIERRE
 -->  SPIEZ KANDERSTEG BRIG SIERRE CRANS-MONTANA
 -->  SPIEZ KANDERSTEG BRIG SIERRE MONTREUX
 -->  SPIEZ KANDERSTEG BRIG SIERRE MONTREUX GSTAAD
 -->  SPIEZ KANDERSTEG BRIG GLETSCH      (*)
 -->  SPIEZ GSTAAD
 -->  SPIEZ GSTAAD MONTREUX
 -->  SPIEZ GSTAAD MONTREUX SIERRE
 -->  SPIEZ GSTAAD MONTREUX SIERRE BRIG
 -->  SPIEZ GSTAAD MONTREUX SIERRE BRIG KANDERSTEG
 -->  SPIEZ GSTAAD MONTREUX SIERRE BRIG ZERMATT
 -->  SPIEZ GSTAAD MONTREUX SIERRE BRIG GLETSCH     (*)
 -->  SPIEZ GSTAAD MONTREUX SIERRE CRANS-MONTANA
 -->  SPIEZ ADELBODEN
 -->  SPIEZ INTERLAKEN
 -->  SPIEZ INTERLAKEN GLETSCH     (*)
 -->  SPIEZ INTERLAKEN JUNGFRAUJOCH
 -->  SPIEZ THUN
  SPIEZ KANDERSTEG BRIG GLETSCH
  SPIEZ GSTAAD MONTREUX SIERRE BRIG GLETSCH
  SPIEZ INTERLAKEN GLETSCH

      VERKEHR (DEQUEUE SEARCH) 'SPIEZ' 'GLETSCH'
 -->  SPIEZ
 -->  SPIEZ THUN
 -->  SPIEZ INTERLAKEN
 -->  SPIEZ ADELBODEN
 -->  SPIEZ GSTAAD
 -->  SPIEZ KANDERSTEG
 -->  SPIEZ INTERLAKEN JUNGFRAUJOCH
 -->  SPIEZ INTERLAKEN GLETSCH      (*)
 -->  SPIEZ GSTAAD MONTREUX
 -->  SPIEZ KANDERSTEG BRIG
 -->  SPIEZ GSTAAD MONTREUX SIERRE
 -->  SPIEZ KANDERSTEG BRIG GLETSCH     (*)
 -->  SPIEZ KANDERSTEG BRIG SIERRE
 -->  SPIEZ KANDERSTEG BRIG ZERMATT
 -->  SPIEZ GSTAAD MONTREUX SIERRE CRANS-MONTANA
 -->  SPIEZ GSTAAD MONTREUX SIERRE BRIG
 -->  SPIEZ KANDERSTEG BRIG SIERRE MONTREUX
 -->  SPIEZ KANDERSTEG BRIG SIERRE CRANS-MONTANA
 -->  SPIEZ GSTAAD MONTREUX SIERRE BRIG GLETSCH     (*)
 -->  SPIEZ GSTAAD MONTREUX SIERRE BRIG ZERMATT
 -->  SPIEZ GSTAAD MONTREUX SIERRE BRIG KANDERSTEG
 -->  SPIEZ KANDERSTEG BRIG SIERRE MONTREUX GSTAAD
```

```
SPIEZ INTERLAKEN GLETSCH
SPIEZ KANDERSTEG BRIG GLETSCH
SPIEZ GSTAAD MONTREUX SIERRE BRIG GLETSCH
```

Wird für *OPEN* ein Stack verwendet, wird ein einmal angefangener Pfad Kante um Kante verlängert. Falls eine Lösung erreicht ist und nur eine Lösung gesucht wird, bricht das Verfahren ab. Falls eine Sackgasse erreicht ist, d.h. der angefangene Pfad nicht mehr verlängert werden kann, wird sowenig wie möglich zurückgegangen und eine andere Verlängerung ausprobiert. Diese wichtige Suchstrategie ist unter dem Namen **Backtracking** (deutsch: „denselben Weg zurückgehen") oder **Tiefensuche** (engl.: depth-first search) bekannt (vgl. [TeAu86]).

Eine andere bekannte Möglichkeit besteht darin, für *OPEN* eine Queue zu verwenden. Die darauf beruhende Suchstrategie heisst **Breitensuche** (engl.: breadth-first search). Hier werden ausgehend vom Startknoten zuerst alle Pfade der Länge 1 gebildet, dann durch Erweitern alle Pfade der Länge 2 usw., bis es wiederum gelingt, eine bzw. alle Lösungen zu finden. Für die Breitensuche ist im Programm *SEARCH* die Blackbox *CHOOSE* durch die Funktion *DEQUEUE* aus Abb. 49 auf Seite 126 zu ersetzen.

Wenden wir nun *SEARCH* auf unser Beispiel an, um Pfade von *Spiez* nach *Gletsch* zu bestimmen, so ergeben sich bei der Tiefensuche 9 und bei der Breitensuche 8 Schleifendurchgänge bis zum Auffinden der ersten Lösung. Es ist allerdings schwer, eine allgemeine Regel zu formulieren, unter welchen Bedingungen die Tiefen- bzw. Breitensuche schneller zu einer Lösung führt. Unser Programm *SEARCH*, das wir für beide Strategien benutzen können, erlaubt aber ein einfaches Ausprobieren, um die Effizienzfrage für ein konkretes Beispiel zu klären.

Andere Suchstrategien bzw. andere Implementierungen von *OPEN* und *CHOOSE* werden normalerweise erst dann in Betracht gezogen, wenn zusätzliche Informationen (bei unserem Beispiel etwa geographische Entfernungen) vorliegen. Beide betrachteten Suchstrategien werden als **blinde** oder **exhaustive** Suchverfahren bezeichnet, da sie sich stur nach der Reihenfolge in *OPEN* richten, keine zusätzliche Information berücksichtigen und daher systematisch alle denkbaren Pfade untersuchen müssen. Raffiniertere Verfahren ziehen Zusatzinformationen bei und können so schneller eine Lösung finden. Auf solche Verfahren wollen wir im Kapitel 11 „Heuristische Graphsuche" eingehen.

10.4 Transitive Hülle von Graphen

In diesem Abschnitt gehen wir von einem gerichteten Graphen *G* aus und möchten für je zwei Knoten *a* und *b* möglichst einfach herausfinden, ob von *a* nach *b* (mindestens) ein Pfad existiert. Wir interessieren uns also nicht für den Pfad selbst, sondern nur für die Frage, ob es ihn gibt oder nicht. Als Beispiel sei die von Touristen oft gestellte Frage aufgeführt, ob man mit dem

Auto von Panama nach Kolumbien fahren könne. Zuerst interessiert nur die Existenz des Weges und gegebenenfalls erst (viel) später sein genauer Verlauf.

Wir wollen das Problem so lösen, dass wir einen zweiten Graphen G^* konstruieren, der die gleichen Knoten wie G hat, aber i.a. wesentlich mehr Kanten: Wir fügen in G^* genau dann eine Kante von a nach b ein, wenn in G a und b durch einen Pfad verbunden sind. Aus Gründen, die für uns hier nicht wichtig sind, heisst G^* in der Mathematik **transitive Hülle** von G. Sobald wir G^* bestimmt haben, ist unser Problem natürlich gelöst: Um herauszufinden, ob in G ein Pfad von a nach b führt, schauen wir einfach in G^* nach, ob eine Kante von a nach b existiert.

Um G^* elegant konstruieren zu können, wollen wir die Implementierung mittels Adjazenzmatrix zugrundelegen. Seien also adj und adj^* die zu G bzw. G^* gehörigen Adjazenzmatrizen. Es geht nun darum, adj^* aus adj zu bestimmen. Wir nehmen an, dass G n Knoten hat, dass also adj und adj^* $n{\times}n$-Matrizen sind. Wir definieren zuerst zusätzliche Boolesche $n{\times}n$-Matrizen $adj^1, adj^2, ..., adj^n$ wie folgt: $adj^k(i,j) = 1$ soll genau dann gelten, wenn ein Pfad der Länge k vom i-ten zum j-ten Knoten in G führt ($k=1,...,n$). Dass damit $adj^1 = adj$ gilt, ist trivial, und die Richtigkeit der Beziehung

$$adj^* = adj^1 \vee adj^2 \vee ... \vee adj^n$$

ist auch leicht einzusehen: Falls ein Pfad von a nach b existiert, muss nämlich ein Pfad der Länge $\leq n$ von a nach b existieren. Da ferner

$$adj^{k+1} = adj^k \vee .\wedge adj \quad (k=1,...,n-1) \qquad (*)$$

gilt (wieso?), können wir sukzessive $adj^2, adj^3,..., adj^n$ bestimmen und anschliessend adj^*. Dies geschieht mit der Funktion **TRANSCLOSE** (vgl. Abb. 130).

Wir haben schon bei der Einführung des *inneren Produkts* darauf hingewiesen, dass die Matrizenmultiplikation $C = A \times B$ in APL2 mit der Anweisung `C←A+.×B` realisiert werden kann (siehe 3.2.4 „Beliebige einfache Arrays"). Falls wie in (*) $\vee.\wedge$ an die Stelle von `+.×` tritt, spricht man von **Boolescher Matrizenmultiplikation.**

Kommen wir nun zur Implementierung dieses Algorithmus. Die Folge der ersten, zweiten,..., n-ten Potenz der Adjazenzmatrix (wo n die Anzahl Knoten im Graphen ist) erhalten wir durch Anwendung des Operators *Scan* (\) auf die abgeleitete Funktion $\vee.\wedge$. Die resultierenden Matrizen werden schliesslich mit $\vee$ verknüpft [6].

10. Graphen

```
        ∇ TRANSCLOSE [☐] ∇
        ∇
[0]     RES←TRANSCLOSE GRAPH;ADJ
[1]     A
[2]     A* TRANSCLOSE bestimmt die transitive Huelle eines Graphen
[3]     A* (nur fuer Implementierung mittels Adjazenzmatrix)
[4]     A* Aufruf: [transitive_Huelle ←]  TRANSCLOSE  Graph
[5]     A
[6]     ADJ←⊃v/v.∧\(↑⍴2⊃GRAPH)⍴⊂2⊃GRAPH      A neue Adjazenzmatrix
[7]     RES←(1⊃GRAPH)ADJ                     A Resultatgraph
        ∇
```

Abb. 130. Funktion TRANSCLOSE

Die Anwendung von *TRANSCLOSE* auf den Graphen für das Auskunfts- und Reservationsbüro (vgl. Abb. 113) ergibt als transitive Hülle einen Graphen, in welchem jeder Knoten von jedem anderen aus erreichbar ist:

```
      2⊃TRANSCLOSE BAHN
1 1 1 1 1
1 1 1 1 1
1 1 1 1 1
1 1 1 1 1
1 1 1 1 1
```

Analog erhält man natürlich auch beim Verkehrsnetz der Region Berner Oberland und Wallis (vgl. Abb. 128) mit *TRANSCLOSE* eine nur aus 1 bestehende Adjazenzmatrix. Um noch ein Beispiel zu erhalten, bei dem nicht jeder Knoten von jedem anderen aus zu erreichen ist, wollen wir unser Verkehrsnetz leicht modifizieren. Wir nehmen an, dass infolge höherer Gewalt (z.B. Erdrutsch oder Lawinenniedergang) die Verbindungen Spiez – Gstaad und Brig – Sierre temporär unterbrochen seien. Um diese Ausnahmesituation zu berücksichtigen, setzen wir die entsprechenden Elemente der Adjazenzmatrix auf 0. Dementsprechend ergibt sich die folgende neue Adjazenzmatrix für unseren Graphen:

```
      2⊃VERKEHR2
0 1 0 0 0 0 0 0 0 0 0 0
1 0 1 0 0 1 0 0 0 0 0 1
0 1 0 1 1 0 0 0 0 0 0 0
0 0 1 0 0 0 0 0 0 0 0 0
0 0 1 0 0 0 0 0 1 0 0 0
0 1 0 0 0 0 0 0 0 0 0 0
0 0 0 0 0 0 1 0 0 0 1 0
0 0 0 0 0 1 0 1 0 0 0 0
0 0 0 0 0 0 1 0 0 0 0 0
0 0 0 0 1 0 0 0 0 1 0 1
0 0 0 0 0 0 0 0 1 0 0 0
0 0 0 0 0 1 0 0 0 0 0 0
0 1 0 0 0 0 0 0 1 0 0 0
```

Die Knoten sind dabei in der folgenden Reihenfolge abgespeichert:

```
1⇒VERKEHR2
THUN SPIEZ INTERLAKEN JUNGFRAUJOCH GLETSCH ADELBODEN MONTREUX
SIERRE CRANS-MONTANA BRIG ZERMATT GSTAAD KANDERSTEG
```

Wird nun *TRANSCLOSE* auf diesen neuen Graphen angewendet, resultiert die folgende Adjazenzmatrix *adj**:

```
2⇒TRANSCLOSE VERKEHR2
1 1 1 1 1 1 0 0 0 1 1 0 1
1 1 1 1 1 1 0 0 0 1 1 0 1
1 1 1 1 1 1 0 0 0 1 1 0 1
1 1 1 1 1 1 0 0 0 1 1 0 1
1 1 1 1 1 1 0 0 0 1 1 0 1
1 1 1 1 1 1 0 0 0 1 1 0 1
0 0 0 0 0 0 1 1 1 0 0 1 0
0 0 0 0 0 0 1 1 1 0 0 1 0
0 0 0 0 0 0 1 1 1 0 0 1 0
1 1 1 1 1 1 0 0 0 1 1 0 1
1 1 1 1 1 1 0 0 0 1 1 0 1
0 0 0 0 0 0 1 1 1 0 0 1 0
1 1 1 1 1 1 0 0 0 1 1 0 1
```

Aus dieser Matrix ist unmittelbar ersichtlich, dass – aufgrund der beiden Verkehrsunterbrechungen – nicht mehr jeder Ort von jedem anderen aus erreicht werden kann, wie dies beim ursprünglichen Verkehrsnetz der Fall war.

Die Funktion *TRANSCLOSE* ist so kurz und elegant, dass man nicht ohne weiteres glauben würde, dass G^* aus G noch wesentlich effizienter erhalten werden kann. Dies gelingt aber dem bekannten Algorithmus von S. Warshall (1962), den wir im folgenden erläutern wollen. Auch hier wird *adj** aus *adj* über eine Anzahl Boolescher Hilfsmatrizen erhalten, die wir $path_0, \ldots, path_n$ nennen und folgendermassen definieren wollen: Wir ordnen dem k-ten Knoten von G k als Nummer zu ($k=1,\ldots,n$) und setzen $path_k(i,j)=1$ genau dann, wenn ein Pfad vom Knoten i zum Knoten j existiert, dessen übrige Knoten alle eine Nummer $\leq k$ haben ($k=0,\ldots,n$). Offensichtlich gelten $path_0 = adj$ und $path_n = adj^*$. Wenn wir also – ähnlich wie beim ersten Algorithmus – $path_{k+1}$ aus $path_k$ berechnen können ($k=0,\ldots,n-1$), gelangen wir in n Schritten zu *adj** und damit zu G^*. Es lässt sich nun leicht überprüfen, dass $path_{k+1}(i,j)=1$ genau dann gilt, wenn mindestens eine der folgenden Bedingungen erfüllt ist:

(1) $path_k(i,j) = 1$

(2) $path_k(i, k+1) = 1$ und $path_k(k+1, j) = 1$

10. Graphen

Diesen Algorithmus implementieren wir auch in APL2 mit einer Schleife, die bei *n* Knoten *n*-mal durchlaufen wird. Die oben angegebenen Bedingungen sind in Zeile [10] des folgenden Programms **WARSHALL** realisiert:

```
        ∇ WARSHALL [□] ∇
      ∇
[0]     RES←WARSHALL GRAPH;N;ADJ;K
[1]   A
[2]   A* WARSHALL bestimmt die transitive Huelle eines Graphen
[3]   A* (nur fuer Implementierung als Adjazenzmatrix)
[4]   A* Aufruf: [transitive_Huelle ←] WARSHALL Graph
[5]   A
[6]     N←↑⍴ADJ←2⊃GRAPH              A Adjazenzmatrix
[7]     K←0                          A Schleifenindex
[8]   LOOP:
[9]     →(N<K←K+1)/END               A Abbruchbedingung
[10]    ADJ←ADJ∨ADJ[;K]∘.∧ADJ[K;]    A Weg ueber k
[11]    →LOOP
[12]  END:
[13]    RES←(1⊃GRAPH)ADJ             A Resultatgraph
      ∇
```

Abb. 131. Funktion WARSHALL

Da *WARSHALL* genau die gleichen Resultate liefert wie *TRANSCLOSE*, verzichten wir darauf, *WARSHALL* auf unsere Beispiele anzuwenden. Wir wollen aber für diese die Laufzeiten von *TRANSCLOSE* und *WARSHALL* vergleichen (gemessene Zeiten in msec unter APL2/PC):

Graph	n	*TRANSCLOSE*	*WARSHALL*
Auskunftsbüro	5	170	100
Verkehrsnetz	13	11500	440

Trotz der Schleifenkonstruktion zeigt *WARSHALL* auch in APL2 eine wesentlich bessere Effizienz als *TRANSCLOSE*. Dies würde bei grösseren Beispielen noch viel deutlicher zum Ausdruck kommen.

10.5 Zusammenhangskomponenten

In diesem Abschnitt wollen wir von einem ungerichteten Graphen *G* ausgehen. *G* heisst **zusammenhängend**, wenn je zwei Knoten $a,b \in E$ durch mindestens einen Kantenzug oder **Weg** verbunden sind. Unser Problem sei nun das folgende: Wir wollen *G* in möglichst wenige zusammenhängende Teilgraphen zerlegen. Dass dieses Problem immer genau eine Lösung hat, wird dem Leser rasch einleuchten. Die resultierenden Teilgraphen heissen

Zusammenhangskomponenten von G. Offenbar ist G genau dann zusammenhängend, wenn es nur eine einzige Zusammenhangskomponente gibt, nämlich G selber. Wir können unseren Graphen in Abb. 128 als ungerichtet betrachten. Er ist dann zusammenhängend. Werden die beiden Verbindungen Spiez – Gstaad und Brig – Sierre unterbrochen, so ergeben sich zwei Zusammenhangskomponenten, nämlich eine erste bestehend aus den Knoten *Gstaad, Sierre, Montreux* und *Crans-Montana* und eine zweite aus den restlichen Knoten.

Wir wollen im folgenden einen Algorithmus entwerfen und implementieren, der für alle Zusammenhangskomponenten G_l eines vorgegebenen Graphen G die zugehörigen Knotenmengen E_l bestimmt. Dieser Algorithmus untersucht in beliebiger Reihenfolge die Knoten $x \in E$ des Graphen G. Für den jeweils betrachteten Knoten x wird die Menge N_x aller seiner Nachbarn gebildet. Dabei tritt einer der folgenden zwei Fälle auf:

a) Kein Nachbar $y \in N_x$ von x ist in einer der bereits gebildeten Knotenmengen E_i enthalten: Dann wird eine neue Knotenmenge $E_j = \{x\} \cup N_x$ gebildet.

b) Mindestens ein Knoten $y \in N_x$ ist in einer Knotenmenge E_i enthalten: Dann werden x und seine Nachbarn in eine dieser Knotenmengen E_i aufgenommen. Falls es mehrere E_l gibt, die Nachbarn von x enthalten, werden alle diese E_l miteinander vereinigt.

Damit ist der Algorithmus bereits beschrieben. Wir wollen jetzt noch seine Implementierung in Form eines Programms **CONNECTED** (Programmliste in Abb. 132) erläutern. Nach dem Aufruf durch den Benutzer wird zuerst die Menge der zu untersuchenden Knoten gebildet [6] (damit unser Programm implementierungsunabhängig wird, wollen wir dafür eine Hilfsfunktion *NODES* verwenden, die wir anschliessend noch vorstellen werden). In einer Schleife wird in [10] jeweils der erste Knoten entfernt. Die Iteration wird abgebrochen, wenn kein Knoten mehr vorliegt [9]. In [11] wird die Menge der Nachbarn des aktuellen Knotens gebildet. Darauf wird in [13] mittels eines *äusseren Produkts* geschaut, in welchen der bisherigen Komponenten Nachbarn des aktuellen Knotens enthalten sind. Falls dies bei keiner dieser Komponenten zutrifft (Fall a) oben), wird eine neue Komponente mit dem aktuellen Knoten und seinen Nachbarn als Elementen in die Menge der Komponenten aufgenommen [14]. Sonst (Fall b) oben) wird eine der in Frage kommenden Komponenten ausgewählt [15] und der aktuelle Knoten zusammen mit seinen Nachbarn in diese aufgenommen [16]. Falls es mehr als eine Komponente gibt, welche Nachfolger des aktuellen Knotens sind [17], werden diese mittels der Mengenoperation *union* (auf welche der Operator *Reduce* (/) angewendet wird) zu einer einzigen vereinigt [18]. Schliesslich wird aus dieser neuen Komponente und den bereits gefundenen das (vorläufige) Resultat gebildet [19]. Am Ende eines Schleifendurchganges werden der aktuelle Knoten und seine Nachbarn aus der Menge der noch zu untersuchenden Knoten entfernt [21].

10. Graphen

```
       ∇ CONNECTED [□] ∇
       ∇
[0]    RES←CONNECTED GRAPH;ACTUAL;NEIGHBORS;TOGETHER;VERTICES;
       CLASSES;FIRST;NEW
[1]    ⍝
[2]    ⍝* CONNECTED bestimmt die Zusammenhangskomponenten
[3]    ⍝* eines Graphen
[4]    ⍝* Aufruf: [Komponenten ←] CONNECTED  Graph
[5]    ⍝
[6]    VERTICES←NODES GRAPH              ⍝ Knotenmenge
[7]    RES←⍳0                            ⍝ initialisieren
[8]    LOOP:                             ⍝ Schleifenbeginn
[9]    →(0=⍴VERTICES)/0                  ⍝ Abbruchkriterium
[10]   ACTUAL←↑VERTICES                  ⍝ aktueller Knoten
[11]   NEIGHBORS←GRAPH SUCCESSORS ACTUAL ⍝ dessen Nachbarn
[12]   TOGETHER←NEIGHBORS,⊂ACTUAL        ⍝ Knoten und Nachbarn
[13]   CLASSES←V/[1](⊂¨NEIGHBORS)∘.∊RES  ⍝ schon in Klassen?
[14]   ⍎(∧/0=CLASSES)/'→END,⍴RES←RES,⊂TOGETHER' ⍝ neue Klasse
[15]   FIRST←CLASSES⍳1                   ⍝ Klasse auswaehlen
[16]   RES[FIRST]←⊂(FIRST⊃RES)UNION TOGETHER ⍝ Knoten einfuegen
[17]   →(1=+/CLASSES)/END                ⍝ genau 1 Klasse?
[18]   NEW←UNION/CLASSES/RES             ⍝ Klassen vereinigen
[19]   RES←NEW,(~CLASSES)/RES            ⍝ neue Resultatmenge
[20]   END:
[21]   VERTICES←VERTICES~TOGETHER        ⍝ uebrige Knoten
[22]   →LOOP
       ∇
```

Abb. 132. Funktion CONNECTED

Damit wir das Programm *CONNECTED* für alle drei Implementierungsarten verwenden können, machen wir für den Zugriff auf den vorgegebenen Graphen neben *SUCCESSORS* von einer weiteren Hilfsfunktion *NODES* (vgl. Abb. 133) Gebrauch. Diese gibt die Knotenmenge eines Graphen zurück. Falls der Graph als Vektor vorliegt, muss es sich um eine Implementierung als Mengenpaar oder mittels Adjazenzmatrix handeln, und folglich ist die Knotenmenge im ersten Element dieses Vektors enthalten [7]. Andernfalls [8] liegt eine Implementierung mittels Adjazenzliste vor, bei der sich die Knoten des Graphen in der ersten Matrixspalte befinden.

Zum Abschluss wollen wir *CONNECTED* noch auf den Graphen des Verkehrsnetzes des Berner Oberlands und des Wallis (vgl. Abb. 128) anwenden, wobei wir wieder annehmen, dass die Strecken Spiez−Gstaad und Brig−Sierre temporär unterbrochen seien. Wie erwartet erhalten wir die folgenden zwei Komponenten:

```
       ⍴RES←CONNECTED VERKEHR2
2
       ⍴¨RES
9  4
```

```
        ∇ NODES [▯] ∇
            ∇
[0]     RES←NODES GRAPH
[1]     ⍝
[2]     ⍝* NODES bestimmt die Knotenmenge eines Graphen
[3]     ⍝* (fuer alle drei Implementierungsarten brauchbar)
[4]     ⍝* Aufruf: [Knoten ←] NODES Graph
[5]     ⍝
[6]     →(1=⍴⍴GRAPH)/'→0,⍴RES←1⊃GRAPH'  ⍝ Menge oder Adj-Matrix
[7]     RES←GRAPH[;1]                    ⍝ Adjazenzliste
            ∇
```

Abb. 133. Funktion NODES

```
    1⊃RES
SPIEZ THUN JUNGFRAUJOCH GLETSCH INTERLAKEN ADELBODEN
ZERMATT KANDERSTEG BRIG

    2⊃RES
SIERRE GSTAAD MONTREUX CRANS-MONTANA
```

10.6 Ergänzende Bemerkungen

In diesem Kapitel haben wir Graphen als sehr allgemeine Datenstrukturen kennengelernt und anhand einiger Anwendungen ihre Nützlichkeit aufgezeigt. Jede der drei vorgestellten Implementierungen führt zu einfachen und eleganten Programmen. Durch die Erstellung spezieller Funktionen für den Zugriff auf Graphen (wie *SUCCESSORS* oder *NODES*) ist es gelungen, für unsere Anwendungen implementierungsunabhängige Programme zu schreiben (ausser bei der transitiven Hülle, wo die beiden Algorithmen die Implementierung mittels Adjazenzmatrix voraussetzen). Während die Implementierung als Mengenpaar am schönsten der Definition der Graphen entspricht, ist die Adjazenzliste für den Anwender wohl am anschaulichsten.

Anhand der Beispiele aus 10.3 „Exhaustive Graphsuche" und 10.5 „Zusammenhangskomponenten" wollen wir jetzt noch ein paar Vergleiche der Zeiteffizienz der drei Implementierungsarten anstellen (gemessene Zeiten in msec unter APL2/PC):

Programm	Graph	Mengenpaar	Adjazenz-matrix	Adjazenz-liste
CONNECTED	Auskunftsbüro	310	220	220
CONNECTED	Verkehrsnetz	1480	850	870
SEARCH	Verkehrsnetz	2050	1180	1220

10. Graphen

Die Implementierungen mittels Adjazenzmatrix und Adjazenzliste verhalten sich offenbar ähnlich (wobei sich die Adjazenzmatrix durch eine leicht bessere Effizienz auszeichnet). Die Implementierung als Mengenpaar schneidet dagegen bei Graphen mit einer eher kleinen Kantenmenge im Vergleich besser ab als bei solchen mit einer umfangreicheren Kantenmenge.

Bei den in diesem Kapitel betrachteten Graphen und Anwendungen spielen nur Nachbarschaftsbeziehungen zwischen den Knoten eine Rolle. Die *Inhalte* der Knoten werden lediglich zur Identifikation gebraucht, und Kanten werden überhaupt nicht mit Inhalten versehen. Es gibt aber andere Anwendungen, wo Graphen mit mehr Informationen benötigt werden, um beispielsweise effizientere Suchstrategien zu erlauben. Solche Graphen und Verfahren werden Gegenstand des nächsten Kapitels sein.

Nachdem wir − hoffentlich überzeugend − nachgewiesen haben, dass sich in APL2 auch mit den wichtigsten bzw. populärsten *nichtlinearen* Datenstrukturen sehr gut arbeiten lässt, ist unsere „höhere" Einführung in die Programmiersprache APL2 eigentlich abgeschlossen. Wie bereits im Vorwort und in der Einleitung angekündigt, wird jetzt noch ein recht umfangreicher Teil D mit Anwendungen aus dem Gebiet der *Künstlichen Intelligenz* (KI) folgen. Wir werden uns dabei auf drei Teilbereiche der KI beschränken, diese einfach der Reihe nach präsentieren und jeweils die Nützlichkeit von APL2 sowie der behandelten Datentypen und Datenstrukturen zu illustrieren versuchen. Erst anschliessend werden wir uns im letzten Kapitel dieses Buches kurz damit beschäftigen, was wir überhaupt unter „Künstlicher Intelligenz" verstehen wollen und welche Bedeutung wir APL2 als „KI-Sprache" beimessen.

Teil D

Anwendungen aus der Künstlichen Intelligenz

11. Heuristische Graphsuche

11.1 Suchverfahren in der Künstlichen Intelligenz

Im Abschnitt 10.3 „Exhaustive Graphsuche" haben wir ein Verfahren kennengelernt, mit dem in einem (gerichteten) Graphen Pfade von einem Startknoten zu einem Zielknoten gesucht werden können. Wir haben das Verfahren mit zwei verschiedenen Suchstrategien (Tiefen- und Breitensuche) auf das Verkehrsnetz in Abb. 128 auf Seite 218 angewendet. Diese beiden Strategien probieren systematisch – aber völlig „blindlings" – verschiedene Pfade aus, bis sie ans Ziel gelangen bzw. herausfinden, dass kein Pfad existiert. In der Praxis würde man eine Verkehrsverbindung zwischen zwei Orten natürlich nie so suchen. Denn besonders in einem grossen Verkehrsnetz würde man auf diese Weise unnötig viele erfolglose Versuche verzeichnen. Stattdessen würde man den Start- und Zielort lokalisieren, diese durch eine Gerade (Luftlinie) verbinden und Pfade möglichst nahe an dieser Geraden suchen. Ein solches Vorgehen würde die kürzeste Verbindung zwischen den beiden Orten liefern, was in der Praxis ja i.a. erwünscht ist. Die Breiten- und Tiefensuche liefern irgendeine Verbindung, unabhängig von der tatsächlichen Entfernung in Kilometern. Bei der Breitensuche wird zwar zuerst die Lösung mit der kleinsten Anzahl Kanten gefunden, die aber nichts über die effektive Entfernung aussagt.

Graphsuchealgorithmen spielen nicht nur bei der Bestimmung von Verkehrsverbindungen eine Rolle. Auch sehr viele andere Probleme können mit Hilfe von Graphen oder – spezieller – mit Bäumen beschrieben und durch das Bestimmen eines Pfades zwischen zwei Knoten gelöst werden. Als Beispiel sei das Schachspiel erwähnt, das auch durch einen Graphen dargestellt werden kann. Die Knoten des Graphen entsprechen dabei den theoretisch möglichen Stellungen (deren Anzahl von der Grössenordnung 10^{36} ist), die Pfade stellen die möglichen Spielabläufe (etwa 10^{120}) dar. Jede Kante entspricht einem Halbzug, d.h. einem Zug eines der beiden Spieler. Kommt z.B. während eines Computerschachspiels das Schachprogramm an die Reihe, untersucht es die vom aktuellen Knoten ausgehenden Pfade und wählt für seinen nächsten Halbzug – unter Berücksichtigung der zu erwartenden weiteren Halbzüge des Gegners – einen optimalen aus. Für seine Wahl muss das Programm also in der Lage sein, die verschiedenen Möglichkeiten bzgl. ihrer Eignung zu *bewerten*. Nun ist es beim heutigen Stand der Technik absolut unmöglich, einen so riesigen Graphen vollständig abzuspeichern. Stattdessen sollen die Nachfolger eines aktuellen Knotens erst bei Bedarf erzeugt werden (d.h. eine entsprechende Funktion *SUCCESSORS* entnimmt diese nicht wie im letzten Kapitel einer Datenstruktur, sondern ermittelt sie dynamisch aufgrund der Spielregeln). Auch gibt es hier nicht einen einzigen vorgegebenen Zielknoten, sondern eine ganze Zielmenge. Der Test, ob bereits das Ziel erreicht ist, kann daher nicht mittels eines einfachen Vergleichs vorgenommen werden. Stattdessen ist z.B. eine Funktion zu verwenden, die eine vorgegebene Stellung auf „matt" testet. Ansonsten ist das Vorgehen aber äquivalent zur Suche in einem explizit vorgegebenen Graphen. Wir wollen das Beispiel des Schachspiels aber nicht mehr weiter verfolgen und verweisen interessierte Leser auf [HACN90].

Wie beim Schach geht es bei vielen Problemen in der KI darum, in einem (oft sehr grossen) gerichteten Graphen einen geeigneten oder optimalen Pfad zu finden, ohne dazu einen grossen Teil des Graphen absuchen zu müssen. Ist man beim Suchen bei einem bestimmten Knoten angelangt, sollten folglich nur diejenigen seiner Nachfolger berücksichtigt werden, die eine gute Lösung versprechen. Um die Güte der verschiedenen Möglichkeiten beurteilen zu können, benötigt man natürlich mehr Information (Wissen), als beispielsweise im Verkehrsnetz in Abb. 128 auf Seite 218 enthalten ist. Ist solche zusätzliche Information vorhanden, ist anstelle des **blinden** Suchens von Abschnitt 10.3 „Exhaustive Graphsuche" eine **gezielte** Suche möglich. Wir wollen in den folgenden Abschnitten Graphen mit zusätzlicher Information versehen und ein gezieltes Suchverfahren vorstellen. Zur Illustration werden wir wiederum unser Verkehrsnetz verwenden. Dieses Beispiel hat den Vorteil, dass es gut überschaubar ist. Wir werden dabei aber nicht vergessen dürfen, dass die Stärke des vorgestellten Verfahrens erst bei viel grösseren Graphen richtig zum Tragen kommt.

11.2 Markierte Graphen

Die im letzten Kapitel betrachteten Graphen enthalten ausser den Nachbarschaftsbeziehungen und der Numerierung der Knoten keine weitere Information. Für das Lösen von Problemen — z.B. für das Suchen von Pfaden — wären zusätzliche Informationen oft hilfreich, und wir wollen nun solche in passender Weise als **Knoten-** bzw. **Kantenmarkierung** zur Verfügung stellen.

Betrachten wir als Beispiel wieder unser Verkehrsnetz in Abb. 128 auf Seite 218. Wir haben im letzten Abschnitt angedeutet, dass es für das Bestimmen der kürzesten Verbindung zweier Orte sinnvoll sein kann, von der zugehörigen Luftlinie auszugehen. Wenn wir die Koordinaten aller beteiligten Ortschaften aus einer geographischen Karte entnehmen und in den entsprechenden Knoten des Graphen abspeichern, ist es später ein leichtes,

11. Heuristische Graphsuche   237

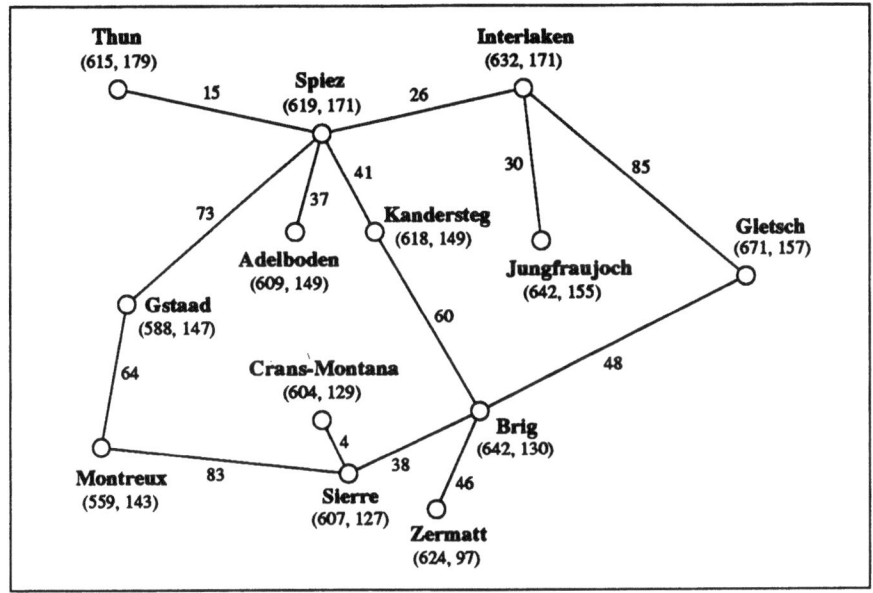

Abb. 134. Verkehrsnetz Berner Oberland und Wallis (mit Markierungen)

anhand dieser Knoteninformation die Luftlinie zwischen je zwei Orten zu bestimmen. Der so markierte Graph, in dem zusätzlich die Bahn- bzw. Strassenkilometer angegeben sind, ist in Abb. 134 enthalten.

Allgemein können wir einen markierten Graphen G als 4-Tupel $G = (E, K, M_E, M_K)$ definieren, wobei mit E und K wie bisher die Knoten- bzw. Kantenmenge bezeichnet sind. M_E und M_K bezeichnen Abbildungen gemäss 8.4 „Abbildungen" und definieren die Knoten- bzw. Kantenmarkierung.

Bei der Implementierung von markierten Graphen wollen wir uns auf die Mengenimplementierung (vgl. 10.2.1 „Implementierung als Mengenpaar") beschränken, da sie wohl die naheliegendste ist. Selbstverständlich lassen sich markierte Graphen auch in Form einer Adjazenzmatrix oder Adjazenzliste implementieren. Es wäre sicher eine gute Übung für unsere Leser, sich eine derartige Implementierung zu überlegen und allenfalls auch durchzuführen.

Wenn wir uns bei der Mengenimplementierung ganz genau an die obige Definition halten wollten, würden wir einen markierten Graphen in Form eines 4-elementigen Vektors implementieren. Die ersten beiden Elemente würden denjenigen eines unmarkierten Graphen entsprechen, die beiden anderen würden die Knoten- bzw. Kantenmarkierung darstellen. Wenn aber − wie dies bei unserem Verkehrsnetz der Fall ist − sämtliche Knoten und Kanten markiert sind, können wir auf die beiden ersten Elemente (d.h. die explizite Angabe der Knoten- und Kantenmenge) verzichten und dadurch redundante Angaben vermeiden: M_E bzw. M_K enthalten ja auch alle Knoten bzw. Kanten. Für unsere Anwendung wollen wir diese Variante verwenden, d.h. einen markierten Graphen als nur zweielementigen Vektor implementieren, dessen erstes Element die Knotenmarkierung und dessen zweites Element die Kantenmarkierung (je in Form einer Abbildung) darstellt. So erhalten wir für unser Beispiel den verschachtelten Vektor VERKEHR3, von dem wir nachfolgend nur einen kleinen Teil wiedergeben:

a) Zwei Elemente der Knotenmarkierung:

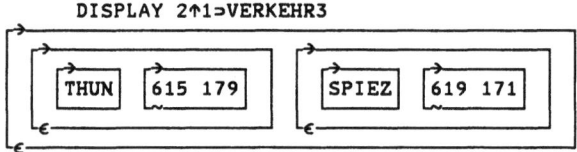

b) Zwei Elemente der Kantenmarkierung:

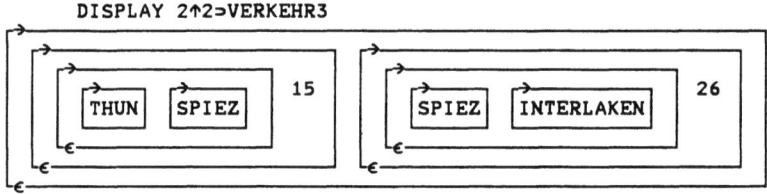

Bei anderen Anwendungen müsste man unter Umständen auch eine etwas andere Implementierung verwenden: Es wäre z.B. denkbar, dass eine Knoten- oder Kantenmarkierung nicht wie hier als Tabelle, sondern als Formel vorgegeben ist. Dann würde man einen Graphen in Form eines Paares *(Knotenmenge, Kantenmenge)* implementieren, während die Knoten- und die Kantenmarkierung durch entsprechende Funktionen realisiert würden.

In der für unser Beispiel gewählten Implementierung können wir M_E bzw. M_K mit Hilfe von *createset* (vgl. Abb. 60 auf Seite 151) und *assign* (vgl. Abb. 72 auf Seite 159) erstellen. Die Knotenmenge erhalten wir mittels 1⊃¨1⊃GRAPH, die Kantenmenge mittels 1⊃¨2⊃GRAPH. Um die einem Knoten oder einer Kante zugeordnete Markierung zu finden, können wir auf die Funktion *compute* (vgl. Abb. 73 auf Seite 160) zurückgreifen und sie auf 1⊃GRAPH bzw. 2⊃GRAPH anwenden. Die Nachfolger eines Knotens bestimmen wir mit der Operation **successors**, die allerdings an die neue Datenstruktur angepasst werden muss:

```
        ∇ SUCCESSORS [□] ∇
     ∇
[0]     RES←GRAPH SUCCESSORS ELEMENT
[1]     A
[2]     A* SUCCESSORS bestimmt die Nachfolger von ELEMENT
[3]     A* (in Graph mit Knoten- und Kantenmarkierungen)
[4]     A* Aufruf: [Res ←] Graph SUCCESSORS Element
[5]     A
[6]     RES←(⊂1 2)⊃¨((⊂ELEMENT)=¨(⊂1 1)⊃¨2⊃GRAPH)/2⊃GRAPH
     ∇
```

Abb. 135. Funktion SUCCESSORS (für markierte Graphen)

Mit *successors* können wir z.B. die Nachfolger des Knotens *Brig* bestimmen:

```
    VERKEHR3 SUCCESSORS 'BRIG'
SIERRE ZERMATT GLETSCH KANDERSTEG
```

successors liefert die Nachfolger ohne deren Markierungen. Letztere erhält man — wie bereits erwähnt — mittels *compute*. (In gewissen Anwendungen könnte es sinnvoll sein, mit *successors* gerade auch die Knotenmarkierungen oder evtl. sogar die entsprechenden Kantenmarkierungen zu bestimmen.)

Die Operation *predecessors* müsste analog angepasst werden. Da wir *predecessors* aber nicht benötigen, überlassen wir diese Anpassung unseren Lesern.

11.3 Heuristische Graphsuche

Im Abschnitt 10.3 „Exhaustive Graphsuche" haben wir mit der Tiefen- und Breitensuche zwei *blinde* Suchstrategien kennengelernt. Jetzt wollen wir das dort beschriebene allgemeine Suchverfahren so ergänzen, dass es uns eine — je nach Problemstellung zu definierende — optimale Lösung liefert, und dies möglichst effizient. Eine optimale Lösung ist in unserem Beispiel eine Verkehrsverbindung, die eine minimale Entfernung aufweist. Mit der in unserem Verkehrsnetz eingeführten Knoten- und Kantenmarkierung (siehe Abb. 134) stehen uns dafür genügend Angaben zur Verfügung. An und für sich könnten wir wiederum mittels Tiefen- oder Breitensuche alle Verbindungen zwischen zwei Orten bestimmen, deren Länge berechnen und die kürzeste davon auswählen. In unserem Beispiel würde dies noch schnell genug zum Ziel führen, für eine Anwendung mit einem viel umfangreicheren Graphen (z.B. Schachspiel) wäre ein solches Vorgehen aber völlig unbrauchbar. Daher wollen wir in diesem Abschnitt ein geeigneteres Verfahren einführen, das auf einer *gezielten* Suchstrategie basiert, mit der i.a. nur ein relativ kleiner Teil des vorgegebenen Graphen abgesucht werden muss.

Die Suchstrategie des im Abschnitt 10.3 vorgestellten Suchverfahrens wird durch die Datenstruktur der Variablen *OPEN* bestimmt. Im Falle eines

Stacks ergibt sich die Tiefensuche, im Falle einer Queue die Breitensuche. Für eine gezielte Suchstrategie muss jeweils der günstigste Teilpfad aus *OPEN* entnommen werden, d.h. derjenige, der zur kürzesten Verbindung führt. Allgemeiner spricht man bei derartigen **Optimierungsproblemen** von **Kosten**, die es zu minimieren gilt. Die jeweils in Frage kommenden Teilpfade werden **bewertet** und dann der kostengünstigste – oder ein kostengünstigster – ausgewählt. Offenbar drängt sich als Datenstruktur von *OPEN* eine Priority Queue (vgl. 8.5 „Priority Queues") auf.

Das Problem bei diesem Vorgehen besteht darin, dass man zum Zeitpunkt der Auswahl eines Teilpfades aus *OPEN* noch nicht wissen kann, welche der vorliegenden Teilpfade einem optimalen Pfad angehören. Denn während zwar der erste Knoten eines Teilpfades immer gleich dem Startknoten ist, ist sein letzter Knoten in den meisten Fällen vom Zielknoten verschieden, und es ist dann nicht einmal sicher, ob eine Verlängerung des Teilpfades bis hin zum Zielknoten überhaupt möglich ist. Die Länge des Teilpfades können wir mit Hilfe der Kantenmarkierungen (deren Werte wir als ≥0 voraussetzen) exakt berechnen, die noch verbleibende Entfernung bis zum Zielknoten aber nur abschätzen – wozu sich verschiedene Möglichkeiten anbieten. Es dürfte sicher einleuchten, dass unsere Suchstrategie umso besser ist, je genauer unsere Abschätzung die noch verbleibende Entfernung approximiert. Bei unserem Beispiel können wir aufgrund der Knotenmarkierung (Koordinaten der Orte) die Entfernung entlang der Luftlinie bestimmen, die zwar unter Umständen merklich von der tatsächlichen Entfernung abweicht (Gebirge), die aber trotzdem eine gute erste Schätzung abgibt. Für derartige Schätzungen haben wir die folgende Funktion *FUTUREDIST* erstellt:

```
        ∇ FUTUREDIST [▯] ∇
     ∇
[0]    RES←NODE1 FUTUREDIST NODE2
[1]    ⍝
[2]    ⍝* FUTUREDIST schaetzt Distanz zwischen zwei Knoten
[3]    ⍝* Aufruf: [Resultat ←] Knoten_1 FUTUREDIST Knoten_2
[4]    ⍝
[5]    RES←(+/(NODE1-NODE2)*2)*0.5   ⍝ Abstand laengs Luftlinie
     ∇
```

Abb. 136. Funktion FUTUREDIST

Eine solche **Schätzfunktion** für die noch zu erwartenden Kosten stellt eine Art *Wissen* über die vorliegende Situation dar, das gewisse Hinweise auf die Lage des Zieles gibt. Sie wird auch **heuristische Funktion** genannt (vom griechischen *heuriskein* = finden), und die auf ihr basierende Art von Graphsuche heisst entsprechend *heuristische Graphsuche*. Dass es nicht immer so einfach wie in unserem Beispiel ist, eine geeignete Schätzfunktion zu finden, wird den Leser wohl kaum verwundern.

Um nun *OPEN* als Priority Queue auffassen zu können, ordnen wir jedem Teilpfad eine Priorität zu, und zwar die Summe aus den **bisherigen Kosten**

11. Heuristische Graphsuche

(tatsächliche Pfadlänge) und den geschätzten **zukünftigen Kosten** (Entfernung zum Zielknoten). Der Teilpfad mit der niedrigsten Priorität wird dann als der erfolgversprechendste betrachtet. Wir entfernen dementsprechend diesen jeweils mit Hilfe der Funktion *DELETEMIN* (siehe Abb. 78 auf Seite 165) aus *OPEN*, d.h. wir fassen *OPEN* als aufsteigende Priority Queue auf. Mit dieser Änderung (*OPEN* als Priority Queue aufgefasst, Teilpfade mit Prioritäten versehen) ändert sich unser blindes Verfahren aus 10.3 „Exhaustive Graphsuche" zu einer gezielten Suchstrategie. Allerdings kann es dann vorkommen, dass während der Suche zu einem gewissen Knoten eines Teilpfades zwei verschiedene Pfade mit unterschiedlichen Kosten gefunden werden. In einem solchen Fall wäre es absurd, den schlechteren weiterzuverfolgen. Für die heuristische Graphsuche fügen wir daher in unserem Verfahren nach dem 5. Schritt einen zusätzlichen Schritt ein:

5.a) Prüfe, ob verschiedene Teilpfade in *OPEN* zwei gleiche Knoten miteinander verbinden. Ist dies der Fall, behalte nur je den besten und entferne die übrigen aus *OPEN*.

Damit haben wir die heuristische Graphsuche beschrieben. Falls die gewählte Schätzfunktion (wie unsere Funktion *FUTUREDIST*) stets Werte liefert, die einerseits ≥0 und andererseits höchstens gleich den tatsächlichen Kosten sind, bezeichnet man das Verfahren als *A*-Algorithmus*. Falls von einem Start- zu einem Zielknoten überhaupt ein Pfad existiert, so findet der *A*-Algorithmus* immer einen optimalen Pfad. Genau genommen bezeichnet *A** eine Klasse von Algorithmen. Einen konkreten Algorithmus erhält man erst durch die Wahl einer bestimmten Schätzfunktion. Weitergehende Erläuterungen zum *A*-Algorithmus* – insbesondere zu seinem eher ungewöhnlichen Namen – finden interessierte Leser in [Nils82].

Wir wollen nun zur Implementierung der heuristischen Graphsuche übergehen. Um das entsprechende Programm **HSEARCH** mit verschiedenen Schätzfunktionen verwenden zu können, implementieren wir es in Form eines definierten Operators. Die Programmliste ist in Abb. 137 enthalten. Bei der Beschreibung dieses Programms gehen wir vom Programm *SEARCH* aus Abb. 129 auf Seite 220 aus. Die Grobstruktur des Programms (Initialisierungen, Suchschleife, Lösung eintragen) können wir beibehalten. Jedoch sind die folgenden Änderungen nötig bzw. sinnvoll:

– Da nur eine optimale Lösung gesucht ist und nicht – wie bei den blinden Verfahren – alle möglichen, kann die Programmausführung nach dem Auffinden der ersten Lösung abgebrochen werden. Somit ist es auch nicht nötig, zur Speicherung der Resultate eine Matrix zu verwenden. Stattdessen wird das Resultat als Paar *(Pfad, totale Kosten)* geliefert [8], [35].

– Die Variable OPEN wird hier als Priority Queue aufgefasst. Folglich ist nicht eine beliebige Zugriffsfunktion *CHOOSE* zu verwenden, sondern die Funktion *DELETEMIN* [15]. Den einzelnen Teilpfaden in OPEN ist eine

```
      ∇ HSEARCH [◻] ∇
    ∇
[0]   RES←GRAPH(COST HSEARCH)START_GOAL;ACTUAL;NEW;OPEN;START;GOAL;
      COSTS;NEXT;PART;WAYS;DIST;COORD;BEFORE;ADD;FUTURE;LAST
[1]   A
[2]   A* HSEARCH fuehrt heuristische Graphsuche durch
[3]   A* Aufruf: [Res ←]  Graph  (Prog HSEARCH)  (Start Ziel)
[4]   A*         wo Prog = Schaetzfunktion
[5]   A
[6]   A--- Initialisierungen:
[7]    (START GOAL)←START_GOAL              A separieren
[8]    RES←0ρc0 0                           A fuer Fehlerfall
[9]   →(~GOAL MEMBER 1⊃¨1⊃GRAPH)/0          A ungueltiges Ziel
[10]   COORD←(1⊃GRAPH)COMPUTE GOAL          A Markierung von GOAL
[11]   OPEN←,⊂(,⊂START 0)0                  A OPEN am Anfang
[12]  A--- Suchschleife:
[13]  LOOP:
[14]  →(EMPTY OPEN)/0                       A Abbruchkriterium
[15]   (ACTUAL OPEN)←DELETEMIN OPEN         A naechster Kandidat
[16]   LAST←1 1⊃¯1↑PART←1⊃ACTUAL            A Knoten bzw. Teilpfad
[17]  →(GOAL=LAST)/SOLUTION                 A Loesung gefunden
[18]   NEXT←(GRAPH SUCCESSORS LAST)~1⊃¨PART A Nachfolger
[19]  →(0=ρNEXT)/LOOP                       A keine Nachfolger
[20]  A- bisherige Kosten berechnen und zukuenftige abschaetzen:
[21]   BEFORE←1 2⊃¯1↑PART                   A START bis LAST
[22]   ADD←(⊂2⊃GRAPH)COMPUTE¨(⊂⊂LAST),¨⊂¨NEXT A LAST bis Nachfolger
[23]   FUTURE←(⊂COORD)COST¨(⊂1⊃GRAPH)COMPUTE¨NEXT A weiter bis GOAL
[24]   COSTS←BEFORE+ADD+FUTURE              A totale Kosten
[25]  A- neue Teilpfade bilden:
[26]   NEW←⊂¨(⊂PART),¨⊂¨(⊂¨NEXT),¨BEFORE+ADD A neue Teilpfade
[27]   OPEN←OPEN,NEW,¨COSTS                 A Nachfolger in OPEN
[28]  A- eventuelle Umwege aus OPEN entfernen:
[29]   WAYS←1⊃¨¨¨1⊃¨OPEN                    A Teilpfade in OPEN
[30]   DIST←2⊃¨¨¨1⊃¨OPEN                    A deren Kosten
[31]   OPEN←(∧/¨∧/¨(DIST∘.≤¨,/DIST)∨~WAYS∘.≡¨,/WAYS)/OPEN
[32]  →LOOP
[33]  A--- Loesung eintragen:
[34]  SOLUTION:
[35]   RES←(1⊃¨PART)(2⊃ACTUAL)              A Resultat
    ∇ 08.04.1991 14.44.31 (GMT)
```

Abb. 137. Operator HSEARCH

Priorität zuzuordnen, was sich bei der Initialisierung [11] (da es am Anfang nur einen einzigen Teilpfad gibt, wird diesem einfachheitshalber die Priorität 0 zugeordnet) und bei der Aufnahme in OPEN [27] auswirkt: Jedem neuen Teilpfad in NEW werden die voraussichtlichen totalen Kosten COSTS zugeordnet.

- Für das Entfernen eventueller Umwege aus OPEN gemäss Schritt 5.a) müssen für jeden Knoten eines Teilpfades die Kosten, die sich ergeben, um

11. Heuristische Graphsuche

ihn zu erreichen, bekannt sein. Für jeden Teilpfad in OPEN wird daher ein Vektor der folgenden Form verwendet:

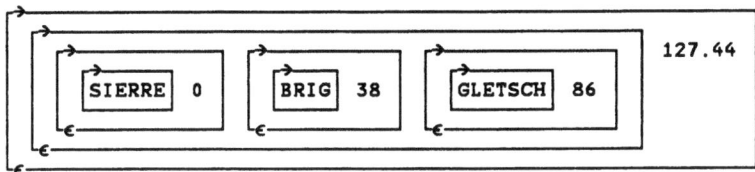

Das erste Element stellt die Knoten des Teilpfades zusammen mit ihren Entfernungen vom Startknoten aus dar, während das zweite die Priorität des Teilpfades enthält. In [16] werden die Knoten des Teilpfades (inklusive Kosten) der Variablen PART und dessen letzter Knoten (ohne Kosten) der Variablen LAST zugewiesen. Die Knoten ohne ihre Kosten erhält man mittels 1⊃¨PART [18].

- Falls der letzte Knoten eines Teilpfades keine Nachfolger hat (d.h. NEXT leer ist), sind keine neuen Teilpfade zu bilden und natürlich auch keine Kosten zu berechnen. Dann kann direkt mit dem nächsten Teilpfad in OPEN weitergefahren werden [19].
- Um die den Knoten und Kanten zugeordneten Markierungen zu erhalten, wenden wir die Funktion *COMPUTE* aus Abb. 73 auf Seite 160 auf die Knotenmenge [10], [23] bzw. die Kantenmenge [22] an. Vor der ersten Anwendung von *COMPUTE* wird in [9] mittels *MEMBER* (vgl. Abb. 64 auf Seite 153) überprüft, ob der Zielknoten im Graphen überhaupt vorkommt.
- Die bisherigen Kosten eines Teilpfades entsprechen den Kosten, die zusammen mit seinem letzten Knoten gespeichert sind [21]. Die Kosten der Kanten zu den Nachfolgern dieses Knotens sind die den entsprechenden Kanten ((⊂⊂LAST),¨⊂¨NEXT) zugeordneten Werte [22]. Die noch ausstehenden Kosten von den Nachfolgern zum Zielknoten werden in [23] mit irgendeiner Schätzfunktion *COST* (in unserem Beispiel mit der Funktion *FUTUREDIST*) aufgrund der Knotenmarkierung der Elemente von NEXT (Koordinaten der Nachfolgerknoten) und der Markierung des Zielknotens [10] abgeschätzt. Die neuen Teilpfade werden durch Konkatenieren des bisherigen Teilpfades mit jedem seiner Nachfolger gebildet, wobei jedem Nachfolger die Kosten des zu ihm führenden Teilpfades zugeordnet werden [26]. Die den Teilpfaden in [27] zugewiesenen Prioritäten werden als Summe der bisherigen und der zukünftigen Kosten berechnet [24].
- Zur Entfernung eventueller Umwege aus OPEN werden alle Teilpfade ohne Kostenangaben der Variablen WAYS und die entsprechenden Kosten der Variablen DIST zugeordnet. In [31] werden unter Verwendung von zwei *äusseren Produkten* alle diejenigen Teilpfade beibehalten, bei denen die

Kosten aller Teilstücke ≤ denjenigen von alternativen Pfaden sind
(DIST•.≤¨,/DIST) oder bei denen gar keine alternative Pfade auftreten
(~WAYS•.≡¨,/WAYS). Zum exakten Verständnis dieser anspruchsvollen
Programmzeile, die übrigens bis auf die Anpassung an unsere Datenstrukturen aus [BrEu86] stammt, empfehlen wir unseren Lesern, sie anhand eines kleinen Beispiels Schritt für Schritt auszuprobieren und die erhaltenen Resultate laufend zu interpretieren.

Nach der Erläuterung des – doch recht umfangreichen und anspruchsvollen – Programmes *HSEARCH* wollen wir es auf unser Verkehrsnetz anwenden:

```
VERKEHR3 (FUTUREDIST HSEARCH) 'SPIEZ' 'GLETSCH'
SPIEZ INTERLAKEN GLETSCH    111
```

Der gefundene Pfad ist – wie sich unsere Leser leicht durch Nachvollziehen im Graphen in Abb. 134 überzeugen können – tatsächlich die kürzeste Verbindung von *Spiez* nach *Gletsch*. Die verwendete Suchstrategie können wir durch die Ausgabe der jeweils betrachteten Teilpfade und ihrer Prioritäten sichtbar machen (es wird im folgenden jeweils zuerst die Priorität des Teilpfades angezeigt, danach die Knoten zusammen mit ihren bisherigen Kosten):

```
    VERKEHR3 FUTUREDIST HSEARCH 'SPIEZ' 'GLETSCH'
-->     .0    SPIEZ 0
-->   67.4    SPIEZ 0   INTERLAKEN 26
-->   75.2    SPIEZ 0   THUN 15
-->   85.1    SPIEZ 0   INTERLAKEN 26   JUNGFRAUJOCH 56
-->   94.6    SPIEZ 0   KANDERSTEG 41
-->   99.5    SPIEZ 0   ADELBODEN 37
-->  111.0    SPIEZ 0   INTERLAKEN 26   GLETSCH 111
    SPIEZ INTERLAKEN GLETSCH    111
```

Die optimale Lösung erhalten wir offensichtlich beim 7. Schleifendurchgang. (Bei der Tiefensuche waren für die erste, aber nichtoptimale, Lösung 9 Schleifendurchgänge nötig, während die Breitensuche beim 8. Schleifendurchgang zufälligerweise die optimale Lösung fand.)

Damit haben wir die heuristische Graphsuche ausführlich vorgestellt. Neben ihr gibt es in der KI eine ganze Reihe von weiteren Suchverfahren, welche verschiedene Techniken zur Beschränkung des **Suchraumes** (z.B. des zu untersuchenden Teils eines Graphen) verwenden. Eine umfassende Darstellung solcher Suchverfahren gibt [Nils82].

Abschliessend möchten wir noch darauf hinweisen, dass es zwei andere sehr bekannte Algorithmen zur Bestimmung kürzester Pfade in Graphen gibt: Der Algorithmus von E.W. Dijkstra (1959) berechnet die Länge des kürzesten Pfades von einem gegebenen Knoten zu jedem übrigen Knoten, der Algorithmus von R.W. Floyd (1962) die Länge des kürzesten Pfades von jedem Knoten zu jedem anderen. Kleine Erweiterungen der beiden Algorithmen erlauben es, auch die kürzesten Pfade selbst zu bestimmen. Wir verweisen den interessierten Leser auf [AhHU83]. Die Algorithmen von Dijkstra und Floyd lassen sich in APL2 mit den Datenstrukturen vom Kapitel 10 „Graphen" problemlos implementieren. Im Rahmen der KI ist die Anwendbarkeit dieser beiden Algorithmen allerdings ziemlich begrenzt. Für unseren kleinen Graphen in Abb. 134 würden sie natürlich auch zum Ziel führen, für komplexere Anwendungen, wie das Schachspiel, sind sie aber schlicht unbrauchbar, da sie stets den ganzen Graphen absuchen − im Gegensatz zur heuristischen Graphsuche, die gezielt in einem möglichst kleinen Ausschnitt eine optimale Lösung sucht.

12. Bildverarbeitung und Bildanalyse

12.1 Einleitung

Viele Erkenntnisse und Entscheidungen ergeben sich im Alltag aufgrund *visueller* Information. Das rasche Erfassen und Beurteilen einer Situation aufgrund dessen, was man sieht, ist vielfach von entscheidender Bedeutung. Daten in Form von Bildern treten heute in den verschiedensten Bereichen von Wissenschaft und Technik auf, wie Medizin (Röntgenbilder, Tomogramme, etc.), Beobachtung der Erdoberfläche und Atmosphäre mittels Satelliten (Meteorologie, Landwirtschaft, Umweltschutz, etc.), usw. Solche Bilder können ihren Zweck nur erfüllen, wenn sie sachgerecht und in vernünftiger Frist ausgewertet werden – was je nach Menge der anfallenden Bilder mit einem grossen Aufwand verbunden sein kann. Daher ist es einleuchtend, dass seit Jahren viel Forschung mit dem Ziel betrieben wird, Bilder im Computer zu speichern, zu verarbeiten und auszuwerten. Dabei hat man Verfahren entwickelt, die für Bilder aus den verschiedensten Anwendungsbereichen einsetzbar sind. Je nach Verarbeitungsziel lassen sich diese Verfahren unter einem der folgenden zwei Aspekte einordnen:

1. **Verändern von Bildern** nach gewissen Kriterien. Bilder sollen z.B. so verändert werden, dass der Betrachter danach ihre Qualität als besser einschätzt oder gewisse Dinge leichter erkennen kann. Mit diesem ersten Aspekt befasst sich die **Bildverarbeitung**. Das Resultat der Verarbeitung ist in diesem Fall wiederum ein Bild.

2. **Interpretation des Inhaltes von Bildern**, z.B. Erkennen von Objekten (Mustern) oder Beschreiben der im Bild enthaltenen Objekte und ihrer räumlichen Beziehungen. Die **Bildanalyse** (oder Bildinterpretation) beschäftigt sich mit diesem zweiten Aspekt. Hier besteht das Resultat der Verarbeitung aus einer numerischen oder symbolischen Beschreibung des Bildes bzw. seines Inhaltes.

Etwas vereinfachend wollen wir unter einem **Bild** einen rechteckigen Ausschnitt aus einer Bildebene verstehen, für welchen gilt, dass jedem seiner Punkte eine bestimmte **Farbe** und eine bestimmte **Helligkeit** (oder **Intensität**) zugeordnet sind. Im Fall von Schwarzweissbildern oder sog. **Grautonbildern**, auf die wir uns beschränken wollen, spricht man statt von Helligkeiten auch von **Grautönen** oder **Grauwerten**. Um ein Bild im Computer zu speichern und zu verarbeiten, muss dieses zuerst in ein **digitales Bild** umgeformt werden: Der Bildausschnitt muss **diskretisiert**, d.h. in endlich viele Punkte (sogenannte **Bildpunkte** oder **Pixel** (von *picture element*)) unterteilt werden. I.a. werden diese Bildpunkte als Matrix strukturiert. Die Anzahl Bildpunkte ist dann gleich Anzahl Zeilen mal Anzahl Spalten und wird als **Auflösung** des (digitalen) Bildes bezeichnet. Ferner muss der Bereich der Grauwerte **quantisiert** werden, d.h. er darf nur eine endliche Anzahl verschiedener Grauwerte umfassen. Die gewählte Auflösung des Bildes und die Anzahl möglicher Grauwerte bestimmen einerseits die Qualität des Bildes und andererseits den benötigten Speicherbedarf – und bei der Verarbeitung die Rechenzeit. Häufig verwendete Grössen sind zur Zeit 512 mal 512 Bildpunkte und 256 verschiedene Grauwerte. Falls in einem Grautonbild nur zwei verschiedene Grauwerte (schwarz, weiss) möglich sind, spricht man von einem **Binärbild**.

Nicht allzu grosse digitale Bilder lassen sich in APL2 leicht mit Hilfe einer Matrix darstellen. Wir wollen mit einem ganz kleinen Bild beginnen. Nehmen wir an, dass das Bild aus 4 mal 10 Bildpunkten besteht. Für seine Darstellung können wir in APL2 eine Matrix mit 4 Zeilen und 10 Spalten verwenden, deren Elemente die Grauwerte in den entsprechenden Bildpunkten darstellen. Als Grauwerte wollen wir ganzzahlige Werte von 0 bis 255 zulassen, wobei 0 dem Grauton *schwarz* und 255 dem Grauton *weiss* entspricht. (Der Grauwertbereich wird i.a. von den verwendeten Geräten für die Bildaufnahme bzw. Bildausgabe bestimmt.) Wir wollen zuerst ein zufällig erzeugtes Bild betrachten:

```
 BILD←4 10ρ ̄1+?40ρ256
     BILD
 33 193 117 136  56  12 173 173 239  98
132 212   8  13 135 171   1  98  17 106
175 150 238 216 134  23 167 106 179 233
195  67  12 188  84 161 193 253  93  63
```

Diese Matrix können wir als Eingabe für ein Programm verwenden, welches Bilder auf einem Bildschirm oder einem Drucker ausgeben kann. Ein solches Programm, das in starkem Mass von der verwendeten Hardware abhängig ist und i.a. nicht in APL2 implementiert wird (weshalb wir hier auf einen Lösungsvorschlag dafür verzichten wollen), weist jedem Bildpunkt denjenigen Grauwert zu, der durch das entsprechende Matrixelement definiert ist. Abb. 138 zeigt, wie die Matrix BILD auf diese Weise als Grautonbild interpretiert werden kann. Da dieses Bild nur eine geringe Auflösung (4 mal 10 Bildpunkte) aufweist, kann unser Auge die einzelnen Bildpunkte (Quadrate, aus denen sich das Bild zusammensetzt) gut erkennen. Um einen Gegenstand oder eine ganze Szene in guter Qualität wiederzugeben, benötigen wir eine genügend hohe Auflösung. So wird das Bild der Silhouette der Stadt Bern in Abb. 139, welches wir in den folgenden Abschnitten oft als

12. Bildverarbeitung und Bildanalyse

Abb. 138. Einfaches Testbild

Beispiel verwenden und einfachheitshalber *Bern-Bild* nennen wollen, durch eine Matrix mit 184 Zeilen und 256 Spalten dargestellt. Der Grauwertbereich soll auch hier die ganzzahligen Werte von 0 bis 255 umfassen.

Abb. 139. Silhouette von Bern mit Alpenpanorama (bei Sonnenuntergang)

Wie bereits angedeutet, geht es in der *Bildverarbeitung* darum, ein Bild in ein anderes Bild zu transformieren, welches für gewisse Zwecke geeigneter ist als das ursprüngliche (z.B. besserer visueller Eindruck, einfachere Weiterverarbeitung, Hervorheben von Bildteilen). Für solche Aufgabenstellungen wurde eine Reihe von Verfahren entwickelt. Eine **Bildvorverarbeitung** wird häufig als erster Schritt im Rahmen einer Bildverarbeitung oder Bildanalyse vorgenommen und hat den Zweck, das Bild in eine Form zu bringen, die weitere Verarbeitungsschritte erleichtert. Die Bildvorverarbeitung umfasst u.a. Verfahren zur Verbesserung des Kontrastes (z.B. durch eine Transformation des Grauwertbereichs oder durch Erhöhen der Bildschärfe), zur Glättung von Bildstörungen (Noise), zur Wiederherstellung (Restoration) von Bildern, die bei der Aufnahme systematisch gestört oder verzerrt wurden, zur Vereinfachung von Bildern durch Reduktion der Anzahl Grauwerte (im Extremfall auf 2, d.h. auf ein Binärbild) oder durch Wegfiltern von gewissen irrelevanten Grauwerten, zur Verbesserung von Linien (z.B. Wiederherstellen des Zusammenhangs von unterbrochenen Linien oder Verdünnen von zu dicken Linien), usw. Unter der **Segmentierung** eines Bildes versteht man eine Zerlegung des Bildes in einzelne Komponenten, die eine bestimmte Bedeutung haben. Bei der **Konturlinien-orientierten Segmentierung** interessieren v.a. die Konturlinien (Umrisse, Ränder) von Objekten, wobei eine Konturlinie die Grenze zwischen zwei Objekten oder einem Objekt und dem Hintergrund darstellen soll. Für das Auffinden (Detektion) von Konturlinien gibt es eine grosse Anzahl von Verfahren, von denen viele auf der elementaren Differentialrechnung (1. oder 2. Ableitung) beruhen. Es stehen auch etliche Verfahren zur Verbesserung der Konsistenz bzw. zur Verdünnung von so gefundenen Konturlinien zur Verfügung. Bei der **Regionen-orientierten Segmentierung** interessieren v.a. Regionen (Teilgebiete des Bildes, Flächen), die als Einheit bzgl. irgendeines Kriteriums (z.B. wenig voneinander abweichende Grauwerte oder Textur) aufzufassen sind. Es gibt verschiedene Verfahren, um benachbarte Bildpunkte bzw. Regionen als zusammengehörig zu erkennen bzw. um inhomogene Regionen zu unterteilen. Oft ist es sinnvoll, Methoden dieser beiden Grundarten der Bildsegmentierung zu kombinieren. So kann es von Interesse sein, die Ränder von Regionen zu untersuchen.

In der *Bildanalyse* geht es darum, eine Beschreibung für ein Bild zu erzeugen. Dabei kann es sich um eine **numerische Beschreibung** handeln (Zahlen, die Aufschluss über die im Bild enthaltene Information geben, wie Koordinaten der Punkte einer Linie, Parameter von Approximationskurven, Koordinaten des geometrischen Schwerpunktes von Regionen), oder um eine **symbolische Beschreibung** (Identifikation von Bildkomponenten und Beschreibung der räumlichen Relationen zwischen den Bildobjekten; Beispiel: In einem elektrischen Schaltplan werden die darin vorkommenden Schaltelemente, wie Dioden, Transistoren, usw. identifiziert und die Verbindungen zwischen diesen angegeben.), oder um eine **Klassifikation von Mustern** (Zuordnen eines zu untersuchenden Musters zu einer von einigen vorgegeben Klassen von Mustern, z.B. Erkennen von Schriftzeichen). Während eine numerische Bildbeschreibung weitgehend unabhängig vom spezifischen Bildinhalt vorgenommen werden kann (da i.a. nur Formen und Intensitäten betrachtet werden), setzt eine inhaltliche Interpretation eines Bildes ein **a priori-Wissen** über mögliche Bildinhalte voraus. Dieses Wissen kann **implizit** (dh. im Verfahren eingebaut) sein. Solche Verfahren sind allerdings nur für Bilder aus einem recht eingeschränkten Fachgebiet anwendbar. Falls das Wissen **explizit** (d.h. getrennt vom eigentlichen Verfahren, z.B. in einer separaten Wissensbasis) vorliegt, spricht man von **wissensbasierter Bildanalyse**. Deren Verfahren sind unabhängig von einem gegebenen Fachgebiet einsetzbar, jedoch muss eine fachspezifische Wissensbasis in einer für das Verfahren verständlichen Form vorliegen.

Nebst einzelnen (statischen) Bildern sind in der Praxis oft auch **Bewegungsabläufe** von Interesse, die durch mehrere Bilder − sog. **Bildsequenzen** − dargestellt werden. Abgesehen von den Methoden zur Verarbeitung einzelner Bilder gibt es spezielle Verfahren zur Behandlung von Bildsequenzen, z.B. zum Extrahieren von bewegten Objekten oder zur Rekonstruktion von dreidimensionaler Information aus zweidimensionalen Bildern.

Wir wollen in diesem Kapitel auf einige ausgewählte Verfahren der Bildverarbeitung und Bildanalyse eingehen, die einfach, aber typisch für das

Gebiet sind und die zu interessanten APL-Implementierungen führen. Leser, die sich tiefer in das Gebiet einarbeiten möchten, seien z.B. auf [BaBr82] oder [RoKa82] verwiesen.

12.2 Bildvorverarbeitung

Eine **Bildvorverarbeitung** ist im Normalfall der erste Schritt im Rahmen einer Bildverarbeitung oder Bildanalyse. Ihr Zweck besteht darin, die Qualität eines digitalen Bildes zu erhöhen (z.B. allfällige Mängel oder Fehler, die sich bei der Bildaufnahme ergaben, zu beheben) bzw. das Bild in eine Form zu bringen, die anschliessende Verarbeitungsschritte erleichtert.

12.2.1 Verbesserung des Kontrastes

Ein wichtiger Aspekt beim Betrachten eines Bildes ist der **Kontrast**. Dabei geht es um die Frage, ob sich Hintergrund und Objekte bzw. verschiedene Objekte in genügender Weise voneinander abheben. Oft liegen sowohl die interessierenden Objekte wie auch der Hintergrund im dunklen Bereich des Bildes. Dann lässt sich z.B. durch eine Aufhellung des gesamten Bildes der Kontrast verbessern. Ein einfaches Verfahren, das eine Bildaufhellung oder allgemeiner eine **Verbesserung des Kontrastes** erlaubt, ist das folgende: Der Grauwertbereich eines Bildes, der Werte zwischen min_o und max_o umfasst, wird mittels einer linearen Transformation auf einen Bereich (min_n, max_n) abgebildet. Dazu wird die folgende Formel verwendet:

$$p'(i, j) = a + b[p(i, j) - c]$$

Dabei bezeichnet $p(i, j)$ den Grauwert an der Position (i, j) im ursprünglichen Bild und $p'(i, j)$ denjenigen im transformierten Bild. Die Konstanten a, b und c ergeben sich wie folgt aus min_n, max_n, min_o und max_o:

$a = min_n$
$b = (max_n - min_n)/(max_o - min_o)$
$c = min_o$

Eine Aufhellung kann z.B. so erreicht werden, dass min_n deutlich grösser als min_o gewählt wird, während $max_n = max_o = 255$ beibehalten wird. I.a. wird man für eine geeignete Wahl von min_n und max_n ein wenig experimentieren müssen. Beim resultierenden Bild ist darauf zu achten, dass alle $p'(i, j)$ ganzzahlige Werte sind (was in APL2 mittels der primitiven Funktion ⌊ sichergestellt werden kann). Ferner darf der darstellbare Bereich (in unserem Buch stets 0 bis 255) nicht überschritten werden. Mit der Anweisung 255⌊0⌈$p'(i, j)$ erreichen wir, dass Werte über 255 auf 255 sowie negative

Werte auf 0 gesetzt werden. Damit ist dieses Verfahren vollständig beschrieben. Seine Realisierung als APL2-Funktion *GRAYSCALE* ist in der folgenden Abbildung enthalten:

```
       ∇ GRAYSCALE [□] ∇
     ∇
[0]    RES←RANGE GRAYSCALE PICTURE;OLDMIN;OLDMAX;NEWMIN;NEWMAX
[1]    ⍝
[2]    ⍝* GRAYSCALE nimmt Transformation des Grauwertbereiches vor
[3]    ⍝* Aufruf:  [Resultat ←] (neuer Bereich) GRAYSCALE  Bild
[4]    ⍝
[5]    (OLDMIN OLDMAX)←(⌊/,PICTURE),⌈/,PICTURE      ⍝ alter Bereich
[6]    (NEWMIN NEWMAX)←RANGE                        ⍝ neuer Bereich
[7]    RES←⌊NEWMIN+(PICTURE-OLDMIN)×(NEWMAX-NEWMIN)÷OLDMAX-OLDMIN
[8]    RES←255⌊0⌈RES                                ⍝ darstellbarer Bereich
     ∇
```

Abb. 140. Funktion GRAYSCALE

Abb. 141 zeigt das Resultat einer linearen Transformation unseres Bern-Bildes auf den Bereich (100, 255). Diese Transformation bewirkt eine merkliche Aufhellung des Bildes und einen verbesserten Kontrast.

Abb. 141. Aufgehelltes Bild

12.2.2 Eliminieren von gewissen Grauwerten

Nebst Verfahren für die Verbesserung des Kontrastes umfasst das Gebiet der Bildvorverarbeitung u.a. auch solche, welche die **Anzahl verschiedener Grauwerte** in einem Bild **reduzieren**, z.B. indem sie Grauwerte, die in einer bestimmten Anwendung irrelevant oder sogar störend sind, eliminieren. So

12. Bildverarbeitung und Bildanalyse

könnten wir uns im Bern-Bild nur für denjenigen Bereich des Bildes interessieren, der die Berge darstellt. Dieser Bereich zeichnet sich dadurch aus, dass er im Unterschied zum Himmel oder zum Vordergrund weder ganz hell noch ganz dunkel ist. Wenn wir unser Bild also auf diesen Bereich reduzieren wollen, können wir alle Grauwerte eliminieren, die kleiner (dunkler) als ein erster **Schwellwert** oder grösser (heller) als ein zweiter Schwellwert sind. Dies können wir dadurch erreichen, dass wir diese Grauwerte beispielsweise auf 0 setzen. Die Wahl von geeigneten Schwellwerten ist nicht immer einfach. Es gibt aber Verfahren, die z.B. aufgrund der Verteilung der Grauwerte (Histogramm) automatisch (d.h. ohne Dazutun des Benutzers) geeignete Schwellwerte bestimmen können. Wir machen es uns einfach und nehmen an, dass wir für unser Beispiel bereits die Werte 50 und 210 als geeignete Schwellwerte bestimmt haben. Um in unserem Beispiel den Himmel und den Vordergrund zu eliminieren, behalten wir alle Grauwerte zwischen 50 und 210 unverändert bei und setzen die übrigen auf 0. In APL2 können wir diese Operation mit Hilfe der Anweisungen

```
Zwischenresultat ← (Bern_Bild < 210) × Bern_Bild
Resultat ← (Zwischenresultat > 50) × Zwischenresultat
```

leicht realisieren und erhalten dabei das folgende Resultat:

Abb. 142. Reduktion der Anzahl Grauwerte

Dieses Verfahren wollen wir in Form eines definierten Operators *CLIP* (siehe Abb. 143) implementieren. Dies erlaubt es uns, eine beliebige Vergleichsoperation (≥, >, =, ≠, < oder ≤) zu verwenden, so dass wir die Anzahl Grauwerte nach unterschiedlichen Kriterien reduzieren können. Das Bild in Abb. 142 erhalten wir mit den folgenden Anweisungen:

```
Zwischenresultat ← Bern_Bild < CLIP 210
Resultat ← Zwischenresultat > CLIP 50
```

```
        ∇ CLIP [▯] ∇
     ∇
[0]    RES←PICTURE(RELOP CLIP)THRESHOLD
[1]    A
[2]    A* CLIP fuehrt Schwellwertoperation in Bild durch
[3]    A* Aufruf: [Resultat ←] Bild (Relop CLIP) Schwellwert
[4]    A* wo Relop eine Vergleichsoperation wie <,≤,=,≠,≥,> ist
[5]    A
[6]    RES←(PICTURE RELOP THRESHOLD)×PICTURE  A alte Werte oder 0
     ∇
```

Abb. 143. Funktion CLIP

12.2.3 Binärisieren von Bildern

Wenn wir nur gerade den uns interessierenden Bildbereich vom Rest des Bildes unterscheiden wollen, können wir noch einen Schritt weitergehen und auch beim uns interessierenden Bildbereich auf die Grauwerte verzichten, indem wir dessen Bildpunkte mit 1 (weiss) markieren, die restlichen mit 0 (schwarz). Wir erhalten so ein sog. **Binärbild**, den Umwandlungsprozess nennen wir **Binärisieren**. In unserem Bern-Bild wollen wir nun den Hintergrund (d.h. die Berge und den Himmel) vom Vordergrund unterscheiden. Beim Binärisieren mit dem Schwellwert 50 ergibt sich das folgende Resultat, in welchem alle Grauwerte >50 neu weiss und alle übrigen schwarz sind:

Abb. 144. Binärisiertes Bild

Das Binärisierungsverfahren implementieren wir analog zu *CLIP* in Form eines definierten Operators **BINARY**. Einfacher als bei *CLIP*, wo die Grauwerte des interessanten Bildbereichs gefragt sind, können wir hier auf die Multiplikation mit dem ursprünglichen Bild verzichten.

12. Bildverarbeitung und Bildanalyse

```
      ∇ BINARY [▢] ∇
      ∇
[0]   RES←PICTURE(RELOP BINARY)THRESHOLD
[1]   A
[2]   A* BINARY fuehrt Binaerisierung eines Bildes durch
[3]   A* Aufruf: [Resultat ←] Bild (Relop BINARY) Schwellwert
[4]   A* wo Relop eine Vergleichsoperation wie <,≤,=,≠,≥,> ist
[5]   A
[6]   RES←PICTURE RELOP THRESHOLD  A 0 oder 1 als neue Pixelwerte
      ∇
```

Abb. 145. Funktion BINARY

Mittels *CLIP* und *BINARY* haben wir zwei Verfahren zur Reduktion der Anzahl verschiedener Grauwerte in einem Bild implementiert. Beide arbeiten mit einem Schwellwert. Man fasst diese Verfahren daher unter dem Begriff **Schwellwertoperationen** zusammen.

Alle drei Verfahren der Bildvorverarbeitung, die wir soeben besprochen haben, lassen sich direkt und elegant mittels APL2-Matrizenoperationen implementieren. Es gibt in der Bildverarbeitung viele weitere Algorithmen, die nach ähnlichen Prinzipien arbeiten. Andere Verfahren hingegen bringen verschiedene Bildpunkte miteinander in Verbindung, was zu etwas aufwendigeren APL2-Programmen führt. So beruht eine bekannte Methode zur **Glättung von Bildstörungen** – die **Methode des gleitenden Mittelwerts** – auf einer Mittelwertbildung innerhalb einer gewissen Umgebung eines Bildpunktes, z.B. innerhalb eines 3×3-Fensters:

$$p'(i, j) = \{p(i-1, j-1) + p(i-1, j) + p(i-1, j+1)$$
$$+ p(i, j-1) + p(i, j) + p(i, j+1)$$
$$+ p(i+1, j-1) + p(i+1, j) + p(i+1, j+1)\}/9$$

D.h. die Grauwerte des Bildpunktes (i, j) und seiner 8 *Nachbarn* werden gemittelt, und der resultierende Mittelwert ersetzt den Grauwert des Pixels (i, j). Wir wollen dieses Verfahren hier aber nicht weiterverfolgen, da wir im nächsten Abschnitt beim Verfahren von Sobel ein ähnliches Vorgehen antreffen werden.

Damit haben wir einen ersten Einblick in den Umgang mit digitalen Bildern gewonnen und die Eignung der Matrizenoperationen von APL2 für solche Aufgabenstellungen festgestellt. Wir wollen nun die Bildvorverarbeitung verlassen und uns der Erkennung bzw. Detektion von Konturlinien zuwenden.

12.3 Konturlinien-orientierte Bildsegmentierung

Unter der **Segmentierung eines digitalen Bildes** versteht man eine Zerlegung des Bildes in einzelne Komponenten, die eine bestimmte Bedeutung haben. Diese Komponenten können dann im Rahmen der Bildanalyse zur Interpretation des Bildinhaltes verwendet werden, indem sie z.B. als Objekte oder als Teile von Objekten gedeutet werden. Bei der **Konturlinien-orientierten Bildsegmentierung** versucht man, Komponenten aufgrund ihrer **Konturen** (Umrisse, Ränder) zu bestimmen. Konturen sind i.a. aus **Konturlinien** oder **Kanten** zusammengesetzt, bei denen es sich um beliebige Linien und nicht bloss um Geradenstücke handeln kann. Bei Szenen aus einigermassen homogenen Objekten sind die Grauwertunterschiede zwischen den einzelnen Bildpunkten des gleichen Objektes relativ klein. Liegt ein Pixel auf einer Konturlinie, wird es Nachbarpixel geben, die einen ziemlich unterschiedlichen Grauwert aufweisen.

12.3.1 Konturliniendetektion nach Sobel

Diese Feststellung wird nun benutzt, um zu entscheiden, welche Bildpunkte eines vorgegebenen Bildes auf einer Konturlinie liegen könnten. Zum Beispiel berechnet das **Verfahren von Sobel** (I. Sobel, ca. 1969) ein Mass für die Grauwertänderung in jedem Bildpunkt. Als ein Mass $p_v(i, j)$ für die Grauwertänderung im Bildpunkt (i, j) in vertikaler Richtung wird folgende Formel verwendet:

$$p_v(i, j) = \{p(i-1, j-1) + 2p(i-1, j) + p(i-1, j+1)\}$$
$$- \{p(i+1, j-1) + 2p(i+1, j) + p(i+1, j+1)\}$$

$p(i, j)$ bezeichnet hier wiederum den Grauwert im Punkt (i, j). (Wir wollen uns an die Abmachung halten, dass der Punkt (1,1) ganz oben links im Bild liegt und der erste Index die Zeile, der zweite Index die Spalte angibt.) Analog wird für die Grauwertänderung in horizontaler Richtung das Mass $p_h(i, j)$ berechnet:

$$p_h(i, j) = \{p(i-1, j-1) + 2p(i, j-1) + p(i+1, j-1)\}$$
$$- \{p(i-1, j+1) + 2p(i, j+1) + p(i+1, j+1)\}$$

Diese beiden Formeln, welche die ersten Ableitungen der Grauwertfunktion in der vertikalen bzw. horizontalen Richtung approximieren, lassen sich natürlich nicht unverändert auf die Bildpunkte am Bildrand anwenden. Um aber eine aufwendige Fallunterscheidung zu vermeiden, weist man diesen Punkten oft einfach den Wert 0 zu.

12. Bildverarbeitung und Bildanalyse

Die konstanten Faktoren, mit denen die Grauwerte des Bildpunktes (i, j) und seiner 8 Nachbarn gemäss dieser zwei Formeln zu multiplizieren sind, können in den folgenden zwei **Masken** (3×3-Matrizen) angeordnet werden:

a) für $p_v(i, j)$:   b) für $p_h(i, j)$:

```
  1   2   1         1   0  ⁻1
  0   0   0         2   0  ⁻2
 ⁻1  ⁻2  ⁻1         1   0  ⁻1
```

Um nun ein richtungsunabhängiges Mass für die Grauwertänderung in einem Bildpunkt (i, j) zu erhalten, ordnen wir jedem Pixel (i, j) den Wert

$$p_b(i, j) = |p_v(i, j)| + |p_h(i, j)|$$

zu. $p_b(i, j)$ bezeichnen wir als **Betragsbild**. Dieses ist ein Mass dafür, wie stark sich die Helligkeit in der Umgebung des Bildpunktes (i, j) ändert. Für unseren Zweck deuten wir $p_b(i, j)$ wie folgt: Je grösser dieser Wert ist, desto wahrscheinlicher ist es, dass der Bildpunkt (i, j) auf einer Konturlinie liegt. Dieses Vorgehen erscheint dem Leser, der sich etwas in der Mathematik auskennt, sicher plausibel (da das Betragsbild dem Betrag einer diskreten Approximation des Gradienten der Grauwertfunktion über dem Bildausschnitt entspricht) und wird in vielen − wenn auch nicht in allen − Fällen zu einem brauchbaren Ergebnis führen.

Nach der Bestimmung von $p_b(i, j)$ in jedem Bildpunkt (i, j) wollen wir die entstandene Matrix noch mit der Funktion *GRAYSCALE* (vgl. Abb. 140) auf Werte zwischen 0 und 255 transformieren, die wir als **Kantenstärke** in den entsprechenden Bildpunkten bezeichnen wollen. Diese Transformation führen wir aus, um ein „normales" digitales Bild zu erhalten, welches wir visualisieren können. Kantenpunkte mit grösseren Wahrscheinlichkeiten zeichnen sich darin durch grössere Intensitäten aus und werden vom Auge als stärkere Kanten aufgefasst. Abb. 146 zeigt das so erhaltene Resultatbild nach Anwendung des Verfahrens von Sobel auf unser Bern-Bild. Vollständigkeitshalber ist noch zu sagen, dass wir für diese Abbildung das Negativ des erhaltenen Resultatbildes gemäss folgender Umrechnungsformel genommen haben:

$$p'(i, j) = 255 - p(i, j)$$

Dies deshalb, weil unserer Ansicht nach schwarze Linien auf weissem Hintergrund ein angenehmeres Bild ergeben als weisse Linien auf einem schwarzem.

Wie die Methode des gleitenden Mittelwert erfordert das Verfahren von Sobel, das verschiedene benachbarte Bildpunkte miteinander verknüpft, etwas aufwendigere APL2-Programme als die bisher behandelten einfachsten Verfahren. Jedoch gibt es in der Bildverarbeitung sehr viele Verfahren, die sich mit derartigen Masken darstellen lassen. Somit kann also die Darstel-

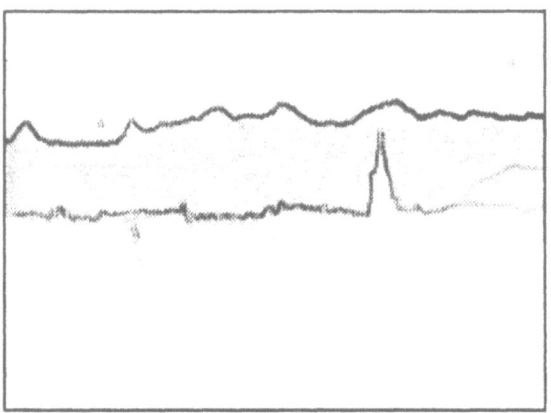

Abb. 146. Konturliniendetektion nach Sobel

lung mit Hilfe von Masken auch für viele andere Verfahren übernommen werden.

Es liegt wohl auf der Hand, dass wir die oben angegebenen Formeln direkt übernehmen und zwei Schleifen über alle Bildzeilen und -spalten ausführen könnten. Wir wollen das hier aber nicht tun, da wir die Matrizenoperationen von APL2 ausnutzen möchten (was z.B. auf Array-Prozessoren eine wesentliche Effizienzsteigerung gegenüber der iterativen Variante erlauben würde). Unsere Idee besteht darin, das ganze Bild jeweils um eine Zeile und/oder Spalte zu verschieben, um bei der Summierung die jeweils richtigen Bildpunkte miteinander zu verknüpfen. Wenn wir z.B. das ganze Bild um eine Zeile nach unten und dann um eine Spalte nach rechts verschieben, erreichen wir damit, dass bei der Addition des ursprünglichen Bildes und dieser neuen Matrix zu jedem Bildpunkt dessen Nachbar links oben addiert wird. Wir bilden so die Matrizen für alle acht Nachbarn, multiplizieren diese wo nötig mit dem entsprechenden Faktor gemäss den Masken für $p_v(i, j)$ und $p_h(i, j)$ und bilden die Summe über all diese Matrizen. Um die Ränder nicht separat behandeln zu müssen, legen wir zu Beginn um das ganze Bild einen Rahmen bestehend aus lauter 0. (Das bringt es aber mit sich, dass die Randpunkte des Resultates nicht unbedingt relevante Werte enthalten und folglich bei einer weiteren Verarbeitung möglichst nicht weiterverwertet werden sollten.) Auf diese Art und Weise erhalten wir die beiden Matrizen für die Grauwertänderungen in vertikaler und horizontaler Richtung. Aus diesen beiden Matrizen berechnen wir das Betragsbild, auf welches wir schliesslich noch die Funktion *GRAYSCALE* anwenden. Das soeben beschriebene Verfahren haben wir als Funktion **SOBEL** implementiert (siehe Abb. 147).

Wenn wir die Programmliste von *SOBEL* genauer studieren, fällt uns auf, dass viele Hilfsvariablen verwendet werden, welche die gleiche Grösse wie das Bild (inklusive 0er-Rahmen) aufweisen. Dies hat den Nachteil, dass bei grossen Bildern ein enormer **Speicherplatzbedarf** entsteht. Für die Bearbei-

12. Bildverarbeitung und Bildanalyse

```
        ∇ SOBEL [◻] ∇
     ∇
[0]  RES←SOBEL PICTURE;LU;LM;LD;MU;MD;RU;RM;RD;VERTICAL;HORIZONTAL
[1]  ⍝
[2]  ⍝* SOBEL detektiert Bildkanten mittels Sobel-Operator
[3]  ⍝* Aufruf: [Resultat ←] SOBEL   Bild
[4]  ⍝
[5]  PICTURE←0,[1]0,(PICTURE,0),[1]0       ⍝ 0er-Rahmen um Bild
[6]  LU←¯1⌽[2]¯1⌽[1]PICTURE                ⍝ Nachbar links oben
[7]  LM←¯1⌽[2]PICTURE                      ⍝ Nachbar links mitte
[8]  LD←¯1⌽[2]1⌽[1]PICTURE                 ⍝ Nachbar links unten
[9]  MU←¯1⌽[1]PICTURE                      ⍝ Nachbar mitte oben
[10] MD←1⌽[1]PICTURE                       ⍝ Nachbar mitte unten
[11] RU←1⌽[2]¯1⌽[1]PICTURE                 ⍝ Nachbar rechts oben
[12] RM←1⌽[2]PICTURE                       ⍝ Nachbar rechts mitte
[13] RD←1⌽[2]1⌽[1]PICTURE                  ⍝ Nachbar rechts unten
[14] ⍝ Grauwertaenderungen in vertikaler/horizontaler Richtung:
[15] VERTICAL←1 1↓¯1 ¯1↓+/LU(2×MU)RU(-LD)(¯2×MD)(-RD)
[16] HORIZONTAL←1 1↓¯1 ¯1↓+/LU(2×LM)LD(-RU)(¯2×RM)(-RD)
[17] RES←⌈+/|¨VERTICAL HORIZONTAL         ⍝ Betragsbild
[18] RES←0 255 GRAYSCALE RES              ⍝ darstellbarer Bereich
     ∇
```

Abb. 147. Funktion SOBEL

tung unserer Bilder standen uns ca. 3 MByte als maximale Workspace-Grösse zur Verfügung. Auf ein Bild mit 100 Zeilen und 100 Spalten konnte die Funktion *SOBEL* noch problemlos angewendet werden, hingegen traten bei unserem Bern-Bild, welches eine Auflösung von 184 mal 256 Bildpunkten aufweist, Platzprobleme auf (WS FULL). Daher haben wir eine etwas kompliziertere Funktion *SOBELBIG* erstellt, die mit weniger Speicherplatz auskommt und sich somit auch für grössere Bilder eignet. In dieser Funktion wird soweit wie möglich auf Hilfsvariablen verzichtet, dafür müssen gewisse Berechnungen (z.B. Bestimmen der Matrix für die Nachbarn rechts oben) zweimal ausgeführt werden. Auch wird hier fortlaufend, und nicht wie bei *SOBEL* erst am Schluss, aufsummiert. Abb. 148 enthält die Programmliste von *SOBELBIG*. Die Ausführungszeiten der beiden Funktionen *SOBEL* und *SOBELBIG* sind etwa gleich (je nach APL2-Version ist die eine oder die andere Funktion etwas schneller). Wichtig ist für uns die Erkenntnis, dass wir bei grossen Datenmengen nicht immer die eleganteste Programmversion verwenden können, sondern uns oft Gedanken über den benötigten Speicherplatz machen und vielleicht sogar einem weniger schönen Programm den Vorzug geben müssen. Würden wir das Verfahren von Sobel iterativ implementieren, könnten wir sogar auf die Variablen HORIZONTAL und VERTICAL verzichten und würden so auf Kosten der Ausführungszeit einen noch geringeren Speicherplatzbedarf erzielen.

```
        ∇ SOBELBIG [□] ∇
      ∇
[0]   RES←SOBELBIG PICTURE;HORIZONTAL;VERTICAL
[1]   ⍝
[2]   ⍝* SOBELBIG detektiert Bildkanten mittels Sobel-Operator
[3]   ⍝* (auch fuer grosse Bilder geeignet)
[4]   ⍝* Aufruf: [Resultat ←] SOBELBIG Bild
[5]   ⍝
[6]   PICTURE←0,[1]0,(PICTURE,0),[1]0      ⍝ 0er-Rahmen um Bild
[7]   VERTICAL←¯1⌽[2]¯1⌽[1]PICTURE         ⍝ Nachbar links oben
[8]   VERTICAL←VERTICAL-1⌽[2]¯1⌽[1]PICTURE ⍝ Nachbar rechts unten
[9]   HORIZONTAL←VERTICAL                  ⍝ bisher gleich
[10]  VERTICAL←VERTICAL+2×¯1⌽[1]PICTURE    ⍝ Nachbar mitte oben
[11]  VERTICAL←VERTICAL+1⌽[2]¯1⌽[1]PICTURE ⍝ Nachbar rechts oben
[12]  VERTICAL←VERTICAL-¯1⌽[2]1⌽[1]PICTURE ⍝ Nachbar links unten
[13]  VERTICAL←VERTICAL-2×1⌽[1]PICTURE     ⍝ Nachbar mitte unten
[14]  VERTICAL←|1 1↓¯1 ¯1↓VERTICAL         ⍝ Betragsbildung
[15]  HORIZONTAL←HORIZONTAL+2×¯1⌽[2]PICTURE ⍝ Nachbar links mitte
[16]  HORIZONTAL←HORIZONTAL+¯1⌽[2]1⌽[1]PICTURE ⍝ Nachbar l. unten
[17]  HORIZONTAL←HORIZONTAL-1⌽[2]¯1⌽[1]PICTURE ⍝ Nachbar r. oben
[18]  HORIZONTAL←HORIZONTAL-2×1⌽[2]PICTURE  ⍝ Nachbar rechts mitte
[19]  HORIZONTAL←|1 1↓¯1 ¯1↓HORIZONTAL     ⍝ Betragsbildung
[20]  RES←HORIZONTAL+VERTICAL              ⍝ Betragsbild
[21]  RES←0 255 GRAYSCALE RES              ⍝ darstellbarer Bereich
      ∇
```

Abb. 148. Funktion SOBELBIG

12.3.2 Konturlinienverbesserung mittels Schwellwertoperationen

In unserem Resultatbild in Abb. 146 sehen wir nebst den beiden starken Konturlinien (Horizont über den Alpen sowie Silhouette von Bern) noch grosse graue Gebiete, die keine relevanten Konturlinien darstellen. Diese wollen wir im Rahmen einer sog. **Kantenverbesserung** entfernen. Es gibt verschiedene Methoden zur Verbesserung von Konturlinien, z.B. **Verdünnen** von Kanten, Wegfiltern von unbedeutenden Konturen oder Verbessern des Zusammenhangs von Kanten. Wir wollen uns auf ein ganz einfaches Verfahren beschränken, nämlich auf die Anwendung der Funktion *CLIP* aus Abb. 143. Da schwache Kanten kleinere Grauwerte als starke aufweisen, können wir diese eliminieren, indem wir sie auf 0 setzen. Wenn wir die Anweisung

```
Resultat ← Bild ≥ CLIP 40
```

auf das Bild aus Abb. 146 anwenden, erhalten wir das folgende Resultatbild, welches nur noch die starken Konturlinien enthält:

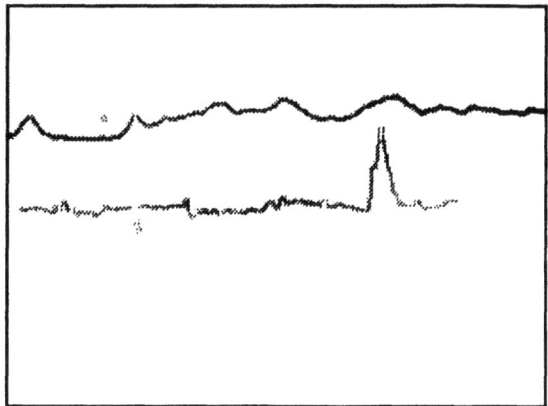

Abb. 149. Wegfiltern von schwachen Kanten

12.3.3 Bestimmen der Koordinaten von Konturlinienpunkten

Alle bis jetzt behandelten Verfahren gehören zum Gebiet der Bildverarbeitung, denn das Resultat war in allen Fällen ein Bild. Wir wollen nun einen Schritt weitergehen und die soeben detektierten Konturlinienpunkte wirklich als **Linien** erkennen können (und nicht bloss als eine Menge von einzelnen Punkten ohne irgendeine Reihenfolge). Damit betreten wir das Gebiet der Bildanalyse. Gesucht ist diesmal nämlich kein neues Bild, sondern eine numerische Beschreibung von Konturlinien in Form einer Folge $((i_1, j_1), ..., (i_n, j_n))$ von Indexpaaren, die wiederum Bildpunkte bzw. Elemente der Bildmatrix adressieren. Diese Indexpaare könnten wir später dazu verwenden, um die Konturlinien z.B. durch Geradenstücke oder andere Kurven zu approximieren (worauf wir aber in diesem Buch nicht eingehen wollen). Der Einfachheit halber wollen wir hier (wie übrigens schon beim Verfahren von Sobel) kein (x,y)-Koordinatensystem verwenden, sondern die Indizes der Bildmatrix als Koordinaten betrachten: (i, j) bedeutet einfach i Einheiten nach unten (vertikal, Zeilenindex) und j Einheiten nach rechts (horizontal, Spaltenindex).

Ein bekanntes Verfahren zur Bestimmung der Koordinaten von Konturlinienpunkten verwendet die **heuristische Graphsuche**, d.h. den A^*-*Algorithmus* (vgl. 11.3 „Heuristische Graphsuche"). Dieses Verfahren beruht auf der folgenden Idee: Man betrachtet das Bild als einen Graphen, wobei die Bildpunkte die Knoten des Graphen darstellen. Die Grauwerte der Bildpunkte können als Knotenmarkierung aufgefasst werden. Die Kanten geben die Nachbarschaftsbeziehungen zwischen den Bildpunkten an. Von einem Knoten können also maximal acht Kanten ausgehen. Auf einen solchen Graphen können wir nun den A^*-*Algorithmus* anwenden, um einen Weg von einem Startpunkt einer Kante hin zu einem Zielpunkt zu bestimmen, wobei der

Weg sich aus lauter Konturlinienpunkten zusammensetzen soll. Dieses Verfahren können wir für alle uns interessierenden Kanten durchführen. Wichtig ist dabei die Frage, wie die Schätzfunktion für den *A*-Algorithmus* zu wählen ist. Dafür werden in der Literatur verschiedene Vorschläge gemacht. Wir wollen hier eine ganz einfache Kostenfunktion verwenden, welche aber genügt, um das Prinzip aufzuzeigen. Als Ausgangsbild wollen wir ein Bild nach der Durchführung einer Kantendetektion und einer allfälligen Kantenverbesserung verwenden, z.B. das Bild aus Abb. 149. Für die **tatsächlichen Kosten** einer Kante von einem Punkt a zu einem Nachbarpunkt b verwenden wir die Kantenstärke im Punkt b. Je grösser dieser Wert ist, desto kleiner sollen die Kosten sein (denn wir wollen ja Punkte mit einer möglichst grossen Kantenstärke berücksichtigen). Daher verwenden wir die folgende Formel für die tatsächlichen Kosten der Kante von a nach b:

Kosten(a,b) = *max* − *Kantenstärke(b)*

Dabei bezeichnet *max* die maximal mögliche Kantenstärke, bei uns ist dies der Wert 255. Ferner wollen wir die zukünftigen Kosten vom Punkt b bis zum Zielknoten abschätzen. Dazu können wir wie bei unserem Beispiel aus dem Abschnitt 11.3 „Heuristische Graphsuche" den euklidischen Abstand (Luftlinie), d.h. die Funktion *FUTUREDIST* (vgl. Abb. 136 auf Seite 240) verwenden.

Damit haben wir die wesentlichen Elemente unseres Verfahrens vorgestellt. Für die Implementierung wollen wir von unserem Programm (definierter Operator) *HSEARCH* aus Abb. 137 auf Seite 242 ausgehen und die nötigen Anpassungen beschreiben. Die angepasste Funktion ***SEARCHEDGE*** ist in Abb. 150 enthalten. Um die Spezifikation des Start- und Zielpunktes der gewählten Konturlinie zu erleichtern, sollen anstelle von Punkten ganze Bildteile angegeben werden können. Als Startpunkt wird dann derjenige Punkt innerhalb der Startregion gewählt, der die höchste Kantenstärke aufweist. Das Ziel ist erreicht, sobald die Suche bei einem Punkt aus der Zielregion angelangt ist. Die Verwendung einer Start- und Zielregion anstelle eines Start- und Zielpunktes schlägt sich in den Zeilen [14] bis [17] und [23] nieder. Zeile [17] benutzt zum Auffinden des Punktes mit der maximalen Kantenstärke innerhalb der Startregion die Funktion *PATH* aus Abb. 10 auf Seite 80.

Anders als bei *HSEARCH* liegt bei *SEARCHEDGE* der Graph nicht explizit, sondern in Form einer Bildmatrix vor. Für den Zugriff auf den Graphen haben wir bei *HSEARCH* die Funktion *SUCCESSORS* verwendet. An ihrer Stelle brauchen wir hier die Funktion ***NEIGHBORS8***, welche die Nachbarpunkte eines Bildpunktes (i, j) liefert. Ihre Programmliste ist in Abbildung Abb. 151 enthalten.

Wir haben unsere Funktion *NEIGHBORS8* genannt, weil sie alle acht Nachbarpunkte eines Bildpunktes (i, j) bestimmt. Es ist aber nicht immer sinnvoll, alle acht an einen Bildpunkt (i, j) angrenzenden Bildpunkte als **Nachbarn** zu bezeichnen. Oft bezeichnet man nur die vier horizontal bzw.

12. Bildverarbeitung und Bildanalyse

```
        ∇ SEARCHEDGE [◊] ∇
        ∇
[0]     RES←PICTURE(COST SEARCHEDGE)START_GOAL;ACTUAL;NEW;OPEN;
        START;GOAL;NEXT;PART;COORD;OLDCOSTS;ESTIMATE;STARTREG;
        ACTCOORD;START1;START2;COSTS
[1]     A
[2]     A⋇ SEARCHEDGE bestimmt Konturlinien mittels
[3]     A⋇ heuristischer Graphsuche
[4]     A⋇ Aufruf:
[5]     A⋇   [Res ←] Bild (Prog SEARCHEDGE) (Startregion Zielregion)
[6]     A⋇ wo: - Prog = Schaetzfunktion fuer Abstand zur Zielregion
[7]     A⋇      - Startregion, Zielregion je durch die Eckpunkte oben
[8]     A⋇        links und unten rechts beschrieben werden, und zwar
[9]     A⋇        in der Form ((i1 j1) (i2 j2))
[10]    A
[11]    A--- Initialisierungen:
[12]    (START GOAL)←START_GOAL         A separieren
[13]    RES←ɩ0                          A Resultat initialisieren
[14]    COORD←L↑(+/GOAL)÷2              A Mittelpunkt der Zielregion
[15]    (START1 START2)←START           A Endpunkte Startregion
[16]    STARTREG←(¯1+START1+ɩ¨1+START2-START1)⌷PICTURE A Startregion
[17]    OPEN←,⊂(,⊂¯1+START1+↑(⌈/,STARTREG)PATH STARTREG)0 A OPEN
[18]    A--- Suchschleife:
[19]    LOOP:
[20]    →(EMPTY OPEN)/0                 A Abbruchkriterium
[21]    (ACTUAL OPEN)←DELETEMIN OPEN    A naechster Kandidat
[22]    ACTCOORD←1⊃¯1↑PART←1⊃ACTUAL     A Koord. des Kandidaten
[23]    →(∧/(ACTCOORD≥1⊃GOAL)∧ACTCOORD≤2⊃GOAL)/SOLUTION A Ziel?
[24]    NEXT←PICTURE NEIGHBORS8 ACTCOORD A Nachfolger
[25]    NEXT←(~(1⊃¨NEXT)∊PART)/NEXT     A ohne bisherige
[26]    OLDCOSTS←2⊃¨NEXT                A Kantenstaerke
[27]    ESTIMATE←10×(⊂COORD)COST¨1⊃¨NEXT A weitere Kosten
[28]    COSTS←OLDCOSTS+ESTIMATE         A totale geschaetzte Kosten
[29]    NEW←⊂¨(⊂PART),¨1↑¨NEXT          A neue Teilpfade
[30]    OPEN←OPEN,NEW,¨COSTS            A Nachfolger in OPEN
[31]    →LOOP
[32]    A--- Loesung eintragen:
[33]    SOLUTION:
[34]    RES←PART                        A Eintrag in Resultat
        ∇
```

Abb. 150. Funktion SEARCHEDGE

vertikal angrenzenden Bildpunkte als Nachbarn von (i, j). Entsprechend spicht man von der sog. **8er Nachbarschaft** bzw. **4er Nachbarschaft**:

a) 8er Nachbarschaft: b) 4er Nachbarschaft:

```
    8  8  8                        4
    8  x  8                    4   x   4
    8  8  8                        4
```

```
      ∇ NEIGHBORS8 [□] ∇
   ∇
[0]   RES←PICTURE NEIGHBORS8 ELEMENT;NEXT;VALUES
[1]   A
[2]   A* NEIGHBORS8 bestimmt die 8er Nachbarn des Pixels (i,j)
[3]   A* Aufruf: [Res ←]    Bildmatrix NEIGHBORS8  (i,j)
[4]   A
[5]   NEXT←(¯1 ¯1)(¯1 0)(¯1 1)(0 1)(1 1)(1 0)(1 ¯1)(0 ¯1)+⊂ELEMENT
[6]   NEXT←(∧/¨(0<NEXT)∧NEXT≤⊂ρPICTURE)/NEXT  A nur innerhalb Bild
[7]   VALUES←NEXT⌷¨⊂PICTURE              A Grauwerte der Pixels
[8]   RES←⊂[2](⊃[2],¨⊂¨NEXT),255-VALUES  A Koordinaten und Kosten
   ∇
```

Abb. 151. Funktion NEIGHBORS8

Wie der Name unserer Funktion *NEIGHBORS8* besagt, haben wir uns hier für die 8er Nachbarschaft entschieden. Zuerst werden in dieser Funktion die Koordinaten aller 8er Nachbarn eines Punktes (i, j) berechnet, wovon allenfalls diejenigen entfernt werden müssen, die ausserhalb des Bildes liegen (nur für Punkte am Bildrand von Bedeutung). Zusätzlich zu den Koordinaten der Nachbarn berechnet *NEIGHBORS8* auch die Kosten ($=255-$Kantenstärke) der entsprechenden Kanten.

Da die Anzahl der in einer Konturlinie enthaltenen Konturlinienpunkte nichts über die Güte der entsprechenden Konturlinie aussagt, wollen wir bei *SEARCHEDGE* im Unterschied zu *HSEARCH* aus Abb. 137 auf Seite 242 auf das Überprüfen von OPEN hinsichtlich nicht-optimaler (d.h. nichtkürzester) Wege verzichten. Daher brauchen wir in der Hilfsvariablen PART auch nicht die Kosten aller bisherigen Teilwege mitzuführen. Es genügt also, wenn PART lediglich die Koordinaten der besuchten Bildpunkte enthält. Um möglichst nahe am Ziel liegende Bildpunkte als nächste Kandidaten aus OPEN auszuwählen, wollen wir die geschätzten zukünftigen Kosten stark gewichten (Multiplikation mit dem Faktor 10). Den Wert 10 haben wir willkürlich gewählt, er hat sich aber bei unserem Beispiel als geeignet erwiesen.

Nun wollen wir unsere Funktion *SEARCHEDGE* auf das Bild aus Abb. 149 anwenden. Zur Veranschaulichung der spezifizierten Start- und Zielregion haben wir diese im Ausgangsbild eingezeichnet. Abb. 152 enthält links die Startregion und rechts die Zielregion. Gesucht sind also die Koordinaten der oberen Konturlinie. Unter Verwendung der Schätzfunktion *FUTUREDIST* aus Abb. 136 auf Seite 240 geben wir nun die folgende Anweisung ein:

```
RES←Bild FUTUREDIST SEARCHEDGE   ((50 5)(70 7))((40 250)(60 254))
```

Dabei erhalten wir einen Vektor mit 251 Elementen:

```
    ρRES
251
```

12. Bildverarbeitung und Bildanalyse

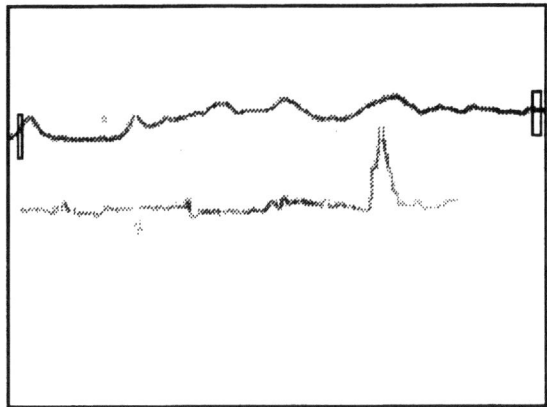

Abb. 152. Start- und Zielregion für heuristische Graphsuche

Jedes Element von RES enthält die Koordinaten eines Konturlinienpunktes. Somit umfasst die gefundene Konturlinie 251 Punkte. Die ersten zwanzig Punkte haben die folgenden Koordinaten (in der ersten Zeile stehen die jeweiligen Zeilenindezes, in der zweiten Zeile die jeweiligen Spaltenindizes):

```
⍞⊃[2]20↑RES
58 57 56 55 54 53 52 52 52 53 54 55 56 57 58 59 59 60 60 60
 5  6  7  7  8  9 10 11 12 13 13 14 15 16 16 17 18 19 20 21
```

Da das Auflisten der Koordinaten aller Punkte der Konturlinie nicht sehr anschaulich wäre, wollen wir diese graphisch darstellen. Wir erstellen mit dem folgenden Vorgehen ein Bild, in welchem auf weissem Hintergrund (255) die gefundenen Konturlinienpunkte schwarz (0) eingezeichnet sind:

```
GRAPHIK←(⍴Bild)⍴255
(RES⌷⍨⊂GRAPHIK)←0
```

Diese graphische Darstellung ist in Abb. 153 enthalten.

Wie der Leser wohl ahnen wird, hängt die Qualität dieses Verfahrens stark von der Form der vorliegenden Konturlinie und der gewählten Kostenfunktion ab. (Auch ein menschlicher Betrachter eines Bildes kann ja nicht immer eindeutig feststellen, welches die offensichtlichsten Konturlinien sind.) In unserem Fall, wo die Konturlinie nicht allzu stark von einer geradlinigen Verbindung zwischen der Start- und Zielregion abweicht, bewährt sich die Funktion *FUTUREDIST* zum Abschätzen der zukünftigen Kosten. In anderen Fällen müsste man eine andere Schätzfunktion verwenden, die auch andere Eigenschaften der Konturlinie wie deren Krümmung berücksichtigt.

Damit wollen wir die Konturlinien-orientierte Bildsegmentierung verlassen und uns im nächsten Abschnitt mit sog. Regionen-orientierten Methoden befassen.

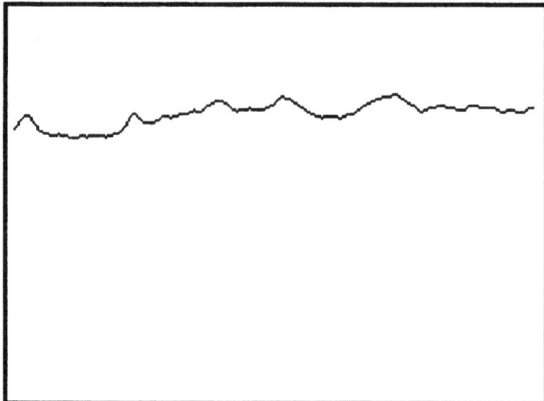

Abb. 153. Resultat der heuristischen Graphsuche

12.4 Regionen-orientierte Bildsegmentierung

Unter **Regionen** versteht man Mengen von Bildpunkten, die bzgl. irgendeines Kriteriums gleiche oder ähnliche Eigenschaften aufweisen. Ein typisches Kriterium beruht z.B. auf dem Grauwertunterschied zwischen benachbarten Bildpunkten: Als Regionen werden Teilgebiete eines Bildes betrachtet, bei welchen zwischen benachbarten Bildpunkten nur geringe Grauwertunterschiede auftreten, während an den Grenzen zu anderen Regionen (oder zum Hintergrund) grosse Grauwertunterschiede zu verzeichnen sind. Liegen im Bild einigermassen homogene Objekte vor, können Regionen zum Identifizieren dieser Objekte verwendet werden.

12.4.1 Zusammenhängende Bildkomponenten mittels Graph bestimmen

Wir wollen in diesem Abschnitt ein Verfahren zum **Auffinden von Regionen** in Bildern behandeln. Wir beschränken uns auf den Fall, wo es genügt, sich vom Hintergrund abhebende Bildteile zu finden und deren Position und Eigenschaften zu bestimmen. Als Beispiel einer Anwendung denke man sich ein intelligentes Robotersystem, das Bauteile verschiedener Grösse in entsprechende Behälter ablegen soll. Für diese Aufgabe muss das System die Objekte lokalisieren, um sie zu greifen, und ihre Grösse kennen, um sie einordnen zu können. Wie wir bereits im Abschnitt 12.2.3 „Binärisieren von Bildern" gesehen haben, lassen sich Objekte und Hintergrund in vielen Fällen durch Schwellwertoperationen trennen. Bildteile, die heller als ein gewisser Schwellwert sind, können z.B. als Hintergrund, die dunkleren Bildteile als Objekte interpretiert werden. Für diese Unterscheidung haben wir die Funktion *BINARY* (vgl. Abb. 145) eingeführt, welche wir auch hier anwenden wollen. Betrachten wir als Beispiel das folgende Bild, das auf einem inhomogenen, aber nicht allzu dunkeln Hintergrund einige schwarze Zeichen enthält. Der menschliche Betrachter erkennt die vier Bildobjekte auf den ersten Blick. Wir wollen nun versuchen, die vier Zeichen als vier Regionen zu erkennen, so dass sich eine Zerlegung des Bildes in fünf Segmente ergibt.

Abb. 154. Zeichenfolge auf Hintergrund

Trotz des inhomogenen Hintergrundes ist es hier nicht schwierig, einen geeigneten Schwellwert für eine Binärisierung zu finden. Mit der Anweisung

```
Binaerbild ← Bild ≤ BINARY 30
```

erhalten wir das folgende Binärbild (die Abbildung enthält das Negativ):

Abb. 155. Binärbild

In diesem Fall lassen sich Objekte und Hintergrund durch eine einfache Binärisierung trennen. Wir wollen nur noch die Objekte weiter betrachten und den Hintergrund beiseite lassen. Die uns interessierenden Regionen sollen also nur die zusammenhängenden Gebiete mit Grauwert 1 sein. Bei der Regionenextraktion in einem Binärbild geht es somit darum, die zusammenhängenden Komponenten mit Grauwert 1 zu finden. Wir wollen dabei jede Region durch eine bestimmte Nummer kennzeichnen, welche wir allen Bildpunkten anstelle von 1 als „Grauwert" dieser Region zuordnen. Soll anschliessend z.B. der Flächeninhalt von Komponente 5 ermittelt werden, sind einfach die Bildpunkte mit Wert 5 zu zählen.

Das Bestimmen der zusammenhängenden Gebiete in einem Binärbild kann auf das Finden von Zusammenhangskomponenten von Graphen (vgl. 10.5 „Zusammenhangskomponenten") zurückgeführt werden. Dazu betrachten wir die Bildpunkte mit Grauwert 1 als Knoten eines Graphen und denken uns zwei Knoten genau dann durch eine Kante verbunden, wenn es sich um Nachbarn handelt, die beide den Grauwert 1 aufweisen. Dabei wollen wir uns für die 8er Nachbarschaft entscheiden. Im Unterschied zum letzten Abschnitt, wo wir für das Bestimmen der Koordinaten von Konturlinienpunkten die heuristische Graphsuche verwenden konnten und zu diesem Zweck das Programm *HSEARCH* entsprechend angepasst haben, wollen wir diesmal explizit einen Graphen erstellen und dann die unveränderte Funktion *CONNECTED* aus Abb. 132 auf Seite 229 darauf anwenden. Es wäre auch ein ganz anderes Vorgehen denkbar, das die zusammenhängenden Komponenten direkt im Bild bestimmt. Ein solches Verfahren wollen wir später kurz skizzieren.

Für das Bestimmen der zusammenhängenden Komponenten in einem Binärbild wollen wir nun wie folgt vorgehen. Als Hauptprogramm entwerfen wir eine Funktion *IMAGECOMP*:

```
        ∇ IMAGECOMP [□] ∇
     ∇
[0]    RES←IMAGECOMP PICTURE;GRAPH;COMPONENTS;NUMBER
[1]    A
[2]    A* IMAGECOMP bestimmt die zusammenhaengenden Komponenten
[3]    A* in einem Binaerbild
[4]    A* Aufruf: [Resultatbild ←] IMAGECOMP Bild
[5]    A
[6]    PICTURE←0,[1]0,(PICTURE,0),[1]0  A 0er-Rahmen um Bild
[7]    (RES GRAPH)←MAKEGRAPH PICTURE    A markieren, Graph erstellen
[8]    COMPONENTS←CONNECTED GRAPH       A zsh. Komp. in Bildgraph
[9]    (⍳NUMBER←⍴COMPONENTS)REPLACE⍨⍨COMPONENTS  A umnumerieren
[10]   RES←1↓¯1 ¯1↓(⍴PICTURE)⍴RES       A wieder 2-dimensional
[11]   'Es wurde(n)' NUMBER 'Komponente(n) gefunden'
     ∇
```

Abb. 156. Funktion IMAGECOMP

12. Bildverarbeitung und Bildanalyse

Wie beim Verfahren von Sobel (vgl. Abb. 147) legen wir als erstes einen nur aus 0 bestehenden Rahmen um das Bild. Dies erspart uns eine separate Behandlung des Bildrandes. Aus diesem Bild konstruieren wir einen Graphen, in welchem benachbarte Bildpunkte mit Grauwert 1 miteinander verbunden werden (wobei wir die 8er Nachbarschaft verwenden wollen). Um den Graphen nicht allzu gross werden zu lassen, soll aber nicht für jeden Bildpunkt mit Grauwert 1 ein eigener Knoten erstellt werden. Es genügt, wenn wir für jede ununterbrochene Folge von 1 in einer Zeile einen einzigen Knoten generieren (denn benachbarte Elemente 1 innerhalb einer Zeile gehören sicher zur gleichen Region). Wir nennen diese aufeinanderfolgenden Elemente 1 in einer Zeile hier *eindimensionale Komponenten* (da nur Nachbarn links und rechts berücksichtigt werden). Um die eindimensionalen Komponenten identifizieren zu können, numerieren wir sie fortlaufend. Das folgende Beispiel soll dieses Vorgehen erläutern. Die Matrix links stellt ein binäres Bild dar (bereits mit Rahmen). Die Matrix rechts stellt dasselbe Bild dar, in welchem die eindimensionalen Komponenten markiert sind:

```
0 0 0 0 0 0        0 0 0 0 0 0
0 1 1 0 1 0        0 1 1 0 2 0
0 1 0 0 1 0        0 3 0 0 4 0
0 0 0 1 1 0        0 0 0 5 5 0
0 0 0 0 0 0        0 0 0 0 0 0
```

In diesem Beispiel haben wir fünf eindimensionale Komponenten erhalten, die zwei Regionen ergeben sollen: 1 und 3 gehören zusammen, sowie 2, 4 und 5. Hier genügt es also, einen Graphen mit den fünf Knoten 1, 2, 3, 4, 5 und den (ungerichteten) Kanten (1,3), (2,4) und (4,5) zu konstruieren. Für diese Aufgabe (Markieren der eindimensionalen Komponenten sowie Erzeugung des zugehörigen Graphen) wird die Funktion *MAKEGRAPH* verwendet. Auf den resultierenden Graphen wird nun die Funktion *CONNECTED* angewendet. Im obigen Beispiel erhalten wir die beiden Komponenten (1 3) und (2 4 5). Mit *REPLACE* werden die Komponenten einheitlich numeriert, d.h. in unserem Beispiel werden alle 1 und 3 z.B. durch 1 sowie alle 2, 4 und 5 durch 2 ersetzt. Aus technischen Gründen (einfacheres Numerieren und Umnumerieren der eindimensionalen Komponenten in einem Vektor als in einer Matrix) wandelt *MAKEGRAPH* das Bild in einen Vektor um, weshalb zum Abschluss das Resultatbild wieder in eine Matrix umzuformen ist. In unserem Beispiel erhalten wir das folgende Resultatbild (nach dem Entfernen des Rahmens):

```
1 1 0 2
1 0 0 2
0 0 2 2
```

In der letzten Zeile von *IMAGECOMP* wird im Falle unseres Bildes in Abb. 155 noch die folgende Meldung ausgegeben:

```
Es wurde(n)  4  Komponente(n) gefunden
```

Damit haben wir das Vorgehen von *IMAGECOMP* beschrieben. Wir wollen nun noch die dabei verwendeten Hilfsfunktionen erläutern. Zuerst betrachten wir die Funktion **MAKEGRAPH**:

```
      ∇ MAKEGRAPH [☐] ∇
      ∇
[0]   RES←MAKEGRAPH PICTURE;MARKED;INITPOS;ENDPOS;RANGES;UPPER;
      LOWER;EDGESET;NODESET
[1]   A
[2]   A* MAKEGRAPH markiert die eindimensionalen Komponenten im
[3]   A* Bild und erstellt den zugehoerigen Graphen
[4]   A* Aufruf: [(markiertes_Bild Graph) ←] MAKEGRAPH Bild
[5]   A
[6]   MARKED←,PICTURE              A umwandeln in Vektor
[7]   INITPOS←(0 1≤MARKED)/ιρMARKED A Beginn der 1-Strings
[8]   ENDPOS←(1 0≤MARKED)/ιρMARKED  A Ende der 1-Strings
[9]   RANGES←INITPOS+ι¨ENDPOS-INITPOS A zugehoerige Indexbereiche
[10]  RANGES LABEL¨NODESET←-ιρRANGES A 1-dim. Komp. markieren
[11]  UPPER←(-1↓ρPICTURE)ΦMARKED   A obere Nachbarn
[12]  LOWER←(1↓ρPICTURE)ΦMARKED    A untere Nachbarn
[13]  EDGESET←↑,/RANGES EDGES¨NODESET A Kantenmenge erzeugen
[14]  RES←MARKED(NODESET EDGESET)  A Resultat zusammensetzen
      ∇
```

Abb. 157. Funktion MAKEGRAPH

Nach der Umwandlung in einen Vektor werden mittels der primitiven Funktion $\underline{\epsilon}$ die Anfangs- und Endpositionen der eindimensionalen Komponenten bestimmt. **RANGES** enthält die Indizes aller 1 im Bild. Mit der Hilfsfunktion *LABEL* werden die eindimensionalen Komponenten fortlaufend numeriert. Die verwendeten Nummern bilden die Knotenmenge **NODESET** des zu erzeugenden Graphen. Wir verwenden hier absichtlich negative Nummern, damit beim späteren Umnumerieren auf positive Zahlen keine Komplikationen auftreten. Durch Verschieben des als Vektor dargestellten Bildes nach links bzw. rechts (jeweils um die Breite des Bildes) erhalten wir die Vektoren **UPPER** und **LOWER**, die ein einfaches Verknüpfen eines jeden Bildpunktes mit seinen oberen und unteren Nachbarn ermöglichen. Die Hilfsfunktion *EDGES* erstellt Kanten von jedem Bildpunkt zu den 8er Nachbarn in der darüber- und darunterliegenden Zeile. *MAKEGRAPH* liefert als Resultat das markierte Bild (eindimensionale Komponenten) in Form eines Vektors sowie den erzeugten Graphen (Implementierung als Mengenpaar). Die folgenden zwei Abbildungen enthalten die Programmliste der erwähnten Hilfsfunktionen *LABEL* und *EDGES*:

12. Bildverarbeitung und Bildanalyse

```
        ∇ LABEL [□] ∇
     ∇
[0]     RANGE LABEL NUMBER
[1]     ⍝
[2]     ⍝* LABEL markiert die Elemente des angegebenen Bereichs
[3]     ⍝* mit der entsprechenden Nummer
[4]     ⍝* Aufruf: Bereich  LABEL  Nummer
[5]     ⍝
[6]     MARKED[RANGE]←NUMBER            ⍝ Bereich markieren
     ∇
```

Abb. 158. Funktion LABEL

```
        ∇ EDGES [□] ∇
     ∇
[0]     RES←RANGE EDGES NODE;NEIGHBORS
[1]     ⍝
[2]     ⍝* EDGES erstellt Kanten vom geg. Knoten zu dessen Nachbarn
[3]     ⍝* Aufruf: [Resultat ←]  Bereich  EDGES  Knoten
[4]     ⍝
[5]     RANGE←(¯1+⌊/RANGE),RANGE,1+⌈/RANGE    ⍝ Kandidaten
[6]     NEIGHBORS←UNIQUE(↑,/(⊂⊂RANGE)⌷¨UPPER LOWER)~0   ⍝ Nachbarn
[7]     RES←NODE,¨NEIGHBORS                   ⍝ Kanten zu Nachbarn
     ∇
```

Abb. 159. Funktion EDGES

Bei *EDGES* ist zu beachten, dass der angegebene Indexbereich jeweils unten und oben um eine Position erweitert wird, damit nicht nur die 4er Nachbarn, sondern auch die 8er Nachbarn berücksichtigt werden. Aus **UPPER** und **LOWER** werden alle eindimensionalen Nachbarkomponenten entnommen. *UNIQUE* (vgl. Abb. 8 auf Seite 73) sorgt dafür, dass jede Nummer nur einmal auftritt. Die Kanten werden durch Konkatenieren des betrachteten Bildpunktes mit all seinen Nachbarn gebildet.

Nach dem Bestimmen der Zusammenhangskomponenten des Graphen mittels der Funktion *CONNECTED* wird zur einheitlichen und fortlaufenden Numerierung der zweidimensionalen Komponenten (Regionen) die Hilfsfunktion **REPLACE** verwendet, deren Programmliste in Abb. 160 abgebildet ist.

Damit haben wir alle verwendeten Funktionen beschrieben (ausser der bereits unter 10.5 „Zusammenhangskomponenten" vorgestellten Funktion *CONNECTED*). Wir wollen nun *IMAGECOMP* auf unser Binärbild aus Abb. 155 anwenden. Dabei werden vier Komponenten extrahiert. Die Bildpunkte des Hintergrunds behalten den Wert 0, diejenigen der ersten Komponente (Zeichen *2*) erhalten den Wert 1 (was nichts mit dem Grauwert 1 zu tun hat), diejenigen der zweiten Komponente (Buchstaben *A*) den Wert

```
      ∇ REPLACE [▯] ∇
        ∇
[0]    NEW_LABEL REPLACE OLD_LABEL
[1]    ⍝
[2]    ⍝* REPLACE ersetzt OLD_LABEL durch NEW_LABEL
[3]    ⍝* Aufruf: neues_Label  REPLACE  altes_Label
[4]    ⍝
[5]    RES[(OLD_LABEL=RES)/⍳⍴RES]←NEW_LABEL        ⍝ ersetzen
        ∇
```

Abb. 160. Funktion REPLACE

2 usw. Abb. 161 enthält das segmentierte Bild, in welchem die verschiedenen Komponenten durch unterschiedliche Grauwerte dargestellt sind.

Abb. 161. 4 Komponenten extrahiert

Das Resultat bei diesem Verfahren ist also wiederum ein digitales Bild. Allerdings ist zu beachten, dass es sich genau genommen nicht um ein Grautonbild handelt, auch wenn den Komponentennummern Grautöne zugeordnet werden können (wie wir dies in Abb. 161 getan haben). Die den Bildpunkten zugeordneten Werte (Komponentennummern) enthalten nicht mehr viel von der ursprünglichen Bildinformation (Grauwerte), sondern stellen bereits eine **Bildinterpretation** dar. Sie definieren nämlich für jeden Bildpunkt, zu welcher der gefundenen Komponenten er gehört. Die Darstellung der extrahierten Regionen in Form eines Bildes (wir wollen dafür den Begriff **Regionenbild** verwenden) ist nicht zwingend, aber sehr praktisch und erlaubt eine einfache visuelle Kontrolle der Güte der vorgenommenen Regionenextraktion.

Wie wir bereits angedeutet haben, kann ein Regionenbild als Ausgangspunkt für weitere Verfahren der Bildanalyse verwendet werden. So ist es sehr einfach, den Flächeninhalt einer bestimmten Komponente (gemessen in

Bildpunkten) zu berechnen. Wenn uns z.B. in unserem Regionenbild in Abb. 161 die Grösse (d.h. der Flächeninhalt) der zweiten Komponente (also des Buchstabens *A*) interessiert, können wir diese wie folgt bestimmen:

```
Groesse ← +/, Regionenbild = 2
```

Wir zählen also einfach alle Bildpunkte mit dem Wert 2. Für unser Bild erhalten wir so die Grösse 2824. (Für die erste Komponente − Ziffer *2* − ergibt sich analog der Wert 3006, usw.) Es gibt weitere Verfahren, die von einem Regionenbild ausgehen und für einzelne Regionen z.B. den Schwerpunkt, den Umfang oder ein Kompaktheitsmass bestimmen können.

12.4.2 Zusammenhängende Bildkomponenten direkt im Bild bestimmen

Das soeben vorgestellte Verfahren zur Extraktion von Regionen in binären Bildern erzeugt einen Graphen und sucht darin die zusammenhängenden Komponenten. Man kann die zusammenhängenden Bildkomponenten selbstverständlich auch direkt im Bild bestimmen. Wir wollen hier ein entsprechendes Verfahren kurz skizzieren, überlassen aber die Implementierung dem interessierten Leser. Wir gehen wiederum von einem Binärbild aus. In einem ersten Schritt wird das Bild zeilenweise durchlaufen. Für jeden Bildpunkt mit Wert 1 wird geschaut, wieviele Nachbarn mit Wert 1 es im bereits abgesuchten Teil des Bildes gibt. Betrachten wir zur Veranschaulichung den folgenden Bildausschnitt:

```
. . . q q q . . .
. . . q p . . . .
. . . . . . . . .
```

p sei der im Moment betrachtete Bildpunkt mit Wert 1. Das bedeutet, dass alle Bildpunkte oberhalb von *p* sowie die links von *p* liegenden Punkte der aktuellen Zeile bereits untersucht worden sind. Die mit *q* bezeichneten Bildpunkte sind dann potentielle 8er Nachbarn im bereits abgesuchten Teil des Bildes. Dabei sind die folgenden zwei Fälle möglich (vgl. 10.5 „Zusammenhangskomponenten"):

a) Alle Nachbarn *q* von *p* haben den Wert 0, d.h. keines dieser *q* ist ein 8er Nachbar von *p*: Dann kann der aktuelle Bildpunkt *p* noch keiner der bisherigen Komponenten zugeordnet werden. Weise dem Bildpunkt *p* den Wert $n+1$ zu, wo *n* die grösste bisher verwendete Komponentennummer bezeichnet.

b) Mindestens ein Nachbar *q* hat einen Wert ungleich 0: Weise dem Bildpunkt *p* die kleinste der bei den Nachbarn *q* vorkommenden Komponentennummern zu. Falls nicht alle Nachbarn von *p* mit Wert 1 die gleiche Komponentennummer aufweisen, wird die Äquivalenz ihrer Nummern vermerkt.

Im zweiten Schritt werden alle äquivalenten Nummern durch eine gemeinsame Nummer („Vertreter") ersetzt. Im dritten Schritt wird bei jedem Bildpunkt mit Grauwert 1 die Komponentennummer durch deren Vertreter ersetzt.

Bevor wir diesen Abschnitt über die Regionen-orientierte Bildsegmentierung abschliessen, möchten wir nochmals darauf hinweisen, dass die zwei vorgestellten Verfahren nur für Binärbilder (bzw. binärisierte Grautonbilder) geeignet sind. In der Praxis gibt es aber viele Bilder, die sich nicht ohne wesentlichen Informationsverlust binärisieren lassen, bei denen aber eine Aufteilung in Regionen trotzdem sinnvoll ist (unser Bild aus Abb. 139 liesse sich beispielsweise gut in die drei Regionen Vordergrund, Alpenkette und Himmel aufteilen; diese Unterscheidung würde aber bei einer Binärisierung verloren gehen). Für solche Bilder gibt es besondere Verfahren, die eine Regionenextraktion in beliebigen Grautonbildern vornehmen können. Diese basieren auf anderen Ideen und sind i.a. etwas aufwendiger als die besprochenen Verfahren, weshalb ihre Behandlung hier zu weit führen würde.

12.5 Bildsequenzen

Wir haben soeben einige Verfahren zur Verarbeitung und Analyse von Bildern kennengelernt. All diese Methoden hatten ein einzelnes **statisches** Bild zum Gegenstand. In vielen Anwendungen liegen aber **bewegte Abläufe** vor, die erfasst und interpretiert werden müssen. Wir haben im letzten Abschnitt als Beispiel ein intelligentes Robotersystem erwähnt, das Bauteile verschiedener Grösse auf einem Fliessband erkennen und sortieren kann. Das Fliessband bewirkt, dass ständig neue Objekte ankommen können, was zu Veränderungen der dem Roboter zugänglichen Szene führt. Folglich reicht ein einziges Bild nicht aus, um den Roboter über die jeweils aktuelle Situation zu informieren. Vielmehr müssen in bestimmten Abständen Aufnahmen der veränderten Szene gemacht werden, die den aktuellen Zustand wiedergeben. Natürlich könnte man jedes der anfallenden Bilder für sich mit den bisher beschriebenen Methoden analysieren. Oft ist es aber so, dass sich lediglich kleine Teile einer Szene verändern, während der grösste Teil statisch ist. Dann genügt es, diese Veränderungen zu untersuchen. Auf die Untersuchung des statischen Teils des Bildes kann ohne Verlust verzichtet werden. Das Ignorieren dieses uninteressanten Teils vereinfacht oft die weitere Verarbeitung und Analyse des interessanten Teils der Szene. Wir wollen uns in diesem Abschnitt mit zwei Verfahren beschäftigen, welche die „überflüssigen" statischen Bildteile eliminieren (d.h. auf schwarz setzen) und so die Bilder einer Bildfolge vereinfachen. Zur Illustration verwenden wir die folgenden zwei Bilder einer Bildsequenz. Der beinahe schwarze Hintergrund

12. Bildverarbeitung und Bildanalyse

und die Zeichen *P* und *L* stellen die statischen Teile der Szene dar, die Zeichen *A* und *2* die bewegten Objekte.

Abb. 162. Erstes Bild der Bildsequenz

Abb. 163. Zweites Bild der Bildsequenz

12.5.1 Differenzbilder

Das erste Verfahren, das wir hier vorstellen wollen, basiert auf der **Differenz aufeinanderfolgender Bilder**. Dabei wollen wir voraussetzen, dass die Positionen des bewegten Objektes in den beiden Bildern sich nicht überlappen. Seien p_n und p_{n+1} die Matrizendarstellungen zweier aufeinanderfolgender Bilder. Wir bezeichnen mit *d* die (punktweise gebildete) Differenz (**Diffe-**

renzbild) dieser Bilder. Zur Berechnung von d wird also die folgende Formel verwendet:

$$d(i, j) = p_{n+1}(i, j) - p_n(i, j)$$

In denjenigen Punkten, in denen keine Änderung auftritt (d.h. die zum statischen Teil der Szene gehören), gilt $p_{n+1}(i, j) = p_n(i, j)$ und folglich $d(i, j) = 0$. Wenn wir also nur die veränderten Teile weiterverfolgen wollen, genügt es, die Bildpunkte mit $d(i, j) \neq 0$ zu betrachten. In unserem Bild sind die bewegten Objekte heller als der Hintergrund, d.h. sie weisen höhere Grauwerte auf. Diejenigen Bildpunkte (i, j), die im Bild p_n zum Hintergrund und im Bild p_{n+1} zu den bewegten Objekten gehören, weisen folglich positive Werte $d(i, j)$ auf. Umgekehrt kann man diejenigen Bildpunkte, die in p_n zu den bewegten Objekten und in p_{n+1} zum Hintergrund gehören, an negativen Werten $d(i, j)$ erkennen. Positive Werte $d(i, j)$ kennzeichnen also die Position der bewegten Objekte in p_{n+1}, negative diejenige in p_n (in Bildern, wo die bewegten Objekte dunkler als der Hintergrund sind, gilt gerade die umgekehrte Aussage). Zur Extraktion der bewegten Objekte aus zwei aufeinanderfolgenden Bildern wählen wir also bei unserem Beispiel all diejenigen Bildpunkte, in welchen im Differenzbild d positive Werte auftreten. Dieses Vorgehen realisieren wir in Form der folgenden Funktion (definierter Operator) *IMAGEDIFF*:

```
        ∇ IMAGEDIFF [□] ∇
    ∇
[0]   RES←PICTURES(RELOP IMAGEDIFF)THRESHOLD;ACTUAL;PREVIOUS
[1]   A
[2]   A* IMAGEDIFF bildet Differenz zweier Bilder
[3]   A* Aufruf: [Res ←] Bilder (Relop IMAGEDIFF) Schwellwert
[4]   A*    wo Relop eine Vergleichsoperation wie <, > ist
[5]   A
[6]   (PREVIOUS ACTUAL)←PICTURES                A separieren
[7]   RES←ACTUAL×(ACTUAL-PREVIOUS)RELOP BINARY THRESHOLD
    ∇
```

Abb. 164. Funktion IMAGEDIFF

IMAGEDIFF bildet zuerst die Differenz **ACTUAL-PREVIOUS** der beiden aufeinanderfolgenden Bilder. Mit *BINARY* werden diejenigen Bildpunkte mit 1 markiert, die eine vorgegebene Vergleichsoperation **RELOP** mit einem ebenfalls gegebenen Schwellwert **THRESHOLD** erfüllen (in unserem Beispiel wählen wir für **RELOP** die Vergleichsoperation >, als Schwellwert kommt 0 in Frage). Das so erhaltene binäre Bild multiplizieren wir schliesslich mit dem zweiten Bild **ACTUAL**, wodurch die bewegten Objekte im zweiten Bild übernommen werden, während der Rest des Bildes gelöscht wird.

Wir wollen nun *IMAGEDIFF* auf die beiden Bilder aus Abb. 162 (Bild1) und Abb. 163 (Bild2) anwenden. Um Bildpunkte mit ganz kleinen Grau-

12. Bildverarbeitung und Bildanalyse

werten nicht mitschleppen zu müssen, wählen wir als Schwellwert den Wert 20 statt 0. Die folgende Anweisung führt zum Resultat in Abb. 165:

```
Resultat <- (Bild1 Bild2) > IMAGEDIFF 20
```

Abb. 165. Bilddifferenz von Bild1 und Bild2

Für den rechten Bildteil, wo unsere Voraussetzung (keine Überlappung) erfüllt ist, funktioniert das Verfahren einwandfrei. Im linken Bildteil sind die Folgen von Überlappungen von bewegten Objekten ersichtlich: In denjenigen Gebieten des Bildes, in denen sich die beiden Positionen von bewegten Objekten überlappen, erhalten wir nämlich im Differenzbild d auch den Wert 0 (da dort $p_{n+1}(i, j) = p_n(i, j)$ gilt).

Damit haben wir die Idee dieses Verfahrens und auch sein Versagen bei Überlappungen anhand eines einfachen Beispiels illustriert.

12.5.2 Differenz von Konturlinienbildern

Wir wollen nun eine zweite Methode betrachten, die auf einer ähnlichen Idee basiert, die jedoch weniger anfällig auf allfällige Überlappungen ist. Um die negativen Auswirkungen von Überlappungen zu minimieren, gehen wir jetzt statt von der Fläche des Objekts von dessen **Rändern** aus. Eine Überlappung wirkt sich dann lediglich in den Schnittpunkten der Ränder aus. Solche Lücken in den Rändern sind meistens nicht so schlimm, da sich die Ränder i.a. ohne grosse Probleme rekonstruieren lassen (sei es von Hand oder mit speziellen Verfahren zur Wiederherstellung von unterbrochenen Linien, die hier aber nicht zur Sprache kommen sollen).

Das Prinzip dieses zweiten Verfahrens besteht darin, in den zwei aufeinanderfolgenden Bildern die **Konturlinien** zu detektieren. Als Resultat werden aber nur diejenigen Konturlinien übernommen, die zwar im zweiten Bild, nicht aber im ersten Bild auftreten. Dieses Verfahren haben wir als Funktion *EDGEDIFF* implementiert:

```
      ∇ EDGEDIFF [□] ∇
    ∇
[0]   RES←PICTURES EDGEDIFF THRESHOLD;ACTUAL;PREVIOUS
[1]   A
[2]   A* EDGEDIFF bildet Konturliniendifferenz zweier Bilder
[3]   A* Aufruf: [Resultat ←] Bilder EDGEDIFF Schwellwert
[4]   A
[5]   (PREVIOUS ACTUAL)←SOBELBIG¨PICTURES       A Kantendetektion
[6]   A Binaerisieren der beiden Kantenbilder:
[7]   (PREVIOUS ACTUAL)←(PREVIOUS ACTUAL)>BINARY THRESHOLD
[8]   RES←ACTUAL∧~PREVIOUS                      A Differenz
    ∇
```

Abb. 166. Funktion EDGEDIFF

EDGEDIFF wendet zuerst das Verfahren von Sobel (vgl. Abb. 148) je auf die zwei zu vergleichenden Bilder einer Bildsequenz an. Der Einfachheit halber wollen wir die beiden Kantenbilder mittels eines geeigneten Schwellwerts binärisieren (in unserem Beispiel haben wir den Schwellwert 64 gewählt). Vom zweiten Binärbild wird das erste mittels ∧~ subtrahiert (d.h. es wird die mengentheoretische Differenz gebildet). Wird *EDGEDIFF* auf die beiden Bilder aus Abb. 162 und Abb. 163 angewendet, erhalten wir das folgende Resultat:

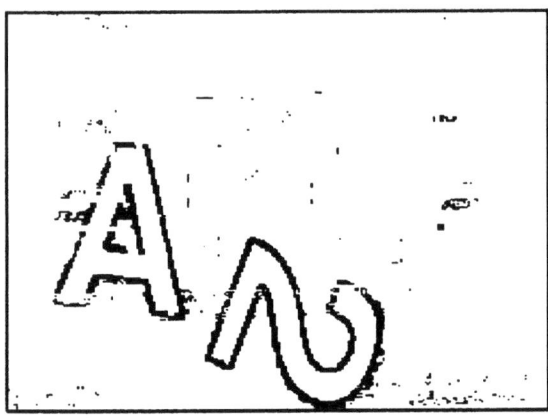

Abb. 167. Kantendifferenz von Bild1 und Bild2

Der Buchstabe *A* ist hier trotz einiger Lücken in der Kontur gut zu erkennen. Beim Zeichen *2* treten — wie erwartet — nur minimale Lücken in den Konturlinien auf.

Damit wollen wir diesen Abschnitt über die Behandlung von Bildsequenzen abschliessen. Wie der Leser ahnen mag, haben wir auch hier nur eine minimale Auswahl getroffen. Es gibt eine Vielzahl weiterer Verfahren, z.b. zur Rekonstruktion von räumlicher Information aus Stereobildern oder aus einer Folge von Schnittbildern (z.B. Computer-Tomogramme).

12.6 Zusammenfassung

Im Verlauf dieses Kapitels haben wir gezeigt, wie Bilder im Computer gespeichert und mit Hilfe von APL2 bearbeitet werden können. Wir haben anhand einiger ausgewählter Verfahren verschiedene Teilgebiete der Bildverarbeitung und Bildanalyse gestreift und uns von der Eignung der **APL2-Arrays** und der zugehörigen **Operationen** (hier für den zweidimensionalen Fall) überzeugen können. In der Bildverarbeitung werden häufig Subroutinenpakete eingesetzt, die üblicherweise in Fortran oder einer anderen herkömmlichen Sprache geschrieben sind. Beim Aufruf von Programmen aus solchen Softwarepaketen müssen jeweils die Bilddimensionen explizit angegeben werden, was in APL2 nicht der Fall ist, da eine Matrix in APL2 nicht bloss aus ihren Elementen (Werten) besteht, sondern zusätzlich gewisse Strukturinformationen (Rang, Dimensionen) enthält. Wenn die Bilddimensionen benötigt werden, was allerdings bei der Matrixschreibweise relativ selten vorkommt, können wir sie in APL2 leicht mittels ⍴ bestimmen. Vielfach werden in Bildverarbeitungs- und Bildanalyseanwendungen zu jedem Bild ganze Bildbeschreibungsdateien mitgeführt, die u.a. den maximalen und minimalen Grauwert des Bildes enthalten. Diese beiden Werte lassen sich in APL2 jederzeit mittels ⌈/,Bild bzw. ⌊/,Bild ermitteln. (Wir wollen damit allerdings nicht den Eindruck erwecken, dass beim Bearbeiten von Bildern mit APL2 keine zusätzliche Bildbeschreibung nötig ist. Insbesondere lässt sich die Art des Bildes − z.B. Grautonbild oder Regionenbild − auch in APL2 nicht ohne Zusatzinformation feststellen. Jedoch gibt es im Umgang mit Bildern viele Angaben, deren separate Speicherung sich in APL2 erübrigt.)

Im Umgang mit Bildern treten oft **numerische Berechnungen** in grosser Zahl auf, für die sich APL2 sehr gut eignet. Viele Berechnungen lassen sich recht einfach in Form von Matrizenoperationen formulieren. Hier tritt eine der Stärken von APL2 besonders zutage. Je nach verwendeter Rechnerarchitektur können solche Berechnungen auch auf Maschinenebene in hohem Mass parallel durchgeführt werden. Unter Umständen erfordert eine intensive Anwendung von Matrizenoperationen allerdings sehr viel Speicherplatz. Wie wir am Beispiel des Verfahrens von Sobel erläutert haben, drängt sich − gerade bei grossen Bildern − oft ein Kompromiss zwischen eleganter Verwendung von Matrizenoperationen und sparsamem Umgang mit Speicherplatz auf.

Das vorliegende Kapitel kann absolut keinen Anspruch auf eine einigermassen vollständige Abhandlung der Bildverarbeitung und Bildanalyse erheben. Es ging uns in erster Linie darum, ein interessantes und attraktives Gebiet kurz zu streifen und vor allem die Eignung von APL2 dafür aufzuzeigen. Ein umfangreiches, in APL2 realisiertes Bildanalysesystem wird in [SBEG89] vorgestellt.

13. Wissensverarbeitung und Expertensysteme

13.1 Einleitung

Unter **Expertensystemen** versteht man Programmsysteme, mit denen versucht wird, das **Sachwissen** von qualifizierten Fachleuten (menschlichen *Experten*) und ihre Fähigkeit, **Schlussfolgerungen** zu ziehen, nachzubilden. Dies mit dem Ziel, für Probleme eines bestimmten Fachgebiets Lösungen zu finden. Expertensysteme sind in der Lage, explizit formuliertes Wissen (z.B. in Form von Fakten und Regeln) über ein (möglichst gut abgrenzbares) Fachgebiet zu bearbeiten und aufgrund von Zusammenhängen daraus Schlüsse zu ziehen. Im Rahmen des Lösungsfindungsprozesses, der soweit wie möglich automatisiert wird, führen Expertensysteme mit dem Benutzer einen Dialog. In diesem Dialog erklärt der Benutzer dem Expertensystem sein Problem, z.B. durch die Beantwortung von Fragen, die das System stellt. So verschafft sich das Expertensystem die für die Lösung benötigten Angaben. Ferner gibt das Expertensystem dem Benutzer auf Wunsch nähere Auskunft darüber, warum eine bestimmte Frage gestellt wurde, was die Frage bedeutet, welche Antworten möglich sind bzw. wie und warum das System gewisse Schlussfolgerungen gezogen hat. Eine wichtige Eigenschaft von Expertensystemen besteht darin, dass sie nicht bloss mit absolut sicherem Wissen arbeiten können. Sie besitzen i.a. die Fähigkeit, auch aus *unsicherem* Wissen gewisse Schlüsse zu ziehen. Es gibt verschiedene Möglichkeiten, in Expertensystemen mit unsicherem Wissen umzugehen (z.B. durch Zuteilen von *Wahrscheinlichkeiten* oder *Sicherheitsfaktoren*).

Expertensysteme können in der Praxis dazu dienen, das Know-how eines menschlichen Experten explizit und systematisch zu formulieren und es so allgemeiner zugänglich zu machen. Insbesondere wird der Experte durch ein Expertensystem langfristig von denjenigen Beratungsfällen entlastet, die das Expertensystem ihm abnehmen kann. Ferner bleibt mit einem Expertensystem das erworbene Know-how erhalten (zumindest teilweise), auch wenn der Experte z.B. den Betrieb verlässt.

Der Einsatz von Expertensystemen ist in den verschiedensten Bereichen möglich oder denkbar. Die ersten erfolgreichen Beispiele stammen aus dem Gebiet der medizinischen Diagnose, so etwa das bekannte Expertensystem MYCIN (siehe [Shor76]), welches eines der ersten mit Erfolg eingesetzten

Expertensysteme überhaupt ist und als echter Meilenstein in der Geschichte der Expertensysteme betrachtet werden kann. Für die Konfiguration von VAX-Computern hat sich bei der Firma DEC seit Jahren das Expertensystem R1 (vgl. [McDe82]) bewährt. Neben Diagnosestellung und Konfiguration sind u.a. auch Erkennung und Klassifikation sowie die Planung und Überwachung von Prozessen als mögliche Einsatzgebiete von Expertensystemen zu nennen. [Buch87] gibt eine Übersicht über Expertensysteme in verschiedenen Bereichen, die bereits heute im praktischen Einsatz (oder zumindest im Testbetrieb) stehen.

Expertensysteme zeichnen sich gegenüber konventionellen Computerprogrammen durch eine konsequente Trennung von **Anwendungswissen** und **Ableitungsmechanismus** aus. Jedes Expertensystem umfasst demzufolge mindestens die beiden folgenden Komponenten, die man oft als **Kern** eines Expertensystems bezeichnet (vgl. Abb. 168):

1. Die **Inferenzkomponente** (Ableitungsmechanismus) beinhaltet allgemeingültiges Wissen darüber, wie das im System gespeicherte Fachwissen zu nutzen ist und wie damit Lösungen für gegebene Probleme gefunden werden können (also eine Art von *Metawissen*). Die *Inferenz* oder *Wissensnutzung* ist der Prozess, der aufgrund des vorgegebenen Wissens eine Lösungsfindung vornimmt.

2. In der **Wissensbasis** wird das Wissen über das entsprechende Fachgebiet formal – und für den Computer verständlich – dargestellt (*Wissensdarstellung*). Dabei unterscheidet man zwischen **Langzeitwissen (statisches Wissen)** einerseits und **Kurzzeitwissen (dynamisches Wissen)** andererseits. Das *Langzeitwissen* ist derjenige Teil des Wissens, das vom Ersteller eines Expertensystems zu formulieren ist und für alle Anwendungen des betreffenden Expertensystems gilt. Es heisst deshalb auch Anwendungswissen. Insbesondere sind hier Zusammenhänge und mögliche Schlussfolgerungen zu definieren, mit denen das Expertensystem arbeiten und neue Schlüsse ziehen kann. Das *Kurzzeitwissen* besteht aus bereits gezogenen Schlüssen (abgeleitetes Wissen für eine konkrete Aufgabenstellung). Daneben enthält es i.a. auch Information über die Art der Herleitung (wird gebraucht für Erklärungen für den Benutzer).

Die Trennung von Inferenzkomponente und Wissensbasis bringt namhafte Vorteile. Die *Inferenzkomponente* kann so nämlich anwendungsunabhängig formuliert werden und ist damit universell (d.h. für eine Vielzahl von Anwendungen) einsetzbar. Diese Unabhängigkeit erlaubt insbesondere den Einsatz von sogenannten **Expertensystem-Schalen** (Expert System Shells). Darunter versteht man „Expertensysteme ohne Wissensbasis". Der Entwickler eines Expertensystems kann sich durch die Verwendung einer Expertensystem-Schale auf das Erstellen der Wissensbasis für seine Anwendung beschränken und die Inferenzkomponente von der Schale übernehmen. Es sind heute schon recht viele Expertensystem-Schalen auf dem Markt.

13. Wissensverarbeitung und Expertensysteme

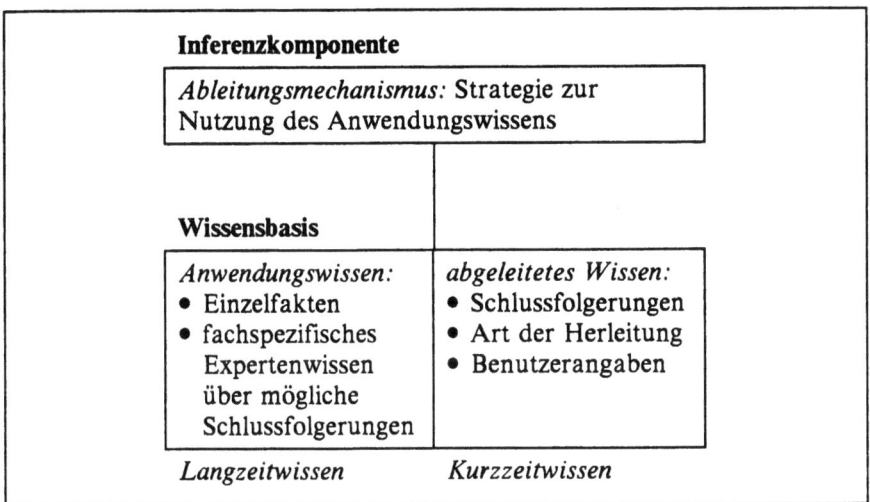

Abb. 168. Kern eines Expertensystems

Neben dem soeben erläuterten Kern enthält ein Expertensystem je nach Komfort und Mächtigkeit weitere Komponenten. Üblich sind z.B. Komponenten für den *Endbenutzer*, die diesem das Arbeiten mit dem Expertensystem erleichtern oder überhaupt erst ermöglichen. Dazu gehören u.a.:

— **Dialogkomponente:** Sie steuert den Dialog (Frage- und Antwortspiel) zwischen dem Expertensystem und dem Benutzer. Wenn das Expertensystem Angaben vom Benutzer benötigt, weil es diese bei seinem aktuellen Wissensstand nicht selbst herleiten kann, generiert die Dialogkomponente eine passende Frage an den Benutzer. Soweit möglich überprüft sie die Plausibilität der Antwort, bevor diese für den weiteren Ableitungsprozess verwendet wird. Weiter nimmt sie diverse Befehle vom Benutzer entgegen, wie z.B. zum Anzeigen oder Abändern von hergeleiteten Fakten, Ausprobieren von anderen Hypothesen, usw.

— **Ergebnisdarstellungskomponente:** Sie sorgt für die Darstellung und Ausgabe von hergeleiteten Resultaten.

— **Erklärungskomponente:** Sie gibt dem Benutzer Auskunft über die Gründe und Art der Schlussfolgerungen des Systems sowie Hilfestellung bei der Beantwortung von Fragen. Erklärungen geben demjenigen Benutzer, der über eine gewisse Sachkenntnis und Erfahrung verfügt, die Möglichkeit, die Schlussfolgerungen des Expertensystems nachzuvollziehen. Andererseits kann der unerfahrene Benutzer bei für ihn unverständlichen Fragen Hilfe erhalten, indem ihm das System die Frage näher erläutert, deren Hintergrund aufzeigt und mögliche Antworten angibt.

Weitere Expertensystem-Komponenten erlauben es dem sog. **Knowledge Engineer** (KE, „Wissensingenieur"), ein Expertensystem zu erstellen, zu testen und bei Bedarf zu verändern. Als KE bezeichnet man diejenige Person, die für das Erstellen eines Expertensystems (in Zusammenarbeit mit einem oder mehreren Fachexperten) und für dessen Wartung verantwortlich ist. Der KE benötigt natürlich weitergehende Hilfsmittel als der Endbenutzer. Für seine Arbeit sind u.a. die folgenden zusätzlichen Komponenten gedacht:

- **Wissenseingabekomponente:** Sie hat ähnliche Funktionen wie ein herkömmlicher Editor für die Programmerstellung. In vielen heutigen Expertensystem-Schalen wird daher auch ein üblicher Text-Editor verwendet. Editoren von komfortableren Systemen unterstützen den KE zusätzlich in der gewählten Form der Wissensdarstellung (z.B. Regeln) oder durch eine Menüauswahl bei vorgegebenen Wertebereichen. Eine wesentliche Hilfe bei der Wissenseingabe und -anpassung ist auch ein **Konsistenzprüfer**, der allfällige Widersprüche zum bisherigen Wissen aufdeckt oder auf eine allfällige Unvollständigkeit des vorhandenen Wissens hinweist. Noch eher Zukunftsmusik sind Hilfsmittel für die Wissenseingabe in natürlicher Sprache (direktes Formulieren von Zusammenhängen durch den Experten oder Übernahme aus Büchern, etc.).

- **Testkomponente:** Neben den Möglichkeiten der Schnittstelle zum Endbenutzer benötigt der KE zusätzliche Hilfsmittel für Testarbeiten. Es seien hier Trace- und Log-Möglichkeiten genannt, die einen Einblick in die Arbeitsweise des Systems bzw. das Aufzeichnen des Dialogs zwischen dem Benutzer und dem System ermöglichen. Wichtig ist ferner eine möglichst komfortable Unterstützung beim Lokalisieren und Beheben von Fehlern. Der KE sollte in der Lage sein, während der Testarbeiten auch das statische Wissen (Langzeitwissen) zu verändern (eine Möglichkeit, die für den Endbenutzer aber zu sperren ist).

Ein Fernziel der Forschung auf dem Gebiet der Expertensysteme besteht darin, intelligente Expertensysteme zu entwickeln, die aus Beispielen und Erfahrungen *lernen* können, indem sie während ihres Einsatzes ihr Wissen erweitern. In heutigen Expertensystemen fehlt diese Fähigkeit noch weitgehend.

Soweit dieser kurze Überblick über Expertensysteme. Für tiefergehende Angaben verweisen wir interessierte Leser auf [Pupp88] und [Savo90].

Im folgenden wollen wir an einem sehr einfachen Beispiel zeigen, wie sich Expertensysteme mittels APL2 implementieren lassen. Dabei müssen wir einerseits eine geeignete Form für die Wissensbasis (Wissensdarstellung) finden und andererseits mit diesem Wissen arbeiten können (Wissensnutzung, Inferenz). Wir werden zwei Arten von Wissensdarstellung (*Regeln, Frames*) und entsprechende Inferenzkomponenten vorstellen. Weitere Expertensystem-Komponenten werden wir nur am Rande streifen, mit Ausnahme einer Erklärungskomponente, die wir ansatzweise in 13.4 diskutieren.

13.2 Regelbasierte Wissensdarstellung und -nutzung

Nach dieser allgemeinen Einführung in das Gebiet der Expertensysteme wollen wir in diesem Abschnitt eine erste Art von Wissensdarstellung vorstellen, die in heutigen Expertensystemen weit verbreitet ist.

13.2.1 Wissensdarstellung mittels Regeln

Wissen und Entscheidungsgrundlagen in Form von **Regeln** werden in den verschiedensten Bereichen von Wissenschaft und Technik sowie im alltäglichen Leben verwendet. Der Zweck solcher Regeln ist, durch das Verknüpfen von verschiedenen Gegebenheiten das Ziehen von Schlussfolgerungen zu ermöglichen. Regeln können entweder durch gewöhnliche Sätze oder formal ausgedrückt werden, also z.B.:

- „Wenn das Wetter schön ist und die Wassertemperatur mindestens 20°C beträgt, gehen wir im See schwimmen."
- *IF Wetter* = schön *AND Wassertemperatur* $\geq$ 20
  THEN Freizeitbeschäftigung = schwimmen

Wir werden in der Folge nur die zweite Ausdrucksweise verwenden. Eine Regel hat dann einen einfachen Aufbau, den wir gerade an unserem Beispiel ablesen können: Auf den **Bedingungsteil** „*IF Wetter* = schön *AND Wassertemperatur* $\geq$ 20" folgt der **Konklusionsteil** „*THEN Freizeitbeschäftigung* = schwimmen". Der Bedingungsteil enthält die beiden **Elementarbedingungen** „*Wetter* = schön" und „*Wassertemperatur* $\geq$ 20", die mit der logischen Operation *AND* verknüpft sind. Wenn das **Attribut** *Wetter* den Wert „schön" hat und gleichzeitig das Attribut *Wassertemperatur* einen Wert, der mindestens 20 ist, soll der Schluss „*Freizeitbeschäftigung* = schwimmen" gezogen werden. Die Anzahl Elementarbedingungen einer Regel kann auch 1 oder >2 sein. Mehrere Elementarbedingungen sollen nur mit *AND* verknüpft werden können, was aber keine echte Einschränkung ist. Zum Beispiel kann eine Regel von der Form

IF a OR b THEN c

einfach durch die zwei Regeln

IF a THEN c

und

IF b THEN c

ausgedrückt werden. Bei den Elementarbedingungen wollen wir die gleichen Vergleichsoperationen wie im Abschnitt 8.6 „Anwendung auf relationale Datenbanken" zulassen, nämlich =, ≠, <, ≤, ≥, >. Im Konklusionsteil soll immer nur einem Attribut ein Wert zugeordnet werden. (Das Symbol = wird hier sowohl für Zuordnungen als auch für Vergleiche verwendet, was z.B. einen Pascal-Programmierer befremdet, für einen Fortran- oder Cobol-Programmierer aber selbstverständlich ist.)

Als Beispiel wollen wir eine Wissensbasis betrachten, die nur aus Regeln besteht. Sie soll einem Reisebüro bei der Beratung von noch nicht entschlossenen Kunden dienen. (Wir haben das Beispiel natürlich stark vereinfacht, damit es nicht zu umfangreich wird.) Verbal soll das Expertenwissen wie folgt aussehen:

„Einem Kunden, der seine Ferien im italienischen Sprachraum verbringen möchte, ist das Tessin zu empfehlen. Zieht er Deutsch als Umgangssprache vor, empfehlen wir als Urlaubsgebiet das Berner Oberland, sofern er gern in die Berge fährt. Falls es ihn stattdessen ans Meer zieht, schlagen wir ihm die Adria vor (wo während der Sommermonate ja vorwiegend deutsch gesprochen wird). Im Berner Oberland empfehlen wir für Sommerski Gstaad, für Wanderfreunde Adelboden, Gstaad oder Grindelwald."

Eine Umsetzung dieses Wissens in Regeln ergibt die folgenden 7 (formalen) Regeln. Zur einfacheren Identifikation geben wir jeder Regel einen Namen, den wir – durch einen Doppelpunkt abgetrennt – vor der eigentlichen Regel einfügen.

R1: *IF Umgangsprache* = Deutsch *AND Umgebung* = Berge
THEN Region = Berner Oberland

R2: *IF Umgangsprache* = Italienisch
THEN Region = Tessin

R3: *IF Umgangsprache* = Deutsch *AND Umgebung* = Meer
THEN Region = Adria

R4: *IF Region* = Berner Oberland *AND Freizeit* = Ski
AND Jahreszeit = Sommer
THEN Destination = Gstaad

R5: *IF Region* = Berner Oberland *AND Freizeit* = Wandern
THEN Destination = Adelboden

R6: *IF Region* = Berner Oberland *AND Freizeit* = Wandern
THEN Destination = Gstaad

R7: *IF Region* = Berner Oberland *AND Freizeit* = Wandern
THEN Destination = Grindelwald

Diesem Beispiel lässt sich u.a. entnehmen, dass die Regeln R5, R6 und R7 alle den gleichen Bedingungsteil haben. D.h. wenn ein Kunde diese Bedingungen erfüllt, können ihm gleichzeitig „Adelboden", „Gstaad" und „Grindelwald" als Reiseziel empfohlen werden. Für das Attribut *Destination* gibt es nun zwei Möglichkeiten: entweder werden ihm bei einer Konsultation alle möglichen Reiseziele zugeordnet — dann heisst es **mehrwertig** —, oder es soll nur *ein* mögliches Reiseziel bestimmt werden — dann nennt man das Attribut **einwertig**. Ob ein Attribut ein- oder mehrwertig ist, wird beim Erstellen des Expertensystems oder spätestens beim Beginn einer Konsultation festgelegt. Die Attribute *Umgangssprache, Umgebung, Freizeit* und *Jahreszeit* dienen zur Erfassung der Vorstellungen und Wünsche des Kunden. Die Attribute *Region* und *Destination* stellen die dem Kunden zu empfehlende Gegend (z.B. Berner Oberland, Tessin) sowie eine genaue Reisedestination (z.B. Gstaad, Adelboden) dar.

Zur Implementierung von Regeln in APL2 wollen wir 3-elementige verschachtelte Vektoren von der Form *(Name, Bedingungsteil, Konklusionsteil)* verwenden. Der Name einer Regel kann ein beliebiger Characterstring oder eine Zahl sein. Ein Bedingungsteil mit $n \geq 1$ Elementarbedingungen wird durch eine n-elementige Liste dargestellt. Jede Elementarbedingung wird als verschachtelter Vektor der Form *(Attribut, Vergleichsoperation, Wert)* implementiert. Für den Konklusionsteil verwenden wir einen zweielementigen verschachtelten Vektor von der Form *(Attribut, Wert)*. Die Regel R3 wird beispielsweise durch den folgenden verschachtelten Vektor implementiert:

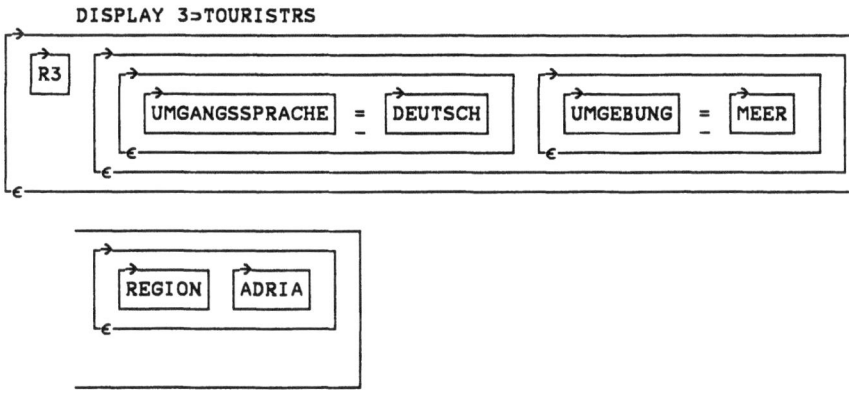

Die verschiedenen Regeln einer Wissensbasis werden zu einer Menge von Regeln gemäss 8.2 „Implementierung durch Aufzählen der Elemente" zusammengefasst. Wie man leicht überprüfen kann, umfasst die Wissensbasis unseres Beispiels 7 Regeln:

```
ρTOURISTRS
7
```

13.2.2 Wissensnutzung mittels Regeln

Bei der Wissensableitung oder Inferenz geht es darum, aus vorgegebenen Eingabedaten (in unserem Beispiel aus den Wünschen und Vorstellungen des Kunden) mittels Regeln Schlussfolgerungen zu ziehen. Einer Schlussfolgerung entspricht die Ausführung des Konklusionsteils einer Regel, deren Elementarbedingungen erfüllt sind, d.h. eine Wertzuweisung an ein Attribut. Hat beispielsweise das Attribut *Umgangssprache* den Wert „Deutsch" und das Attribut *Umgebung* den Wert „Berge", so sind alle Elementarbedingungen des Bedingungsteils der Regel R1 erfüllt, und Regel R1 kann **gefeuert** werden, d.h. die entsprechende Wertzuweisung an das Attribut *Region* wird ausgeführt. Als Folge einer solchen Wertzuweisung ist im Kurzzeitwissen ein entsprechender Eintrag vorzunehmen, damit später auf den hergeleiteten Attributwert wieder zugegriffen werden kann. Wir wollen das Kurzzeitwissen in einer Datenbanktabelle gemäss Abschnitt 8.6 „Anwendung auf relationale Datenbanken" speichern und dabei die drei Spalten ATTRIBUTE, VALUE und REASON verwenden. Die aufgrund der Regel R1 vorzunehmende Wertzuweisung bewirkt beispielsweise die Aufnahme des Tupels „(Region, Berner Oberland, Rule R1)" in die Datenbanktabelle. Die Angabe „Rule R1" gibt den Grund für die Herleitung des Wertes „Berner Oberland" des Attributs *Region* an und wird für die Erklärungskomponente benötigt, wie wir im Abschnitt 13.4 „Eine Erklärungskomponente für regelbasierte Expertensysteme" sehen werden.

Es gibt zwei grundsätzliche Methoden für die regelbasierte Wissensableitung, nämlich die **Vorwärtsableitung** (forward chaining) und die **Rückwärtsableitung** (backward chaining). Bei der Vorwärtsableitung wird immer wieder geschaut, für welche Regeln die Bedingungen erfüllt sind, und jede solche Regel wird dann gerade gefeuert. Bei der Rückwärtsableitung wird von einem **Zielattribut** ausgegangen, d.h. von einem Attribut, für welches Werte hergeleitet werden sollen. Es wird geschaut, bei welchen Regeln dieses Attribut im Konklusionsteil auftritt. Diese Regeln werden dann auf ihre Anwendbarkeit hin überprüft und gefeuert, sofern alle ihre Elementarbedingungen erfüllt sind. Falls in den Bedingungen noch nicht bestimmte Attribute vorkommen, werden diese ihrerseits mittels Rückwärtsableitung bestimmt.

Wir wollen uns auf die Rückwärtsableitung beschränken und dafür den folgenden Algorithmus anwenden, der eine stark vereinfachte Variante eines Ansatzes aus [NiBu87] ist:

1. Bilde die Menge R aller Regeln, in deren Konklusionsteil das gesuchte Attribut vorkommt.

2. Falls R leer ist, beende die Ableitung.

3. Entferne eine Regel aus R und wende auf sie die (nachfolgend beschriebene) Funktion *APPLY* an.

4. Falls mit *APPLY* ein Wert für das Attribut bestimmt werden konnte und das Attribut nicht als mehrwertig gekennzeichnet ist, brich die Ableitung ab.
5. Fahre mit Schritt 2 weiter.

Zur Auswertung einer Regel wird die Funktion *APPLY* verwendet, die dem folgenden Algorithmus entspricht:

1. Überprüfe alle Elementarbedingungen der betrachteten Regel.
2. Falls in einer Elementarbedingung ein noch nicht hergeleitetes Attribut vorkommt, leite dessen Wert mit der (nachfolgend beschriebenen) Funktion *FINDVALUE* her.
3. Falls eine Elementarbedingung nicht erfüllt ist, brich die Ausführung von *APPLY* ab.
4. Falls alle Elementarbedingungen erfüllt sind, führe den Konklusionsteil der Regel aus, d.h. weise dem gesuchten Attribut den im Konklusionsteil enthaltenen Wert zu und mache einen entsprechenden Eintrag in der Datenbanktabelle des Kurzzeitwissens.

Die in Schritt 2 erwähnte Funktion *FINDVALUE* ist für das Herleiten der im Bedingungsteil vorkommenden Attribute zuständig. Falls eine entsprechende Regel existiert, wendet *FINDVALUE* den oben beschriebenen Algorithmus für die Rückwärtsableitung an. Andernfalls könnte z.B. der Benutzer aufgefordert werden, einen Attributwert einzugeben. Im Moment wollen wir noch nicht näher auf die Funktion *FINDVALUE* eingehen, sondern sie als Blackbox voraussetzen. Im folgenden Abschnitt werden wir sie aber detailliert besprechen.

Wir wollen nun den Algorithmus für die Rückwärtsableitung in APL2 implementieren. Wir nehmen an, dass die Wissensbasis (Menge von Regeln) in einer globalen Variablen namens **RULESET** gespeichert sei und dass eine Datenbanktabelle unter dem Namen **DATABASE** existiere. Ferner setzen wir die Existenz einer Booleschen Variablen **NOTMULTI** voraus, die genau dann den Wert 0 hat, wenn es sich beim herzuleitenden Attribut um ein mehrwertiges handelt.

Wir wollen das Hauptprogramm im Hinblick auf später *FINDBYRULE* nennen. Als Input wird ihm der Name des herzuleitenden Attributs übergeben, als Resultat gibt es „OK" oder „FAIL" zurück, je nachdem ob ein Wert hergeleitet werden konnte oder nicht. Zuerst bestimmt *FINDBYRULE* alle Regeln, in denen das herzuleitende Attribut vorkommt. Dann ruft es die rekursive Funktion *TRYRULES* auf.

```
        ∇ FINDBYRULE [☐] ∇
        ∇
[0]    RES←FINDBYRULE ATTR;RULELIST
[1]    ⍝
[2]    ⍝* FINDBYRULE bestimmt Wert fuer Attribut mittels Regeln
[3]    ⍝* Aufruf: [Resultat ←] FINDBYRULE Attribut
[4]    ⍝* wobei Resultat = OK,   falls Wert bestimmt werden konnte
[5]    ⍝*                        FAIL, sonst
[6]    ⍝
[7]    RULELIST←((⊂ATTR)=¨(⊂3 1)⊃¨RULESET)/RULESET  ⍝ Kandidaten
[8]    RES←TRYRULES RULELIST                        ⍝ diese Regeln pruefen
        ∇
```

Abb. 169. Funktion FINDBYRULE

TRYRULES ruft im wesentlichen das schon erwähnte *APPLY* auf. Falls das Zielattribut einwertig ist, wird nach der Herleitung eines Wertes die Suche sofort abgebrochen. (Wären stets alle möglichen Werte zu suchen, könnte auf die rekursive Funktion *TRYRULES* verzichtet und einfach *APPLY* mittels des *Each*-Operators auf alle in RULELIST enthaltenen Regeln angewendet werden.)

```
        ∇ TRYRULES [☐] ∇
        ∇
[0]    RES←TRYRULES RULELIST
[1]    ⍝
[2]    ⍝* TRYRULES prueft Regeln in RULELIST auf Anwendbarkeit
[3]    ⍝* Aufruf: [Resultat ←] TRYRULES Liste_von_Regeln
[4]    ⍝* wobei Resultat = OK,   falls Wert bestimmt werden konnte
[5]    ⍝*                        FAIL, sonst
[6]    ⍝
[7]    →(0=⍴RULELIST)/'→0,RES←''FAIL'''      ⍝ Abbruchkriterium
[8]    RES←APPLY↑RULELIST                     ⍝ erste Regel anwenden
[9]    →(NOTMULTI∧'OK'≡RES)/0                 ⍝ Erfolg
[10]   RES←TRYRULES 1↓RULELIST                ⍝ rekursiver Aufruf
        ∇
```

Abb. 170. Funktion TRYRULES

APPLY überprüft zuerst mittels der Funktion *CHECKCOND* den Bedingungsteil der ihm vorgelegten Regel und nimmt dann — sofern alle Bedingungen erfüllt sind — mittels *INSERTDB* den entsprechenden Eintrag in der Datenbanktabelle vor. Die Programmliste der Hilfsfunktion *INSERTDB* ist im Anhang A in Abb. 197 enthalten.

13. Wissensverarbeitung und Expertensysteme

```
        ∇ APPLY [⎕] ∇
        ∇
[0]     RES←APPLY RULE;DBLINE
[1]     ⍝
[2]     ⍝* APPLY wendet eine Regel an
[3]     ⍝* Aufruf: [Resultat ←] APPLY Regel
[4]     ⍝* wobei Resultat = OK,  falls Wert bestimmt werden konnte
[5]     ⍝*                       FAIL, sonst
[6]     ⍝
[7]     RES←CHECKCOND 2⊃RULE            ⍝ Bedingungen pruefen
[8]     →('FAIL'≡RES)/0                 ⍝ Praemisse nicht erfuellt
[9]     DBLINE←(3⊃RULE),⊂'RULE ',1⊃RULE ⍝ Angaben fuer Datenbank
[10]    DATABASE←DATABASE INSERTDB DBLINE ⍝ Datenbankeintrag
        ∇
```

Abb. 171. Funktion APPLY

Die rekursive Funktion *CHECKCOND* (Programmliste in Abb. 172) überprüft die Elementarbedingungen des Bedingungsteils der Regel und ruft zur Bestimmung der darin vorkommenden Attribute die Funktion *FINDVALUE* auf (indirekte Rekursion). Für den Vergleich der Attributwerte mit den vorgegebenen Werten wird auf die Datenbanktabelle **DATABASE** zurückgegriffen.

Wir wollen jetzt unsere Implementierung der Rückwärtsableitung noch anhand eines kleinen Beispiels illustrieren. Aufgrund des Aufrufs

FINDBYRULE 'REGION'

werden der Variablen **RULELIST** die Regeln R1, R2 und R3 zugeordnet. *TRYRULES* sorgt dafür, dass *APPLY* zuerst auf die Regel R1 angewendet wird. Mittels der Funktion *CHECKCOND* wird zuerst die Bedingung „Umgangssprache = Deutsch" überprüft. Dazu sucht *FINDVALUE* einen Wert für das Attribut *Umgangssprache*. Wir wollen annehmen, dass der Wert „Italienisch" gefunden und in die Datenbanktabelle eingetragen wird (z.B. aufgrund einer entsprechenden Antwort des Benutzers). Als nächstes liefert *CHECKCOND* das Resultat „FAIL", da die erste Bedingung von Regel R1 nicht erfüllt ist. Folglich terminiert auch *APPLY* mit dem Resultat „FAIL", worauf *TRYRULES* beim nächsten Mal *APPLY* auf Regel R2 anwendet. Hier liefert *CHECKCOND* das Resultat „OK", worauf *APPLY* mittels *INSERTDB* den Eintrag „(Region, Tessin, Rule R2)" in der Datenbanktabelle vornimmt. *APPLY* übergibt das Resultat „OK" an *TRYRULES*, welches terminiert, sofern **NOTMULTI** den Wert 1 hat.

Damit haben wir die Implementierung der Rückwärtsableitung besprochen. Im nächsten Abschnitt wollen wir noch die Funktion *FINDVALUE* implementieren und einige weitere Programme für ein einfaches regelbasiertes Expertensystem erstellen. Dann werden wir in der Lage sein, für ein Beispiel effektiv eine Wissensableitung durchzuführen.

```
       ∇ CHECKCOND [◻] ∇
     ∇
[0]    RES←CHECKCOND PREMISE;ATTR;VALUE;RELOP;FOUND;QUERY
[1]    ⍝
[2]    ⍝* CHECKCOND prueft die Bedingungen einer Regel
[3]    ⍝* Aufruf: [Resultat ←] CHECKCOND Bedingungen
[4]    ⍝* wobei Resultat = OK,    falls Bedingungen erfuellt sind
[5]    ⍝*                  FAIL, sonst
[6]    ⍝
[7]    →(0=⍴PREMISE)/'→0,RES←''OK'''  ⍝ Rekursionsabbruch
[8]    (ATTR RELOP VALUE)←↑PREMISE    ⍝ erste Bedingung separieren
[9]    RES←FINDVALUE ATTR             ⍝ Wert von ATTR bestimmen
[10]   →('FAIL'≡RES)/0                ⍝ kein Wert fuer ATTR gefunden
[11]   ⍝-- Attribut-Wert-Vergleich:
[12]   QUERY←('ATTRIBUTE' '=' ATTR)'AND'('VALUE' RELOP VALUE)
[13]   FOUND←0<1↑⍴(⊂2 1)⊃DATABASE SELECT QUERY  ⍝ Datenbankabfrage
[14]   →(~FOUND)/'→0,RES←''FAIL'''    ⍝ Abbruch, falls nicht erfuellt
[15]   RES←CHECKCOND 1↓PREMISE        ⍝ restliche Bedingungen pruefen
     ∇
```

Abb. 172. Funktion CHECKCOND

13.3 Ein regelbasiertes Expertensystem

Mit der regelbasierten Wissensdarstellung und -nutzung haben wir im letzten Abschnitt das Herzstück eines regelbasierten Expertensystems kennengelernt. Wir haben aber auch bemerkt, dass neben Regelwissen noch weitere **Wissensquellen** benötigt werden. Nicht alle Attribute lassen sich nämlich mittels Regeln herleiten, da im Bedingungsteil einer jeden Regel wiederum mindestens ein Attribut vorkommt. Die Werte gewisser Attribute müssen daher bereits vor der Feuerung der ersten Regel bekannt sein, z.B. in Form einer Angabe durch den Benutzer oder eines immer gültigen **Fakts**. Ein Fakt ist z.B. „das Wasser ist nass". Die Vorstellungen des Kunden sind in unserem Beispiel sinnvollerweise mittels Fragen an den Benutzer zu ermitteln.

Soll in einem Expertensystem, das neben Regeln auch andere Wissensquellen, wie Fakten und Benutzerangaben, einschliesst, der Wert eines bestimmten Attributs hergeleitet werden, so gibt es die folgenden vier Möglichkeiten:

a) Das gewünschte Attribut wurde bereits hergeleitet, d.h. die Tabelle des Kurzzeitwissens enthält bereits einen entsprechenden Eintrag.

b) Es existiert ein Fakt, der einen Wert für das gesuchte Attribut definiert.

c) Die Wissensbasis enthält mindestens eine Regel, in deren Konklusionsteil das gesuchte Attribut vorkommt und deren Bedingungen erfüllt sind.

d) Der Benutzer gibt einen Wert für das gesuchte Attribut ein.

13. Wissensverarbeitung und Expertensysteme

Dementsprechend wollen wir im weiteren zur Bestimmung des Wertes eines Attributs nicht mehr die Funktion *FINDBYRULE* verwenden, sondern die allgemeinere Funktion *FINDVALUE*, die mehrere Wissensquellen berücksichtigt und dem folgenden Algorithmus entspricht:

1. Prüfe, ob für das gesuchte Attribut bereits ein Wert hergeleitet wurde (Funktion *KNOWN*). Falls ja, beende die Ableitung.
2. Prüfe, ob im faktischen Wissen ein Wert für das gesuchte Attribut definiert ist. Falls ja, übernimm diesen Wert in das Kurzzeitwissen (Funktion *FINDBYFACT*) und beende die Ableitung.
3. Prüfe, ob es eine oder mehrere Regeln gibt, in deren Konklusionsteil das gesuchte Attribut vorkommt. Falls ja, versuche mit diesen Regeln einen Wert herzuleiten (Funktion *FINDBYRULE*). Falls damit ein Wert bestimmt werden kann, beende die Ableitung.
4. Falls bisher kein Wert für das gesuchte Attribut hergeleitet werden konnte, fordere den Benutzer auf, einen Wert einzugeben (Funktion *ASKUSER*).

Falls Werte für ein mehrwertiges Attribut zu suchen sind, muss der obige Algorithmus so abgeändert werden, dass alle möglichen Wissensquellen – und insbesondere alle in Frage kommenden Regeln – berücksichtigt werden.

Beim Einsatz von *FINDVALUE* kann das Langzeitwissen ausser Regeln auch faktisches Wissen (d.h. Wissen in Form von Fakten) umfassen. Analog zum Kurzzeitwissen wollen wir dafür auch eine Datenbanktabelle (globale Variable **ATTRIBBASE**) verwenden. In diese Tabelle wollen wir neben den Spalten ATTRIBUTE und FACT (welche der Speicherung von Fakten für gewisse Attribute dienen) eine Spalte MULTI aufnehmen, mit der ein Attribut als mehrwertig definiert werden kann. Unter der Annahme, dass in absehbarer Zeit nur Kunden beraten werden sollen, die im Sommer in den Urlaub fahren wollen, können wir einen Fakt für das Attribut *Jahreszeit* definieren (*Jahreszeit* = Sommer). Ferner ist es sinnvoll, das Attribut *Destination* als mehrwertig zu definieren. Die Datenbanktabelle des Langzeitwissens sieht dann wie folgt aus:

```
    SHOWTABLE TOURISTAB
 ATTRIBUTE    FACT    MULTI
 ---------    ----    -----
 DESTINATION          YES
 JAHRESZEIT   SOMMER
```

Falls für ein mehrwertiges Attribut wie *Destination* keine Fakten existieren, wird dem entsprechenden Tabellenelement ein leerer Vektor zugeordnet.

Eine *Konsultation* mit einem Expertensystem besteht darin, dass für ein oder mehrere Attribute (Zielattribute) Werte hergeleitet werden, was bei

```
        ∇ FINDVALUE [□] ∇
     ∇
[0]    RES←FINDVALUE ATTR;NOTMULTI;QUERY
[1]    A
[2]    A* FINDVALUE bestimmt den Wert eines Attributs
[3]    A* Aufruf: [Resultat ←] FINDVALUE Attribut
[4]    A* wobei Resultat = OK,    falls Wert gefunden
[5]    A*                         FAIL, sonst
[6]    A
[7]    →((⊂ATTR)∈WANTED)/'→0,RES←''FAIL'''    A zur Zeit gesucht?
[8]    WANTED←WANTED,⊂ATTR                    A bereits gesuchte
[9]    QUERY←('ATTRIBUTE' '=' ATTR)'AND'('MULTI' '=' 'YES')
[10]   NOTMULTI←0=↑ρ(⊂2 1)⊃ATTRBBASE SELECT QUERY  A mehrwertig?
[11]   →('OK'≡KNOWN ATTR)/FOUND               A bereits bekannt?
[12]   →(NOTMULTI∧'OK'≡FINDBYFACT ATTR)/FOUND A existiert Fakt?
[13]   →('OK'≡FINDBYRULE ATTR)/FOUND          A existiert Regel?
[14]   →('OK'≡KNOWN ATTR)/FOUND               A nun bekannt?
[15]   →('OK'≡ASKUSER ATTR)/FOUND             A Benutzerantwort?
[16]   RES←'FAIL'                             A kein Wert gefunden
[17]   →END
[18]  FOUND:
[19]   RES←'OK'                               A Wert gefunden
[20]  END:
[21]   WANTED←WANTED~⊂ATTR                    A nicht mehr gesucht
     ∇
```

Abb. 173. Funktion FINDVALUE

unserem System mittels *FINDVALUE* geschieht. Abb. 173 enthält die Programmliste. Für die Schritte 1 bis 4 des Algorithmus ruft *FINDVALUE* die Funktionen *KNOWN, FINDBYFACT, FINDBYRULE* und *ASKUSER* auf. Zur Vermeidung von Endlosschleifen — es könnte nämlich vorkommen, dass ein Attribut, das gerade mit *FINDVALUE* gesucht wird, im Bedingungsteil einer anderen Regel vorkommt; dann würde *FINDVALUE*, sofern wir nichts vorkehren, nochmals für das gleiche Attribut aufgerufen, usw. — wird eine globale Liste **WANTED** benutzt, in welcher die Namen aller zur Zeit gesuchten Attribute enthalten sind [7], [8], [21]. Zur Markierung der Mehrwertigkeit von Attributen wird in [9], [10] mittels Datenbankabfrage die globale Boolesche Variable **NOTMULTI** bestimmt, welche beim Zugriff auf die verschiedenen Wissensquellen sowie von *FINDBYRULE* benötigt wird.

Die Funktion **KNOWN** (siehe Abb. 174) macht einen Zugriff auf die Datenbank des Kurzzeitwissens, während die Funktion **FINDBYFACT** auf die Datenbanktabelle des Langzeitwissens zugreift und prüft, ob ein geeigneter Fakt existiert. Falls ja, wird ein entsprechender Eintrag in der Datenbanktabelle des Kurzzeitwissens vorgenommen.

13. Wissensverarbeitung und Expertensysteme

```
        ∇ KNOWN [□] ∇
     ∇
[0]     RES←KNOWN ATTR;FOUND;QUERY
[1]     ⍝
[2]     ⍝* KNOWN prueft, ob bereits Wert fuer Attribut bekannt
[3]     ⍝* Aufruf: [Resultat ←] KNOWN Attribut
[4]     ⍝* wobei Resultat = OK,   falls Wert bekannt
[5]     ⍝*                        FAIL, sonst
[6]     ⍝
[7]     QUERY←('ATTRIBUTE' '=' ATTR)    ⍝ Datenbankabfrage
[8]     FOUND←0<↑⍴(⊂2 1)⊃DATABASE SELECT QUERY  ⍝ nachschauen
[9]     RES←↑(FOUND,1)/'OK' 'FAIL'      ⍝ OK oder FAIL als Resultat
     ∇
```

Abb. 174. Funktion KNOWN

```
        ∇ FINDBYFACT [□] ∇
     ∇
[0]     RES←FINDBYFACT ATTR;FACTS;QUERY
[1]     ⍝
[2]     ⍝* FINDBYFACT prueft, ob Fakt fuer Attribut existiert
[3]     ⍝* Aufruf: [Resultat ←] FINDBYFACT Attribut
[4]     ⍝* wobei Resultat = OK,   falls Fakt vorhanden
[5]     ⍝*                        FAIL, sonst
[6]     ⍝
[7]     QUERY←('ATTRIBUTE' '=' ATTR)            ⍝ Query
[8]     FACTS←ATTRIBBASE SELECT QUERY           ⍝ Datenbankabfrage
[9]     FACTS←(⊂2 1)⊃FACTS PROJECT 'ATTRIBUTE' 'FACT'  ⍝ Projektion
[10]    →(0=↑⍴FACTS)/'→0,RES←''FAIL'''          ⍝ kein Fakt gefunden
[11]    →(0=⍴,2⊃,FACTS)/'→0,RES←''FAIL'''       ⍝ kein Fakt gefunden
[12]    DATABASE←DATABASE INSERTDB FACTS,⊂'FACT' ⍝ Datenbankeintrag
[13]    RES←'OK'                                 ⍝ Erfolg
     ∇
```

Abb. 175. Funktion FINDBYFACT

Die Funktion *ASKUSER* (siehe Abb. 176) wird ausgeführt, falls für ein gewisses Attribut mit *KNOWN*, *FINDBYFACT* und *FINDBYRULE* kein Wert hergeleitet werden konnte. Sie fordert den Benutzer auf, selbst einen Wert anzugeben. Um beliebige Werte einlesen zu können, wird einfachheitshalber □-Input verwendet (vgl. Seite 70). D.h. insbesondere, dass Characterstrings in Anführungszeichen einzugeben sind. Falls der Benutzer mit „UNKNOWN" („weiss ich nicht") antwortet, erfolgt kein Eintrag ins Kurzzeitwissen. Ansonsten wird ein solcher mittels *INSERTDB* vorgenommen.

Damit haben wir die Inferenzkomponente für unser regelbasiertes Expertensystem erstellt. Um den Mechanismus der Rückwärtsableitung besser verfolgen zu können, fügen wir bei den Funktionen *FINDVALUE*, *KNOWN*, *FINDBYFACT*, *ASKUSER*, *FINDBYRULE* und *APPLY* je als

```
        ∇ ASKUSER [☐] ∇
        ∇
[0]     RES←ASKUSER ATTR;QUERY;VALUE;DBLINE
[1]     ⍝
[2]     ⍝* ASKUSER bestimmt Attribut mittels Frage an Benutzer
[3]     ⍝* Aufruf: [Resultat ←] ASKUSER Attribut
[4]     ⍝* wobei Resultat = OK,   falls Wert angegeben
[5]     ⍝*                  FAIL, sonst
[6]     ⍝
[7]     'Welchen Wert soll' ATTR 'erhalten?' ⍝ Fragetext
[8]     VALUE←☐                              ⍝ Antwort einlesen
[9]     ⍎('UNKNOWN'=VALUE)/'→0,RES←''FAIL''' ⍝ Antwort UNKNOWN
[10]    DBLINE←ATTR VALUE 'ANSWER BY USER'   ⍝ Angaben fuer Eintrag
[11]    DATABASE←DATABASE INSERTDB DBLINE    ⍝ Datenbankeintrag
[12]    RES←'OK'                             ⍝ Erfolg
        ∇
```

Abb. 176. Funktion ASKUSER

erste ausführbare Zeile eine Anweisung ein, deren Ausführung eine Meldung ausgibt, sofern die globale Variable **TRACE** (vgl. Spurvektor auf Seite 71) den Wert 1 hat. Bei der Funktion *FINDVALUE* sieht diese Anweisung z.B. wie folgt aus:

```
[6.5]   ⍎TRACE/'☐←'' →→ FINDVALUE'' ATTR'
```

Wenn keine solchen Meldungen erwünscht sind, weisen wir **TRACE** den Wert 0 zu.

Da vor dem Aufruf von *FINDVALUE* die globalen Variablen **RULESET**, **ATTRIBBASE**, **DATABASE**, **WANTED** und **TRACE** initialisiert werden müssen, wollen wir *FINDVALUE* in ein Hauptprogramm *CONSULT* (Programmliste in Abb. 177) „einpacken", das uns diese Arbeiten abnimmt und dann *FINDVALUE* auf ein oder mehrere Zielattribute anwendet. Als linkes Argument erwartet *CONSULT* eine Wissensbasis in Form eines Paares *(Regelmenge, Datenbanktabelle des Langzeitwissens)*, als rechtes Argument eine Liste von Zielattributen (oder ein einzelnes Zielattribut). Die auf den Aufruf von *FINDVALUE* folgenden Zeilen [12] bis [23] stellen einen einfachen Befehlsinterpreter dar, der es dem Benutzer erlaubt, nach der Ausführung von *FINDVALUE* Befehle an das Expertensystem einzugeben. In der vorliegenden Version von *CONSULT* wird nur *SHOW* als Befehl anerkannt. Mit diesem Befehl können die Werte von bestimmten oder von allen hergeleiteten Attributen angeschaut werden (Datenbankabfrage im Kurzzeitwissen). Diesen *SHOW*-Befehl können wir somit als primitive Ergebnisdarstellungs- und Testkomponente betrachten. Wird ein ungültiger Befehl eingegeben oder erfolgt eine leere Eingabe, terminiert das Programm *CONSULT*.

Nach der Erläuterung unserer Implementierung wollen wir jetzt zwei Beispiele betrachten. Die Wissensbasis **TOURIST** haben wir durch Zusammen-

13. Wissensverarbeitung und Expertensysteme

```
      ∇ CONSULT [□] ∇
        ∇
[0]   KB CONSULT GOALS;COMMAND;ATTR;WANTED;DATABASE;RULESET;
      TRACE;ATTRIBBASE;QUERY;INPUT;VALUE
[1]   ⍝
[2]   ⍝* CONSULT fuehrt Expertensystem-Konsultation durch
[3]   ⍝* Aufruf: Wissensbasis CONSULT gesuchte_Attribute
[4]   ⍝
[5]    →(1==GOALS)/'GOALS←,⊂GOALS'       ⍝ nur ein Ziel
[6]    (RULESET ATTRIBBASE)←KB           ⍝ separieren
[7]    WANTED←''                         ⍝ Initialisierungen
[8]    DATABASE←2 1⍴('ATTRIBUTE' 'VALUE' 'REASON')(0 3⍴'')
[9]    'TRACE: (JA/NEIN)'                ⍝ Trace erwuenscht?
[10]   TRACE←'JA'≡⎕                      ⍝ Antwort
[11]   FINDVALUE¨GOALS                   ⍝ Ziele bestimmen
[12]  LOOP:                              ⍝ Befehlseingabe
[13]   □TC[2],'BEFEHL: '                 ⍝ Prompt
[14]   INPUT←(' '≠INPUT)⊂INPUT←⎕         ⍝ Eingabe separieren
[15]   →(0=⍴INPUT)/0                     ⍝ Abbruchkriterium
[16]   →(1=⍴INPUT)/'COMMAND←↑INPUT'      ⍝ keine Operanden
[17]   →(2=⍴INPUT)/'(COMMAND ATTR)←INPUT '  ⍝ separieren
[18]   →↑(('SHOW'≡COMMAND),1)/SHOW 0     ⍝ SHOW-Befehl?
[19]  SHOW:
[20]   →(1=⍴INPUT)/'→LOOP,⍴⎕←SHOWTABLE DATABASE'  ⍝ ganze Tabelle
[21]   QUERY←('ATTRIBUTE' '=' ATTR)      ⍝ Query
[22]   SHOWTABLE DATABASE SELECT QUERY   ⍝ gewuenschtes Attribut
[23]   →LOOP
        ∇
```

Abb. 177. Funktion CONSULT

fassen der bereits vorgestellten Variablen **TOURISTRS** und **TOURISTAB** gebildet. Es sollen Werte für das mehrwertige Attribut *Destination* hergeleitet werden:

1. Beispiel:

```
      TOURIST CONSULT 'DESTINATION'
TRACE: (JA/NEIN)
NEIN
 Welchen Wert soll UMGANGSSPRACHE erhalten?
□:
      'DEUTSCH'
 Welchen Wert soll UMGEBUNG erhalten?
□:
      'BERGE'
 Welchen Wert soll FREIZEIT erhalten?
□:
      'WANDERN'
 OK
```

```
BEFEHL:
SHOW
  ATTRIBUTE      VALUE             REASON
  ---------      -----             ------
  UMGANGSSPRACHE DEUTSCH           ANSWER BY USER
  UMGEBUNG       BERGE             ANSWER BY USER
  REGION         BERNER OBERLAND   RULE R1
  FREIZEIT       WANDERN           ANSWER BY USER
  DESTINATION    ADELBODEN         RULE R5
  DESTINATION    GSTAAD            RULE R6
  DESTINATION    GRINDELWALD       RULE R7

BEFEHL:
```

2. Beispiel:

```
      TOURIST CONSULT 'DESTINATION'
TRACE: (JA/NEIN)
JA
 ↠ FINDVALUE DESTINATION
 ↠ KNOWN DESTINATION
 ↠ FINDBYFACT DESTINATION
 ↠ FINDBYRULE DESTINATION
 ↠ APPLY R4
 ↠ FINDVALUE REGION
 ↠ KNOWN REGION
 ↠ FINDBYFACT REGION
 ↠ FINDBYRULE REGION
 ↠ APPLY R1
 ↠ FINDVALUE UMGANGSSPRACHE
 ↠ KNOWN UMGANGSSPRACHE
 ↠ FINDBYFACT UMGANGSSPRACHE
 ↠ FINDBYRULE UMGANGSSPRACHE
 ↠ KNOWN UMGANGSSPRACHE
 ↠ ASKUSER UMGANGSSPRACHE
 Welchen Wert soll UMGANGSSPRACHE erhalten?
☐:
      'DEUTSCH'
 ↠ FINDVALUE UMGEBUNG
 ↠ KNOWN UMGEBUNG
 ↠ FINDBYFACT UMGEBUNG
 ↠ FINDBYRULE UMGEBUNG
 ↠ KNOWN UMGEBUNG
 ↠ ASKUSER UMGEBUNG
 Welchen Wert soll UMGEBUNG erhalten?
☐:
      'BERGE'
 ↠ FINDVALUE FREIZEIT
 ↠ KNOWN FREIZEIT
 ↠ FINDBYFACT FREIZEIT
 ↠ FINDBYRULE FREIZEIT
 ↠ KNOWN FREIZEIT
 ↠ ASKUSER FREIZEIT
```

13. Wissensverarbeitung und Expertensysteme

```
Welchen Wert soll FREIZEIT erhalten?
☐:
      'SKI'
↠ FINDVALUE JAHRESZEIT
↠ KNOWN JAHRESZEIT
↠ FINDBYFACT JAHRESZEIT
↠ APPLY R5
↠ FINDVALUE REGION
↠ KNOWN REGION
↠ FINDVALUE FREIZEIT
↠ KNOWN FREIZEIT
↠ APPLY R6
↠ FINDVALUE REGION
↠ KNOWN REGION
↠ FINDVALUE FREIZEIT
↠ KNOWN FREIZEIT
↠ APPLY R7
↠ FINDVALUE REGION
↠ KNOWN REGION
↠ FINDVALUE FREIZEIT
↠ KNOWN FREIZEIT
↠ KNOWN DESTINATION
OK

BEFEHL:
SHOW DESTINATION
  ATTRIBUTE    VALUE   REASON
  ---------    -----   ------
  DESTINATION  GSTAAD  RULE R4

BEFEHL:
```

Beim zweiten Beispiel können wir das Vorgehen der Rückwärtsableitung genau verfolgen. Wir erkennen leicht, dass bei der Anwendung von Regel R4 zur Bestimmung des Attributs *Destination* zuerst das Attribut *Region* benötigt wird, welches mit Hilfe von Regel R1 und aufgrund von Benutzerantworten bestimmt wird.

Mit den vorgestellten Datenstrukturen (Langzeit- und Kurzzeitwissen) und Algorithmen (Inferenzkomponente) konnten die elementaren Funktionen eines regelbasierten Expertensystems realisiert werden. Um den Umfang unserer Implementierung in einem vernünftigen Rahmen zu halten, haben wir mehrere Einschränkungen in Kauf genommen. So haben wir nur Regeln in einer ganz bestimmten Form zugelassen und auf die Behandlung von unsicherem Wissen ganz verzichtet. Ferner haben wir mit *ASKUSER* nur eine rudimentäre *Dialogkomponente* verwirklicht. Hier wären sicher angepasstere Frageformulierungen und die Auswahl von Antworten mittels eines Menüs wünschenswert (wozu der Knowledge Engineer aber zusätzliche Angaben zur Verfügung stellen müsste). Die einzige realisierte Möglichkeit einer *Ergebnisdarstellungskomponente* ist der *SHOW*-Befehl des Hauptprogramms *CONSULT*, dessen Trace-Möglichkeit als einfache *Testkomponente* betrachtet werden kann. Wir haben keine *Wissenseingabekomponente* vorgestellt, sind uns aber bewusst, dass für das Erstellen eines richtigen Expertensystems die Eingabe von Regeln in Form von verschachtelten APL2-Vektoren unzumutbar wäre. Es müssten also noch Programme erstellt werden, die Regeln im Textformat zu entsprechenden APL2-Vektoren konvertieren könnten. Auf die Realisierung einer *Erklärungskomponente* haben wir bisher verzichtet, jedoch darauf hingewiesen, dass die Spalte REASON der Datenbanktabelle des Kurzzeitwissens die dafür benötigten Angaben enthält. Im folgenden Abschnitt wollen wir eine einfache Erklärungskomponente vorstellen.

13.4 Eine Erklärungskomponente für regelbasierte Expertensysteme

Ein wichtiger Aspekt von Expertensystemen ist ihre Fähigkeit, nicht nur Schlüsse zu ziehen, sondern diese gegenüber dem Anwender auch zu begründen. Häufig interessiert man sich nachträglich dafür, *wie* – d.h. aufgrund welcher Fakten, Benutzerangaben und Regeln – ein bestimmter Wert eines Attributs hergeleitet worden ist. In unserem zweiten Anwendungsbeispiel im vorhergehenden Abschnitt wurde „*Destination* = Gstaad" hergeleitet. Mit Hilfe der Trace-Angaben und des *SHOW*-Befehls sind wir in der Lage, den Herleitungsprozess im Detail nachzuvollziehen. So können wir beispielsweise rekonstruieren, dass „*Destination* = Berner Oberland" mittels Regel R1 hergeleitet wurde, und zwar aufgrund der Benutzerangaben „*Umgangssprache* = Deutsch" und „*Umgebung* = Berge". Analog führte Regel R4 aufgrund des Resultates von Regel R1 sowie der Benutzerangabe „*Freizeit* = Ski" und des Fakts „*Jahreszeit* = Sommer" zum Wert „Gstaad" des Zielattributs. Diese Herleitung können wir in Form eines gerichteten Graphen (siehe Abb. 178) darstellen, der in diesem Beispiel einfach ein allgemeiner Baum ist. Dieser Graph enthält zwei verschiedene Arten von Knoten, nämlich (Attribut, Wert)-Paare einerseits und Wissensquellen andererseits. Kanten verbinden stets Knoten der einen Art mit solchen der anderen Art, d.h. der Graph ist *bipartit* (vgl. Seite 206). Für die Herleitung eines anderen Wertes würde man natürlich einen anderen Graphen erhalten. (Im Prinzip könnte man sogar den Graphen aller Lösungen, die aufgrund der Wissensbasis und der denkbaren Benutzerangaben möglich sind, konstruieren. Ein solcher Graph lässt sich aber in der Praxis – v.a. bei echten Expertensystemen mit mehreren hundert Regeln – fast nicht darstellen.)

Eine Erklärungskomponente, die *wie*-Fragen (z.B. wie wurde der Wert „Gstaad" des Attributs *Destination* hergeleitet?) beantworten kann, muss im wesentlichen einen Graphen wie in Abb. 178 erstellen. Dazu geht man vom Zielknoten, d.h. vom Knoten, der das Zielattribut darstellt, aus und bestimmt dessen Vorgänger, die die verwendeten Wissensquellen enthalten, in unserem Beispiel Regel R4. Als Wissensquellen sind bei unserem regelbasierten Expertensystem Regeln, Fakten und Benutzerangaben möglich. Wurde das interessierende Attribut aufgrund eines Fakts oder einer Benut-

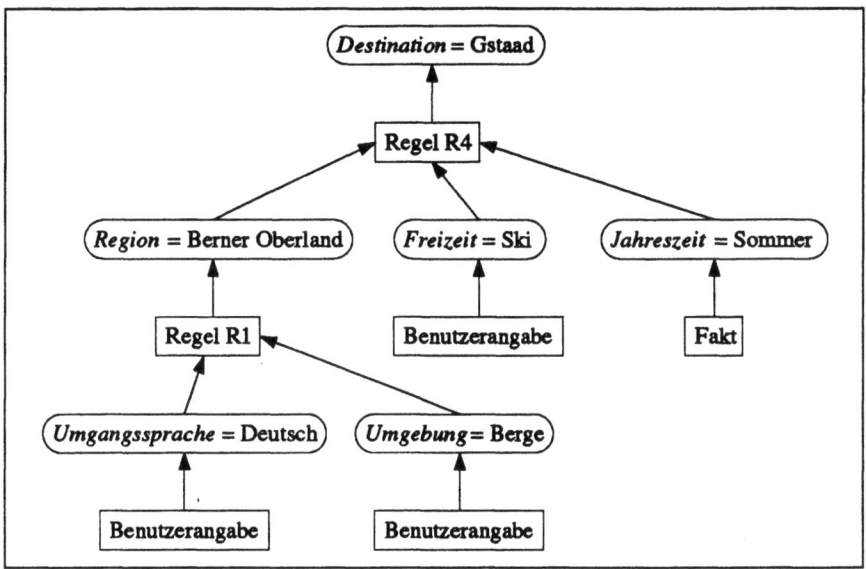

Abb. 178. Herleitungsgraph für „*Destination* = Gstaad"

zerangabe hergeleitet, so ist eine entsprechende Meldung auszugeben, und die Erklärung ist beendet. Im Falle einer Regel möchte man zusätzlich wissen, warum die Regel angewendet werden konnte, d.h. warum deren Bedingungen erfüllt sind. Als Vorgänger des die Regel repräsentierenden Knotens findet man daher diejenigen (Attribut, Wert)-Paare, welche die Elementarbedingungen der Regel erfüllen. In unserem Beispiel erfüllen die Paare (*Region*, Berner Oberland), (*Freizeit*, Ski) und (*Jahreszeit*, Sommer) die Bedingungen von Regel R4. An und für sich könnte man hier die Erklärung abbrechen, aber oft möchte man auch wissen, wie diese Paare hergeleitet wurden. Dann ist es nötig, für jedes dieser Paare die *wie*-Frage zu stellen, d.h. rekursiv weiterzufahren, bis man zu den Startknoten des Graphen (Fakten, Benutzerangaben) gelangt.

Das soeben beschriebene Verfahren erinnert uns stark an die Suche von Pfaden in Graphen (vgl. 10.3 „Exhaustive Graphsuche"). Allerdings suchen wir jetzt, von einem Zielknoten ausgehend, rückwärts (d.h. wir bestimmen jeweils die Vorgänger und nicht die Nachfolger), bis wir zu den Startknoten gelangen. Ferner wollen wir hier nicht einen einzigen, sondern alle von den Startknoten ausgehenden und zum Zielknoten führenden Pfade finden. Auch gehören jeweils alle Vorgänger eines Knotens zu einem interessierenden Pfad. Es ist hier also keine Auswahl zu treffen. Bei der Bestimmung der Vorgänger eines Knotens ist dessen Art zu berücksichtigen: Die Vorgänger eines hergeleiteten (Attribut, Wert)-Paares lassen sich mit Hilfe der REASON-Spalte in der Datenbanktabelle des Kurzzeitwissens bestimmen. Die Vorgänger eines

Knotens, der eine Regel repräsentiert, findet man aufgrund der Bedingungen der Regel.

Angesichts all dieser Unterschiede und Besonderheiten wollen wir für die Implementierung der *wie*-Funktion nicht auf das Programm *SEARCH* (vgl. Abb. 129 auf Seite 220) zurückgreifen, sondern eine spezielle Lösung entwickeln, welche die besonderen Eigenschaften des zu erstellenden Graphen ausnutzt. Der Einfachheit halber wollen wir nur Fragen von der Art „Wie wurde der Wert x für das Attribut Y hergeleitet?" zulassen, nicht aber die allgemeinere Frage „Wie wurde das Attribut Y hergeleitet?". Die allgemeinere Frage lässt sich aber leicht auf eine Frage der ersten Art zurückführen, indem man im Kurzzeitwissen nachschaut, welche Werte für das Attribut Y hergeleitet wurden und dann für jeden Wert die Frage nach der Herleitung stellt. (Eine entsprechende Verallgemeinerung der nachstehenden Programme ist einfach vorzunehmen; wir überlassen sie unseren Lesern.)

Die *wie*-Funktion implementieren wir mit der folgenden APL2-Funktion *HOW*:

```
      ∇ HOW [□] ∇
    ∇
[0]   HOW RESULT;REASONS;EXPLAIN;RULES
[1]   ⍝
[2]   ⍝* HOW generiert Erklaerung fuer Herleitung eines
[3]   ⍝* bestimmten Wertes eines Attributes
[4]   ⍝* Aufruf: HOW  (Attribut Wert)
[5]   ⍝
[6]   →(0=⍴REASONS←FINDREASON RESULT)/0    ⍝ Gruende bestimmen
[7]   EXPLAIN←INTERPRET¨REASONS            ⍝ Erklaerungstexte
[8]   ⎕←''                                 ⍝ Leerzeile
[9]   ⊃[2](⊂(1⊃RESULT),' = ',(2⊃RESULT),' gilt, weil:'),EXPLAIN
[10]  RULES←5↓¨((⊂'RULE')≡¨4↑¨REASONS)/REASONS ⍝ Regeln als Grund
[11]  WHYRULE¨((1⊃¨RULESET)∈RULES)/RULESET     ⍝ Regeln erklaeren
    ∇
```

Abb. 179. Funktion HOW

In [6] werden aus dem Kurzzeitwissen die Gründe für die Herleitung des interessierenden (Attribut, Wert)-Paares ermittelt. Im allgemeinen resultiert ein einziger Grund, aber es ist z.B. möglich, dass bei einem mehrwertigen Attribut zwei verschiedene Regeln den gleichen Wert ergeben. Zum Auffinden der Gründe wird die Hilfsfunktion *FINDREASON* aufgerufen. Die Funktion *INTERPRET* liefert für jeden dieser Gründe eine passende Formulierung [7]. Zeilen [8] und [9] dienen zur Ausgabe der Erklärungstexte, während [10] die allenfalls in den Erklärungen aufgeführten Regeln bestimmt und [11] mittels der folgenden Funktion *WHYRULE* deren Anwendung begründet.

13. Wissensverarbeitung und Expertensysteme

```
      ∇ WHYRULE [□] ∇
      ∇
[0]    WHYRULE RULE;ENTRIES
[1]    ⍝
[2]    ⍝* WHYRULE begruendet Anwendung einer Regel
[3]    ⍝* Aufruf:  WHYRULE  Regel
[4]    ⍝
[5]    ENTRIES←PREMISE¨2⊃RULE           ⍝ Bedingungen der Regel
[6]    ENTRIES←2 1⌽(1(1 1)⊃ENTRIES)(⊃,[1]/↑¨(⊂2 1)⌷¨ENTRIES)
[7]    ⍳0                                ⍝ Leerzeile
[8]    'Regel ',(1⊃RULE),' gilt wegen folgender Attributwerte:'
[9]    '-',1⌽(1⌽(⊂2 1)⊃ENTRIES PROJECT 'ATTRIBUTE' 'VALUE'),'='
[10]   HOW¨⊂[2](⊂2 1)⊃ENTRIES            ⍝ Attributwerte erklaeren
      ∇
```

Abb. 180. Funktion WHYRULE

Mittels der Hilfsfunktion *PREMISE* werden all diejenigen (Attribut, Wert)-Paare — inklusive Begründung — ermittelt, welche die Bedingungen der vorgegebenen Regel erfüllen [5]. In [6] werden die einzelnen resultierenden Tabellen zu einer einzigen Tabelle verschmolzen, aus der in [9] die Spalten ATTRIBUTE und VALUE entnommen werden. [7]–[9] dienen der Ausgabe der Erklärung, [10] beinhaltet den Aufruf von *HOW* für jedes die Bedingungen erfüllende (Attribut, Wert)-Paar.

Abb. 181 enthält die Programmliste der Hilfsfunktion *PREMISE*. Sie führt für eine vorgegebene Bedingung den Zugriff auf die Datenbank des Kurzzeitwissens durch:

```
      ∇ PREMISE [□] ∇
      ∇
[0]    RES←PREMISE CONDITION;ATTR;RELOP;VALUE;QUERY
[1]    ⍝
[2]    ⍝* PREMISE liefert alle (Attribut, Wert)-Paare, welche die
[3]    ⍝* vorgegebene Bedingung erfuellen
[4]    ⍝* Aufruf: [Res ←]  PREMISE  Bedingung
[5]    ⍝
[6]    (ATTR RELOP VALUE)←CONDITION      ⍝ separieren
[7]    QUERY←('ATTRIBUTE' '=' ATTR)'AND'('VALUE' RELOP VALUE)
[8]    RES←DATABASE SELECT QUERY         ⍝ Datenbankabfrage
      ∇
```

Abb. 181. Funktion PREMISE

Die Funktion *FINDREASON* (Programmliste in Abb. 182) bestimmt die Gründe für die Herleitung eines bestimmten Wertes eines Attributs mittels einer Abfrage in der Datenbanktabelle des Kurzzeitwissens [8]–[10]. Ist kein Eintrag für das gewünschte (Attribut, Wert)-Paar vorhanden, wird eine Fehlermeldung ausgegeben [11]. Falls der Funktion *FINDREASON* als Argument ein dreielementiger Vektor übergeben wird, gibt sie das dritte Ele-

```
        ∇ FINDREASON [◊] ∇
     ∇
[0]    RES←FINDREASON RESULT;ATTR;VALUE;QUERY
[1]    ⍝
[2]    ⍝* FINDREASON bestimmt die Gruende fuer die Herleitung
[3]    ⍝* eines bestimmten Wertes eines Attributes
[4]    ⍝* Aufruf: [Res ←] FINDREASON (Attribut Wert)
[5]    ⍝
[6]    →(3=⍴RESULT)/'→0,RES←RESULT[3]'   ⍝ bereits bekannt
[7]    (ATTR VALUE)←RESULT               ⍝ separieren
[8]    QUERY←('ATTRIBUTE' '=' ATTR)'AND'('VALUE' '=' VALUE)
[9]    RES←DATABASE SELECT QUERY         ⍝ Datenbankabfrage
[10]   RES←,(⊂2 1)⊃RES PROJECT 'REASON'  ⍝ Projektion
[11]   →(0=⍴RES)/'◊←''kein solcher Eintrag vorhanden.'''
     ∇
```

Abb. 182. Funktion FINDREASON

ment als Resultat zurück [6]. Der Grund dafür ist der folgende: Wird *HOW* von *WHYRULE* aufgerufen, so erfolgte ja bereits vorgängig ein Datenbankzugriff zur Bestimmung der Werte der in den Bedingungen vorkommenden Attribute. Um sich einen zweiten Datenbankzugriff zu ersparen, übergibt *WHYRULE* der Funktion *HOW* auch den Grund für die Herleitung des zu begründenden (Attribut, Wert)-Paares.

Die Funktion *INTERPRET* liefert eine Textformulierung für den im Kurzzeitwissen aufgeführten Grund:

```
        ∇ INTERPRET [◊] ∇
     ∇
[0]    RES←INTERPRET REASON;RULE;USER;FACT
[1]    ⍝
[2]    ⍝* INTERPRET erzeugt Erklaerungstexte zu angegebenen
[3]    ⍝* Gruenden
[4]    ⍝* Aufruf: [Res ←] INTERPRET Grund
[5]    ⍝
[6]    RULE←' - Regel ',(5↓REASON),' erfuellt ist'
[7]    USER←' - der Benutzer entsprechend geantwortet hat'
[8]    FACT←' - ein entsprechender Fakt existiert'
[9]    RES←↑('RULE' 'ANSWER' 'FACT'=¨1↑(' '≠REASON)⊂REASON)
                       /RULE USER FACT
     ∇
```

Abb. 183. Funktion INTERPRET

Damit sind alle Programme für die *wie*-Funktion unserer Erklärungskomponente erläutert. Um *HOW* auf komfortable Art aufrufen zu können, erweitern wir unser Hauptprogramm *CONSULT* aus Abb. 177 auf Seite 297 und führen neben dem *SHOW*-Befehl noch einen *HOW*-Befehl ein. Die erweiterte Programmliste ist im Anhang A in Abb. 198 enthalten.

13. Wissensverarbeitung und Expertensysteme

Jetzt wollen wir uns einem Anwendungsbeispiel zuwenden. Wir wählen gerade das zweite Beispiel aus dem letzten Abschnitt und wollen uns vom Expertensystem erklären lassen, wie der Wert „Gstaad" für das Attribut *Destination* hergeleitet wurde:

```
      TOURIST CONSULT 'DESTINATION'
TRACE: (JA/NEIN)
NEIN
  Welchen Wert soll UMGANGSSPRACHE erhalten?
□:
      'DEUTSCH'
  Welchen Wert soll UMGEBUNG erhalten?
□:
      'BERGE'
  Welchen Wert soll FREIZEIT erhalten?
□:
      'SKI'
  OK

BEFEHL:
SHOW
  ATTRIBUTE       VALUE            REASON
  ---------       -----            ------
  UMGANGSSPRACHE  DEUTSCH          ANSWER BY USER
  UMGEBUNG        BERGE            ANSWER BY USER
  REGION          BERNER OBERLAND  RULE R1
  FREIZEIT        SKI              ANSWER BY USER
  JAHRESZEIT      SOMMER           FACT
  DESTINATION     GSTAAD           RULE R4

BEFEHL:
HOW DESTINATION GSTAAD

DESTINATION = GSTAAD gilt, weil:
 - Regel R4 erfuellt ist

Regel R4 gilt wegen folgender Attributwerte:
 - REGION     = BERNER OBERLAND
 - FREIZEIT   = SKI
 - JAHRESZEIT = SOMMER

REGION = BERNER OBERLAND gilt, weil:
 - Regel R1 erfuellt ist

Regel R1 gilt wegen folgender Attributwerte:
 - UMGANGSSPRACHE = DEUTSCH
 - UMGEBUNG       = BERGE

UMGANGSSPRACHE = DEUTSCH gilt, weil:
 - der Benutzer entsprechend geantwortet hat

UMGEBUNG = BERGE gilt, weil:
 - der Benutzer entsprechend geantwortet hat
```

```
FREIZEIT = SKI gilt, weil:
- der Benutzer entsprechend geantwortet hat

JAHRESZEIT = SOMMER gilt, weil:
- ein entsprechender Fakt existiert

BEFEHL:
```

Neben der *wie*-Funktion wären bei einer Erklärungskomponente noch weitere Erklärungsarten von Interesse: z.B. eine Begründung, **warum** die Beantwortung einer bestimmten Frage nötig ist oder **warum nicht** ein anderer, vom Anwender erwarteter Wert hergeleitet wurde. Wir wollen es aber bei der *wie*-Funktion belassen und damit unsere Betrachtungen über regelbasierte Expertensysteme abschliessen.

13.5 Frame-basierte Wissensdarstellung und -nutzung

In den vorangehenden Abschnitten haben wir ansatzweise ein regelbasiertes Expertensystem entwickelt, dessen Wissen im wesentlichen durch Fakten und Regeln vorgegeben ist. In diesem Abschnitt wollen wir − ebenfalls nur ansatzweise − auf die sog. **Frame-basierte Wissensverarbeitung** eingehen. Hier ist das Wissen ganz anders vorgegeben, nämlich durch einen gerichteten Graphen − ein sog. **semantisches Netz** −, dessen Knoten gewisse Objekte oder Sachverhalte eines Sachgebietes beschreiben und **Frames** (deutsch: Rahmen) genannt werden. Das Anwendungswissen ist z.T. als Information in den Frames enthalten und z.T. durch Kanten dargestellt, welche Beziehungen zwischen den zugehörigen Frames herstellen. Zur Illustration wählen wir nochmals unser Beispiel aus der Touristik-Branche.

13.5.1 Wissensdarstellung mittels Frames

Abb. 184 zeigt ein einfaches semantisches Netz. Es enthält zwei Arten von Frames (Knoten), die durch rechteckige bzw. runde Kästchen dargestellt sind. Runde Kästchen bezeichnen sog. **Instanzen**, Rechtecke sog. **Konzepte**. Konzepte stellen entweder Klassen von Instanzen dar oder Oberklassen von anderen Konzepten. In beiden Fällen werden sie im semantischen Netz mit jedem ihrer Elemente durch eine Kante verbunden. Falls das Konzept K Element der Oberklasse K' ist, also eine Kante von K' nach K führt, nennt man K eine *Spezialisierung* von K' und K' eine *Generalisierung* von K. Während eine Instanz immer nur zu einem Konzept gehört, kann es zu einem Konzept mehrere Generalisierungen geben. In unserem Beispiel gilt unter anderem, dass die konkrete Destination „Adelboden" eine Instanz der Klasse „Destinationen im Berner Oberland" ist, welche ihrerseits eine Spezialisierung der Klasse „Destinationen in der Schweiz" ist. Im vorliegenden semantischen Netz gibt es offenbar zu einem Konzept nie mehr als eine Generali-

13. Wissensverarbeitung und Expertensysteme

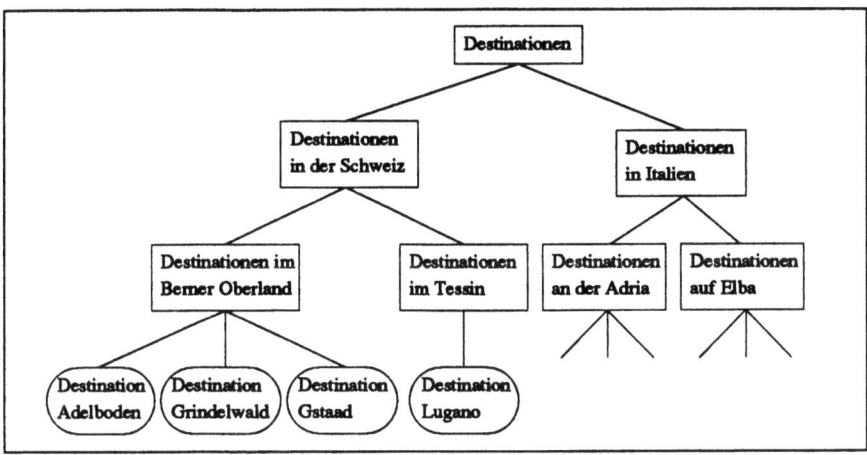

Abb. 184. Semantisches Netz

sierung. Das semantische Netz ist dementsprechend ein spezieller Graph, nämlich ein Baum.

Die Knoten eines semantischen Netzes, d.h. die Frames, bestehen aus Komponenten, die **Slots** genannt werden, und ähneln dem Datentyp *Record* (vgl. Seite 50). Das Konzept-Frame „Destinationen im Berner Oberland" ist z.B. wie folgt aus 6 Slots zusammengesetzt:

Name	Destinationen im Berner Oberland		
Typ	Konzept		
Generalisierungen	Destinationen in der Schweiz		
Spezialisierungen	–		
Instanzen	Adelboden, Grindelwald, Gstaad		
Attribute		*Name*	Sprache
		Typ	Attributdefinition
		Default	Deutsch

Analog ist das Instanz-Frame „Adelboden" wie folgt aus 4 Slots aufgebaut:

Name	Adelboden
Typ	Instanz
Instanz_von	Destinationen im Berner Oberland
Attribute	*Sprache* = Deutsch *Verkehrsmittel* = Bus *Währung* = Franken

Die durch Frames repräsentierten Objekte (Instanzen oder Konzepte) werden mittels Attributen näher beschrieben. Bei Instanz-Frames sind zu den einzelnen Attributen konkrete Werte gespeichert. Im *Attribute*-Slot von Konzept-Frames werden die gemeinsamen Attribute aller Objekte der entsprechenden Klasse definiert und u.U. mit Default-Werten versehen. Für jedes zu definierende Attribut enthält das *Attribute*-Slot eines Konzepts ein sog. **Attributdefinitions-Frame**, das keinem Knoten des semantischen Netzes entspricht. Im obigen Beispiel wird für die Klasse „Destinationen im Berner Oberland" das Attribut *Sprache* definiert und mit dem Default-Wert „Deutsch" versehen. Ist nun im *Attribute*-Slot einer Instanz der Klasse „Destinationen im Berner Oberland" kein Wert für das Attribut *Sprache* definiert, wird dafür der im Konzept „Destinationen im Berner Oberland" definierte Default-Wert „Deutsch" übernommen (**Vererbung**). Umgekehrt wird ein Default-Wert einer Klasse für eine konkrete Instanz ausser Kraft gesetzt, wenn im entsprechenden Instanz-Frame ein anderer Wert für das Attribut spezifiziert ist. (Analoges gilt für Ober- und Unterklassen.) Wenn wir die Möglichkeit der Vererbung von Werten ausnutzen, können wir in unserem Beispiel die drei Attribute *Sprache*, *Währung* und *Verkehrsmittel* wie in Abb. 185 definieren. Das Default-Verkehrsmittel „Bahn" aller Destinationen wird für die Instanz „Adelboden" und für das Konzept „Destinationen auf Elba" ausser Kraft gesetzt. Analog erhält das Attribut *Sprache* des Konzepts „Destinationen an der Adria" die zwei Werte „Italienisch" und „Deutsch".

Nachdem wir die Idee der Frame-basierten Wissensdarstellung erläutert haben, wollen wir uns der Implementierung von Frames zuwenden. Die Wissensbasis eines Frame-basierten Systems besteht aus einer Menge von Frames (Konzepte und Instanzen). In unserem Beispiel liegen 11 Frames vor. Jedes einzelne Frame wird als Abbildung gemäss 8.4 „Abbildungen" realisiert, d.h. als eine Menge von Paaren *(Slotname, Slotwert)*. Diese Implementierung erlaubt es uns, für den Zugriff auf die Slotwerte die Funktion *COMPUTE* aus Abb. 73 auf Seite 160 zu verwenden. Der Slotwert des *Attribute*-Slots besteht bei Instanzen wiederum aus einer Abbildung, d.h. aus einer Menge von Paaren *(Attributname, Attributwert)*. Bei Konzepten wird stattdessen eine Menge von Attributdefinitions-Frames verwendet. Diese speziellen Frames sind ihrerseits als Abbildungen realisiert. Da die Kanten eines semantischen Netzes (d.h. die Beziehungen zwischen den einzelnen

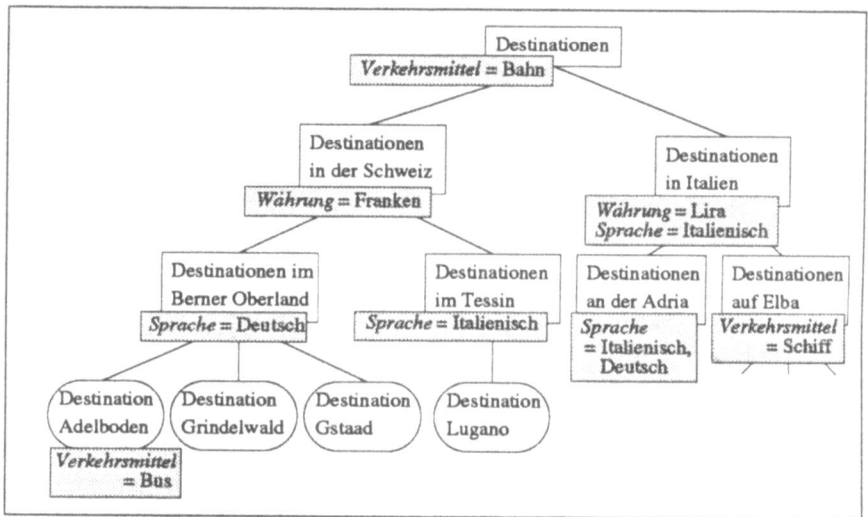

Abb. 185. Semantisches Netz mit Attributwerten

Frames) durch die Slots *Generalisierungen, Spezialisierungen, Instanzen* bzw. *Instanz_von* eindeutig bestimmt sind, beschreibt eine solche Frame-Menge das zugehörige semantische Netz vollständig.

Das Instanz-Frame „Adelboden" z.B. wird mittels des verschachtelten Vektors in Abb. 187 implementiert. Für den Zugriff auf den Wert eines Slots verwenden wir die folgende Funktion **READSLOT**:

```
      ∇ READSLOT [□] ∇
   ∇
[0]   RES←FRAME READSLOT SLOT
[1]   A
[2]   A* READSLOT liest den Wert eines Slots eines Frames
[3]   A* Aufruf: [Resultat ←]   Frame   READSLOT   Slotname
[4]   A
[5]   →(~SLOT MEMBER 1⊃¨FRAME)/'→0,RES←⍳0'  A existiert Slot?
[6]   RES←FRAME COMPUTE SLOT           A Frame als Abbildung
   ∇
```

Abb. 186. Funktion READSLOT

Da wir Frames als Abbildungen implementieren, können wir *READSLOT* einfach aus den Funktionen *MEMBER* aus Abb. 64 auf Seite 153 und *COMPUTE* aus Abb. 73 auf Seite 160 zusammensetzen.

Um die Frames in leicht lesbarer Form ausgeben zu können, wollen wir noch eine Hilfsfunktion **SHOWFRAME** (siehe Abb. 188) erstellen. Diese Funktion wandelt den verschachtelten Vektor eines Frames in eine Matrix mit zwei Spalten um [5]. Je nach Typ des Frames [8] wird eine Tabelle mit

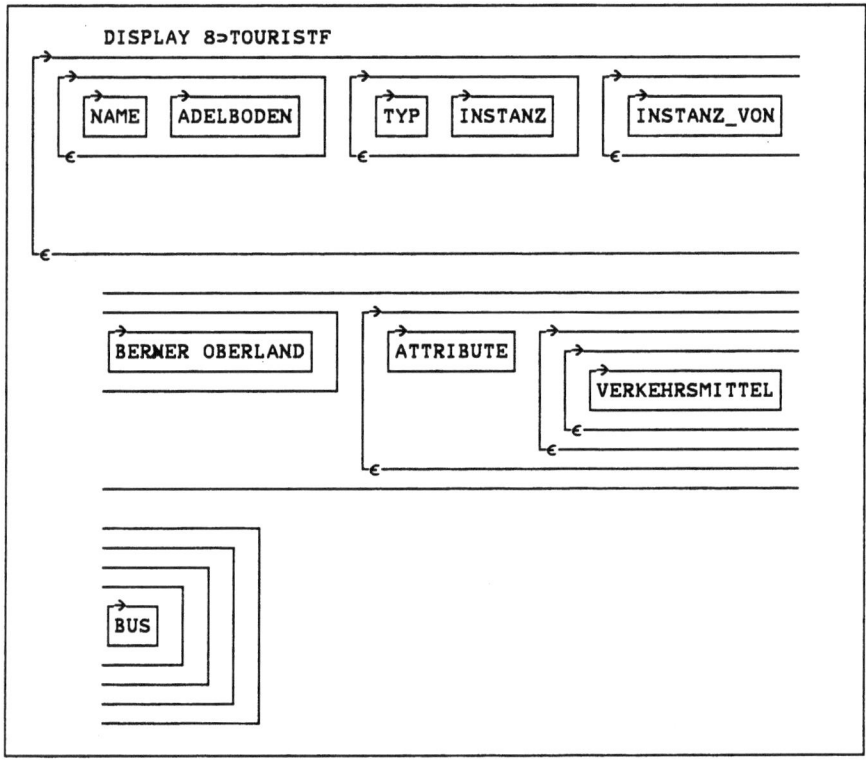

Abb. 187. Implementierung des Instanz-Frames „Adelboden"

den Attributwerten [10] bzw. eine Liste von Attributdefinitions-Frames [9] erstellt. Die Anwendung von *SHOWFRAME* auf die Instanz „Adelboden" ergibt die folgende Darstellung:

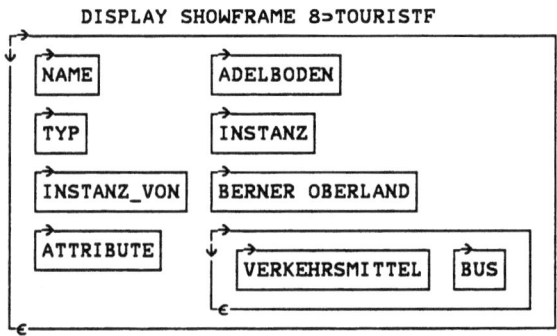

13. Wissensverarbeitung und Expertensysteme

```
       ∇ SHOWFRAME [□] ∇
     ∇
[0]    RES←SHOWFRAME FRAME;ATTRIB;POS;TYPE
[1]    ⍝
[2]    ⍝* SHOWFRAME erzeugt eine schoene Darstellung eines Frames
[3]    ⍝* Aufruf: [Resultat ←] SHOWFRAME Frame
[4]    ⍝
[5]    RES←⊃[2]FRAME                          ⍝ Frame als Matrix
[6]    →(0=⍴ATTRIB←FRAME READSLOT 'ATTRIBUTE')/0 ⍝ keine Attribute
[7]    POS←(1⊃⍉FRAME)⍳⊂'ATTRIBUTE'            ⍝ Index des Attr-Slots
[8]    TYPE←FRAME READSLOT 'TYP'              ⍝ Frametyp bestimmen
[9]    ⍎(TYPE≡'KONZEPT')/'((⊂POS 2)⊃RES)←⊃[2]⍉ATTRIB' ⍝ Attr-Frames
[10]   ⍎(TYPE≡'INSTANZ')/'((⊂POS 2)⊃RES)←⊃[2]ATTRIB'  ⍝ Attr-Werte
     ∇
```

Abb. 188. Funktion SHOWFRAME

Das Konzept „Destinationen im Berner Oberland" wird wie folgt ausgegeben:

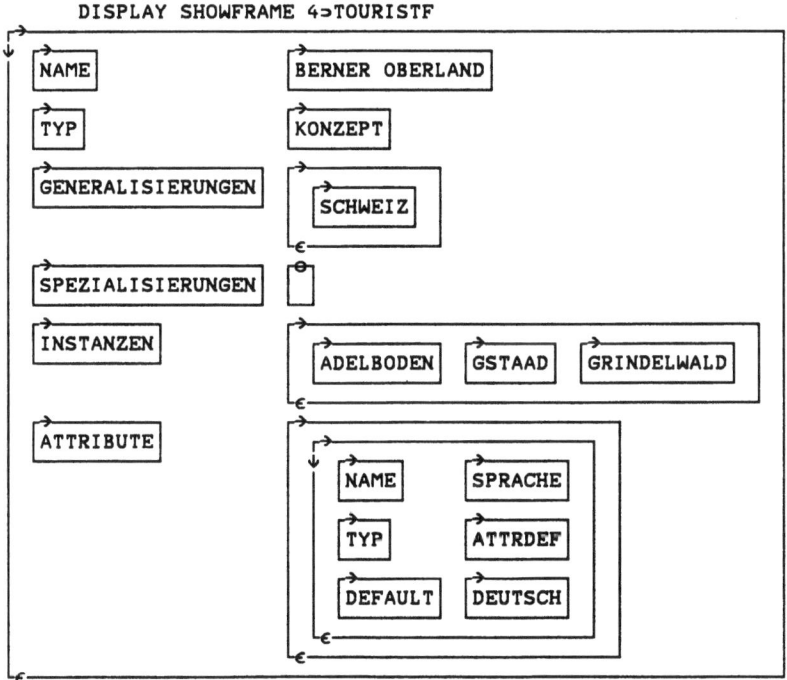

13.5.2 Wissensnutzung mittels Vererbung

Das eigentliche Anwendungswissen ist bei Frames einerseits in den Attributen von Instanzen und Konzepten und andererseits in den Hierarchiebeziehungen zwischen den Frames enthalten. Die einfachste Art der Wissensnutzung in Frame-basierten Systemen dürfte das Lesen eines Attributwertes einer Instanz bzw. eines Default-Wertes im Falle eines Konzepts sein. Und zwar soll nach Möglichkeit stets ein Wert gefunden werden, der entweder im betrachteten Frame selbst vorkommt oder aber durch Vererbung von einem anderen Frame zu übernehmen ist. Zur Herleitung eines Wertes bzw. eines Default-Wertes für ein Attribut eines Frames verwenden wir eine Funktion *READATTRIB*, welche den folgenden (rekursiven) Algorithmus implementiert:

1. Schau nach, von welchem Typ das vorliegende Frame ist. Falls es ein Konzept ist, gehe zu Schritt 4. Für eine Instanz fahre mit Schritt 2 weiter.
2. Falls die Instanz das gesuchte Attribut enthält und einen Wert dafür aufweist, gib den Wert zurück und beende die Ableitung.
3. Andernfalls suche aufgrund des *Instanz_von*-Slots dasjenige Konzept, zu dem die vorliegende Instanz gehört. Wende *READATTRIB* auf dieses Konzept an und beende die Ableitung.
4. Falls in dem Konzept ein Attributdefinitions-Frame für das gesuchte Attribut existiert und dieses einen Default-Wert enthält, gib diesen Wert zurück und beende die Ableitung.
5. Suche aufgrund des *Generalisierungen*-Slots eine Oberklasse des aktuellen Konzepts. Falls ein solches Konzept existiert, wende *READATTRIB* darauf an und beende die Ableitung. (Falls mehrere Oberklassen möglich sind, bieten sich verschiedene Strategien an: entweder man berücksichtigt alle Generalisierungen − oder aber nur gewisse. Die Art der Vererbung muss in einem solchen Fall vom Knowledge Engineer definiert werden.)
6. Falls kein Wert hergeleitet werden konnte, brich die Ableitung erfolglos ab.

Die Funktion *READATTRIB* haben wir gemäss Abb. 189 implementiert. Dieses Hauptprogramm entspricht dem ersten Schritt des oben aufgeführten Algorithmus und ruft je nach Typ des vorgegebenen Frames [9] die Hilfsfunktion *READINST* (für Instanzen) [10] bzw. *READCON* (für Konzepte) [12] auf. Vorausgesetzt werden zwei globale Variablen KB (Wissensbasis, d.h. Menge der Frames) und TRACE (Trace-Meldungen erwünscht oder nicht, vgl. Spurvektor auf Seite 71). Mit Hilfe der in Abb. 190 enthaltenen Hilfsfunktion *FINDFRAMES* [6] und mit Zeile [8] wird das Frame mit dem vorgegebenen Namen aus der Menge aller Frames ausgewählt.

13. Wissensverarbeitung und Expertensysteme 313

```
       ∇ READATTRIB [▯] ∇
    ∇
[0]    RES←FRAMENAME READATTRIB ATTR;FRAME;TYP
[1]    ⍝
[2]    ⍝✱ READATTRIB bestimmt den Wert eines Frame-Attributs
[3]    ⍝✱ Aufruf: [Resultat ←] Framename READATTRIB Attribut
[4]    ⍝
[5]    ⍞TRACE/'''↦→'' FRAMENAME ''READATTRIB'' ATTR' ⍝ Tracemeldung
[6]    FRAME←KB FINDFRAMES 'NAME' FRAMENAME        ⍝ Frame finden
[7]    ⍞(0=⍴FRAME)/'→0,RES←⍳0'                      ⍝ kein Frame?
[8]    FRAME←↑FRAME                                 ⍝ nur ein Frame
[9]    →('KONZEPT'=FRAME READSLOT 'TYP')/CONCEPT    ⍝ Frametyp
[10]   →0,RES←FRAME READINST ATTR                   ⍝ Instanz
[11]   CONCEPT:
[12]   RES←FRAME READCON ATTR                       ⍝ Konzept
    ∇
```

Abb. 189. Funktion READATTRIB

```
       ∇ FINDFRAMES [▯] ∇
    ∇
[0]    RES←SET FINDFRAMES SLOT_VALUE;SLOT;VALUE
[1]    ⍝
[2]    ⍝✱ FINDFRAMES findet bestimmte Frames in Wissensbasis
[3]    ⍝✱ Aufruf: [Res ←] Wissensbasis FINDFRAMES (Slot Wert)
[4]    ⍝
[5]    (SLOT VALUE)←SLOT_VALUE                     ⍝ separieren
[6]    RES←((⊂VALUE)=¨SET READSLOT¨⊂SLOT)/SET      ⍝ auswaehlen
    ∇
```

Abb. 190. Funktion FINDFRAMES

FINDFRAMES kann allgemeiner zum Auffinden aller Frames verwendet werden, bei denen ein gewisses Slot einen vorgegebenen Wert enthält.

Schritte 2 und 3 des obigen Algorithmus sind in der Funktion *READINST* (siehe Abb. 191) realisiert. Falls die vorliegende Instanz einen Wert für das gesuchte Attribut enthält [5], [6], erhält man diesen mittels der Funktion *COMPUTE* (aus Abb. 73 auf Seite 160) [7]. Sonst wird aufgrund des *Instanz_von*-Slots dasjenige Konzept bestimmt, zu dem die gegebene Instanz gehört [9]. Mittels eines rekursiven Aufrufs wird dann *READATTRIB* auf dieses Konzept angewendet [10]. Falls kein solches Konzept gefunden wird, liegt eine fehlerhafte Wissensbasis vor, was mit einer Fehlermeldung angezeigt wird [13].

Analog implementiert die Hilfsfunktion **READCON** (in Abb. 192) die Schritte 4 bis 6 des obigen Algorithmus.

```
        ∇ READINST [□] ∇
    ∇
[0]    RES←FRAME READINST ATTR;LIST;ANCESTOR
[1]    A
[2]    A* READINST bestimmt Wert fuer Attribut einer Instanz
[3]    A* Aufruf: [Resultat ←] Frame READINST Attribut
[4]    A
[5]    →(0=ρLIST←FRAME READSLOT 'ATTRIBUTE')/INHERIT  A Attribute?
[6]    →(~ATTR MEMBER 1⊃⍕LIST)/INHERIT  A Attribut nicht definiert?
[7]    →0,ρRES←LIST COMPUTE ATTR           A Wert gefunden?
[8]    INHERIT:                            A Vererbung
[9]    →(0=ρANCESTOR←FRAME READSLOT 'INSTANZ_VON')/ERROR  A Konzept
[10]   RES←ANCESTOR READATTRIB ATTR        A Wert von Konzept
[11]   →0
[12]   ERROR:                              A Fehlermeldung
[13]   'Es gibt kein Konzept fuer Instanz'(FRAME COMPUTE 'NAME')
[14]   RES←⍳0                              A leeres Resultat
    ∇
```

Abb. 191. Funktion READINST

```
        ∇ READCON [□] ∇
    ∇
[0]    RES←FRAME READCON ATTR;LIST;ANCESTOR;ATTRFRAME
[1]    A
[2]    A* READCON bestimmt Defaultwert fuer Attribut eines Konzepts
[3]    A* Aufruf: [Resultat ←] Frame READCON Attribut
[4]    A
[5]    →(0=ρLIST←FRAME READSLOT 'ATTRIBUTE')/INHERIT  A Attribute?
[6]    ATTRFRAME←LIST FINDFRAMES 'NAME' ATTR   A Attr-Frame
[7]    →(0=ρATTRFRAME)/INHERIT              A kein Attr-Frame?
[8]    ATTRFRAME←↑ATTRFRAME                 A Frame selbst
[9]    →(0≠ρRES←ATTRFRAME READSLOT 'DEFAULT')/0  A Defaultwert?
[10]   INHERIT:                             A Vererbung
[11]   ANCESTOR←FRAME READSLOT 'GENERALISIERUNGEN'  A Vorgaenger
[12]   ⍲(0=ρANCESTOR)/'→0,RES←⍳0'           A keine Vorgaenger
[13]   RES←⊃UNION/ANCESTOR READATTRIB¨⊂ATTR  A vererbte Werte
    ∇
```

Abb. 192. Funktion READCON

Der hauptsächliche Unterschied zu *READINST* besteht darin, dass das *Attribute*-Slot eines Konzepts Attributdefinitions-Frames enthält, aus welchen gegebenenfalls das gesuchte herausgegriffen wird [6]. Falls ein solches existiert [7], wird von diesem der Wert des *Default*-Slots − sofern vorhanden − zurückgegeben [9]. Für eine allfällige Vererbung wird das *Generalisierungen*-Slot benötigt [11]. Falls kein Wert gefunden wurde und keine Oberklassen existieren (Schritt 6), wird ein leerer Vektor als Resultat zurückgegeben [12]. Sonst wird *READATTRIB* rekursiv auf alle Oberklassen angewendet und die Vereinigung aller erhaltenen Werte als Resultat zurückgegeben [13] (Funktion *UNION* aus Abb. 62 auf Seite 152).

Nachdem wir *READATTRIB* fertig implementiert haben, wollen wir zur Illustration mit unserer Wissensbasis einige Attributwerte herleiten:

```
TRACE←0
    'ADELBODEN' READATTRIB 'VERKEHRSMITTEL'
BUS
```

Um die Herleitung und insbesondere etwaige Vererbungen besser mitverfolgen zu können, schalten wir die Trace-Option ein:

```
TRACE←1
    'ADELBODEN' READATTRIB 'VERKEHRSMITTEL'
⇾ ADELBODEN READATTRIB VERKEHRSMITTEL
BUS

    'GSTAAD' READATTRIB 'VERKEHRSMITTEL'
⇾ GSTAAD READATTRIB VERKEHRSMITTEL
⇾ BERNER OBERLAND READATTRIB VERKEHRSMITTEL
⇾ SCHWEIZ READATTRIB VERKEHRSMITTEL
⇾ DESTINATION READATTRIB VERKEHRSMITTEL
BAHN

    'BERNER OBERLAND' READATTRIB 'SPRACHE'
⇾ BERNER OBERLAND READATTRIB SPRACHE
DEUTSCH

    'BERNER OBERLAND' READATTRIB 'WAEHRUNG'
⇾ BERNER OBERLAND READATTRIB WAEHRUNG
⇾ SCHWEIZ READATTRIB WAEHRUNG
FRANKEN
```

Mit der Funktion *READATTRIB* können wir dank dem Mechanismus der Vererbung offensichtlich auf beliebige Attribute von Instanzen und Konzepten zugreifen.

13.5.3 Wissensnutzung mittels Matching

Neben dem Lesen eines Attributwertes einer Instanz oder eines Konzeptes interessiert man sich bei Frame-basierten Systemen häufig für Abfragen der Art: „Welche Destinationen im Berner Oberland kann man mit der Bahn erreichen?". Gesucht sind für diese Abfrage alle Instanz-Frames, die im *Instanz_von*-Slot den Wert „Berner Oberland" aufweisen und deren Attribut *Verkehrsmittel* den Wert „Bahn" hat. Es handelt sich dabei um datenbankähnliche Abfragen, wie wir sie bei der Operation *select* im Abschnitt 8.6 „Anwendung auf relationale Datenbanken" angetroffen haben. Neben denjenigen Instanzen, in welchen der Attributwert „Bahn" explizit angegeben ist, sollen natürlich auch solche berücksichtigt werden, für die dieser Wert von einem Konzept vererbt werden kann. Eine für solche Abfragen benötigte Vergleichsoperation, welche die Übereinstimmung von Slot- und Attributwerten von Frames überprüft, nennt man **Matching**.

Wir haben bereits eine Funktion *FINDFRAMES* (siehe Abb. 190) kennengelernt, mit der alle Frames ermittelt werden können, die in einem bestimmten Slot einen gegebenen Wert aufweisen. Mit ihr lassen sich in unserem Beispiel alle Instanzen finden, die zum Konzept „Berner Oberland" gehören:

```
      INST←TOURISTF FINDFRAMES 'INSTANZ_VON' 'BERNER OBERLAND'
      INST READSLOT¨⊂'NAME'
ADELBODEN GSTAAD GRINDELWALD
```

Von den drei in **INST** enthaltenen Instanzen sind jetzt diejenigen auszuwählen, für deren Attribut *Verkehrsmittel* mittels *READATTRIB* der Wert „Bahn" hergeleitet werden kann. Dazu haben wir die folgende Funktion *MATCHINST* erstellt:

```
       ∇ MATCHINST [◊] ∇
     ∇
[0]    RES←SET MATCHINST ATTRIB_VALUE;ATTRIB;VALUE;FRAMES;NAMES;
       VALUES
[1]    A
[2]    A* MATCHINST findet alle Instanz-Frames in Wissensbasis,
[3]    A* die einen bestimmten Attributwert haben
[4]    A* Aufruf: [Res ←] Wissensbasis MATCHINST (Attribut Wert)
[5]    A
[6]    (ATTRIB VALUE)←ATTRIB_VALUE         A separieren
[7]    FRAMES←SET FINDFRAMES 'TYP' 'INSTANZ'  A Instanzen
[8]    NAMES←FRAMES READSLOT¨⊂'NAME'         A deren Namen
[9]    VALUES←NAMES READATTRIB¨⊂ATTRIB       A Attributwerte
[10]   RES←(VALUES=¨⊂VALUE)/NAMES            A Frames mit Wert
     ∇
```

Abb. 193. Funktion MATCHINST

Da die Inhalte des *Attribute*-Slots bei Instanzen und Konzepten verschiedene Formen haben, beschränken wir uns auf das Auffinden von Instanzen mit einem vorgegebenen Attributwert [7]. (Eine analoge Funktion, die Konzepte mit einem vorgegebenen Default-Wert für ein Attribut ermittelt, liesse sich auch problemlos erstellen.) Mittels *READATTRIB* wird das entsprechende Attribut aller Instanzen hergeleitet [9], und in [10] werden die erhaltenen Werte auf Übereinstimmung mit dem vorgegebenen Wert hin überprüft.

Für unser Beispiel liefert *MATCHINST* das gewünschte Resultat:

```
      INST MATCHINST 'VERKEHRSMITTEL' 'BAHN'
GSTAAD GRINDELWALD
```

Mit den Frames als Mittel der Wissensdarstellung sowie dem Herleiten von Attributwerten und dem Matching als Möglichkeiten der Wissensnutzung haben wir wichtige Elemente eines Frame-basierten Expertensystems kennengelernt. Auf die Erstellung einer eigentlichen *Expertensystem-Umgebung*, wie beim regelbasierten Ansatz, haben wir hier verzichtet, ebenso auf weitere Möglichkeiten der Wissensnutzung wie das Einfügen, Löschen und Ändern von Slots oder das Generieren und Löschen von Instanzen. Wir wollen auch nicht auf weitere Komponenten Frame-basierter Expertensysteme eingehen, hoffen aber, die grundlegenden Ideen der Frame-basierten Systeme und ihrer Implementierung in APL2 anschaulich aufgezeigt zu haben.

13.6 Ergänzende Bemerkungen über Expertensysteme

In diesem Kapitel haben wir zwei Arten der Wissensdarstellung und -nutzung vorgestellt. Diese sind die in heutigen Expertensystemen am häufigsten verwendeten. Während der regelbasierte Ansatz etwas ausführlicher behandelt wurde, haben wir uns beim Frame-basierten Ansatz auf wenige Aspekte beschränkt. Es liegt auf der Hand, dass beide Arten von Wissensverarbeitung ihre Stärken (und natürlich auch ihre Schwächen) haben. In unseren Beispielen haben wir Regeln dort verwendet, wo aufgrund von verschiedenen Randbedingungen (Kundenwünschen) eine Entscheidung zu fällen ist. Regeln helfen hier, verschiedene Aspekte miteinander zu verknüpfen und Schlüsse zu ziehen. Frames haben wir eingesetzt, um nähere Angaben über bestimmte Objekte zu erhalten bzw. um alle diejenigen Objekte auszuwählen, die gewisse Kriterien erfüllen. Frames erinnern uns etwas an die Suche in Datenbanken, Regeln dagegen eher ans logische Schliessen (vgl. Prolog). Während bei regelbasierten Systemen neben Einzelfakten das Wissen über Zusammenhänge im Vordergrund steht, liegt der Schwerpunkt bei der Frame-basierten Wissensdarstellung auf der Modellierung des Aufbaus komplexer Systeme, welche sich aus vielen Einzelkomponenten zusammensetzen, sowie auf der Darstellung von hierarchischen Beziehungen zwischen einzelnen Komponenten. Es lässt sich allerdings nur schwer eine genaue Grenze zwischen dem sinnvollen Anwendungsbereich von Regeln bzw. von Frames formulieren. Da, wie gesagt, beide Arten von Wissensdarstellung ihre Stärken und Schwächen haben, ist zu erwarten, dass eine Kombination beider Ansätze zu einer einzigen Expertensystem-Umgebung namhafte Vorteile bringt. Bereits heute bieten daher die meisten Expertensystem-Schalen mehrere Arten von Wissensdarstellung und -nutzung an, insbesondere Regeln und Frames.

Bei beiden vorgestellten Ansätzen geht es bei der Wissensnutzung zu einem wesentlichen Teil darum, Werte für Attribute herzuleiten. Eine Kombination beider Ansätze könnte z.B. darin bestehen, das in einem Expertensystem repräsentierte Fachgebiet in Objekte (Klassen und Instanzen) zu strukturieren und diese durch Attribute näher zu beschreiben − entsprechend der heute aktuellen *Objekt-orientierten Programmierung* (vgl. [Budd91]). Neben dem durch ein semantisches Netz dargestellten faktischen und hierarchischen Wissen könnten u.a. Funktionen und Regeln zur Herleitung von Attributwerten verwendet werden. Natürlich müssten die Regeln zusätzlich zu den Attributnamen Angaben darüber enthalten, für welche Objektklassen sie anwendbar sind, d.h. die regelbasierte Wissensnutzung müsste neben der Rückwärts- oder Vorwärtsableitung auch eine Strategie zur Auswahl geeigneter Objekt-Instanzen umfassen.

Unsere Implementierungen dürften genügen, um die grundsätzliche Eignung von APL2 für die Realisierung von Expertensystemen aufzuzeigen. Auch findet man in der Literatur einige Arbeiten über Expertensysteme in APL und APL2, z.B. [SmEv90] oder [VeSp90]. Unsere beiden Ansätze − oder noch besser eine Kombination von ihnen − liessen sich zu einer eigentlichen Expertensystem-Schale ausbauen. Allerdings gibt es heute bereits eine beachtliche Anzahl kommerzieller Expertensystem-Schalen, die für viele Anwendungen gut geeignet sind. Für das Erstellen eines echten Expertensystems würde man daher sinnvollerweise ein solches Produkt einsetzen und keinen unnötigen Aufwand in Eigenentwicklungen stecken.

14. Künstliche Intelligenz und APL2

In den drei vorangehenden Kapiteln haben wir einfache, aber typische Anwendungen aus einigen Teilgebieten der *Künstlichen Intelligenz (KI)* betrachtet. Im letzten Kapitel unseres Buches wollen wir jetzt auf die beiden Fragen zurückkommen, worum es in der KI eigentlich geht und wie gut sich APL2 eignet, um Methoden der KI zu implementieren.

14.1 Künstliche Intelligenz

In [Schn83] finden wir unter dem Stichwort *künstliche Intelligenz* die folgenden knappen, aber aussagekräftigen Erläuterungen:

> Die Forschung auf dem Gebiet der künstlichen Intelligenz verfolgt zwei ganz unterschiedliche Ziele: a) menschliche Intelligenz auf dem *Computer* zu simulieren (simulation approach), b) Computer zu bauen, die Aufgaben erledigen, zu denen der Mensch Intelligenz benutzt (engineering approach). Die Frage, ob es möglich ist, intelligente Maschinen zu konstruieren, die dem Menschen ebenbürtig bzw. überlegen sind, ist umstritten.

Bei der Zielrichtung a) geht es hauptsächlich darum, mehr über das menschliche Denken in Erfahrung zu bringen. Diese Richtung wird vor allem in der Psychologie verfolgt. In der Informatik interessiert in erster Linie die Zielrichtung b), d.h. die Konstruktion von „intelligenten" Computern und Programmen.

Zur Bewältigung von komplexen Problemen, wie sie in vielen KI-Anwendungen auftreten, ist i.a. ein umfangreiches Wissen über das Gebiet nötig, aus dem die Anwendung stammt. Dieses Wissen ist z.B. im Gedächtnis eines menschlichen Experten oder als Buch verfügbar (**Wissensdarstellung**). Für das Lösen von Problemen muss es aber auch möglich sein, das vorhandene Wissen effektiv anzuwenden und daraus Schlussfolgerungen zu ziehen (**Wissensnutzung**). Dazu ist es vorerst nötig, die vorliegende Situation genau zu erfassen. Beim Menschen geschieht das zu einem grossen Teil durch die Aufnahme von **visueller** oder **akustischer Information**. Somit spielt auch für einen intelligenten Computer das Sehen von Szenen und das Verstehen von gesprochener Sprache eine wichtige Rolle. Überhaupt sollte ein Computer, der die Bezeichnung „intelligent" verdient, zur **Kommunikation mit Menschen** fähig sein, also z.B. Resultate in Form von korrekt formulierten Sätzen mitteilen können. Und schliesslich sollte ein intelligenter Computer auch in der Lage sein, aufgrund gemachter Erfahrungen sein Wissen zu erweitern und für ihn neue Probleme zu bewältigen (**Lernfähigkeit**). Diesbezüglich steckt die KI allerdings noch in den Kinderschuhen.

Wir wollen unsere Vorstellungen von intelligenten Maschinen anhand eines einfachen Beispiels illustrieren. Ältere Verkehrsampeln halten sich stur an ihre Rot- bzw. Grün-Phasen − unabhängig vom aktuellen Verkehrsgeschehen. Ein Polizist, der den Verkehr regelt, berücksichtigt dagegen die Umstände und versucht, die Wartezeiten der einzelnen Verkehrsteilnehmer zu minimieren. Moderne Verkehrsampeln arbeiten adaptiv, d.h. sie versuchen ebenfalls, sich der Verkehrssituation anzupassen. Mittels Sensoren kann ein Teil der ankommenden Autos frühzeitig erkannt werden, so dass oft ein unnötiges Anhalten vermieden wird. Weniger günstig sieht die Situation für Fussgänger aus, die sich mittels Knopfdruck anmelden müssen und nicht im voraus erfasst werden. Eine intelligente Verkehrsampel müsste − wie ein Polizist − in der Lage sein, ankommende Fussgänger aufgrund visueller Information frühzeitig zu erkennen, damit diese, sofern es die Verkehrslage erlaubt, sofort die Strasse überqueren können. Eine intelligente Verkehrsampel müsste also die Situation umfassender erkennen können (z.B. mittels Kamera). Ferner müsste sie über das nötige Wissen verfügen, das ihr angemessene Reaktionen auf eine erkannte Situation erlaubt. (Natürlich kommt es vor, dass auch ein Polizist nicht erkennen kann, ob z.B. ein ankommender Fussgänger die Strasse tatsächlich überqueren will. Solche Fälle müsste eine intelligente Verkehrsampel selbstverständlich auch nicht meistern können.)

Nachdem wir versucht haben, ein wenig einen Eindruck davon zu vermitteln, worum es bei der KI geht, wollen wir jetzt noch die wichtigsten ihrer Teilgebiete kurz auflisten. Natürlich ist jede derartige Zusammenstellung subjektiv − und auch in Gefahr, bald zu veralten.

1. **Allgemeine Strategien und Methoden zur Lösung von komplexen Problemen.** Als ein Beispiel haben wir im Kapitel 11 „Heuristische Graphsuche" den *A*-Algorithmus* kennengelernt, der u.a. bei Spielprogrammen oft Verwendung findet.

2. **Logisches Schliessen und automatisches Beweisen.** Dieses Teilgebiet führt weit über die Ableitungsmechanismen hinaus, die wir bei den Expertensystemen kennengelernt haben, aber es befindet sich trotzdem auf einem noch sehr unbefriedigenden Stand. In der Praxis hat das automatische Beweisen noch keine grosse Bedeutung. Die Programmiersprache Prolog − die sich übrigens leicht mit APL2 simulieren lässt (vgl. [EnGM89]) − ist spezifisch für Anwendungen in diesem Teilgebiet der KI entwickelt worden.

3. **Erfassen von externen Situationen**, z.B. durch das Verstehen natürlicher Sprachen oder das Identifizieren visueller Information. Einen ersten Ein-

stieg in dieses Teilgebiet der KI bietet das Kapitel 12 „Bildverarbeitung und Bildanalyse".

4. **Explizite Darstellung und Nutzung von Wissen.** Hier bilden die Expertensysteme einen wichtigen Anwendungsbereich (vgl. 13 „Wissensverarbeitung und Expertensysteme").

5. **Wissenserwerb und Lernfähigkeit.** Ein Teilgebiet der KI, das — wie schon angedeutet — noch in den Kinderschuhen steckt, andererseits aber als zukunftsträchtig gilt.

6. **Robotik.** Hier geht es weniger um dienstmädchenähnliche Maschinen als um entscheidungs- und lernfähige Industrieroboter. Um solche zu konstruieren (Hard- und Software), werden viele Methoden aus den übrigen Teilgebieten der KI benötigt.

Die KI ist ein pragmatisches Teilgebiet der Informatik, das wenig mit Science Fiction zu tun hat. Da unsere Einführung in die KI möglicherweise nicht ganz genügt, um unsere Leser von dieser Feststellung zu überzeugen, sei zusätzlich auf die einschlägige KI-Literatur verwiesen: [Nils82], [Wins84], [Rett86], [Sche86] und [Tani87].

14.2 APL2 als KI-Sprache

Die meisten Programmiersprachen sind primär für Anwendungen aus einem bestimmten Bereich entwickelt worden, so die beiden Veteranen Fortran und Cobol für technisch-wissenschaftliche bzw. für kommerzielle Anwendungen. Die klassische Progammiersprache für KI-Anwendungen ist LISP (seit ca. 1965), später gesellte sich insbesondere noch Prolog dazu (ca. 1974). Das ursprüngliche APL ist vor allem für mathematische Anwendungen entwickelt worden und darf sicher nicht als KI-Sprache bezeichnet werden. Schon die einfachen KI-Anwendungen der vorhergehenden Kapitel liessen sich damit nur mühsam realisieren. Wie sieht es aber diesbezüglich mit APL2 aus? APL2 ist zu einem Zeitpunkt entstanden, als die KI einen starken Aufschwung erlebte, das etwas vernachlässigte LISP wieder zu neuem Leben erwachte und Prolog im Bereich der Programmiersprachen als *die* grosse Neuheit und Alternative galt. APL2 wurde in erster Linie als Antwort auf eine Vielzahl von Forderungen nach flexiblen Arrays entwickelt, die keineswegs mehrheitlich von KI-Anwendern stammten. Aber da zwischen genügend allgemeinen Arrays und genügend allgemeinen Listen kein grundlegender Unterschied besteht, führte die Einführung von gemischten und vor allem von verschachtelten Arrays in APL2 automatisch zu einer Angleichung an LISP — und damit zu einer KI-Sprache. Eine Rolle spielte sicher auch das persönliche Interesse des „Vaters" von APL2, James A. Brown, für KI-Anwendungen, das insbesondere in [BECG87] und [BrEu86] zum Ausdruck kommt. Dass sich APL2 für viele KI-Anwendungen gut eignet, haben unsere Beispiele in den vorangehenden Kapiteln konkret gezeigt. Es gibt nun aber noch ein wichtiges Argument dafür, dass APL2 sogar eine besonders gute KI-Sprache sein dürfte:

Ein Vorwurf, den man vielen KI-Tools und -Anwendungen machen muss, ist der, dass sie Insellösungen darstellen und häufig nicht in bereits bestehende Anwendungen integriert werden können. Besonders ältere Expertensystem-Schalen kennen nur Regeln als Wissensdarstellungsform und verfügen über keinerlei Schnittstellen zu irgendwelchen Programmiersprachen. Für eine sinnvolle und erfolgreiche Anwendung von KI-Methoden ist es aber i.a. unerlässlich, dass diese mit anderen Applikationen (z.B. Datenbankanwendungen) und Methoden aus anderen Gebieten kombiniert werden können. So kommt man in anspruchsvolleren Bildanalyse-Anwendungen nicht ohne wissensbasierte Methoden aus. Zwei isolierte Systeme, eines für Bildanalyse und eines für explizite Wissensverarbeitung, stellen da nur eine Notlösung dar. Viel besser wäre ein *einziges, integriertes System*. In dieser Beziehung zeigt APL2 seine grosse Stärke: Es erlaubt z.B. eine problemlose Integration von Bildverarbeitungs- und Bildanalyse-Programmen in eine Expertensystem-Umgebung. LISP und Prolog sind diesbezüglich weniger geeignet, u.a. wegen der dort fehlenden Arrays. APL2 mit seinen vielfältigen Datenstrukturen eignet sich als allgemeine Programmiersprache sowohl für herkömmliche Algorithmen wie auch für KI-Anwendungen und weist Schnittstellen zu den verschiedensten Systemkomponenten auf. Diese Stärke von APL2 wird auch in [EnMe87] und [EnMG88] als wichtige Voraussetzung für KI-Anwendungen erwähnt.

Die prinzipielle Schwäche von Insellösungen haben allerdings mittlerweile auch die Hersteller von KI-Tools erkannt. Neuere Versionen von LISP und Prolog sowie moderne Expertensystem-Schalen beinhalten daher i.a. Schnittstellen zu imperativen Programmiersprachen (insbesondere C), zu Datenbanken, usw. Nach dem Verschwinden dieses Nachteils können auch die speziellen KI-Tools ihre Stärken, wie z.B. bereits vorhandene Inferenz- und Erklärungskomponente bei Expertensystem-Schalen oder Rückwärtsableitung und Matching bei Prolog, verstärkt zum Ausdruck bringen. In diesem Bereich kann APL2 als allgemeine Programmiersprache − trotz seiner grundsätzlichen Eignung − natürlich nicht mithalten. Dem Ersteller von grösseren KI-Anwendungen müssten daher i.a. professionelle KI-Tools empfohlen werden. APL2-Lösungen, wie wir sie in diesem Buch vorgestellt haben, eignen sich dagegen gut für didaktische Zwecke sowie für Forschungs- und Entwicklungsarbeiten.

Die Autoren haben bereits im Vorwort betont, dass sie überzeugte Gegner von Glaubenskriegen sind. Sie sind es auch in bezug auf KI-Sprachen. Vieles spricht dafür, APL2 vermehrt auch für KI-Anwendungen einzusetzen. Aber es gibt andere, vorwiegend neuere Ansätze, die sich für bestimmte Anwendungen noch besser eignen. Unser Buch befasst sich vor allem mit *Datenstrukturen* in APL2, aber wenn es uns gelungen ist, die KI als natürlichen, interessanten und an sich faszinierenden Anwendungsbereich miteinzubeziehen, so sind wir unserem Ziel noch näher gekommen.

Anhang

A. Weitere Programme

Aus Gründen der Übersichtlichkeit haben wir einige Programme vom eigentlichen Text in diesen Anhang ausgelagert. Wir empfehlen dem Leser, sie vor dem Anschauen übungshalber selber zu erstellen.

A.1 Die Funktion PATHALL

Die APL2-Funktion *PATHALL* findet in einem Array die Suchpfade aller Elemente mit einem bestimmten vorgegebenen Wert. Dies im Gegensatz zu *PATH* (siehe Abb. 10 auf Seite 80), das höchstens einen Suchpfad liefert. Die gegenüber *PATH* nötig gewordenen Anpassungen lassen sich leicht der folgenden Programmliste entnehmen:

```
       ∇ PATHALL [☐] ∇
    ∇
[0]    INDEX←ELEMENT PATHALL X
[1]    ⍝
[2]    ⍝* PATHALL sucht Suchpfad eines Elementes in einem Array
[3]    ⍝* (Falls das gesuchte Element mehrmals vorkommt, wird
[4]    ⍝*   jedes Auftreten beruecksichtigt. Das Resultat ist
[5]    ⍝*   folglich eine Liste. Jedes Element dieser Liste
[6]    ⍝*   entspricht einem Suchpfad)
[7]    ⍝* Aufruf: [Liste ←] gesuchtes_Element  PATHALL  Variable
[8]    ⍝
[9]    →(ELEMENT≡X)/'→0,⍴INDEX←⊂⍳0'        ⍝ Element gefunden
[10]   →(0==⍴X)/'→0,⍴INDEX←⊂,¯1'           ⍝ Abbruchkriterium
[11]   INDEX←,(⊂¨INDICES⍴X),¨(⊂ELEMENT)PATHALL¨X ⍝ Rekursion
[12]   INDEX←(~(⊂¨,¯1)∊¨INDEX)/INDEX       ⍝ erfolglose entfernen
[13]   →(0=⍴INDEX)/'→0,⍴INDEX←⊂,¯1'        ⍝ nichts gefunden
[14]   INDEX←⊃,/CATENATE¨INDEX             ⍝ Liste der Pfade
    ∇
```

Abb. 194. Funktion PATHALL

Die Programmliste der Hilfsfunktion *INDICES* ist bereits in Abb. 11 auf Seite 81 enthalten. Weiter benötigt *PATHALL* eine zusätzliche Hilfsfunktion *CATENATE*:

```
        ∇ CATENATE [□] ∇
     ∇
[0]    RES←CATENATE LIST
[1]    A
[2]    A* CATENATE konkateniert das erste Element einer Liste
[3]    A* mit jedem der uebrigen Elemente zu je einer Liste
[4]    A* (Hilfsfunktion fuer PATHALL)
[5]    A
[6]    RES←(⊂1↑LIST),¨1↓LIST
     ∇
```

Abb. 195. Funktion CATENATE

A.2 Die Funktion LOCATEV

Die Funktion *LOCATEV* bestimmt den Suchpfad eines vorgegebenen Knotens in einem binären Baum, und zwar in Form des Suchpfads des entsprechenden Elementes des Vektors, durch welchen der binäre Baum implementiert ist. Der resultierende Suchpfad kann dann für den Zugriff auf diesen Knoten mittels *Pick* verwendet werden.

```
        ∇ LOCATEV [□] ∇
     ∇
[0]    INDEX←ELEMENT LOCATEV TREE;INDEX1
[1]    A
[2]    A* LOCATEV sucht den Suchpfad eines Knotens
[3]    A* in einem binaerem Baum, wobei der Suchpfad
[4]    A* aus Indizes des verschachtelten Vektors besteht
[5]    A* Aufruf: [Suchpfad ←] Suchargument LOCATEV Baum
[6]    A
[7]    →(0=ρTREE)/'→0,INDEX←¯1'        A Abbruchkriterium
[8]    →(ELEMENT≡1⊃TREE)/'→0,INDEX←⍳0' A Vergleich mit Root
[9]    INDEX1←ELEMENT LOCATEV 2⊃TREE    A linker Unterbaum
[10]   →(~¯1∈INDEX1)/'→0,INDEX←2,INDEX1' A Abbruch, falls gefunden
[11]   INDEX1←ELEMENT LOCATEV 3⊃TREE    A rechter Unterbaum
[12]   →(~¯1∈INDEX1)/'→0,INDEX←3,INDEX1' A Abbruch, falls gefunden
[13]   INDEX←¯1                         A Misserfolg
     ∇
```

Abb. 196. Funktion LOCATEV

A.3 Die Funktion INSERTDB

Die Funktion *INSERTDB* kann zum Einfügen neuer Eintragungen in eine Datenbanktabelle gemäss Abschnitt 8.6 „Anwendung auf relationale Datenbanken" verwendet werden. Sollen mit einem einzigen Aufruf mehrere Zeilen in die Datenbanktabelle aufgenommen werden, sind diese als Zeilen einer Matrix zu übergeben.

```
      ∇ INSERTDB [◻] ∇
   ∇
[0]   RES←DATABASE INSERTDB LINE;HEADER;TABLE
[1]   A
[2]   A* INSERTDB nimmt Eintrag in Datenbanktabelle vor
[3]   A* Aufruf: [Tabelle ←]  Tabelle  INSERTDB  neue_Zeile[n]
[4]   A
[5]   (HEADER TABLE)←,DATABASE      A separieren
[6]   TABLE←TABLE,[1]LINE           A anfuegen
[7]   RES←2 1⍴HEADER TABLE          A Resultat zusammensetzen
   ∇
```

Abb. 197. Funktion INSERTDB

A.4 Die Funktion CONSULT

Die folgende Funktion *CONSULT* erlaubt die Durchführung von Konsultationen mit unserem regelbasierten Expertensystem aus dem Kapitel 13 „Wissensverarbeitung und Expertensysteme". Als Erweiterung des Programmes *CONSULT* in Abb. 177 auf Seite 297 unterstützt die vorliegende Version zusätzlich die Erklärungskomponente (*Wie*-Funktion).

```
        ∇ CONSULT [▯] ∇
     ∇
[0]    KB CONSULT GOALS;COMMAND;ATTR;WANTED;DATABASE;RULESET;
       TRACE;ATTRIBBASE;QUERY;INPUT;VALUE
[1]    ⍝
[2]    ⍝* CONSULT fuehrt Expertensystem-Konsultation durch
[3]    ⍝* Aufruf: Wissensbasis CONSULT gesuchte_Attribute
[4]    ⍝
[5]    ⍞(1==GOALS)/'GOALS←,⊂GOALS'          ⍝ nur ein Ziel
[6]    (RULESET ATTRIBBASE)←KB              ⍝ separieren
[7]    WANTED←''                            ⍝ Initialisierungen
[8]    DATABASE←2 1⍴('ATTRIBUTE' 'VALUE' 'REASON')(0 3⍴'')
[9]    'TRACE: (JA/NEIN)'                   ⍝ Trace erwuenscht?
[10]   TRACE←'JA'≡⍞                         ⍝ Antwort
[11]   FINDVALUE¨GOALS                      ⍝ Ziele bestimmen
[12]  LOOP:                                 ⍝ Befehlseingabe
[13]   ⎕TC[2],'BEFEHL: '                    ⍝ Prompt
[14]   INPUT←(' '≠INPUT)⊂INPUT←⍞            ⍝ Eingabe separieren
[15]   →(0=⍴INPUT)/0                        ⍝ Abbruchkriterium
[16]   ⍞(1=⍴INPUT)/'COMMAND←↑INPUT'         ⍝ keine Operanden
[17]   ⍞(2=⍴INPUT)/'(COMMAND ATTR)←INPUT '  ⍝ separieren
[18]   ⍞(3=⍴INPUT)/'(COMMAND ATTR VALUE)←INPUT' ⍝ separieren
[19]   →↑(('SHOW' 'HOW'≡¨⊂COMMAND),1)/SHOW EXPLAIN 0
[20]  SHOW:
[21]   ⍞(1=⍴INPUT)/'→LOOP,⍴⎕←SHOWTABLE DATABASE' ⍝ ganze Tabelle
[22]   QUERY←('ATTRIBUTE' '=' ATTR)         ⍝ Query
[23]   SHOWTABLE DATABASE SELECT QUERY      ⍝ gewuenschtes Attribut
[24]   →LOOP
[25]  EXPLAIN:
[26]   →(3>⍴INPUT)/LOOP                     ⍝ ungueltige Eingabe
[27]   HOW 1↓INPUT                          ⍝ Erklaerung suchen
[28]   →LOOP
     ∇
```

Abb. 198. Funktion CONSULT

B. Die verwendeten APL2-Symbole

Die folgende Tabelle enthält eine Zusammenstellung aller in diesem Buch verwendeten APL2-Symbole (primitive Funktionen und Operatoren). Für jedes APL2-Symbol wird der englische Name sowie die Seite, auf der es erklärt wird, angegeben. Zusammenstellungen sämtlicher APL2-Symbole finden sich z.B. in [APL2LR] und [APL2RS].

Symbol	Monadisch	Dyadisch
~	*Not* 17	*Without* 26
∧		*And* 17
∨		*Or* 17
+		*Add* 18
-	*Negativ* 18	*Subtract* 18
×		*Multiply* 18
÷		*Divide* 19
*		*Power* 18
|	*Magnitude* 18	*Residue* 18
⌈	*Ceiling* 19	*Maximum* 18
⌊	*Floor* 19	*Minimum* 18
○	*Pi Times* 19	*Circle Functions* 19
[ ]		*Bracket indexing* 20
≡	*Depth* 40	*Match* 23
ι	*Interval* 24	*Index of* 27
?	*Roll* 25	*Deal* 25

Symbol	Monadisch	Dyadisch
,	*Ravel* 33	*Catenate* 25
↓		*Drop* 25
↑	*First* 26	*Take* 26
▼	*Grade Down* 26	*Grade Down with Collating Sequence* 27
▲	*Grade Up* 26	*Grade Up with Collating Sequence* 27
∈	*Enlist* 49	*Member* 27
<u>∈</u>		*Find* 27
Φ	*Reverse* 28	*Rotate* 27
⍉	*Transpose* 35	
/	*Reduce* (Operator) 28	*Compress* 28
\	*Scan* (Operator) 29	*Expand* 28
.		*Inner Product* (Operator) 29
ρ	*Shape* 32	*Reshape* 31
∘.	*Outer Product* (Operator) 36	
[]		*Indexing* 37
⊂	*Enclose* 43	*Partition* 49
⊃	*Disclose* 45	*Pick* 47
¨	*Each (Monadic)* (Operator) 49	*Each (Dyadic)* (Operator) 50
⍎	*Execute* 60	
⍕	*Format* 61	*Format* 62

Literatur

a) APL2-Einführungen

[BrPP88] Brown, J.A., Pakin, S., Polivka, R.P.: APL2 at a Glance. Prentice-Hall, 1988.
Deutsche Übersetzung: APL2 – ein erster Einblick. Springer, 1989.

[Loch89] Lochner, H.: APL2-Handbuch. Springer, 1989.

b) IBM-Manuals über APL2

[APL2Id] An Introduction to APL2 (SH20-9229).
Deutsche Version: APL2 Einführung (GH12-1648).

[APL2KB] APL2 Kurzbeschreibung Release 3 (SX12-1816).

[APL2LP] APL2 Leitfaden zur Programmierung (SH12-1641).

[APL2LR] APL2 Programming: Language Reference (SH20-9227).
Deutsche Version: APL2 Referenz-Handbuch der APL2-Sprache (SH12-1647).

[APL2PC] APL2 for the IBM PC and IBM PS/2: User's Guide.
Deutsche Version: APL2 für IBM PC und IBM PS/2 (GT12-4177).

[APL2RS] APL2 Reference Summary (SX26-3737).
Deutsche Version: APL2 Referenzkarte (SX12-1817).

[APL2SS] APL2 Programming: System Services Reference (SH20-9218).

[APL2Tr] TryAPL2, IBM, 1989.

c) Datenstrukturen und Künstliche Intelligenz

[AhHU83] Aho, A.V., Hopcroft, J.E., Ullman, J.D.: Data Structures and Algorithms. Addison-Wesley, 1983.

[BaBr82] Ballard, D.H., Brown, C.M.: Computer Vision. Prentice Hall, 1982.

[Buch87] Buchanan, B.: Expert Systems: Working Systems and the Research Literature. In Savory, S.E. (Ed.): Expertensysteme: Nutzen für Ihr Unternehmen. Oldenbourg, 1987.

[Budd91] Budd, T.: An Introduction to Object-Oriented Programming. Addison-Wesley, 1991.

[GoWi77] Gonzales, R.C., Wintz, P.: Digital Image Processing, 2nd edn. Addison-Wesley, 1987.

[HACN90]   Hsu, F.-H., Anantharaman, Th., Campell, M., Nowatzky, A.: A Grand Chess Machine. Scientific American 263/4, 18-24 (1990).

[Knut68]   Knuth, D.E.: The Art of Computer Programming, vol.1: Fundamental Algorithms, 2nd edn. Addison-Wesley, 1973.

[Laga85]   Lagarias, J.C.: The 3x+1 Problem and Its Generalizations. The American Mathematical Monthly 92, 3-23 (1985).

[LoSc87]   Lockemann, P.C., Schmidt, J.W.: Datenbank-Handbuch. Springer, 1987.

[MaDu85]   Duden Rechnen und Mathematik, 4. Auflage. Bibliographisches Institut, 1985.

[McDe82]   McDermott, J.: R1: A Rule-based Configurer of Computer Systems. Artificial Intelligence 19, 39-88 (1982).

[NiBu87]   Niemann, H., Bunke, H.: Künstliche Intelligenz in Bild- und Sprachanalyse. Teubner, 1987.

[Nils82]   Nilsson, N.J.: Principles of Artificial Intelligence. Springer, 1982.

[Prat78]   Pratt, W.K.: Digital Image Processing. Wiley, 1978.

[Pupp88]   Puppe, F.: Einführung in Expertensysteme. Springer, 1988.

[Rett86]   Retti, J. et al.: Artificial Intelligence: Eine Einführung. Teubner, 1986.

[RoKa82]   Rosenfeld, A., Kak, A.C.: Digital Picture Processing. Academic Press, 1982.

[Savo90]   Savory, S.E.: Grundlagen von Expertensystemen, 2. Auflage. Oldenbourg, 1990.

[Sche86]   Schefe, P.: Künstliche Intelligenz – Überblick und Grundlagen: grundlegende Konzepte u. Methoden zur Realisierung von Systemen d. künstl. Intelligenz. B.I.-Wissenschaftsverlag, 1986.

[Schn83]   Schneider, H.-J. (Hrsg.): Lexikon der Informatik und Datenverarbeitung. Oldenbourg, 1983.

[Shor76]   Shortliffe, E.H.: Computer-Based Medical Consultations: MYCIN. Elsevier, 1976.

[Tani87]   Tanimoto, S.L.: The Elements of Artificial Intelligence. Computer Science Press, 1987.

[TeAu86]   Tenenbaum, A.M., Augenstein, M.J.: Data Structures Using Pascal, 2nd edn. Prentice-Hall, 1986.

[Wins84]   Winston, P.H.: Artificial Intelligence, 2nd edn. Addison-Wesley, 1984. Deutsche Übersetzung: Künstliche Intelligenz. Addison-Wesley, 1987.

d) Weitere Publikationen mit Bezug auf APL2

[ASou81]   A Source Book in APL. APL Press, 1981.

[BECG87]   Brown, J.A., Eusebi, E., Cook, J., Groner, L.H.: Algorithms for Artificial Intelligence in APL2. IBM Santa Teresa Technical Report TR-03.281 (1987).

[BrEu86]   Brown, J.A., Eusebi, E.: AI Programming in APL2: General Search Techniques. Proc. of SEAS Anniversary Meeting, 971-983 (1986).

[Brow84]   Brown, J.A.: The Principles of APL2. IBM Santa Teresa Technical Report TR-03.247 (1984).

[Caso89]	Cason, S.P.: APL2 Phrases. IBM Santa Teresa Technical Report TR-01.A845 (1989).
[EnGM89]	Engelmann, U., Gerneth, Th., Meinzer, H.P.: Implementation of predicate logic in APL2. APL QuoteQuad *19/4*, 124-128 (1989).
[EnMe87]	Engelmann, U., Meinzer, H.P.: KI in APL?. APL-Journal (APL-Club Germany e.V.) *6/2*, 3-11 (1987).
[EnMG88]	Engelmann, U., Meinzer, H.P., Gerneth, Th.: Eine Entwicklungsumgebung für die wissensbasierte Bildanalyse in APL2. In Rienhoff, O., et al. (Eds.): Expert Systems and Decision Support in Medicine. Springer, 1988.
[Gilo77]	Giloi, W.K.: Programmieren in APL. de Gruyter, 1977.
[Grah86]	Graham, A.: Idioms and Problem Solving Techniques in APL2. APL QuoteQuad *16/4*, 172-178 (1986).
[Huda89]	Hudak, P.: Conception, Evolution, and Application of Functional Programming Languages. ACM Comp. Surv. *21*, 359-411 (1989).
[Iver62]	Iverson, K.E.: A Programming Language. Wiley, 1962.
[Iver80]	Iverson, K.E.: Notation as a Tool of Thought. 1979 Turing Award Lecture. ACM Comm. *23*, 444-465 (1980). Auch in [ASou81].
[SBEG89]	Scheppelmann, D., Baur, H.J., Engelmann, U., Gerneth, Th., Heyers, V., Meinzer, H.P., Saurbier, F., Schäfer, R., Wolf, Th.: APLTREE − Bildverarbeitung in APL2. Deutsches Krebsforschungszentrum Heidelberg, Technical Report MBI 24 (1989).
[SmEv90]	Smellie, D., Evans, F.: Structured Expert Systems Design. APL QuoteQuad *20/4*, 362 (1990).
[Thom89]	Thomson, N.: Generic Binary Trees in APL2. APL QuoteQuad *19/4*, 364-369 (1989).
[VeSp90]	Vermeulen, J.W.B., Spoor, E.R.K.: FRESH − an Expert System Design Tool in APL2. APL QuoteQuad *20/4*, 391-403 (1990).
[Wegn76]	Wegner, P.: Programming Languages − The First 25 Years. IEEE Trans. Comp. C-25, 1207-1225 (1976).
[Wolf88]	Wolfram, S.: Mathematica: A System for Doing Mathematics by Computer. Addison-Wesley, 1988.

Sachwortverzeichnis

A

Abbildung 158-163
Abbruchbedingung 59
Abfrage 169
abgeleitete Funktion 11, 62
Ableitungsmechanismus 282
Abrunden 19
Absolutbetrag 18
Absteigend sortieren 26
abstrakter Datentyp 7, 87
Abwickeln 33
Achse 30
Achsenangabe 35
Add 18
Addition 18
adjacent 207, 209, 212, 214
Adjazenzliste 213
Adjazenzmatrix 211
Adresse 89
ADT 7, 87
aktiver Workspace 12
Algorithmus von Horner 133-137
Algorithmus von Warshall 226
Alphabet 188
And 17
Anfrage 169
Anweisungszeile 56
Anwendungsprogramm 11
Anwendungswissen 282
APL\360 3, 64
APL2-gerechte Implementierung 88, 101
APL2-Idiom 73
APPLY 289, 290
Argument 11, 53
  linkes 17
  rechtes 17
Array 4, 7, 14
  einfacher 29
  höherdimensionaler 30
  verschachtelter 39

Array-orientierte Sprache 14
ASCII-Code 189
ASKUSER 293, 295
Assembler 4
assign 159
Atomic Vector 19
Attribut 285
Attributname 169
Attributwert 169
Auflisten 49
Auflösung 248
Aufrunden 19
Aufsteigend sortieren 26
Aufteilen 49
Ausführen 60
ausführbare Zeile 52
Auspacken 45
äusseres Produkt 36, 42, 143
automatisches Beweisen 320
A*-Algorithmus 241, 261

B

Backtracking 223
Baum
  allgemeiner 195-204
    geordneter 195
    ungeordneter 195
  binärer 4, 179-195
Bedingungsteil 285
Betragsbild 257
Bewegungsabläufe 250
Bibliothek 12, 52, 65
  private 67
Bild 158, 247
  binäres 248
  digitales 248
Bildanalyse 247-280
  wissensbasierte 250
Bildinterpretation 272

Bildkomponente
  zusammenhängende 266, 273
Bildpunkt 248
Bildsegmentierung
  Konturlinien-orientierte 256
  Regionen-orientierte 266
Bildsequenz 250, 274
Bildverarbeitung 247-280
Bildvorverarbeitung 249, 251
BINARY 254
Binary Search 138-140
BINSEARCH 138
Binärisieren 254
Binärbild 248
binärer Baum 4
binäres Suchen 138-140
bipartit 206
Bitvektor-Implementierung 155
Blatt 179
Boolean 7, 17
Boolesche Matrizenmultiplikation 224
Boolesche Negation 17
Bootstrapping 130
Bracket indexing 20, 37
breadth-first search 223
Breitensuche 223
brother 180
Brown, J.A. 321
Bruder 179
  nächstjüngerer 196

C

C 88, 89, 93, 104, 117, 322
Call-by-value-Methode 54
CARTESIAN 176
Catenate 10, 25, 34, 35
Ceiling 19
Char 7
Character 16, 19
Character Input 71
Character Output 71
Character-Array 14
Character-Vektor 22
Characterdarstellung 62
Circle Functions 19
CLIP 253
Cobol 286
Code 188, 193
Codewort 188
codieren 189, 192
Codierung 188
Codierungstheorie 188

combine 180, 183, 196, 198
COMPARE 64
Compiler 9
compilieren 9
Compress 28, 35, 57
compute 159, 160
conditional execution 61
CONNECTED 228
CONSULT 296, 327
Cosinus 19
createlist 99, 101, 105, 111
createset 150, 151, 155

D

Daten 7
Datenbank
  hierarchische 197
  Netzwerk- 206
  relationale 169-178
Datenstruktur 4, 5, 7, 8
  lineare 20, 30
  nichtlineare 179
Datentyp 7, 16
  abstrakter 7, 87
  primitiver 7
  Standard- 7, 14, 50, 87
  zusammengesetzter 4, 7
Deal 25
DECODE 194
decodieren 189, 194
definierte Funktion 11, 51, 66
delete 100, 102, 108, 112
deletelist 99, 101, 105, 112
deletemax 163, 165
deletemin 163, 164
Depth 40
depth-first search 223
dequeue 125
Dialog 64
Dialogbetrieb 9
Dialogkomponente 283
difference 150, 151, 156
Differenzbild 276
Dimension 30
Disclose 45
diskrete Simulation 126
diskretisieren 248
DISPLAY 13, 24, 39
DISPOSE 92, 95
Divide 19
Division 19
doppelt-verkettete Liste 118

Drop 25, 35
Duplikat 72
dyadisch 11, 53
dynamisches Wissen 282

E

Each 49
EASTER 161
EASTERDATE 161
Eckenmenge 205
EDGEDIFF 278
Editor 53, 65
einfach-verkettete Liste 118
einfache Matrix 29
einfacher Array 29
einfacher Skalar 16, 49
einfacher Vektor 20
Einpacken 43
einwertig 287
Einzeiler 52
Elementarbedingung 285
Elementweise (dyadisch) 50
Elementweise (monadisch) 49
empty 120, 125, 164
Enclose 43, 40
Enlist 49
enqueue 124, 125
Entfernen 25
Entnehmen 26
Equal 20, 150, 153, 157
Ereignis 127
Ergebnisdarstellungskomponente 283
Erklärungskomponente 283, 300
Erstes Element entnehmen 26
Evaluated Input 70
Evaluated Output 70
Execute 60
Existenz überprüfen 27
Expand 28, 35, 91
Expandieren 28
Expert System Shell 282
Expertensystem 281-318
 regelbasiertes 292
Expertensystem-Schale 282
explizites Resultat 53
Expunge 68

F

Farbe 247
father 180, 197

Fehlermeldung 15, 69
Find 27
FINDBYFACT 293, 294
FINDBYRULE 289, 293
FINDVALUE 293, 294
First 26, 48
Floor 19
for-Schleife 58
Form abfragen 32
Form geben 31
Format 62
Formvektor 40
Fortran 5, 93, 279
Frame 306
front 124, 125
Functions 66
Funktion 11
 abgeleitete 11, 62
 definierte 11, 51, 66
 heuristische 240
 nichtskalare 23
 primitive 4, 10, 11
 skalare 23, 42
Funktionssymbol 11
FUTUREDIST 240

G

gemischter Array 3, 14
gemischter Vektor 10, 22
gleitender Mittelwert 255
Glättung von Bildstörungen 255
Grade Down 26
Grade Down with Collating Sequence 27
Grade Up 26
Grade Up with Collating Sequence 27
Graph 4, 205-231
 gerichteter 205
 markierter 237
 ungerichteter 205
Graphsuche
 exhaustive 217-223
 heuristische 239-245, 261
Graphsuchealgorithmus 220, 235
Grauton 248
Grautonbild 247
Grauwert 248
GRAYSCALE 252

H

Hauptprogramm 11, 56

Herauspicken 47
heterogener Vektor 10, 22
heuristische Funktion 240
heuristische Graphsuche 239-245, 261
homogen 22
Horner
   Algorithmus von 133-137
HOW 302
HSEARCH 241
HUFFMAN 191
Huffman-Baum 189
Huffman-Code 188-195

I

Idiom 73
if-then-else-Konstruktion 58
if-then-Konstruktion 62
IMAGECOMP 268
IMAGEDIFF 276
imperative Programmiersprache 89, 116
implementieren 8, 87
Implementierung von gerichteten Graphen
  als Mengenpaar 209
Implementierung von gerichteten Graphen
  mittels Adjazenzliste 213
Implementierung von gerichteten Graphen
  mittels Adjazenzmatrix 211
Implementierung von Mengen durch Aufzählen der Elemente 151
Implementierung von Mengen mittels
  Bitvektor 155
Index of 27
Index Origin 21
Indexfolge 29
Indexing 37
INDICES 80
Indizes für absteigendes Sortieren 26
Indizes für absteigendes Sortieren gemäss
  Muster 27
Indizes für aufsteigendes Sortieren 26
Indizes für aufsteigendes Sortieren gemäss
  Muster 27
Indizieren 37
Inferenzkomponente 282
INIT 91, 94
Inner Product 29
inneres Produkt 29, 35
insafter 99, 102, 108, 112
insert 163, 164, 202, 203
INSERTDB 327
insfirst 100, 103, 106, 112
Instanz 306

Integer 7, 17
Intelligenz
   Künstliche 5, 319
Intensität 247
interaktiv 3
Interpreter 3, 9
interpretieren 9, 60
intersection 150, 152, 156
Interval 24
isleft 180
isright 180
Iteration 105
Iverson, K.E. 3

J

join 170, 175, 207, 209
JUMPTIME 129

K

Kante 205, 256
Kantenmarkierung 236
Kantenmenge 205
Kantenstärke 257
Kantenverbesserung 260
kartesisches Produkt 36, 42, 170
KE (Knowledge Engineer) 284
Keller
   siehe Stack
Kern eines Expertensystems 282
KI-Sprache 321
Klammern 10, 122
Klassifikation von Mustern 250
Knoten 179, 205
Knotenmarkierung 236
Knotenmenge 205
Knowledge Engineer 284
KNOWN 293, 294
Knuth, D.E. 4
Kommunikation 320
komplexe Zahlen 15, 19
Komprimieren 28
Konkatenieren 10, 25
Konklusionsteil 285
Konsistenzprüfer 284
Konstante 10
Kontrast 251
Kontrollstrukturen 51, 58
Kontur 256
Konturlinie 250, 256, 277
Konventionell indizieren 20

Konversion 215
Konzept 306
Koordinaten 30
Kopfzeile 52, 53, 63, 169
Kosten 240
    bisherige 240
    tatsächliche 262
    zukünftige 241
Kreisfunktionen 19
Kumuliert anwenden 29
Künstliche Intelligenz 5, 319
Kurzzeitwissen 282

L

Langzeitwissen 282
leerer Array 32
leerer Charactervektor 25
leerer numerischer Vektor 25
leerer Vektor 22
left 180
Lernfähigkeit 284, 320, 321
lexikographisches Sortieren 30
Line Counter 70
linear geordnet 20, 99
lineare Liste 4, 99-118
Linie 261
LISP 5, 14, 104, 321, 322
List Processing 4, 5, 88, 89
Liste
    lineare 4, 99-118
Listen-orientierte Sprache 14
LIS_TO_SET 217
locate 100, 102, 106, 112, 181, 185
LOCATEV 186, 326
logisches Schliessen 320
Länge eines Vektors 22

M

Magnitude 18
makebintree 179, 183
MAKEBTREE 183
maketree 196, 198
Marke 57, 66
Maske 28, 257
Match 23, 165
Matching 316
MATCHINST 316
Matrix 30
    einfache 29
Matrix-Implementierung 89, 105

Matrizenmultiplikation 36
    Boolesche 224
MAT_TO_LIS 216
Maximum 18
Mehrfachverzweigung 58
mehrwertig 287
Member 27, 150, 153, 156
Menge 149-178
MERGE 84
Merge-Algorithmus 141-144
Merge-Sort 143
MERGE1 141
MERGE2 142
MESSAGE 130
Metazeichen 14
Minimum 18
Minuszeichen 10
Modell 126
monadisch 11, 53
Multiplikation 18
Multiply 18
Muster suchen 27

N

Nachbar 208, 262
Nachbarschaft
    4er 263
    8er 263
Nachfolger 20, 30, 99, 179
Nachricht 189
Name 13
Name Class 67
Name List 66
Names 66
Negation 18
Negative 18
neighbors 208
NEIGHBORS8 262
NEW 91, 94
next-brother 196
Nichtblatt-Knoten 179
nichtskalare Funktion 23
niladisch 11, 53
NODES 229
Not 17
Not Equal 20
Notation 3
numerische Beschreibung 250
numerischer Array 14
numerischer Vektor 22
Nutzinformation 201

O

Objekt 7
Objekt-orientierte Programmierung 87, 318
Oder-Verknüpfung 17
oldest-son 196
Operation
   primitive 7
Operator 11
   definierter 11, 51, 62, 66
   primitiver 11
Operators 66
Operatorsymbol 11
Optimierungsproblem 240
Or 17
Osterdatum 161
Outer Product 36

P

Partition 49
Partnerprogramm 65
Pascal 7, 9, 11, 16, 18, 21, 31, 49, 50, 51, 54, 62, 88, 89, 90, 93, 95, 104, 111, 117, 133, 134, 137, 141, 144, 182
PATH 78
PATHALL 325
Pfad 201, 217
Pi Times 19
Pi-mal 19
Pick 47, 74
Pixel 248
PL/1 5, 88, 89, 104, 117
Pointer 7, 16
Polynomfunktion 133
POLYNOM1 135
POLYNOM2 136
POLYNOM3 136
pop 120, 121
Position bestimmen 27
Potenzierung 18
Power 18
PREDECESS 211, 212, 214
predecessors 208, 211, 212, 214
previous 107, 112
primitive Funktion 4, 10, 11
primitive Operation 7
primitiver Datentyp 7
PRINTBTREE 187
PRINTTREE 199
Priority Queue 163-168, 240
   absteigende 163
   aufsteigende 163
Priorität 163
3n + 1-Problem 59
Programm 11, 51
Programmaufruf 56
Programmieren 51-64
Programmiermodus 52
Programmschleife 57
project 170, 175
Prolog 104, 317, 321, 322
Prozedur 11
Pseudopointer-Implementierung 93
Pseudozufallszahlen 126, 127
push 119, 120

Q

quantisieren 248
Querschnitt 38
Query 169
Queue 124-132, 221

R

Rand 277
Rang 30, 33, 40
Ravel 33, 35
READATTRIB 312
READSLOT 309
Real 7, 18
rear 124
Record 7, 50
Reduce 11, 28, 35
Regel 285
Region 250, 266
Regionenbild 272
Reihenfolge umkehren 28
Rekursion 58, 105
rekursiv 59
Relation 169
Relationenalgebra 169
remove 207
repeat-Schleife 58
Reshape 31
Residue 18
Rest bilden 18
Resultat 54
retrieve 202
Reverse 28, 35
right 180
right-to-left rule 9
Ringliste 118

Sachwortverzeichnis

Robotik 321
Roll 25
Rotate 27, 35
Rotieren 27
Rückwärtsableitung 288

S

Sachwissen 281
scalar extension 23
Scan 29, 35
Schachspiel 235
Schicht 32
Schlange
   siehe Queue
Schleifenkonstruktion 49, 58
Schlussfolgerungsfähigkeit 281
Schlüssel 201
Schwellwert 253
Schwellwertoperation 255
Schätzfunktion 240
SEARCH 220
SEARCHEDGE 262
Segmentierung 249, 256
select 170, 171
selektive Spezifikation 22, 74
semantisches Netz 306
sequentiell 56
sequentielle Datei 68
Session 9
Session Manager 65
setleft 180, 184
setright 180
SET_TO_MAT 216
Shape 32
SHOWFRAME 309
SHOWTABLE 171
Sicherheitsfaktor 281
Simulation
   diskrete 126, 165
simulieren 126
Sinus 19
Sitzung 9
Sitzungs-Unterstützung 65
skalare Funktion 23
Skalarprodukt 29
Slot 307
SOBEL 258
SOBELBIG 259
Sobel, Verfahren von 256
Sohn
   aeltester 196
   jüngster 196

linker 179
rechter 179
sortieren 26, 143
Spaltenachse 30
SPECIFY 74
Speichervariable 93, 111
SPLIT_UP 82
Sprung
   bedingter 57
   unbedingter 56
Sprungbefehle 28
Spurvektor 71
Stack 119-124, 221
Standarddatentyp 7, 14, 50, 87
Stapel
   siehe Stack
Startknoten 217
statisches Wissen 282
Status-Indikator 69
Stoppvektor 71
String 7
strukturiertes Programmieren 58
subset 150, 153, 156
Subtract 18
Subtraktion 18
Subtraktionszeichen 10
successors 208, 210, 212, 214, 238
Suchalgorithmus 138
Suchargument 138, 201
Suchbaum
   binärer 181
   digitaler 201
Suchen
   binäres 138-140
Suchpfad 47, 74, 78, 181
Suchproblem 138
Suchraum 244
Suchverfahren
   blindes 223
   exhaustives 223
symbolische Adresse 93
symbolische Beschreibung 250
SYNTAX 123
Syntaxanalyse 122
Systemanweisung 12, 65
Systemfunktion 12, 65
Systemumgebung 64-72
Systemvariable 12, 65

T

Take 26, 35
Tangens 19

Teilarray 37
Testen auf Identität 23
Testkomponente 284
Tiefe 40
Tiefensuche 223
TIME 63
top 119, 120
TRANSCLOSE 224
transitive Hülle 224
Transponieren 35
Transpose 35
Traversierung 186
   inorder 186, 199
   postorder 186, 199
   preorder 186, 199
Trie 200-204
trigonometrische Funktionen 160
Tupel 169

U

Überall anwenden 28
Und-Verknüpfung 17
union 150, 151, 156
UNIQUE 73
Universalmenge 155
unsicheres Wissen 281
Unterarray 74
Unterbaum
   linker 179
   rechter 179
Unterobjekt 7
Unterprogramm 56

V

Variable 8, 10, 66
   globale 56, 60
   lokale 54, 56
Variables 66
Vater 179
Vektor 20
Verbindungsprogramm 65
Verdünnen von Kanten 260
Vererbung 308, 312
Vergleichsoperationen 18
verschachtelt 39
verschachtelter Array 3
verschachtelter Skalar 39
verschmelzen 141
visuelle Information 319, 321

Vorgänger 20, 30, 99, 179
Vorwärtsableitung 288

W

Wahrscheinlichkeit 281
Wald 196
Warshall 227
   Algorithmus von 226
Warteschlange
   siehe Queue
WATERFALL 127
Weglassen 26
Wertparameter 54
while-Schleife 58
wie-Frage 300
Wissensbasis 282
Wissensdarstellung 282, 319, 321
   Frame-basierte 306
   regelbasierte 285
Wissenseingabekomponente 284
Wissenserwerb 321
Wissensnutzung 282, 319, 321
   Frame-basierte 306
   regelbasierte 285
Wissensquelle 292
Without 26
Workspace 12, 65
   aktiver 52
Workspace Available 66
Workspace Identifier 65
Wurzel 179

Z

Zahl 16
Zahlen generieren 24
Zeiger 5, 7, 16, 90
Zeigervariable 89, 94, 111
Zeilenachse 30
Zielattribut 288
Zielknoten 217
Zufallszahlen 126
   Generierung von 127
Zufallszahlen generieren (dyadisch) 25
Zufallszahlen generieren (monadisch) 25
zusammengesetzter Datentyp 4, 7
Zusammenhangskomponente 228
zusammenhängend 227
Zuweisung 10
Zuweisungspfeil 10

If you have any concerns about our products,
you can contact us on
ProductSafety@springernature.com

In case Publisher is established outside the EU,
the EU authorized representative is:
**Springer Nature Customer Service Center GmbH
Europaplatz 3, 69115 Heidelberg, Germany**

Printed by Libri Plureos GmbH
in Hamburg, Germany